Das große Uhren-ABC
Claußen · Ströde

Das große Uhren-ABC

Firmen · Geschichte · Uhrwerke
Uhren-Lexikon · Technik

Gerhard Claußen
Karl-Hermann Ströde

ISBN 3-9803675-0-9

© 1994 Uhren-Magazin Verlag GmbH, Bremen.
Alle Rechte vorbehalten. Printed in Germany.
Nachdruck von Bild und Text – auch auszugsweise – nur mit
Genehmigung.
Redaktion: Karl-Hermann Ströde
Gestaltung: Wolfgang Böhlert, Constanze Rüdiger
Satz: Lichtsatz Imken, Oldenburg
Schrift: Garamond ITC
Herstellung: Kröger-Druck, Wedel
Papier: Profimago Pro glänzend gestrichen Bilderdruck
Fotos: Rainer Fromm

INHALTSVERZEICHNIS

Wie eine Uhr funktioniert 8

Fachbegriffe 47

Firmen und Geschichte 50

Landkarte / Standorte 55

Gigantisch 58

B-Uhren 64

Uhren-ABC 74

Wie ein Automatik-Werk funktioniert 170

Automatikwerke 180

Wer welche Werke benutzt 262

Chronometer 268

Wie ein Quarzwerk funktioniert 272

Zeitsprung (bis 1975) 280

10 Gründe für Mechanik 286

Einzelteile 289

Armbandbefestigungen 292

Durchblick (Gläser) 298

Uhr zur Reparatur 304

Wasserdichtheit 308

Uhren als Geldanlage 318

Stichwortverzeichnis 323

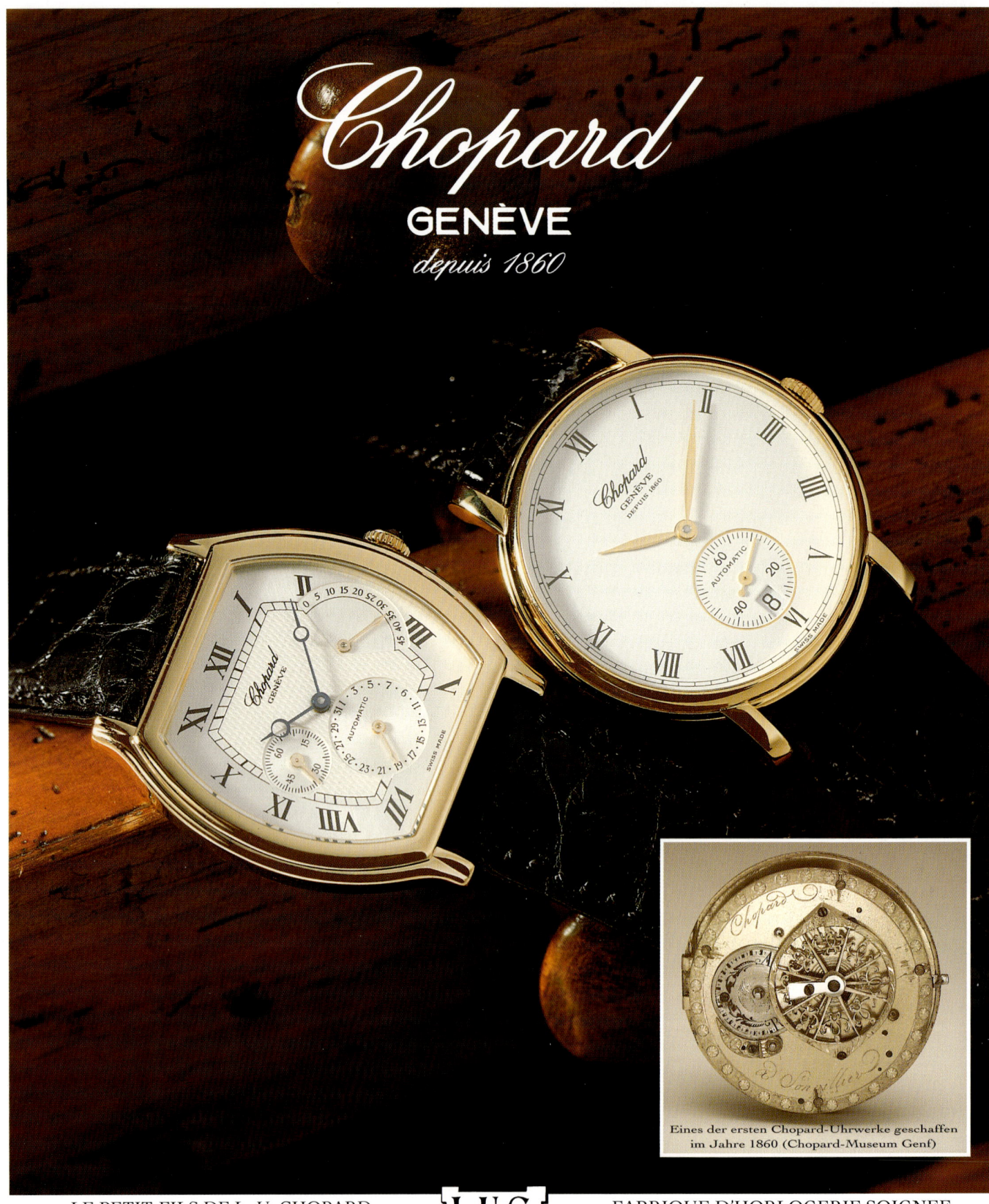

Chopard
GENÈVE
depuis 1860

Eines der ersten Chopard-Uhrwerke geschaffen im Jahre 1860 (Chopard-Museum Genf)

LE PETIT-FILS DE L.-U. CHOPARD — **L.U.C.** — FABRIQUE D'HORLOGERIE SOIGNEE

Meisterwerke der Zeit in vollendeter Form - Unsere Tradition seit 1860

Elegantes Modell in "Tonneau" Form, Automatikwerk, Anzeige der Gangreserve, Datum, kleine Sekunde (Ref. 16/2248). Klassisches rundes Modell, extraflaches Automatikwerk, bis zu 100 Stunden Gangreserve, doppeltes Federhaus, Datum und kleine Sekunde (Ref. 16/1223). Erhältlich in Gelbgold, Rotgold oder Platin. Bei führenden Juwelieren und Uhrenfachgeschäften. Für weitere Informationen : Deutschland : Karl Scheufele, Postfach 1548, D-75115 Pforzheim - Oesterreich : Chopard Boutique, Kohlmarkt 16, A-1010 Wien - Schweiz : Chopard Genève, 8, rue de Veyrot, CH-1217 Meyrin-Genève

Wie eine Uhr funktioniert

Wie eine Uhr funktioniert

Unser Demonstrations-Objekt. Vorne hui und hinten... auch durchaus ansehnlich – eine Taschenuhr mit Doublé-Gehäuse von Tissot

„Das ist eine Tick-Tack", wurden Kinder früher unterwiesen, wenn man sie mit der Uhr vertraut machen wollte. Moderne Eltern wissen, daß ihre Sprößlinge den Begriff „Uhr" genausoschnell lernen. Und doch gibt es kein anderes technisches Gerät, das man mit dem Versuch, seine Laufgeräusche in menschliche Laute umzuformen, unmißverständlicher umschreiben kann als eine Uhr – eben mit „Tick-Tack".

In unserem Quarzuhren-Zeitalter hat man immer weniger Gelegenheit, das Geräusch einer mechanischen Uhr zu hören.

Die Funktions-Laute von Quarz-Armbanduhren sind für das menschliche Ohr kaum wahrnehmbar, und wer das monotone „Tschak-Tschak" einer Quarz-Wanduhr mit dem ruhigen Lauf einer mechanischen Pendeluhr oder einer alten Standuhr vergleicht, wird zu der Erkenntnis kommen: Dazwischen liegen Welten.

Es ist ein weiter und komplizierter Weg vom Aufziehen einer Uhr bis zum ersten Tick-Tack – wir wollen hier versuchen, diesen Weg möglichst genau und auf allgemeinverständliche Weise zu beschreiben.

Das UHREN-MAGAZIN beschäftigt sich nahezu ausschließlich mit Armbanduhren. Deshalb werden wir auf die Funk-

tionsbeschreibung von Großuhren verzichten. Diese arbeiten, von Hemmung und Schwingsystem einmal abgesehen, nach den gleichen Prinzipien wie Kleinuhren, wobei eigentlich die Umkehrung dieses Satzes dem Sachverhalt eher gerecht werden würde, denn die Entwicklungsgeschichte führt von der Groß- zur Kleinuhr.

Die meisten Fotos zu unserem Bericht zeigen ein Unitas-Werk, Caliber 6497, einer Tissot-Taschenuhr.

Sicher gibt es elegantere Taschenuhrwerke, aber da es hier um die Funktionsweise einer Uhr gehen soll, erschien das Unitas 6497 als besonders geeignet, denn es ist einfach aufgebaut und verfügt über alle Merkmale eines modernen mechanischen Uhrwerkes.

Grob gegliedert könnte man ein Uhrwerk in Antrieb, Räderwerk, Hemmung und Schwingsystem aufteilen. Bei dieser Gliederung werden aber zwei entscheidende Baugruppen unterschlagen, nämlich das, was die Uhrmacher den Aufzug nennen, und das Zeigerwerk, mit dessen Hilfe es erst möglich wird, den kontinuierlichen Lauf eines Uhrwerkes mit Zeigern und Zifferblatt in eine praktisch anwendbare Anzeige zu verwandeln.

Der Aufzug

„Soll ich meine Uhr in beide Richtungen aufziehen, oder nur in eine?", werden Uhrmacher häufig von Leuten gefragt, die eine mechanische Uhr mit einem Handaufzugwerk tragen.

Dem Fachmann ist es meistens zu umständlich, die technischen Einzelheiten zu erklären, und so beläßt er es bei der Antwort, daß es gleichgültig ist, ob man beim Aufziehen einer Uhr die Aufzugskrone zwischen Daumen und Zeigefinger hin- und herdreht oder ständig nachgreift.

Es ist auch tatsächlich gleichgültig, denn aufgezogen wird die Uhr eh nur in einer Richtung, und zwar beim Drehen der Krone im Uhrzeigersinn (von der Kronenmitte aus gesehen).

Dreht man in entgegengesetzter Richtung, findet eine Art Leerlauf statt. Hierbei rutschen das Kupplungs-Trieb und das Kupplungs-Rad aneinander entlang, die beide eine Verzahnung in Sägezahnform in gleicher Größe haben.

Und damit wären wir auch schon mitten im Getriebe angelangt.

Die Verbindung eines Uhrwerkes mit der Außenwelt wird durch eine schlanke Stahlwelle hergestellt, die an einem Ende einen langen Zapfen hat, mit dem sie in der Grundplatine der Uhr gelagert ist. An ihrem anderen, aus der Uhr herausragenden Ende hat sie ein Außengewinde, auf das die Aufzugkrone geschraubt wird.

An den langen Zapfen der Welle schließt sich ein Vierkant an, der wiederum in einen Ansatz übergeht, dessen Durchmesser der Diagonale des Vierkantes entspricht. Auf diesen beiden Ansätzen haben Kupplungs-Rad und -Trieb ihren Sitz. Ein sich anschließender dickerer Ansatz gewährleistet die sichere Lagerung der Welle im Uhrwerk. Dieser wird durch eine tief eingedrehte Nute unterbrochen, die der Aufnahme des sogenannten Winkelhebels dient.

Die hier geschilderte Welle ist mit der üblichen Bezeichnung „Aufzugwelle" nur unzureichend beschrieben.

Sie erfüllt nämlich neben der Aufgabe, die der Uhr vom Menschen zugeführte Kraft auf die Zugfeder zu übertragen, noch weitere Funktionen. So zum Beispiel Umschaltung von „Aufzug" auf „Zeigerstellung" sowie Kor-

Die schlanke Aufzugwelle einer Uhr ist, ihrer großen Belastung wegen, aus gehärtetem Stahl. Dieser wird bei der Härtung leider auch spröde und bricht dann leicht. Der Ersatz von Aufzugwellen ist deshalb eine häufig vorkommende Uhrmacherarbeit.

Eine symbiotische Beziehung – Kupplungs-Rad und -Trieb.

rektur der Zeiger. Bei modernen Armbanduhren ist, in einer dritten Rastung der Welle, noch die Funktion „Schnellkorrektur der Datumsanzeige" hinzugekommen.

Die Kupplung

Dreht man nun die Aufzugwelle rechtsherum (also im Uhrzeigersinn), greifen die Sägezähne von Kupplungs-Rad und -Trieb ineinander. Das Kupplungs-Trieb sitzt mit seinem Innenvierkant auf dem Vierkant der Aufzugwelle, muß also deren Bewegungen mitmachen.

Das Kupplungs-Rad ist auf seinem Aufzugwellenansatz frei drehbar, wird aber bei Rechtsdrehung der Welle von den einrastenden Zähnen des Triebes mitgedreht. Das Kupplungs-Rad hat neben seiner Stirnverzahnung auch eine normale Verzahnung auf seinem Außendurchmesser. Diese Zähne stehen im Eingriff mit denen des Kronrades, das, im Winkel von 90° zum Kupplungs-Rad auf der Federhausbrücke sitzend, die Verbindung zum Sperrrad und damit zur Zug- bzw. Triebfeder herstellt.

Wird die Krone der Uhr nun in entgegengesetzter Richtung gedreht, bleibt das Kupplungs-Rad (wegen seines Eingriffes mit Kronrad, Sperrad und damit Gesperr der Uhr) stehen.

Das Kupplungs-Trieb muß der

Handkraftwerk – immissionsfrei. Eine Aufzugwelle mit montiertem Kupplungs-Rad und -Trieb.

Kronrad, Kronradring und Schraube in ausgebautem Zustand. In der dadurch frei gewordenen Ausfräsung der Federhausbrücke erkennt man Kupplungs-Rad und -Trieb.

Drehung der Welle folgen, wobei es sich achsial auf dem Vierkant verschiebt und aus dem Eingriff mit dem Kupplungs-Rad herausrutschen würde, wäre da nicht noch der sogenannte Zeigerstellhebel. Dieser hat die Aufgabe, das Kupplungs-Trieb, das an seiner zweiten Stirnseite eine ganz normale Verzahnung hat, gegen das Zeigerstellrad zu drücken, wenn die Aufzugwelle in die Position „Zeiger-Korrektur" gebracht wird.

Damit der Hebel nach Beendigung der Zeiger-Korrektur wieder in seine Ausgangsposition zurückkehrt, wird er von einer kräftigen Feder in Richtung Kupplungs-Rad gedrückt. Hierbei nimmt er das Kupplungs-Trieb mit. Die Spannung der Zeigerstellhebelfeder ist so bemessen, daß die beiden Kupplungsteile auch in der Wellen-Position „Aufzug" fest gegeneinandergedrückt werden. Demzufolge rutschen die beiden Sägeverzahnungen bei Linksdrehung der Aufzugwelle zwar ständig aus dem Eingriff, werden aber vom Zeigerstellhebel und dessen Feder beharrlich immer wieder zusammengebracht. Hierbei entsteht das bekannte „klick-klick-klick", das man bei Linksdrehung einer Aufzugwelle hört.

Wird die Aufzugwelle andersherum gedreht, entsteht ein ähnliches Geräusch, das aber eine völlig andere Ursache hat. Es wird vom sogenannten Sperrkegel erzeugt, der an den Zähnen des Sperrades entlanggleitet und durch die Sperrfeder in jede Zahnlücke gedrückt werden soll.

Auch ein Sperrkegel (Sperrklinke) hat, wie so viele Teile in einer Uhr, eine Doppelfunktion. Einerseits soll er ein schrittweises Aufziehen der Zugfeder ermöglichen und deren ruckartiges Entspannen verhindern. Andererseits soll er ein Überspannen der Zugfeder verhindern, was zum sogenannten Prellen oder Galoppieren der Uhr und damit einem sehr ungenauen Gang führen würde.

Dies kann der Uhrenkonstrukteur verhindern, wenn er dafür sorgt, daß sich die voll gespannte Feder wieder ein wenig entspannen kann.

Eine einfache, wirksame und daher häufig angewandte Lösung des Problems ist es, den Sperrkegel aus einer kreisförmigen Stahlscheibe zu fertigen, die auf einem festsitzenden Pfeiler durch eine Schraube gesichert

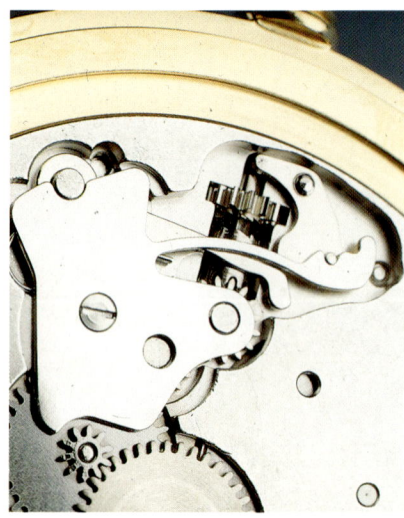

Ein Kupplungsaufzug in der Position „Zeiger stellen". Die große Fläche der Winkelhebelfeder dient hier zur Sicherung der beiden Zeigerstellräder, des Wechselrades und des Zeigerstellhebels mit seiner Feder und verdeckt dieses Teil weitgehend.

und von unten durch eine dünne Drahtfeder immer wieder in die vorgesehene Ruheposition gezogen wird.

Die Stahlscheibe ist auf der dem Sperrad zugewandten Seite fast bis zur Hälfte weggefräst, wobei ein zahnförmiger Rest stehengelassen wurde. Dieser paßt genau in die Lücken zwischen den Sperradzähnen.

Zieht man die Uhr nun auf, wird der Sperrkegelzahn durch die Drehung des Sperrades aus einer Zahnlücke herausgedrückt, aber durch die Sperrkegelfeder sofort in die nächste hineingezogen.

Die gespannte Zugfeder zieht das Sperrad entgegen der Aufzugrichtung, wodurch der Sperrkegelzahn ganz in eine Zahnlücke gedrückt wird. Dabei legt sich die abgeflachte Seite des Sperrkegels gegen die Zahnspitzen des Sperrades. Der Sperrkegelzahn kann eine weitere Rückwärtsbewegung des Sperrades nicht mehr mitmachen und blockiert so das Sperrad in einer Richtung. Ist die Zugfeder voll gespannt, verhindern Sperrkegel und Sperrad durch ihre kleine Rückwärtsbewegung, daß diese überspannt wird.

Die Feder

Die Zugfeder (man verwendet auch die Bezeichnung Trieb- oder Antriebs-Feder) ist das Energie-Paket, das die Uhr in Gang hält. Ein federgetriebenes Uhrwerk ist die einzige Maschine, die nach einmaliger Energiezufuhr bis zu 36 (bei modernen Automatikuhren bis zu 42) Stunden ihren Dienst versieht.

Keine Turbine läuft ohne kontinuierliche Dampfzufuhr, kein Automotor, ohne ständig Kraftstoff zu verbrennen, und der moderne Haushalt kollabiert ohne elektrischen Strom. Quarzuhr und Auto haben eine Gemeinsamkeit: Ist der Tank (die Knopfzelle) leer, dienen beide nur noch dazu, uns unsere Abhängigkeit von ihnen zu demonstrieren.

Die Frage, ob eine Zugfeder nun, im übertragenen Sinn, Kraftstoff oder Motor ist, läßt sich nicht ganz einfach beantworten – sie ist beides. Energiespeicher und Teil des Uhrwerkes.

„Zugfedern sind spiralförmig gewundene Biegefedern, deren Federenergie auf einen langen Federweg verteilt wird." So oder ähnlich lehren es uns die Fachbücher für Uhrmacher.

Während auch Fachleute über solche Lehrsätze einen Moment nachdenken müssen, ist jedem Laien klar, daß eine Feder nur die Kraft wieder abgeben kann, die ihr zugeführt wurde.

Nun darf man aber nicht den Fehler begehen, sich eine Uhrenfeder wie ein Gummiband vorzustellen, das man in die Länge ziehen kann, und das, wieder losgelassen, sich entspannt und anschließend schlaff herunterhängt. Die Feder einer abgelaufenen Uhr verfügt noch über eine beträchtliche Restspannung und würde sich noch ein ganzes Stück ausdehnen, wenn sie in der Uhr den Platz dazu hätte.

Das Gesperr – in der Ausfräsung unter dem Sperr-„Kegel" liegt die Sperrfeder, ein kreisförmig gebogener Stahldraht. Sie ist in der Federhausbrücke und in der Aussparung des Sperrkegels verhakt und zieht diesen immer wieder in seine Ruheposition.

13

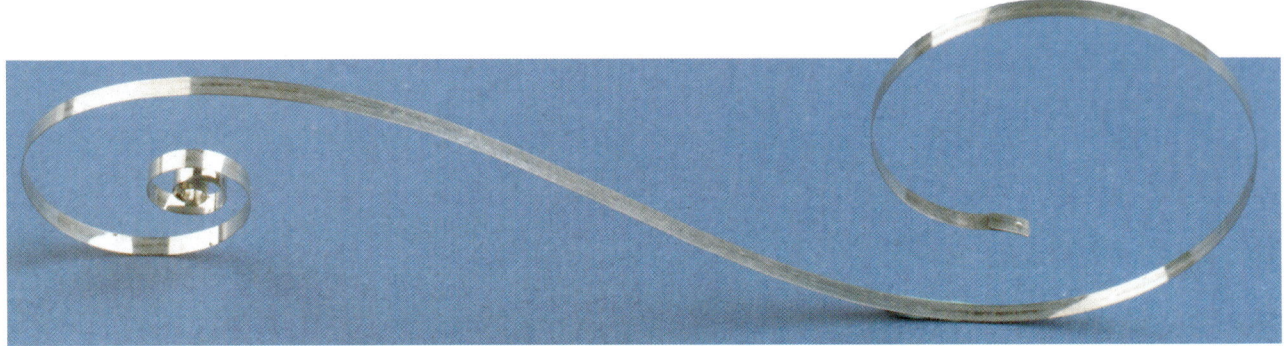

Die Zugfeder einer Damenarmbanduhr. Sie nimmt im ausgebauten Zustand sofort wieder ihre ursprüngliche Form an, obwohl sie schon ein paar tausendmal aufgezogen wurde. In der Klingenmitte zeigt die Feder deutliche Schleifspuren, die entstehen, wenn die einzelnen Federumgänge aneinander entlanggleiten.

Federhaus und Federkern von oben, also von der Federhausbrücke her gesehen. ▽

Zugfedern sind im Sinne des Wortes stahlhart, haben ein stark verdichtetes Molekularsystem und sind entsprechend spröde. Zugfedern zu ersetzen, die ohne einen besonderen Anlaß plötzlich gebrochen waren, gehörte früher zu den alltäglichen Arbeiten eines Uhrmachers.

„Ich habe meine Uhr überdreht", hört der Fachmann zuweilen auch heute noch von seiner Kundschaft. Aber um mit einem weit verbreiteten Irrtum einmal aufzuräumen: Selbst die Trägerin einer kleinen Damenuhr müßte eine Zange zu Hilfe nehmen, um die Zugfeder ihres Ührchens zu „überdrehen".

Dies gilt heute mehr denn je, weil die in modernen Uhren verwendeten Federn im normalen Gebrauch unzerbrechlich sind.

Ausnahmen bestätigen auch hier die Regel.

Die früher so häufig von den Uhrmachern zu erneuernden Zugfedern waren schlichte Flachstahlbänder, die man durch Walzen (meist in kaltem Zustand) mit einer Eigenspannung versehen hatte. Beide Enden hatten ein Loch.

Mit dem einen Loch wurde die Feder am Haken des sogenannten Federhauses befestigt, in das sie nun spiralförmig gewunden wurde.

Ein Federhaus ist eigentlich nichts weiter als eine Blechdose von geringer Höhe und großem Durchmesser, die an ihrer Seite einen umlaufenden Zahnkranz trägt. Die Dose wird mit einem Deckel verschlossen, der sehr selten, wie bei einer richtigen Keksdose, über den Außenrand gestülpt wird. Meistens preßt man ihn aber in eine Ausdrehung in der Federhauswandung. Federhaus und Deckel haben in ihrer Mitte eine große Bohrung zur Aufnahme des Federkerns.

Ein Federkern, dessen Anfertigung ein beliebter Punkt bei Meisterprüfungen im Uhrmacherhandwerk zu sein scheint, ist Welle und Achse in einem.

Die oft verwendete Bezeich-

Kaum zu glauben, beide Teile erfüllen die gleiche Funktion – das Federhaus einer Wanduhr und das einer Damenarmbanduhr. Dieses hat einen Durchmesser von 7,40 mm und ist bei weitem nicht das kleinste seiner Art.

nung „Federwelle" ist daher nicht ganz zutreffend. Der Federkern hat an seinem einen Ende ein Innengewinde und einen Außenvierkant. Auf diesem hat das Sperrad seinen Sitz, das mit einem Innenvierkant ausgestattet ist und mit der Sperradschraube auf dem Ende des Federkerns befestigt wird.

Beim Aufzug der Uhr dient der Federkern nun als „Sperrradwelle", um danach, nun stillstehend, augenblicklich zur „Federhausachse" zu werden. Natürlich sind diese Vorgänge nicht klar zu trennen, sondern gehen ineinander über. Sobald die Aufzugwelle der Uhr gedreht und diese Drehung über Kupplungs-Trieb, Kupplungs-Rad und Kronrad auf das Sperrad übertragen wird, beginnt auch die Kraftzufuhr für das Uhrwerk.

In diesem Moment wird die Zugfeder, die bisher mit ihren Umgängen fest an der Wand des Federhauses anlag, und die mit ihrem zweiten Loch an einem am Federkern sitzenden Haken eingehängt ist, zur Federhausmitte gezogen.

Mit jeder Kronendrehung windet sich die Zugfeder enger um den Federkern. Dabei zieht sie das Federhaus hinter sich her, denn sie möchte sich ja soweit wie irgend möglich wieder entspannen.

Das Federhaus beginnt sich zu drehen und treibt mit seinem Zahnkranz das Räderwerk der Uhr.

Das Material

Man kann sich leicht vorstellen, daß der beschriebene Vorgang, alltäglich wiederholt, eine enorme Materialbelastung darstellt. Deshalb war die Haltbarkeit von Uhrfedern früher meist auf zwei bis drei Jahre begrenzt. Ein weiterer Nachteil ist die Materialermüdung und die damit verbundene Abnahme der Federspannung.

Als ein konstruktiver Nachteil stellte sich die Befestigung der Feder im Federhaus mittels Federloch und Federhaushaken heraus, denn bei dieser Konstruktion veränderte sich beim Ablaufen der Uhr nicht nur die Kraftmenge der Feder, sondern auch die Kraftrichtung.

◁ Ein geöffnetes Federhaus und der Federhausdeckel. Am rechten Rand des Federhauses sind der Federzaum und die stufenförmige Ausfräsung im Federhaus zu erkennen, hinter der sich der Zaum beim Aufziehen verhakt.

Ein offenes Federhaus. Feder und Federkern bedecken etwa zwei Drittel der Grundfläche.

Natürlich wurde das Federhaus immer in eine Richtung gedreht, aber bei fast abgelaufener Zugfeder wirkte deren Kraft fast tangential zum Federhausdurchmesser, während der letzte Umgang der voll aufgezogenen Feder mehr in Richtung der Federhausmitte wirkte. Um den Idealzustand einer sich möglichst gleichmäßig entspannenden Feder zu erreichen, die beim Aufziehen oder Ablaufen nicht einseitig anliegt, wurden die Federn mit einem sogenannten Zaum versehen.

Ein Federzaum ist ein kurzes Stück des Materials, aus dem auch die jeweilige Zugfeder besteht, also von gleicher Stärke und Breite. Dieses wird mit dem Federende durch Nietung oder (meistens) Verschweißung an der Stelle mit der Zugfeder verbunden, an der früher das Endloch der Feder eingestanzt war.

Das freie Ende des so befestigten Zaumes verhakt sich nun mit dem Federhaushaken, sobald die Feder gespannt wird.

Feder und Zaum werden beim weiteren Aufziehen der Uhr V-förmig auseinandergebogen, das Ende der Zugfeder dadurch mehr von der Federhauswandung nach dessen Mitte verschoben.

Eine größere Gleichmäßigkeit beim Spannen und Entspannen der Feder ist gewährleistet.

Die Antriebskraft

Mit Beginn der Entwicklung von tragbaren Uhren mußte vom Optimum des Antriebs rein mechanischer Uhren Abschied genommen werden, dem Gewichtsantrieb. Der Vorteil der Mobilität mußte mit dem entscheidenden Nachteil ungleichmäßiger Antriebskraft erkauft werden.

Eine Stand- oder Wanduhr mit Gewichtsantrieb wird stets mit einem gleichbleibenden Drehmoment angetrieben. Verbesserungen der Ganggenauigkeit der Uhr sind nur bei Räderwerk, Hemmung und Schwingsystem (Pendel) nötig und möglich. Nicht so bei einer federgetriebenen Uhr. Die Kraftabgabe einer Zugfeder verläuft nicht linear, sondern in einer Kurve.

Das von den Uhrmachern zu vollbringende Kunststück bestand also darin, Uhrwerke zu konstruieren, die mit der geballten Kraft einer voll aufgezogenen Zugfeder nicht überlastet sind, aber auch mit einer fast entspannten Feder noch ihren Dienst versehen und bei dieser höchst unterschiedlichen Kraftzufuhr auch noch möglichst genau gehen.

Deshalb versuchte man, die mittlere Federkraft zu nutzen, das heißt, weder die voll gespannte noch die fast entspannte Feder auf das Uhrwerk wirken zu lassen.

Die bekanntesten zu diesem Zweck entstandenen Konstruktionen sind die Schnecke und die sogenannte Malteserstellung. Bei Verwendung der Schnecke, hauptsächlich in Schiffschronometern und alten Taschenuhren, wird zwar die gesamte Entspannungskurve der Feder benutzt, die Kraft wirkt aber nicht direkt auf das Uhrwerk. Statt dessen wird sie mit einer Kette auf eine steigende Spirale übertragen, die auf dem Antriebsrad sitzt. Ist die

Bei der Herstellung eines Federkerns muß der Uhrmacher viele seiner Grundfertigkeiten unter Beweis stellen, wie Feilen, Drehen, Bohren, Gewindeschneiden und Polieren. Deshalb sind Federkerne beliebte Werkstücke bei Prüfungen.

Feder voll aufgezogen, erfolgt der Zug auf den kleinsten Spiralumgang und wirkt somit auf den kleinsten Hebel. Wenn sich die Zugfeder fast entspannt hat, ist die Kette auf dem untersten Schneckenumgang angekommen, und ein entsprechend verlängerter Hebel kann das Uhrwerk treiben.

Mit der Malteser-Stellung verfolgten deren Konstrukteure einen anderen Weg, die Federkraft möglichst gleichmäßig auszunutzen. Man versucht hier, etwa den ersten Federumgang nach dem Aufziehen der Uhr und den letzten Umgang, bevor die Feder völlig entspannt ist, ungenutzt zu lassen. Auf dem Federhausdeckel dreht sich, von einer Schraube gehalten, ein Malteserkreuz mit einem konkav gearbeiteten Zahn.

◁
Ein einseitig gelagertes, sogenanntes Fliegendes Federhaus in einer alten Taschenuhr. Man verzichtete hier auf die untere Lagerung des Federkerns, um ein möglichst flaches Werk bauen zu können. Die Malteserstellung ist hier in der Position „fast abgelaufen" zu sehen.

Schnecke und Federhaus einer englischen Wanduhr. Die Verbindung wird hier mit einer Darmsaite hergestellt, bei Taschenuhren durch eine winzige Kette, die einer Fahrradkette ähnelt.

Auf einem Vierkant auf der Federwelle (Federkern) sitzt eine runde Stahlscheibe mit einem Mitnehmerfinger. Die hohlgeschliffenen Seiten der Malteserzähne und die Mitnehmerscheibe haben den gleichen Radius. Deshalb kann diese sich am Kreuz vorbeidrehen, wobei dieses bei jeder Umdrehung des Federkerns um eine Fünftelumdrehung weiterbewegt wird, bis der konkave Zahn die Mitnehmerscheibe blockiert. Beim Ablauf der Uhr dreht sich das Federhaus mit dem Malteserkreuz, und der Vorgang wiederholt sich in umgekehrter Reihenfolge.

Um wirklich die mittlere Federkraft auszunutzen, muß die Feder im Federhaus vor dessen Einbau in die Uhr um etwa einen Federumgang vorgespannt werden.

Bei modernen, mechanischen Armbanduhren bedarf es solcher Hilfsmittel nicht mehr, weil die

heute verwendeten Zugfedern bei geringerer Klingenstärke ein höheres Drehmoment entwickeln als die früher gebräuchlichen Stahlfedern. Deshalb kann man bei gleichbleibendem Federhausdurchmesser eine längere Feder einbauen, wodurch eine Gangdauer der Uhr von 36 Stunden und mehr gewährleistet wird. Da eine Armbanduhr üblicherweise täglich aufgezogen wird, kommt der starke Kraftverlust nicht zur Wirkung, den die Feder kurz vor Ablauf der Uhr erleidet.

Die Feder von heute

Die Entwicklung der heute verwendeten Federn geht auf den Schweizer Ingenieur Max Straumann zurück, der Anfang der fünfziger Jahre unter dem Namen „Nivaflex" eine Neuentwicklung auf dem Gebiet der

19

Uhrenfedern vorstellte. Straumann hatte in zahlreichen Experimenten eine Legierung aus Eisen, Nickel, Chrom, Kobalt, Beryllium und weiteren Zusatzstoffen zusammengestellt.

Federn aus diesem Werkstoff sind rostfrei, bruchsicher, nicht magnetisierbar und ermüdungsfrei.

Eine Nivaflex-Feder kann 10 000mal aufgezogen werden, ohne ihre Kraft zu verlieren, versieht also, geht man von täglichem Aufzug aus, mehr als 27 Jahre zuverlässig ihren Dienst.

Die heute gebräuchlichen Federn sind mit einer speziellen Gleitschicht versehen, die eine Schmierung durch den Uhrmacher überflüssig macht und für eine geringe Reibung der einzelnen Federumgänge aneinander sorgt. Eine zusätzliche Reduzierung der Reibung erreicht man durch einen leicht gewölbten Schliff der Federklinge, wodurch die Umgänge sich beim Entspannen der Zugfeder nur noch in der Mitte berühren. Das äußere Ende einer Zugfeder wird heute unter Wärmebehandlung nach außen gebogen, wodurch die Feder in ausgebautem Zustand eine S-Form annimmt. Hierdurch erreicht man eine wesentlich verbesserte Entspannungskurve der Feder mit fast gleichbleibender Kraftabgabe bis zur völligen Entspannung.

Und so kann die Zugfeder dafür sorgen, daß der Sekundenzeiger einer Uhr seine 3 600 Schritte pro Stunde machen kann. Bis zu 42mal, ohne Pause!

Der beliebte „Pfennigvergleich" macht die Größenverhältnisse deutlich: Am oberen Bildrand das „große" Viertelrohr des Unitas-Werkes, vorn links das durchbohrte Minutenrohr eines Herrenuhrwerkes mit Zentrumssekunde.

Jedes Kind weiß, daß eine mechanische Uhr eine Zugfeder hat, viele Menschen können sich auch unter dem Begriff „Unruh" etwas vorstellen. Aber wer weiß schon, was ein Kleinbodenrad ist – nämlich einer der unbekannten Arbeiter, die dafür sorgen, daß die Kraft der Trieb- bzw. Zugfeder, stark umgewandelt, beim Schwingsystem ankommt.

Es gibt in der Uhrentechnik viele verschiedene Räderwerksarten – für Schlag- und Weckerwerke, für Automatikgetriebe und Chronographen.

Aber das Räderwerk ist für Uhrmacher immer zunächst das Zahnradgetriebe, das beim Zahnkranz des Federhauses beginnt und dessen letzter Teil das Trieb des Ankerrades ist.

„Ein Räderwerk ist eine Gruppe von Rädern und Trieben zur Kraftübertragung, die bei Uhren zwischen dem Antrieb und der Hemmung im Eingriff stehen."

So, oder ähnlich, kann man es in Fachbüchern für Uhrmacher nachlesen. Und weiter: „Räderwerke übersetzen hohe Drehmomente mit kleiner Drehzahl in kleine Drehmomente mit hoher Drehzahl." Für alle Uhrenfreunde (und vielleicht auch Uhrmacher?), die mit diesem Fachchinesisch nicht viel anfangen können, hier die allgemein verständliche Beschreibung eines Räderwerkes.

Die ursprüngliche Aufgabe einer Uhr ist es ja, einen aus der Astronomie vorgegebenen Zeitraum in gleichmäßige Zeitabschnitte zu zerteilen und dies mit Hilfe von Zifferblatt und Zeigern sichtbar zu machen.

Die ersten Räderwerksuhren hatten nur einen Zeiger, den

Als das Leben noch nicht in Sekunden-Abschnitte eingeteilt war, genügte den Menschen nur ein Stundenzeiger an ihrer Uhr. Der reich verzierte Zeiger dieser friesischen „Stoelklok" zeigt etwa halb zehn.

Unsere „Schulungsuhr" von Tissot. Der Uhrmacher nennt diese Gehäuseform Lepine oder „offene Taschenuhr", womit der Unterschied zur Sprungdeckeluhr gemeint ist, die im Französischen „Savonnette" heißt.
◁

▷
Das Anschauungswerk Unitas 6497 in eingebautem Zustand. Die Schrauben mit den großen Köpfen am oberen und unteren Werkrand ziehen das Uhrwerk nach hinten in die Gehäuseschale. Auf der Zifferblattseite ruht das Werk auf einem schmalen, umlaufenden Ansatz.

21

Minutenrad und ein Zwischenrad einer Acht-Tage-Wanduhr. Großuhren haben zwischen Federhaus und Minutenrad meist noch ein oder zwei Zwischenräder. Dadurch wird eine langsamere Federentspannung und damit eine längere Gangdauer der Uhr erreicht.

Stundenzeiger. Irgendwann genügte es den „Uhrenanwendern" nicht mehr, Tag und Nacht in zwei Abschnitte von je zwölf Stunden zu unterteilen. Ein neues „Anwenderprogramm" mußte her, das die Einführung des Minutenzeigers zur Folge hatte. Der Sekundenzeiger war der nächste Schritt zur Verkleinerung der gemessenen Zeiträume.

Der Entschluß, auch die Sekunde noch zu unterteilen, ging mit der Einführung des Dezimalsystems in die Zeitmessung einher. Ein Kuriosum, denn man kann jetzt zwar von 2,30 Sekunden, nicht aber von 2,30 Minuten oder 10,17 Stunden sprechen. Selbstverständlich ist dies rechnerisch möglich, aber wer macht sich schon die Mühe, eine Stunde durch 100 zu teilen, um anschließend fünf Minuten in Dezimalstellen angeben zu können.

Nach der französischen Revolution gab es zaghafte Versuche, den Tag in 10 Stunden einzuteilen, aber die aus dieser Idee entstandenen wenigen Uhren sind nie zu Gebrauchsgegenständen geworden und sind heute allenfalls als Sammelobjekt von Interesse.

Es blieb also bei Uhrwerken, in denen sich ein Rad einmal in der Stunde und, bei Uhren mit Sekundenzeiger, ein Rad einmal in der Minute dreht.

Und damit wären wir bei den für Laien etwas mißverständlichen Bezeichnungen für Uhrwerksräder angelangt.

So heißt zum Beispiel das Minutenrad nicht so, weil es sich in der Minute einmal dreht, sondern weil es den Minutenzeiger trägt.

Ebenso ist es mit dem Sekundenrad, auf dessen Zapfen der Sekundenzeiger sitzt, das sich aber einmal in einer Minute dreht.

Das Stundenrad, das den von vielen Leuten als „kleinen" Zeiger bezeichneten Stundenzeiger trägt, macht seine Runde einmal in zwölf Stunden.

Am Beispiel dieser drei Räder sehen wir schon, daß der Uhrenkonstrukteur bei der Entwicklung eines Uhrwerkes nicht ganz frei ist.

Er hat das Minutenrad so zu entwerfen, daß es sich stündlich einmal dreht, das Sekundenrad dabei 60 Umdrehungen macht und das Stundenrad sich dabei kaum bewegt, weil es ja zwölf Stunden für eine Umdrehung benötigt.

Wie schnell sich dabei die anderen Räder des Uhrwerkes drehen, welche Zahnzahlen man für Räder und Triebe wählt oder wie lang und wie stark die verwendete Zugfeder ist, all dies ist für die Zeitanzeige einer Uhr unwichtig.

Diese Konstruktionsmerkmale erlangen erst Bedeutung bei der Überlegung, wie lange eine Uhr nach einmaligem Aufzug gehen soll oder welche Art von Hemmung oder Schwingsystem man verwenden möchte. Denn natürlich dreht sich ein Minutenrad nur ungefähr einmal pro Stunde. Mit der Auswahl und dem Zusammenspiel der übrigen Uhrwerksteile versucht der Uhrmacher das Optimum zu erreichen, daß sich das Minutenrad in g e n a u einer Stunde einmal dreht und der Sekundenzeiger sein kleines Zifferblatt in einer Stunde genau 60mal mit seinen ruckartigen Schrittchen umrundet hat.

Ein voll aufgezogenes Taschen- oder Armbanduhrwerk liefe in weniger als einer Minute ab, würde es nicht durch Hemmung und Unruh daran gehindert. Einziges sichtbares Zeichen für deren Arbeit ist die holprige Art, in der der Sekundenzeiger seine Runden dreht.

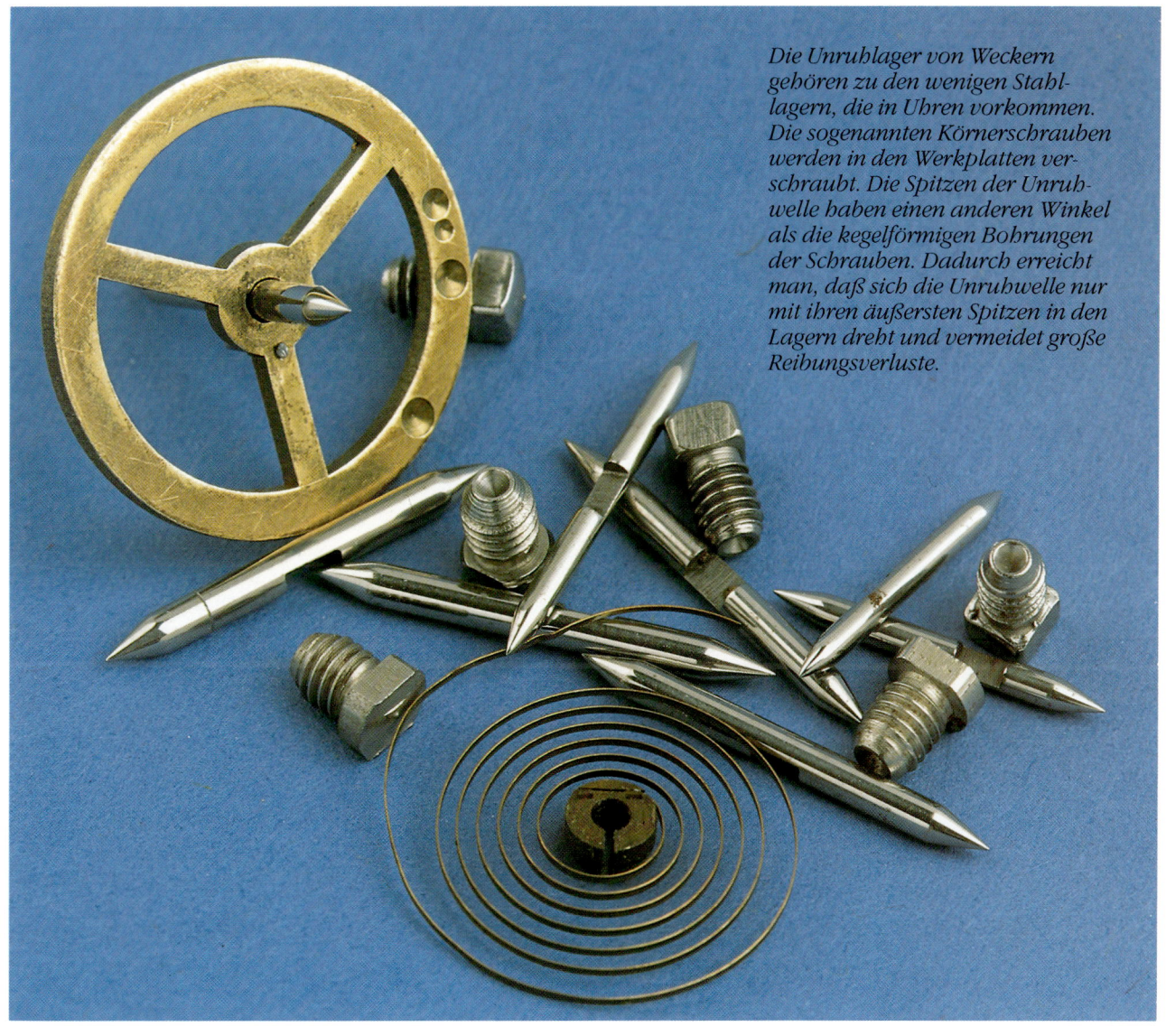

Die Unruhlager von Weckern gehören zu den wenigen Stahllagern, die in Uhren vorkommen. Die sogenannten Körnerschrauben werden in den Werkplatten verschraubt. Die Spitzen der Unruhwelle haben einen anderen Winkel als die kegelförmigen Bohrungen der Schrauben. Dadurch erreicht man, daß sich die Unruhwelle nur mit ihren äußersten Spitzen in den Lagern dreht und vermeidet große Reibungsverluste.

Der unvollkommene Antrieb

Jedes Zahnradgetriebe ist im Grunde ein Zugeständnis des praktisch Machbaren an die theoretisch-physikalischen Möglichkeiten.

Theoretisch sind zwei kreisrunde Scheiben, die rutschfrei aufeinander abrollen, der Idealfall eines Antriebs. Leider läßt dieser Idealantrieb der Theorie die Widrigkeiten der grauen Praxis unberücksichtigt, wie zum Beispiel Verschleiß der aufeinander abrollenden Oberflächen, Schlupf (also das Rutschen der Scheiben aufeinander), ungenaue Lagerung, Unwuchten und vieles mehr.

Deshalb hat man sich im Maschinen- und Uhrenbau für die zweitbeste, praktisch zu verwirklichende Möglichkeit entschieden, die Verzahnung. Während man im Maschinenbau häufig Zahnräder mit dreieckigen Zähnen antrifft, deren Zahnspitzen abgeflacht sind, wird bei der Uhrenherstellung die sogenannte (Pseudo-)Zykloidenverzahnung verwendet.

Die Grundplatine des Taschenuhrwerkes Unitas 6497 mit eingesetztem Räderwerk. Beim Aufsetzen der Räderwerksbrücken muß der Uhrmacher vorsichtig sein, um die dünnen Zapfen der Räder nicht zu beschädigen.

Bei dieser Verzahnungsart haben die Flanken der Zähne ein gewölbtes, fast halbrundes Profil und können so gut aufeinander „abrollen". Dadurch wird die kräftezehrende Reibung zwischen den Rädern vermindert.

In einem Uhrwerk stehen fast nie zwei Räder miteinander im Eingriff, sondern meistens ein Rad mit einem Trieb. Das Trieb (nicht *der* Trieb, wie man neuerdings in manchen „Fachbüchern" lesen kann) ist im Uhrenbau ein Zahnrad mit weniger als 15 Zähnen. Ein Trieb besteht meistens aus poliertem, gehärtetem Stahl, während die Uhrenräder aus Messing (selten aus Beryllium-Bronze) hergestellt werden.

Unser „Schauwerk" Unitas 6497 hat, wie alle Uhren klassischen Werkaufbaus, neben dem Federhaus noch vier Räder. Der Zahnkranz des Federhauses greift in das Minutenradtrieb, das Minutenrad steht mit dem Kleinbodenradtrieb im Eingriff, das seinerseits wieder dafür sorgt, daß das Sekundenrad gedreht wird, in dessen Trieb das Kleinbodenrad greift.

Freier Blick in den „Maschinenraum". Der Absatz mit den drei Bohrungen unter dem Minutenrad dient zur Aufnahme des Ankerklobens. Durch die hier grünlich schimmernde Bohrung unter dem Ankerrad kann der Uhrmacher von der Zifferblattseite aus den Eingriff von Anker und Ankerrad kontrollieren.

Das Sekundenrad dreht nun das Ankerradtrieb und damit das Ankerrad, das aber nicht mehr Teil des Räderwerkes ist, sondern schon zur Hemmung der Uhr gehört.

Bei jedem der geschilderten Eingriffe wird die Drehrichtung des jeweils folgenden Rades geändert, die Drehzahl erhöht und die Kraft verringert. Räderwerke übersetzen hohe Drehmomente mit kleiner Drehzahl...

Das Federhaus einer voll aufgezogenen Wanduhrfeder läßt sich mit bloßen Händen nicht anhalten. Das Ankerrad derselben Uhr bleibt bei einer leichten Fingerberührung stehen.

An diesem Beispiel wird deutlich, wie stark der Kraftverlust in einem Uhrwerk ist und wie gering erst die Kräfte sein müssen, die ein winziges Damenuhrwerk antreiben.

Ein Rad und ein Trieb, die miteinander im Eingriff stehen, sollen bei möglichst geringer Reibung eine sichere Führung gewährleisten.

Einerseits soll die Zahnluft möglichst gering sein, andererseits sollen Klemmungen vermieden werden, wie sie beispielsweise entstehen könnten, wenn ein zu breiter Zahn in eine schmale Lücke zwischen zwei Zähnen geriete oder mit seiner Spitze aufstieße.

Um einen einwandfreien Eingriff zu erreichen, müssen Rad und Triebverzahnung also genau aufeinander abgestimmt werden. Bei der Herstellung müssen dementsprechend zahlreiche errechnete Größen, wie Zahndicke, Zahnkopfhöhe, Zahnfußhöhe, Teilung (Zahn plus Zahnlücke) Kopfkreisdurchmesser, Fußkreisdurchmesser und vieles mehr, beachtet werden.

Die Eingriffe müssen dabei in der vorhin beschriebenen Folge der Räder zueinander passen, das heißt, Minutenradtrieb und Minutenrad sind verschieden, Kleinbodenradtrieb und Minutenrad passen aber zueinander.

Die Durchmesser der Triebe, Wellen und Radzapfen nehmen vom Minutenrad zum Ankerrad hin deutlich ab, die Verzahnungen werden immer feiner. Damit trägt man den immer kleiner werdenden Kräften Rechnung, die zum einen die Teile nicht mehr so stark beanspruchen, zum anderen aber auch eine weitestmögliche Reibungsverminderung nötig machen.

Dies geschieht durch die Verwendung dünnerer Zapfen, aber auch durch die Verwendung von Lagersteinen aus synthetischem Rubin, die sich für eine reibungs- und damit verschleißarme Lagerung bewährt haben.

Bei Uhren mit sogenannter Zentrumssekunde wird die Sekundenradwelle im durchbohrten Minutenrad gelagert. Bei genauem Hinsehen erkennt man auf diesem Bild den Sekundenradzapfen, der durch das Minutenrohr ragt.

Taschenuhr-Grundplatine mit fertig montiertem Aufzug, Wechselrad und Minutenrohr. Unter der Platte der Winkelhebelfeder sind die Zeigerstellräder zu sehen.

Verschiedene Materialien

Ohnehin bemüht man sich im Uhrenbau stets, verschiedene Materialien bei drehenden Teilen zu verwenden, die miteinander in Verbindung stehen.

Das heißt, ein Stahlzapfen dreht sich immer in einem Rubin- oder Messinglager, ein Messingrad treibt ein Stahltrieb. Stahlwellen in Stahllagern sind im Uhrenbau, sieht man von einfachen Weckern einmal ab, unbekannt.

Den Eingriff Messingrad mit Messingrad gibt es auch nur selten, zum Beispiel beim Aufzuggetriebe von Automatikuhren.

Zwischenrad und -Trieb einer Schlagwerkuhr. Das Rad wird auf dem Ansatz an der linken Triebseite vernietet.

Stahlzahnräder kommen eigentlich nur im Aufzug einer Uhr vor, wo eine hohe Materialbelastung stattfindet, andererseits aber keine kontinuierliche Drehbewegung über einen längeren Zeitraum stattfinden muß.

Das starke Minutenrad

Das Minutenrad nimmt in einem Uhrwerk in mehrfacher Hinsicht eine Sonderstellung ein.

Es ist, wegen seines Eingriffs mit dem Federhaus, das größte und stabilste Rad mit den dicksten Zapfen und den kräftigsten Zähnen.

Drei verschiedene Minutenräder, hier einmal ausnahmsweise vor dem Zifferblatt.

Das klassische Räderwerk einer Taschenuhr mit „kleiner Sekunde". Man sieht sehr genau die von Rad zu Rad feiner werdende Verzahnung.

Es ist aber auch das Rad, mit dessen Hilfe die Uhr von der Maschine zum Zeitmeßgerät wird.

Denn erst durch Zifferblatt und Zeiger kann eine Uhr zu dem nützlichen Gerät werden, das sie ist.

Im Taschenuhrbau, wie er etwa seit der Jahrhundertwende betrieben wird, besitzt das Minutenrad zumeist eine sehr lange Welle. Diese wird, wie das auch bei den Wellen der anderen Räder geschieht, aus einem langen sogenannten Rohtrieb gefertigt.

Im handwerklichen Uhrenbau muß ein Uhrmacher mit Hilfe einer Uhrmacherdrehbank ein Rohtrieb auf die gewünschte Gesamtlänge der zukünftigen Radwelle bringen.

Anschließend werden, durch Abdrehen, die Triebzähne fast auf der gesamten Länge entfernt, wodurch ein glatter, sogenannter Wellenbaum entsteht, der noch an beiden Enden mit Zapfen versehen wird. Die Triebzähne bleiben nur an der Stelle stehen, wo der zukünftige Eingriff mit dem Rad entstehen soll, von dem das Trieb später getrieben werden soll.

Man läßt die Triebzähne in ausreichender Breite stehen, so daß auch bei einem nicht ganz flachen Rad stets ein sicherer Eingriff gewährleistet bleibt. An einem Ende wird ein kleiner stufenförmiger Ansatz in die Triebzähne gedreht, auf den das Rad, das mit unserem Trieb fest verbunden ist, aufgenietet wird.

Bei modernen mechanischen Armbanduhren mit zentral gelagertem Minutenrad wird nun dessen Welle an ihrem unteren Ende (das ist, wegen der Reparatur-Position „Ziffernblatt unten", für Uhrmacher immer das Ende zur Grundplatine hin) mit einem besonders langen Zapfen versehen, der nun über seine polierte Lauffläche hinaus aus der Grundplatine herausragt. Dieser Teil der Minutenradwelle ist etwas dünner als der im Minutenradlager drehende Teil, nicht poliert und mit einer kleinen Nute versehen.

Auf diesen Teil der Minutenradwelle wird nun, von der Zifferblattseite her, das sogenannte Minutenrohr (Vierteltrieb/Viertelrohr) gesteckt, ein kleines Stahlrohr mit einer umlaufenden Verzahnung an einem Ende.

Zwischen zwei Ansätzen ist die Wandung dieses Rohres dünner gedreht. An dieser Stelle werden mit einer Spezialzange zwei kleine, einander gegenüber liegende Druckstellen angebracht. Diese rasten nun in die leicht kegelförmige Nute der Minutenradwelle und klemmen das Minutenrohr so auf dieser fest.

Dabei muß der Uhrmacher darauf achten, daß das Minutenrohr auf der Welle gut drehbar bleibt. Damit es sich dabei nicht festfrißt, wird es vorher sorgfältig gefettet.

Auf dem Minutenrohr wird anschließend, nach Montage des Zifferblattes, der Minutenzeiger befestigt.

Doch zuvor muß ja noch für den Stundenzeiger gesorgt werden. Dieser sitzt auf dem Stundenrad, das sich seinerseits auf dem Minutenrohr dreht. Eine direkte Verzahnung der beiden ist nicht möglich.

Diese Aufgabe übernimmt das Wechselrad, das auf einer Achse, manchmal auch mit einem Zapfen in der Grundplatine gelagert ist.

Beim Eingriff des Minutenrohres in das Wechselrad findet im Gegensatz zu den übrigen Eingriffen im Uhrwerk eine Übersetzung 12:1 statt, also eine Drehzahlverringerung.

Stunden- und Wechselräder von Armband- und Taschenuhren.

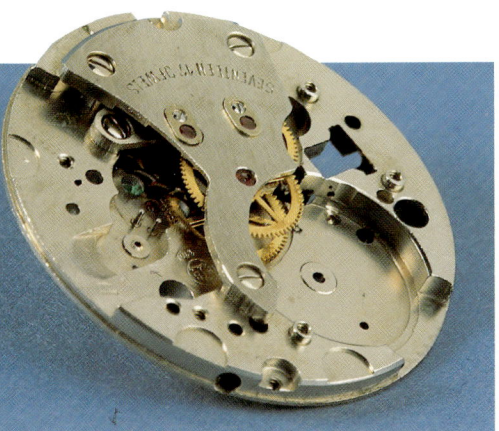

Das Räderwerk einer Herrenarmbanduhr mit Zentrumssekunde. Die Deckplättchen auf der Räderwerksbrücke dienen nicht, wie bei einer Unruh, zur Reibungsverminderung, sondern nur zum Lagerabschluß. Sie sind eigentlich überflüssig.

Das Minutenrohr dreht sich (wie man es erwartet, denn daher kommt schließlich der Begriff) im Uhrzeigersinn – beim Wechselrad wechselt die Drehrichtung. Das Wechselradtrieb greift in die Zähne des Stundenrades, wobei die Drehrichtung erneut wechselt und zum ersten Mal ein Rad von einem Trieb gedreht wird – das Stundenrad im Uhrzeigersinn.

Das Zeigerstellrad

Doch damit ist es nicht getan, die Zeiger müssen auch eingestellt werden. Dies geschieht, indem die Aufzugwelle in die Position Zeigerstellung gebracht wird und dabei das Kupplungstrieb in Eingriff mit dem Zeigerstellrad kommt.

Das Zeigerstellrad (manchmal sind es auch zwei) ist ein Stahlzahnrad, genaugenommen ein durchbohrtes Trieb, das in einer Ausfräsung der Grundplatine auf einem dicken Stift (die Uhrmacher nennen das Putzen) sitzt und mit dem Wechselrad in Verbindung steht. Die Zeigerstellung erfolgt also über das, meistens unter der Winkelhebelfeder verborgene, Zeigerstellrad, das Wechselrad und das auf der Minutenradwelle drehbar Minutenrohr.

Hieran wird auch deutlich, warum es wichtig ist, nach erfolgter Zeigerstellung die Aufzugwelle wieder in die Position „Aufzug" zu bringen. Anderenfalls würde das Zeigerwerk auch noch die aus der Uhr herausragende Aufzugwelle mitdrehen müssen, was unweigerlich zum Stehenbleiben der Uhr führen würde.

Bei den meisten Uhren heute ist der Sekundenzeiger ein sogenannter Zentrum- oder Zentral-Sekundenzeiger, das heißt, daß er seinen Drehpunkt in der Zifferblattmitte hat.

Mechanische Werke mit Zentrumssekunde haben einen völlig anderen Werkaufbau als unsere Unitas-Taschenuhr. Bei diesen Werken, die in zwei Ebenen aufgebaut sind, dreht sich das Minutenrad, dessen Welle achsial durchbohrt ist, unter einer separaten Brücke. Der untere Zapfen des Kleinbodenrades hat sein Lager in der Grundplatine, das Trieb ist, wie üblich, mit dem Minutenrad im Eingriff.

Das Kleinbodenrad dreht sich über der Minutenradbrücke und treibt dort das Sekundenrad, das in der durchbohrten Minutenradwelle gelagert ist.

Eine weitere, recht verbreitete Uhrwerksvariante ist das Werk ohne Minutenrad in der Werkmitte. Bei dieser Konstruktion wird ein Minutenrad ohne eigene Welle durch ein Trieb des eigentlichen Räderwerkes gedreht. Dieses Trieb ragt durch eine Ausfräsung der Grundplatine in den Bereich zwischen Zifferblatt und Grundplatine. Das Minutenrad ist auf dem Minutenrohr mit zwei parallel verlaufenden Speichen verklemmt, wodurch die zur Zeigerstellung nötige Rutschkupplung entsteht.

Rad und Trieb drehen sich auf einer in der Grundplatine vernieteten Achse.

Hier sieht man deutlich die zwei Ebenen, in denen ein Zentrumssekundenwerk gebaut ist.

Ein Uhrwerk ist, ohne Hemmung, so wie man sich eine Maschine vorstellt: Eine Kraftquelle (Trieb- bzw. Zugfeder) treibt ein Räderwerk, das jeweils getriebene Zahnrad dreht sich in entgegengesetzter Richtung als das treibende Rad.

Da Übersetzungen im Verhältnis 1:1 im Uhrwerk (außer im Zeigerwerk in indirekter Form) nicht vorkommen, ändert sich in jedem Eingriff die Drehzahl. Gleichzeitig verringert sich das Drehmoment. Verglichen mit der Kraft, die beim Ankerrad ankommt, ist das von der Zugfeder an das Federhaus abgegebene Drehmoment gewaltig.

Ebenso enorm ist aber auch die Drehzahländerung. Wenn sich das behäbige Federhaus erst einmal gedreht hat, kann das gehetzte Ankerrad schon auf ein

Chronometerhemmung

Stiftankerhemmung

Spindelhemmung

Zylinderhemmung

paar tausend Runden zurückblikken. Und so kann es durchaus passieren, daß ein zarter Ankerradzapfen, insbesondere, wenn der ihn umgebende Ölfilm nicht mehr einwandfrei ist, von der eigenen Geschwindigkeit einfach abgerissen wird, wenn das voll aufgezogene Uhrwerk ungebremst ablaufen kann.

So mancher Uhrmacher kann ein Lied davon singen, denn es passiert schon einmal, daß man, in Gedanken, nicht so ganz bei der Sache, Unruh und Anker ausbaut, ohne vorher die Zugfeder ordnungsgemäß zu entspannen.

Spätestens beim Vernehmen des hohen Pfeiftons, den das rasend schnell drehende Ankerrad verursacht, entsteht eine Schrecksekunde in der Uhrmacherwerkstatt. Nun ist schnelle Reaktion gefordert. Entweder wird die Zugfeder jetzt schleunigst abgespannt, wie die Uhrmacher sagen, was aber nur bei Kleinuhren schnell möglich ist. Oder man versucht, das Ankerrad abzubremsen, wobei man vorsichtig zu Werke gehen muß, um nicht durch eine grobe Berührung dem dünnen Ankerradzapfen den Garaus zu machen.

Ohne Hemmung läuft ein voll aufgezogenes Uhrwerk in kürzester Zeit ab. Bei Kleinuhren dauert dies weniger als eine Minute, bei Großuhren kann darüber schon einmal eine halbe Stunde vergehen.

Eine Hemmung dient also einerseits dazu, den unkontrollierten, raschen Ablauf des Räderwerkes zu verhindern (zu hemmen). Andererseits wird die durch das Räderwerk übertragene und dabei stark reduzierte Kraft der Zugfeder umgeformt

Konstruktionszeichnung einer Spindelhemmung.

und auf das Schwingsystem übertragen.

Die so grob umrissene entscheidende Funktion der Hemmung ist es aber, eine Verbindung zwischen der „Zeitanzeige-Vorrichtung", also dem Zeigerwerk, und dem Schwingsystem, also Pendel oder Unruh, herzustellen.

Dies liest sich nun sehr vereinfachend, aber tatsächlich muß man diesen technischen Ablauf etwas genauer betrachten, um die Wechselwirkung der verschiedenen Baugruppen im Uhrwerk zueinander zu erkennen.

Die ersten mechanischen Uhren hatten Spindelhemmungen.

Bei dieser Hemmungsart greifen zwei, auf einer Stahlwelle um etwa 70 Grad versetzt angebrachte (oder mit der Welle aus einem Stück gearbeitete), rechteckige Plättchen (Lappen) zwischen die Zähne des sogenannten Spindelrades. Dies ist ein kronenförmig gearbeitetes Messingrad mit Sägezähnen, das nun die auf seinem Durchmesser einander gegenüberliegenden sogenannten „Lappen" der Spindel wechselseitig wegdrückt.

Die Spindel hängt an einem doppelten Faden, der dabei verdreht wird. Bei seiner „Entzwirbelung" bringt er die Spindel wieder in deren Ausgangsposition zurück. Als Reguliervorrichtung tragen diese Uhren, quer auf der Spindelwelle sitzend, einen kleinen Balken mit mehreren Einkerbungen, in die Gewichte eingehängt werden können. Je weiter diese Gewichte auf der (wegen ihres an einen Waagebalken erinnernden Aussehens) sogenannten Waag nach außen verschoben werden, desto langsamer geht die Uhr, und umgekehrt.

Es liegt auf der Hand, daß mit einer solchen Konstruktion keine genauen Gangergebnisse zu erzielen waren. Aus diesem Grunde sannen die Uhrenbauer, die meistens aus dem Schlosserhandwerk kamen, auf Abhilfe.

Galileo Galilei (1564–1642) fand die Gesetze des Pendels.

Schon vorher hatte es erste Versuche gegeben, Pendel im Uhren

31

(auch bei Spindeluhren) zu verwenden.

Auch Galilei entwickelte zusammen mit seinem Sohn Vincenzo eine Pendeluhr, die aber nie vollendet wurde.

Der niederländische Mathematiker, Physiker und Astronom Christian Huygens (1629–1695) konstruierte im Jahre 1657 seine erste Pendeluhr. Seither ist das Pendel aus dem Großuhrenbau nicht mehr wegzudenken.

In esoterischen Kreisen glaubt man, mit Hilfe eines aus einem Faden und einem Gewichtsstück bestehenden Pendel die erstaunlichsten Dinge herausfinden zu können.

In der Uhrentechnik beschränkt man sich auf die physikalisch nachweisbaren Eigenschaften eines Pendels, das bei Uhren eine feste Pendelstange hat. Zu diesen Eigenschaften gehört, daß ein Pendel, einmal in Schwingungen versetzt, bei nur sehr geringer Kraftzufuhr gleichmäßig weiterschwingt.

Bei Ankerhemmungen, mit denen wir uns hier beschäftigen wollen, geschieht das Abbremsen des Räderwerkes durch zwei Ankerklauen (Paletten), von denen jeweils eine zwischen die Zähne des Ankerrades ragt und dadurch die Drehbewegung des Rades stoppt.

Ein Anker ist ein zweiarmiger Hebel aus gehärtetem Stahl (bei Großuhren aus Messing und Stahl), dessen drei Enden gabelförmig ausgearbeitet sind. Als „Uhren-Anwender" hat man sicherlich eher einmal Gelegenheit, eine Großuhrhemmung anzusehen, als nähere Einblicke in eine Armband- oder Taschenuhr zu bekommen.

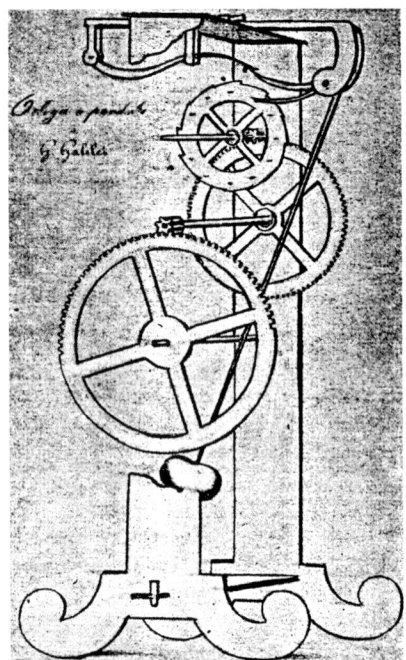

Pendelkonstruktion von Galileo Galilei.

Da man bei einer Stand- oder Wanduhr die Funktionsweise mühelos ohne Hilfe einer Lupe beobachten kann und außerdem die dort stattfindenden Abläufe weitgehend auf eine Kleinuhrhemmung übertragbar sind, wollen wir diese anhand der in besseren Uhren meistens verwendeten sogenannten Graham-Hemmung erläutern.

Dies auch deshalb, weil die von dem englischen Uhrmacher George Graham (1673–1751) erfundene Hemmung von allen Großuhrhemmungen am besten mit der heute in Kleinuhren verwendeten „Schweizer Ankerhemmung" vergleichbar ist.

Der „Graham-Gang", wie die Uhrmacher bisweilen sagen, gehört zwar zu den sogenannten ruhenden Hemmungen, während der „Schweizer Ankergang" zu den freien Hemmungen zählt.

Beiden Hemmungen ist aber gemeinsam, daß der Eingriff des Ankers durch Verschieben der Ankerklauen (Palette) verändert werden kann.

Beim Kleinuhranker sind die Paletten aus synthetischem Rubin verschiebbar in den Stahlkörper des Ankers eingelassen und werden dort mit einem winzigen Tropfen Schellack fixiert.

Die Graham-Paletten bestehen aus Stahl und werden durch kleine Stahlplatten, die jeweils durch zwei Schrauben befestigt werden, im Ankerkörper aus Messing gehalten.

Ein Uhrenpendel ist nur durch die Ankergabel mit dem Uhrwerk verbunden und erhält durch diese seinen Impuls. Manche Anker haben statt der Ankergabel auch einen Stift, der in einer Ausfräsung in der Pendelstange steckt.

Das Pendel könnte nach dem Impuls durch den Anker eigentlich frei schwingen. Aber es muß auch den Anker, der es gerade noch mit Kraft versorgte, mitnehmen, während es den sogenannten Ergänzungsbogen beschreibt.

Der Ergänzungsbogen ist der Teil einer Amplitude (Halbschwingung), den ein Schwingsystem (Pendel oder Unruh) nach der sogenannten Auslösung noch in gleicher Richtung weiterschwingt, bis es den Umkehrpunkt erreicht.

An diesem Punkt heben sich der Eigenschwung des Pendels und die Erdanziehungskraft auf, das Pendel stoppt für einen, durch den Menschen nicht wahrnehmbaren, Moment und durchläuft nun die zweite Amplitude der Schwingung.

Mit Hilfe von sogenannten Gangmodellen, stark vergrößerten Nachbauten von Hemmung und Schwingsystem, lassen sich technische Abläufe in einer Uhr anschaulich demonstrieren.

Der Ankerradzahn liegt an der Ruhefläche der Ankerpalette.

Der Zahn ist von der Eingangspalette des Ankers „abgefallen", ein anderer „ruht" an der Seite der Ausgangspalette.

Inzwischen ist die Auslösung durch die einschwingende Unruh erfolgt. Der Ankerradzahn gleitet über die Hebefläche der Palette, die Unruh erhält dabei ihren Impuls für die nächste Halbschwingung.

Inzwischen hat die Unruh ihren Rückweg aus entgegengesetzter Richtung angetreten und den Anker aus der Ruheposition „ausgelöst". Vom Ankerradzahn, der über die Hebefläche der Ausgangspalette gleitet, erhält sie einen neuen Kraftimpuls.

Die Wirkung der Schwerkraft verleiht dem Pendel nun einen solchen Schwung, daß es über seinen Nullpunkt, also der Position, in der das Pendel einer stehenden Uhr senkrecht hängt, hinaufschwingt. Etwa beim Nullpunkt setzt nun wieder die Kraftzufuhr durch die Hemmung ein, das Pendel erhält einen neuen Impuls und das gleiche Spiel beginnt, in entgegengesetzter Richtung, auf's Neue.

Was passiert nun unterdessen zwischen Ankerrad und Anker?

Das Ankerrad will, getrieben von Federkraft oder Gewicht, nichts weiter als sich drehen.

Die Ankerklauen, die zwischen seine Zähne ragen, sind ihm daher äußerst lästig.

Jeweils ein Ankerradzahn liegt immer gegen eine Palette des Ankers, und zwar gegen deren sogenannte Ruhefläche an der Seite der Ankerklaue.

Wird das Pendel nun beim Ingangsetzen der Uhr aus seiner senkrechten Ruheposition hinaus bewegt, muß auch der Anker diese Bewegung mit vollziehen.

Dabei rutscht jetzt die Spitze des Ankerradzahnes, der beständig gegen die Ankerklaue drückt, von deren Ruhefläche an der Seite auf die Hebefläche an der Stirn der Palette.

Endlich ergibt sich für das Ankerrad eine Möglichkeit, sich zu bewegen. Der Zahn rutscht über die gut geölte Hebefläche und drückt dabei den Anker immer weiter aus der Senkrechten heraus. Der Anker muß natürlich, als zweiarmiger Hebel, über seinen Arm, an dessen Ende die Ankergabel sitzt, die ihm zugeführte Kraft weitergeben.

Auf diese Weise versorgt er das Pendel mit dem geringen Maß an Kraft, das dieses braucht, um gleichmäßig zu schwingen.

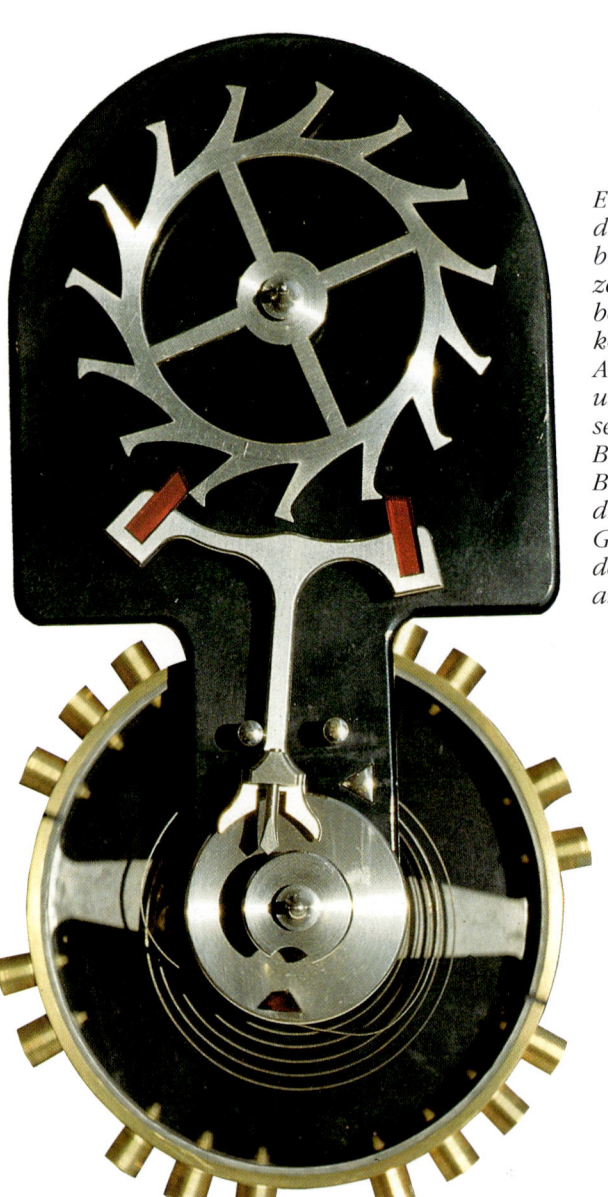

Ein Gangmodell für die Uhrmacherausbildung. Um die einzelnen Funktionen besser verfolgen zu können, wurden Ankerrad, Anker und Unruh nur einseitig gelagert. Der Betrachter sieht die Bauteile also wie durch eine gläserne Grundplatine von der Zifferblattseite aus.

Die sichere Lagerung des Schwingsystems erfolgt in synthetischen Edelsteinlagern, was früher, wenn auch sehr selten, bei hochwertigen Pendeluhren der Fall war.

Die für die sichere Funktion eines Stabpendels unbedingt notwendige Wirkung der Schwerkraft findet bei Unruhen einen Ersatz durch die Unruhspirale, die sich bei jeder Halbschwingung der Unruh ausdehnt oder zusammenzieht.

Wo ist denn nun die Parallele zur Armband- oder Taschenuhr, die ja bekanntermaßen eine Unruh und kein Pendel hat, könnte man an dieser Stelle zu Recht fragen.

Außerdem kann eine Armbanduhr nicht mit Gewichten betrieben werden, und eine Penduluhr läuft nur in einer, der aufrechten, Position.

Und doch ist die Gemeinsamkeit größer als man zunächst glaubt.

Die Unruh einer Kleinuhr ist nämlich, vereinfacht ausgedrückt, nichts weiter als ein Drehpendel.

Auf beiden Fotos liegt ein Ankerradzahn an einer Ruhefläche der Ankerpaletten, die Ankergabel wird gegen die Begrenzungsstifte gezogen und die Unruh schwingt ihren Ergänzungsbogen.

Auch der Ankerradzahn einer Kleinuhrhemmung liegt an der Ruhefläche der Ankerpalette, während das Schwingsystem seinen Ergänzungsbogen schwingt.

Aber jetzt zeigt sich ein entscheidender Unterschied zwischen der Graham-Hemmung und einer Freien Ankerhemmung: Pendel und Anker der Großuhr sind ständig miteinander verbunden. Während des Ergänzungsbogens „ruht" der Ankerradzahn auf der Seitenfläche der Ankerpalette. Das Ankerrad steht dabei still.

In Konstruktionszeichnungen für Graham-Hemmungen kann man deutlich erkennen, daß die Ruheflächen der beiden Ankerklauen auf einem Kreisbogen liegen, der Ankerradzahn ruht also, mit ein wenig Phantasie betrachtet, auf den realen Ausschnitten einer großen, imaginären Scheibe. Man könnte den Vergleich eines Messers am Schleifstein des Scherenschleifers bemühen.

Und tatsächlich „schleift" die Ruhefläche der Ankerpalette am Zahn entlang, während das Pendel den Ergänzungsbogen schwingt. Der Kontakt von Hemmung und Pendel, das gleichzeitig auch noch gegen die Schwerkraft arbeiten muß, wirkt jetzt also für dieses nur kraftzehrend.

Nachdem der Umkehrpunkt erreicht wurde, ist plötzlich alles anders.

Gern erliegt das Pendel nun den Verlockungen der Schwerkraft, die es mit aller Kraft zu sich hin zieht. Der Ankerradzahn, bisher untätig auf der Ruhefläche der Ankerpalette verharrend, gibt seine Passivität auf und versetzt, über die Palettenhebefläche gleitend, dem Pendel einen kräftigen Schub.

Aber kaum hat er seine Arbeit getan, ist „abgefallen", wie die Uhrmacher sagen, schon muß sich das Pendel mit einem Ankerradzahn plagen, der an der gegenüberliegenden Palette „ruht".

Schwierigkeiten dieser Art gibt es für die Unruh einer sogenannten Steinankeruhr nicht. Ihr „Drehpendel" (Unruh) ist völlig frei, während es seinen Ergänzungsbogen ausführt, daher der Name „Freie" Ankerhemmung. Dieser ist eigentlich ein bißchen mißständlich, denn nicht die Hemmung wurde hier „befreit", sondern die Unruh.

Die Erfinder der Taschenuhr waren mit der Aufgabe konfrontiert, eine Uhr zu bauen, die in jeder Position ihren Dienst versieht. Eine Uhr also, die auch noch die Zeit anzeigt, wenn ihr Träger auf dem Kopf steht – und sie ihm dabei nicht aus der Tasche fällt. Heute kann man auch ein solches Mißgeschick gelassen hinnehmen, denn für kopfstehende Uhrenträger wurde ja die Unruh-Stoßsicherung erfunden.

Erste Taschenuhren, die eine Spindel als Gangregler hatten, wurden mit einer Schweineborste versehen, die für die Rückführung der Spindel sorgte. Das Problem der schwerkraftunabhängigen Rückführung des Gangreglers zu seinem Nullpunkt kam erst mit der Erfindung der Unruhspirale seiner Lösung einen entscheidenden Schritt näher. Auch dieser gewaltige Entwicklungsschritt ist dem genialen Christian Huygens zu verdanken, der erstmals 1675 einen dünnen, federnden Draht zu einer Spirale bog und zur Rückführung eines Gangreglers nutzte.

Das Ankerrad einer Steinankerhemmung, hier aus einer Schreibtischuhr. Der leicht eckigen Zahnform wegen werden diese Räder auch Kolbenzahn-Ankerräder genannt. Links der Anker einer Schweizer Ankerhemmung. Die Paletten aus synthetischem Rubin sind im Stahlkörper des Ankers verschiebbar und werden mit einem winzigen Tropfen Schellack fixiert. Gut zu erkennen sind die Vernietung des Sicherheitsmessers und die halbrund ausgearbeiteten Gabelhörner des Ankers.

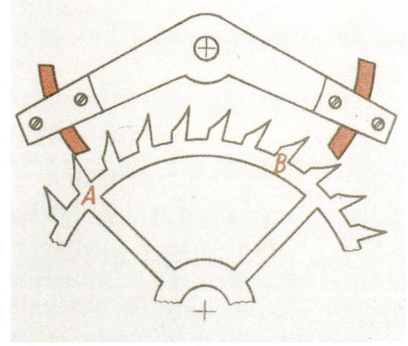

Skizze einer Graham-Hemmung. Die Ähnlichkeit mit einer Steinankerhemmung ist unverkennbar.

Der nächste Entwicklungssprung auf dem Wege zur robusten, wenig störanfälligen Präzisionsuhr, die wir als Weiterentwicklung auch im letzten Jahrzehnt des 20. Jahrhunderts noch verwenden, war die Erfindung der Freien Ankerhemmung durch den englischen Uhrmacher Thomas Mudge (1715 bis 1794).

Mudge, begnadeter Uhrmacher und Schüler Grahams, bediente sich der von diesem erfundenen Hemmung für die Entwicklung seiner Ankerhemmung, die sich in den fünfziger Jahren des achtzehnten Jahrhunderts vollzog.

Nun darf man sich die entscheidenden Entwicklungen im Uhrenbau, die etwa von der zweiten Hälfte des 17. Jahrhunderts bis in die erste Hälfte des 19. Jahrhunderts hinein stattfanden, nicht als geniale Einfälle einiger weniger Koryphäen des Uhrenbaus vorstellen.

Huygens, Graham oder Breguet hatten zwar noch kein Telefon, Fax oder die Möglichkeit, innerhalb weniger Stunden von England in die Schweiz zu reisen. Trotzdem fand aber Kommunikation unter den Experten statt, und an so mancher, einem berühmten Uhrmacher zugeschriebenen Entwicklung waren auch ein paar ungenannte Unbekannte beteiligt.

So griff beispielsweise Thomas Mudge bei der Konstruktion seiner Hemmung die Idee des im französischen Orléans ansässigen Uhrmachers Jean de Hautefeuille (1647–1724) auf, der sich das Zusammenspiel von Unruh und Anker wie die Verbindung zweier Zahnradsegmente vorgestellt hatte. Dabei griff ein „Zahn" an der Unruhwelle zwischen zwei „Zähne" des Ankers (die spätere Ankergabel).

Um die Funktion der durch Mudge aus den Konstruktionen von Graham und Hautefeuille entwickelten Hemmung zu verstehen, muß man sich zunächst den von ihm erfundenen und von dem Genfer Uhrmacher Georges Auguste Leschot (1800 bis 1884) 1824 verbesserten Anker einmal genau ansehen:

Auf einer Stahlwelle, deren Zapfen sich in Steinlagern bewegen, sitzt etwa in der Mitte der Ankerkörper.

Die Ankerwelle ist der Drehpunkt des zweiarmigen Hebels, den der Anker ja bekanntlich darstellt. Genau genommen müßte man ihn als doppelt zweiarmigen Hebel bezeichnen, aber dieser Begriff kommt im physikalischen Gesetz von den Hebeln wohl nicht vor. Doppelt zweiarmig deshalb, weil ja je einer der Arme des Ankers, an deren Ende die Hebeflächen sitzen, zusammen mit der Ankergabel den zweiseitigen Hebel bilden.

Moderne Anker sind ungleicharmig, wie die Uhrmacher sagen. Sie meinen damit, daß die Ankerwelle nicht genau zwischen den beiden Klauen angebracht ist. Diese Bauart hat sich als vorteil-

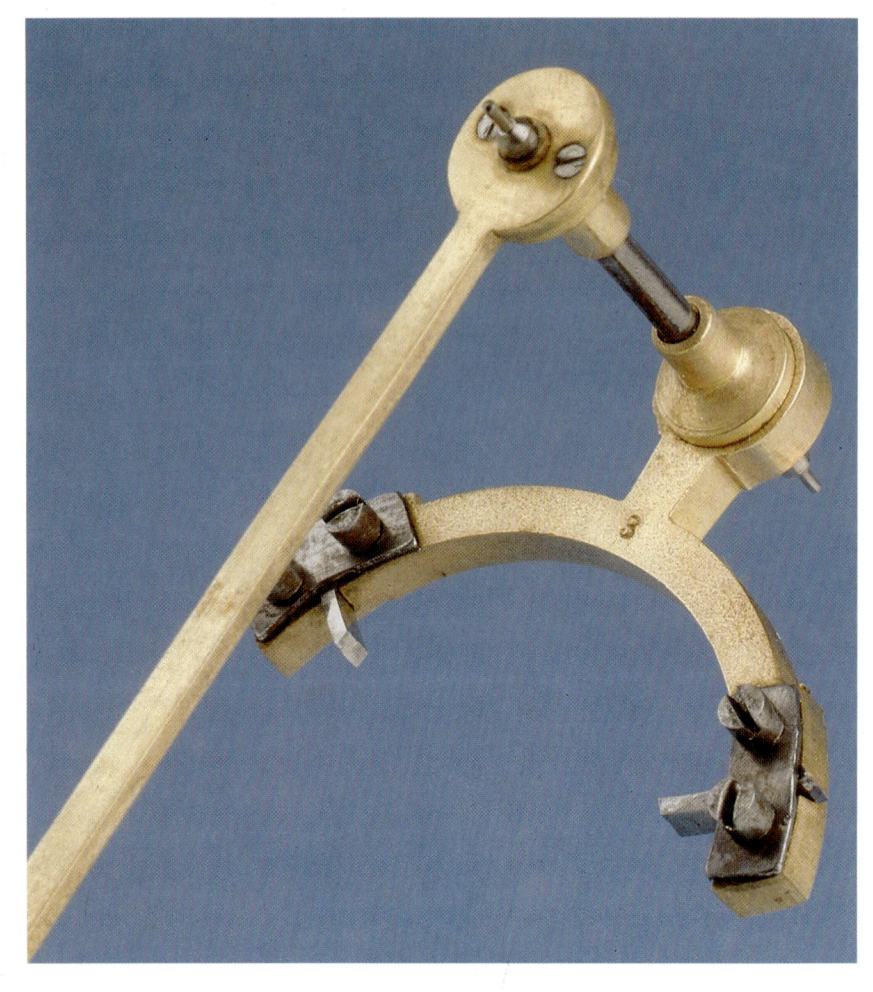

Der Graham-Anker einer Wanduhr. Auf der gut erkennbaren Ausgangshebefläche sind deutliche Schleifspuren zu sehen. Folgen jahrzehntelanger „Hebungsarbeit" der Ankerradzähne. Eine wichtige Reparaturarbeit des Uhrmachers ist es, die Paletten nachzuschleifen und neu zu polieren.

haft im Umgang mit den verschiedenen Kräften erwiesen, die in einer Hemmung zur Wirkung kommen.

In modernen Steinankerhemmungen wird das, wegen der eckigen Form seiner Zähne, sogenannte Kolbenzahnrad verwendet. Es ist in Armbanduhren immer aus Stahl und hat 15 Zähne, die in Drehrichtung des Rades in einem Winkel von etwa 24 Grad unterschnitten sind. In der Uhrmacherei spricht man vom Zugwinkel. Das hat nichts mit der Eisenbahn zu tun, sondern besagt, daß der Anker vom jeweils an der Ruhefläche seiner Palette liegenden Zahn gegen einen der Begrenzungsstifte gezogen wird.

Dies ist eine von Georges Auguste Leschot erfundene Sicherheitseinrichtung, mit der verhindert wird, daß der Anker sich bewegt, während die Unruh den Ergänzungsbogen schwingt. Weitere Sicherheitseinrichtungen sind am Anker das Sicherheitsmesser (ein kleiner Stift in der Mitte der Ankergabel, der nichts mit einem Messer gemeinsam hat) sowie die Hörner der Ankergabel.

Bei einer Armband- oder Taschenuhr mit völlig entspannter Zugfeder steht der Anker mit seiner Gabel genau in der Mitte zwischen den Sicherheitsstiften, die Unruh steht in ihrem Nullpunkt, das heißt, Ankerwelle, Sicherheitsmesser, Hebelstein der Unruh und Unruhwelle bilden eine Linie.

Ein Ankerradzahn liegt an der Hebefläche einer Ankerpalette.

Wird nun das Uhrwerk mit Kraft versorgt, die Zugfeder also gespannt, gleitet der Zahn an der Hebefläche entlang, die Ankergabel drückt gegen den Hebelstein und damit die Unruh aus ihrer Ruheposition, diese macht ihre erste kleine Amplitude. Die Uhr „läuft".

Ein Echappement ist eine separat auf ein Großuhrwerk aufgeschraubte Platte, mit Hemmung und Schwingsystem (Unruh). Der weit über den Unruhkloben hinausstehende Rückerzeiger ermöglicht das Regulieren der Uhr in sehr kleinen Schritten.

Ein Echappement ohne Unruh. Um im Uhrwerk Platz zu sparen, gibt man dem Ankerkloben häufig die Form einer Sichel und kann ihn dann unter dem Unruhkloben plazieren.

Seit mit der Erfindung der Unruhspirale durch den niederländischen Mathematiker und Physiker Christian Huygens im Jahre 1675 der entscheidende Schritt bei der Entwicklung zu einem schwerkraftunabhängigen Schwingsystem für tragbare Uhren getan worden war, haben Generationen von Uhrmachern ihren Erfindungsreichtum darauf verwandt, die Wirkungsweise einer Unruh zu verbessern.

Bis zur Erfindung der Taschenuhr brauchte man sich beim Uhrenbau über die Erdanziehung keine Gedanken zu machen, im Gegenteil, bei der Verwendung des Pendels bediente man sich ihrer.

Ein Pendel wird von Hand aus seiner Ruheposition herausgeführt, in die es durch die Schwerkraft gleich wieder zurückgezogen werden soll. Dabei gewinnt es soviel Schwung, daß es über seinen Nullpunkt hinausaust. Für den zusätzlich nötigen Antrieb sorgt dann das Uhrwerk,

Ungewohnter Anblick – eine Taschenuhr, teilweise zerlegt. Das Bild zeigt allerdings nur rund die Hälfte der Teile, aus denen schon eine Uhr ohne Zusatzfunktionen besteht.

das dem Pendel über seinen Anker eine vergleichsweise geringe Kraft zuführt

Mit der Verwendung der Unruh kam eine Vielzahl der unterschiedlichsten Probleme auf den Uhrmacher zu, die ihm vorher unbekannt gewesen waren. Während das Pendel einer Wand- oder Standuhr immer die gleiche Schwingungsweite hat (gleichmäßige Kraftzufuhr vorausgesetzt, zum Beispiel Gewichtsantrieb), ist eine Unruh vielfältigen Einflüssen ausgesetzt, die ihre Schwingungen beeinträchtigen können.

Auch ein Laie erkennt sofort, daß es sich bei einer Unruh um ein ungleich komplizierteres Bauteil als beispielsweise ein Rad handelt.

Da ist zunächst die Unruhwelle, die nicht etwa eine glatte Stahlwelle ist, sondern mehrere Ansätze zur Aufnahme des Unruhreifens, der Doppelscheibe und der Spiralrolle trägt.

An den unteren Zapfen schließt sich zunächst der leicht

Die Unruhwelle einer Taschenuhr, in Originalgröße und in „leichter" Vergrößerung.

konisch gedrehte sogenannte Plateau-Ansatz an.

Der Ausdruck Plateau wurde in den letzten Jahren im offiziellen Sprachgebrauch durch das Wort Doppelscheibe ersetzt, ist aber in Uhrmacherkreisen immer noch gebräuchlich.

Der sich daran anschließende Ansatz zeigt mit seinem großen Durchmesser, wie dick das Stahlstück einmal gewesen sein muß, aus dem die Welle gefertigt wurde. Der Ansatz sieht aus wie ein Teller und heißt auch so – Unruhteller.

An ihn schließt sich der Nietansatz an, an diesen wiederum der Ansatz für die Spiralrolle.

Der dann folgende Teil der Unruhwelle ist meist ein wenig dünner als der Spiralansatz und mündet in den oberen Unruhzapfen.

Die Lagerung von Unruhen unterscheidet sich grundlegend von Radlagern in Uhren. Die Welle eines Zahnrades wird zumeist aus einem Rohtrieb hergestellt, das zunächst auf die Gesamtlänge der zu fertigenden Welle gebracht wird. Anschließend werden die Triebzähne weitgehend abgedreht, wobei nur an der Stelle der Welle die Zähne stehenbleiben, an der der Eingriff zum vorhergehenden Rad erfolgen soll. Zum Schluß werden die Zapfen gedreht, wobei rechtwinklige Stirnflächen entstehen. Diese begrenzen später das Höhenspiel des Rades im Uhrwerk.

Bei der Unruh dagegen versucht man einerseits, der geringstmöglichen Reibung wegen, die Unruhzapfen sehr dünn zu drehen. Andererseits haben die dünnen Zapfen bei Erschütterungen, wegen der schweren Unruh, einer starken Belastung standzuhalten.

Deshalb kommt die Verwendung eines Räderwerkzapfens, der am Übergang zur Stirnfläche der Welle besonders leicht bricht, nicht in Frage. Aus diesem Grunde werden Unruhwellen mit Zapfen versehen, deren Form ein wenig an einen Trichter mit leicht nach innen gewölbter Wandung erinnert. Der vordere Teil einer Trompete ist ein guter Vergleich, und deshalb nennt man Unruhzapfen auch „Trompetenzapfen".

Da nun an der Unruhwelle keine Ansätze zur Höhenspielbegrenzung mehr vorhanden sind, begrenzt man die Unruhhöhenluft, wie die Uhrmacher sagen, durch kleine Stahlplatten, die mit einem Deckstein versehen sind und auf die Platine oder den Unruhkloben geschraubt werden. Gegen diese Deckplättchen stößt die Unruhwelle mit den Spitzen ihrer Zapfen, die zur

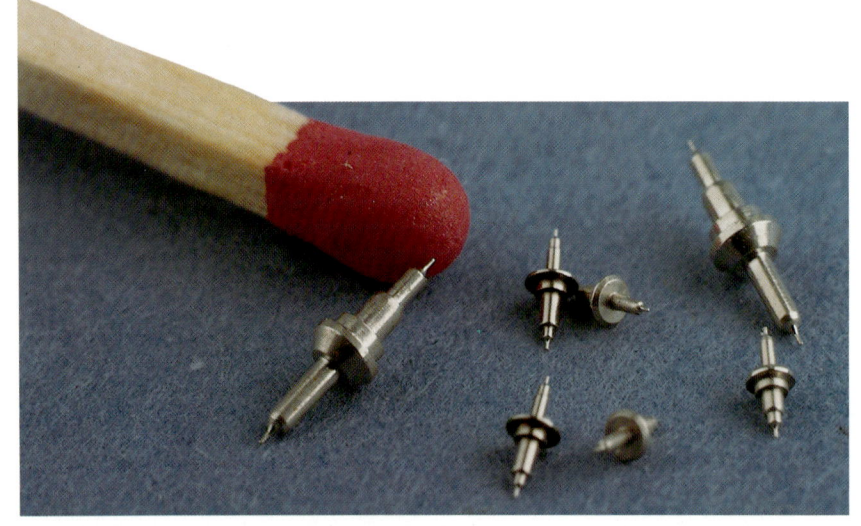

Konzert für 14 Trompeten(-Zapfen) – verschiedene Unruhwellen für Taschenuhren, Herren- und Damen-Armbanduhren. Der Streichholzkopf macht die Größe deutlich.

Reibungsverminderung leicht abgerundet sind.

Moderne Armbanduhren haben zum Schutz der empfindlichen Unruhwelle sogenannte Stoßsicherungslager: Lochstein und Deckstein liegen lose in einer Lagerschale, in die sie durch eine flache Feder gepreßt werden.

Wird nun die Uhr erschüttert, gibt die Unruh die Bewegungsenergie an ihre Lagerung weiter.

te der Schenkel des Unruhreifens vernietet. Damit haben wir schon „das kleine Rad, das sich immer so schnell hin und her dreht", von dem die Do-it-yourself-Uhrmacher gern berichten, wenn sie ihre bereits geöffnete Uhr dem Fachmann zur Reparatur bringen.

Häufig hat der Kunde dann auch schon „das Härchen" aus dem Uhrwerk herausgezogen, das er für einen Fremdkörper

schnitten wurde und deshalb mit leichtem Klemmsitz auf dem Spiral-(Rollen-)Ansatz der Unruhwelle befestigt werden kann.

Der Einschnitt kann auch dazu dienen, die Spiralrolle und damit den Sitz der Spirale zu verändern. Hierzu schiebt der Uhrmacher einen sehr feinen Schraubendreher oder ein selbstgefertigtes Spezialwerkzeug in den Einschnitt und verdreht anschließend die Rolle. Dies ist wichtig, um den richtigen Winkel zwischen dem Hebelstift und dem Anker sowie dem äußeren Unruhansteckpunkt im Spiralklötzchen einstellen zu können.

Das Spiralklötzchen ist ein relativ dicker Stift aus Stahl, selten Messing, der mit einer feinen Bohrung ausgestattet ist. In diese wird das äußere Spiralende gesteckt und mit einem winzigen Messingstift fixiert.

Das Spiralklötzchen seinerseits steckt in einer Bohrung im Unruhkloben und wird dort durch eine seitlich eingeführte Schraube gehalten.

Bei besonders guten Uhren haben sowohl Klötzchen wie Bohrung eine dreieckige Form. Dadurch wird garantiert, daß die äußere Spiralbefestigung bei jedem Zusammenbau der Uhr wieder den gleichen Sitz bekommt.

Die Montage der empfindlichen Spirale erfolgt aber zuletzt, wenn zum Beispiel die Unruhwelle erneuert wurde.

Zunächst wird, nach dem Vernieten des Unruhreifens, die Doppelscheibe mit einem winzigen Uhrmacherhammer in der sogenannten Triebnietmaschine aufgeschlagen. Hierbei muß der Uhrmacher sehr vorsichtig zu Werke gehen, denn die Doppelscheibe besteht, wie der Name schon sagt, aus zwei Stahlscheiben verschiedenen Durchmessers, die durch ein zartes Röhrchen miteinander verbunden sind. Dieses könnte bei zu starken Hammerschlägen leicht ge-

Die Incabloc-Stoßsicherung ist die meistverwendete Stoßsicherung überhaupt. Sie ist leicht an ihrer lyraförmigen Feder zu erkennen. Lochstein und Deckstein liegen zusammen in einer speziellen Schale im Unruhkloben. Erhält die Uhr einen Stoß, wird dieser von der Unruhwelle an das Stoßsicherungslager weitergegeben. Das Lager weicht aus, absorbiert den Stoß und wird von der Feder sofort wieder in seine ursprüngliche Position gedrückt.

Das Stoßsicherungsfederchen fängt den Stoß auf und drückt augenblicklich Loch- und Deckstein wieder in deren Schale zurück.

Der Nietansatz der Unruhwelle wird in einer Bohrung in der Mit-

hielt, das in Wahrheit aber die Unruhspirale war.

Diese wurde im traditionellen Uhrenbau mit einem winzigen Stift in der Spiralrolle befestigt.

Die Spiralrolle ist ein zarter Messingring, der einseitig aufge-

Zwei Armbanduhr-Unruhen, deren Spiralen nur wenige Hundertstel Millimeter dick sind. Gut zu erkennen sind hier die dünnen Messingstifte, mit denen die äußeren Spiralenden in den Spiral-„Klötzchen" befestigt werden.

setzt wird. Dies ist besonders gefährlich, wenn zwischen Anker und Unruh keine Verbindung besteht. Und dies soll ja, um ein möglichst ungehindertes Schwingen der Unruh zu gewährleisten, nur während des Impulses durch den Anker der Fall sein.

Doch der Reihe nach: Die Unruh erhält vom Anker mit dessen Gabel einen Impuls und wird damit aus ihrer Ruheposition gebracht, sie beginnt zu schwingen. Gleichzeitig vollführt der Anker, nachdem ein Ankerradzahn von seiner Hebefläche abgefallen ist, noch eine kleine Bewegung bis zu seinem Begrenzungsstift. Diese Bewegung nen-

staucht werden, wodurch der Abstand der beiden Scheiben zueinander verändert und, daraus resultierend, das Zusammenspiel mit der Ankergabel und deren Sicherheitsmesser gestört würde.

In der größeren der beiden Scheiben hat, in einer Bohrung mit Schellack befestigt, der Hebelstift aus synthetischem Rubin seinen Platz. Dieser hatte früher eine elliptische Form und heißt deshalb heute noch bei vielen Uhrmachern Ellipse.

Die heutigen Hebelstifte haben die Form eines Halbkreises, dessen flache Seite der Ankergabel zugewandt ist. Die kleinere, untere Scheibe hat genau unter dem Hebelstift auf ihrem Außendurchmesser eine winzige Ausfräsung. Diese dient dazu, die Spitze des Sicherheitsmessers (auch Sicherheitsstift) aufzunehmen, wenn Unruh und Anker miteinander im Eingriff sind.

Doppelscheibe, Sicherheitsmesser und die beiden halbrund ausgearbeiteten Enden der Ankergabel sind Vorrichtungen, die dafür sorgen, daß der Eingriff von Anker und Unruh auch dann gewährleistet bleibt, wenn die Uhr Erschütterungen ausge-

Der Reif dieser Unruh einer Qualitäts-Taschenuhr trägt neben den üblichen Gewichtsschrauben auch sogenannte Abgleichschrauben aus Bronze. Mit diesen (besonders langes Gewinde) läßt sich die Trägheit der Unruh verändern.

nen die Uhrmacher den „verlorenen Weg". In modernen Uhren findet man meist keine Begrenzungsstifte mehr. Statt dessen bewegt sich der Anker in einer Ausfräsung der Grundplatine.

Der verlorene Weg ist ebenfalls eine wichtige Sicherheitseinrichtung in der Hemmung, denn er gewährleistet, daß alle Ankerradzähne sicher „abfallen" können, auch wenn sie etwas ungleich lang sind.

Die Schwingungsweite der Unruh ist, natürlich, von der zugeführten Kraft abhängig. Das heißt, die Unruh einer voll aufgezogenen Uhr macht größere Schwingungen als die einer fast abgelaufenen Uhr.

Der Grund dafür ist die stets gleichbleibende Kraft der Unruhspirale, deren Widerstand die Unruh ja bei jeder Bewegung weg von der Ankergabel überwinden muß.

Andererseits wird der Unruh, nach dem Umkehrpunkt, durch die Spirale wieder Kraft zugeführt, denn diese hat das Bestreben, immer wieder ihre ursprüngliche Form einzunehmen.

Das verleiht der Unruh genügend Schwung, um bei der sogenannten Rückschwingung, also ihrem Weg vom Umkehrpunkt in Richtung Ankergabel, den Anker aus seiner Ruheposition am Begrenzungsstift herauszulösen. Dieser Vorgang wird von den Uhrmachern denn auch als „Auslösung" bezeichnet.

Nach der Auslösung ist die Arbeit der Unruhspirale für einen winzigen Augenblick unterbrochen, denn nun beginnt wieder die Kraftzufuhr vom Uhrwerk an das Schwingsystem.

Ein Ankerradzahn rutscht über die Hebefläche einer Ankerpalette, und die Unruh erhält einen neuen Impuls.

Mit neuer Kraft versorgt, schwingt die Unruh nun so weit, bis der Widerstand der Spirale ihr den Schwung nimmt. Der Umkehrpunkt ist erreicht, die Unruh ändert ihre Drehrichtung, und das Spiel beginnt von neuem.

Von „stets gleichbleibender Kraft der Unruhspirale" kann man eigentlich erst bei modernen Uhren mit „auto-kompensierender Spirale" sprechen.

Auto-kompensierend, zu deutsch selbst-ausgleichend, bedeutet nun nicht, daß diese Spiralen über magische Kräfte oder besondere Funktionen verfügen. Sie sind vielmehr aus einem Material gefertigt (ein bekannter Name dafür ist Nivarox, **NI**cht **VAR**iabel, **OX**idabel), das auf Temperaturänderungen kaum noch reagiert. Das heißt, der Wärme-Ausdehnungs-Koeffizient ist so gering, daß er nicht mehr berücksichtigt werden muß.

Früher waren Temperaturschwankungen für Uhren durchaus ein Problem, über dessen Lösung sich die Uhrmacher allerlei Gedanken machten.

Beim Blick in eine alte Taschenuhr fällt einem die dunkelblaue Farbe der Unruhspirale auf. Es handelt sich dabei um Spiralen aus unlegiertem Stahl, die leider die unangenehme Eigenschaft haben, bei steigender Temperatur ihre Spannkraft zu verlieren. Das führt dann zu langsameren Schwingungen der Unruh und zum Nachgang der Uhr.

Dieses Problem konnte teilweise durch die Verwendung

Der Unruhkloben einer Taschenuhr. Durch den Deckstein erkennt man den hauchdünnen Unruhzapfen.
Diese Uhr hat eine, wegen der Form ihrer Feder, sogenannte Schwanenhals-Regulierung. Der Rückerzeiger wird von der Feder gegen die dünne Schraube gedrückt, die seitlich im Kloben sitzt. Wird die Schraube hineingedreht, bewegt sich der Rückerzeiger in Richtung „F", die wirksame Spirallänge wird verkürzt und die Uhr geht schneller.

Auslösung und Impuls im Bild. Diese Aufnahmen zeigen das Zusammenspiel von Ankergabel und Doppelscheibe (Plateau).

1 *Der Hebelstift (von vielen Uhrmachern Ellipse genannt), hier einmal dreieckig, auf dem Weg in Richtung Ankergabel.*

2 *Die Ankergabel liegt noch, vom Ankerradzahn gezogen, fest am Begrenzungsstift an.*

3 *Der Hebelstift gleitet in die Ankergabel, die Auslösung beginnt.*

4 *Die Unruh hat den Anker vom Begrenzungsstift weggezogen, der Impuls beginnt.*

5 *Nun wird die Unruh vom Anker mit neuer Kraft versorgt, die dieser vom Ankerrad erhalten hat.*

6 *Die Unruh hat vom Anker die Kraft (den Impuls) für die nächste Amplitude (Halbschwingung) erhalten und schwingt nun den sogenannten Ergänzungsbogen bis zum Umkehrpunkt. Anschließend wird sich das Spiel in umgekehrter Richtung wiederholen.*

Bildsequenz eines Gangmodells. Leihgabe des Frankfurter Uhren- und Schmuckmuseums.

der sogenannten Kompensationsunruh gelöst werden. Der Reif dieser Unruh besteht aus Stahl und Messing, einem sogenannten Bimetall. Auf den inneren Ring aus Stahl, der etwa ein Drittel der Reifstärke ausmacht, wird ein Messingring aufgeschweißt. Der Reifen wird an zwei sich gegenüberliegenden Stellen in der Nähe des Unruhschenkels aufgeschnitten.

Steigt nun die Temperatur, dehnt sich der Messingreif wegen des höheren Ausdehnungs-Koeffizienten stärker aus als der Stahlreif. Dadurch biegen sich die beiden Enden des Unruhreifes nach innen, der Durchmesser der Unruh wird kleiner. Ihre Trägheit verringert sich, was der reduzierten Spiralkraft sehr entgegenkommt. Der durch die „schlaffe Spirale" verursachte Nachgang der Uhr wird durch die verkleinerte Unruh und den von ihr herbeigeführten Vorgang ausgeglichen, jedoch nicht auf Null reduziert. Mit der Verwendung moderner Spirallegierungen verschwand die Kompensations-Unruh völlig.

Eine Frage haben wir bisher noch nicht beantwortet: Wie bringt man eine Uhr dazu, schneller oder langsamer und, im Idealfall, genau zu gehen. Dies hängt natürlich von sehr vielen verschiedenen Faktoren ab.

Grundvoraussetzungen sind eine Zug- bzw. Triebfeder, die ein möglichst gleichbleibendes Drehmoment liefert, ein Räderwerk mit sauber geschnittenen und einwandfrei gelagerten Rädern, eine präzise arbeitende Hemmung und selbstverständlich eine gut ausgewogene Unruh aus Materialien, die nicht magnetisierbar sind und auf Temperaturunterschiede kaum reagieren.

Besonders hochwertige Uhren, bei denen diese Bedingungen optimal erfüllt sind, werden nur mit zwei kleinen Schräubchen reguliert, die im Unruhreif stecken und bei Vorgang der Uhr ein wenig heraus-, bei Nachgang hineingeschraubt werden. Bei den meisten Uhren geschieht die Regulierung auf andere Weise,

Der Unruhkloben eines modernen Damenuhrwerkes. Am linken Bildrand erkennt man die Spiralklötzchenschraube im beweglichen Spiralklötzchenträger, mit dem die richtige Stellung von Unruh und Anker zueinander durch einfaches Verdrehen hergestellt werden kann. Der Spiralschlüssel muß hier ohne Rückerzeiger verstellt werden.

nämlich mit Spiralschlüssel und Rücker.

Der Spiralschlüssel ist ein kleiner Stahlhebel, an dessen Ende zwei winzige Messingstifte vernietet sind, die in die Unruhspirale hineinragen. An seinem anderen Ende hat der Spiralschlüssel einen Ring, der drehbar um das obere Unruhlager auf dem Unruhkloben sitzt.

Wird nun der Spiralschlüssel verdreht, verschieben sich die beiden Stifte an seinem Ende, zwischen denen der äußere Umgang der Spirale liegt. Die Verschiebung des Schlüssels erfolgt, wegen seines Sitzes um das Unruhlager drehbar, parallel zur Spirale. Dadurch verändert sich nicht die Form oder der Sitz der Spirale, wohl aber deren wirksame Länge. Je kürzer nun die Spirale ist, desto schneller schwingt die Unruh, und umgekehrt.

Damit der Uhrmacher den Reguliervorgang in kleinen Schritten ausführen kann, besitzen viele Uhren den sogenannten Rückerzeiger. Dieser sitzt dem Spiralschlüssel gegenüber und ist mit diesem aus einem Stück gearbeitet oder durch Klemm-Reibsitz verbunden.

Rücker und Spiralschlüssel funktionieren nach dem Prinzip des zweiarmigen Hebels. Der Uhrmacher muß also den Rücker (-zeiger) in entgegengesetzter Richtung verschieben, als er es für den Spiralschlüssel wünscht. Dies wird ihm zumeist durch die in den Unruhkloben gefrästen Zeichen + und − oder die Buchstaben A und R vereinfacht. Dabei stehen A für schnelleren, R für langsameren Gang der Uhr.

☆

Eine Uhr wird aufgezogen, die Krone einige Male gedreht, das Sperrad dreht sich, seine Zähne rutschen am Sperrkegel vorbei - klick, klick, klick rastet der Sperrkegel in jede Zahnlücke. Die Zugfeder spannt sich, widerspenstig lösen sich ihre Umgänge von der Federhauswandung.

Der Federzaum zieht das Federhaus mit, es beginnt sich zu drehen. Schlagartig wird auch das Räderwerk unter Kraft gesetzt und der von der Feder erzeugte Druck kommt, stark abgeschwächt, bei der Hemmung an. Der erste Ankerradzahn rutscht über eine Hebefläche des Ankers und fällt ab. TICK macht es.

Sehr schnell wird sie aber von der Spirale in entgegensetzte Richtung gejagt. Der Hebelstein knallt in die Ankergabel und reißt den Anker aus seiner kleinen Ruhepause, die er, gegen den Begrenzungsstift gelehnt, gerade eingelegt hatte.

Die allein eingebaute Unruh gibt dem Uhrmacher Gelegenheit, die Lagerluft, Höhenluft und Leichtgängigkeit der Unruh zu überprüfen. Ist alles in Ordnung, bringt schon ein etwas kräftigerer Luftzug die Unruh zum Schwingen.

Die Unruh, bisher noch verharrend, bekommt während der Hebung einen ziemlich unsanften Stoß vom Anker. Empört entfernt sie sich von ihm, beginnt zu schwingen.

Kaum hat er sich aus seiner Ruheposition gelöst, gleitet schon ein neuer Ankerradzahn über seine Hebefläche und fällt ab. TACK macht es. und gleich darauf wieder TICK. Tick-Tack, die Uhr läuft!

Das Uhren-„Puzzle" ist vollendet. Tick-Tack – die Uhr läuft.

Fachbegriffe in drei Sprachen

Anhängeuhr	Pendant watch	Montre-pendentif
Ankergang	Lever escapement	Echappement à ancre
Armbanduhr	Wrist watch	Montre-bracelet
Automatischer Aufzug	Self-winding	Mouvement à remontage automatique
Brückenwerk	Free standing bridges	Mouvement à ponts
Chronometerhemmung	Detent escapement	Echappement à détente
Deckstein	Endstone	Contre-pivot
Doppel-Chronograph	Split seconds	Rattrapante
Eisenräder	Iron wheels	Roues en fer
Eisenwerk	Iron movement	Rouage en fer
Email-Zifferblatt	Enamel dial	Cadran en émail
Ewiger Kalender	Perpetual calendar	Quantième perpetuel
Feder	Spring	Ressort
Flach	Flat	Plat(e)
Gangreserve	Up/wind	Réserve de marche
Gehäuse	Watch case	Boîte
Gangregulierung	Regulation	Raquette de réglage
Geschraubte Chatons	Screwed settings	Chatons vissés
Gewichtszug	Weight-pull	Mouvement à poids
Goldemailuhr	Gold enamel watch	Montre en or et émail
Golduhr	Gold watch	Montre en or
Guillochiert	Engine-turned	guilloché(e)
Hammer	Hammer	Marteau
Käfig	Cage	Cage
Kaminuhr	Mantel clock	Pendule de cheminée
Kompensationsunruh	Compensation balance	Balancier compensateur
Messingräder	Brass wheels	Roues en laiton
Messingwerk	Brass movement	Rouage en laiton
Minutenrepetition	Minute repetition	Répétition à minutes
Mondphase	Moon phases	Phases lunaires
Nickel	Nickel	Nickel
Pendel	Pendulum	Pendule/Balancier
Pendule	Domestic clock	Cartel
Radunruh	Wheel balance	Foliot circulaire
Rechen	Rack	Rateau
Reiseuhr	Travelling clock	Pendule de voyage
Repetition auf Anfrage	Repetition on request	Répétition sur demande/à tirage
Rückerplättchen	Top balance-endpiece	Coqueret
Rückerzeiger	Index/regulator	Raquette
Rückseite	Back	Fond/Revers
Schildpatt	Scale/tortoise shell	Ecaille
Schlagwerk	Striking work	Sonnerie
Schmuckuhr	Jewel-watch	Montre bijou
Schwanenhals-Feinregulierung	Swan-neck precision regulation	Réglage fin par raquette et ressort encol de cygne
Selbstschlag	Self-strike	Sonnerie au passage
Spindelgang	Verge escapement	Echappement à verge
Spindelgang mit Kette und Schnecke	Verge escapement with chain and fusee	Echappement fusée (à chaînette) et chaîne
Springende Sekunde	Independent seconds	Seconde morte/indépendante
Sprungdeckel	Spring-cover	Couvercle
Stiftanker	Pin pallets	Ancre à chevilles
Tischuhr	Table clock	Pendule de table
Übergehäuse	Cover-case	A double boîtier
Vergoldet	Gilded	Doré(e)
Versilbert	Silver plated	Argenté(e)
Verzierung	Decoration	Décoration
Viertelrepetition	Quarter repeater	Répétition à quarts
Wecker	Alarm	Réveil
Zeiger	Hand(s)	Aiguille(s)
Zeigerwerk	Dial-train/motion work	Minuterie
Zifferblatt	Dial	Cadran
Zylindergang	Cylinder escapement	Echappement à cylindre

OMEGA DE VILLE.
EIN ZEITGENÖSSISCHES KUNSTWERK.

Die einzigartigen Leistungen in der fast 150jährigen Geschichte von Omega fanden in zahlreichen Auszeichnungen ihre Anerkennung. Unter ihnen der Große Preis anläßlich der Weltausstellung 1900 in Paris, 6 Oskars und der begehrte Diamonds Award, den Omega dreimal gewann. Die Goldene Rose von Baden-Baden wurde Omega sechsmal verliehen. Den Titel „Uhr des Jahres" errang Omega 1994. Und mit dem Grand Prix Triomphe de l'Excellence Européenne, einem der angesehensten Kulturpreise, wurde Omega für ihre Verdienste um die Erhaltung und Pflege europäischer Kultur und Lebensart ausgezeichnet. Damit wurde das konsequente Streben von Omega gewürdigt, mit Innovationen in Technologie und Design bleibende Werte zu schaffen. An diese Tradition knüpft Omega auch mit der neuen De Ville-Kollektion an. Mit sensibler Hand haben die Goldschmiede und Designer diese modernen Klassiker geschaffen, die in Fachkreisen schon heute als „Skulpturen en miniature" bezeichnet werden.

Abgebildetes Modell: Omega De Ville, mechanisches Werk mit Handaufzug und kleiner Sekunde. In 18 Karat Gold.
Swiss made since 1848.

Ω
OMEGA
The sign of excellence

Firmen und Geschichte

Je älter, je lieber

Während die meisten Werbe-Slogans dem Konsumenten Frische, Freiheit und vor allem Jugend versprechen, besteht bei Uhrenmarken ein ewiger Wettkampf, welche denn nun die älteste ist. Wir haben die „Darsteller" in der Reihenfolge ihres Erscheinens aufgeführt. Sollte die eine oder andere „Weltmarke" fehlen, ist dies keine Absicht, sondern schlicht unvermeidlich.

1735
Blancpain

Gilt als Gründungsjahr von Blancpain. Die Marke kann auf eine wechselvolle Geschichte zurückblicken, in der aber nicht durchgehend Uhren produziert worden sind.

Erst im Jahre 1982 wurden, nach einem langen „Dornröschenschlaf", wieder Uhren unter dem Namen Blancpain gebaut. Die Marke gehört dem SMH-* Konzern.

*SMH – Société Suisse d'Horlogerie et Microelectronic, Schweizer Gesellschaft für Uhren und Mikroelektronik.

1755
Vacheron Constantin

Marc Vacheron läßt sich in Genf nieder. Deshalb gilt dieses Jahr als Gründungsjahr von Vacheron & Constantin. Francois Constantin und Jaques-Barthélémy Vacheron werden erst 1819 Geschäftspartner. Heute nennt sich das Unternehmen Vacheron Constantin, auf das & wurde verzichtet.

Bei Vacheron Constantin wurden seit 1755 immer Uhren produziert, von der schlichten Handaufzuguhr bis zur skelettierten Uhr mit ewigem Kalender. In diesem Sinne ist VC die älteste dauernd aktive Uhrenfirma. Besitzer ist ein Ölscheich.

1791
Girard-Perregaux

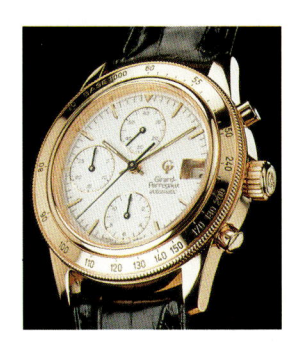

Jean-Francois Bautte signiert die erste von ihm gebaute Uhr. Einer seiner Nachfolger verkauft das Unternehmen im Jahre 1906 an Constant Girard-Gallet, den Sohn von Constant Girard-Perregaux. Dieser hatte 1856 die Produktion von Präzisionsuhren aufgenommen.

Die Verbindung zu Jean-Francois Bautte nahm die Manufaktur Girard-Perregaux zum Anlaß, 1991 ihr zweihundertjähriges Bestehen zu feiern.

1830
Baume & Mercier

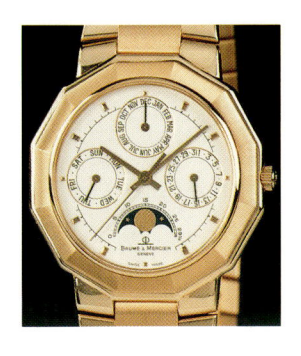

Der Uhrmacher Baume und der Gehäusemacher Mercier legen den Grundstock für ihr Unternehmen. 1918 verlegt die Firma, in der Nähe von Bern gegründet, ihren Firmensitz nach Genf.

In den zwanziger Jahren zählt Baume & Mercier zu den führenden schweizerischen Herstellern hochwertiger Uhren. 1964 wird der Betrieb, in finanzielle Schwierigkeiten geraten, an Piaget verkauft. Beide Firmen gehören heute zu Cartier.

1832
Longines

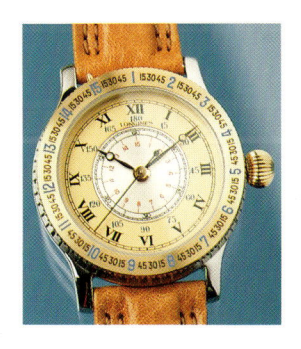

Longines ist ein französisches Wort, das man, sehr frei, etwa mit „lange Wiesen" übersetzen könnte. Und weil Ernest Francillon seinen Betrieb in einem Ortsteil von St. Imier errichtete, der Les Longines heißt, wählte er diesen Namen auch für seine Uhrenmarke.

Francillon hatte von seinem Onkel, dem Kaufmann Auguste Agassiz, eine Firma übernommen, die im Lohnauftrag Uhrwerke zusammenbaute. Dieses Unternehmen war 1832 gegründet worden und begann 1854, unter der Leitung von Francillon, mit der Herstellung vollständiger Uhren.

Longines gehört zum SMH-Konzern.

5000 Jahre Zeitmessung

3000 v. Chr.	Zeitmessung mit der Fließzeit des Wassers durch die Sumerer.
2670 v. Chr.	Gebrauch von Sonnenuhren in China.
46 v. Chr.	Erste Kalenderreform durch die Astronomen des Julius Cäsar (Julianischer Kalender).
750 n. Chr.	Erste Erwähnung von Sanduhren in der Literatur.
1284	In der Kathedrale von Exeter (England) wird die erste mechanische Turmuhr in Betrieb genommen.
1288	Erstmalige Einteilung des Tages in zweimal 12 gleich lange Stunden.
1509	Anfertigung erster tragbarer Uhren durch Peter Henlein in Nürnberg.
1573	Einführung der ersten Uhren mit Minutenzeiger.
1582	Einführung eines neuen Kalenders durch Papst Gregor XIII. (Gregorianischer Kalender).
1638	Entdeckung der Pendelgesetze durch Galileo Galilei.
1720	George Graham entwickelt aus der Saugtroghemmung von Thomas Tompion die Zylinderhemmung.
1760	Thomas Mudge erfindet die Freie Ankerhemmung.
1770	Erfindung des automatischen Aufzugs für Taschenuhren durch Abraham Louis Perrelet.
1800	Abraham Louis Breguet erfindet die nach ihm benannte Unruhspirale mit aufgebogener Endkurve.
1842	Erfindung des Kronenaufzugs für Taschenuhren durch Adrien Philippe.
1870	Erste Schritte zur Einführung der Zonenzeiten.
1893	Einführung der MEZ (mitteleuropäische Zeit) als verbindliche Zeit in Deutschland.
1911	Festlegung des Nullmeridians auf die englische Stadt Greenwich.
1928	Erste Quarzuhren (Laborversuche).
1954	Erfindung der Stimmgabeluhr durch Max Hetzel.
1965	Verwendung von integrierten Schaltungen in Quarzuhren ermöglichen deren Einführung als preisgünstige Massenuhr.
1989	Erste funkgesteuerte Quarzuhren.

1833
Jaeger-LeCoultre

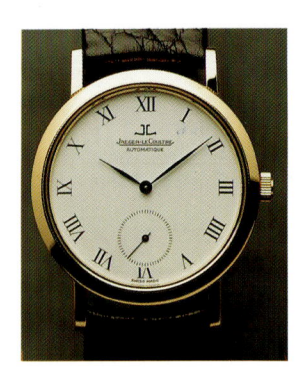

Das „Geburtsjahr" einer der wenigen heute noch bestehenden Uhren-Manufakturen, die diesen Namen verdienen: Jaeger-LeCoultre.

So heißt das Unternehmen allerdings erst seit 1925, dem Jahr der Fusion der von Jaques LeCoultre gegründeten Uhrenfabrik im schweizerischen Le Sentier und der französischen Uhren- und Instrumentenfabrik Jaeger. Mit dieser bestand allerdings vorher schon eine jahrzehntelange Zusammenarbeit.

LeCoultre hatte, bevor die erste Jaeger-LeCoultre-Uhr auf den Markt kam, nur Rohwerke für andere namhafte Uhrenhersteller produziert. Vacheron & Constantin gehörten zu den Kunden, und über eine ganze Reihe von Jahren gab es keine Patek Philippe, in der kein LeCoultre-Werk tickte.

Jaeger-LeCoultre, im Besitz von VDO/Mannesmann, ist auch heute noch, neben ETA, der technische Vorreiter der Schweizer Uhrenindustrie.

1839
Patek Philippe

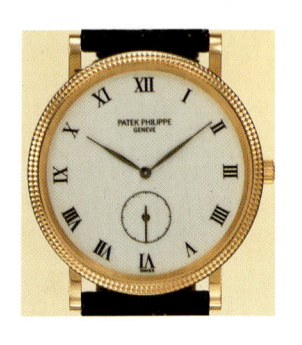

Dieses Jahr ist, laut Firmenchronik, das Gründungsjahr von Patek Philippe Die Firmengründer Antoine Norbert de Patek und Adrien Philippe lernten sich allerdings erst 1844 kennen. Beide hatten schon vorher, unabhängig voneinander, Uhren gebaut.

1846
Ulysse Nardin

In Le Locle im Schweizer Jura ruft Ulysse Nardin sein Unternehmen ins Leben. Schon bald hat sich das Unternehmen einen Ruf als Hersteller von Präzisionsuhren gemacht.

Marine-Chronometer und Beobachtungsuhren von Ulysse Nardin wurden auf unzähligen Schiffen verwendet und sind heute begehrte Sammlerobjekte.

Heute sichert sich das Privat-Unternehmen einen Platz unter den Spitzenmarken, unter anderem durch seine astronomischen Armbanduhren Astrolabium Galileo Galilei, Planetarium Copernicus, Tellurium Johannes Keppler.

1847
Cartier

In Paris übernimmt Louis-Francois Cartier im Alter von 28 Jahren die Juwelierwerkstatt seines Lehrmeisters Adolf Picard und legt damit den Grundstein für ein Unternehmen mit Weltruhm. Bereits 1888, die Armbanduhr steckt noch in den Kinderschuhen, verkauft Cartier edelsteinbesetzte Damenuhren.

Das wohl bekannteste Cartier-Modell ist die „Santos", die auch eine der meistkopierten Uhren der Welt wurde.

1848
Omega

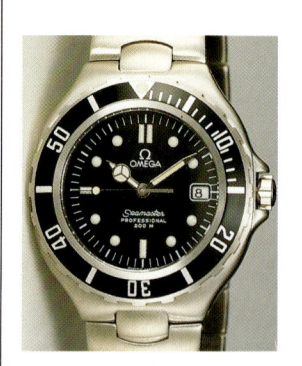

Louis Brandt nimmt in La Chaux-de-Fonds die Produktion hochwertiger Taschenuhren mit Schlüsselaufzug auf.

Aber erst ab 1896 verwendet das Unternehmen den Namen, der heute einer der bekanntesten Markennamen für Uhren ist: Omega.

Den wohl größten Erfolg seiner Geschichte kann Omega verbuchen, als die NASA (US-Weltraum-Organisation) 1965 Omega-Chronographen zur offiziellen „Weltraumuhr" bestimmt und der Astronaut Neil Armstrong 1969 mit einer Omega Speedmaster Professional am Arm auf dem Mond landet.

Omega ist Teil des SMH-Konzerns.

1853
Tissot

In Le Locle eröffnet Charles-Félicien Tissot zusammen mit seinem Sohn Charles-Emile die Uhren-Manufaktur Tissot.

Das Unternehmen macht sich bald einen Namen mit der Herstellung von Taschenuhren, vor allem in Silbergehäusen. Hauptmarkt war bis zum Ersten Weltkrieg Rußland.

Tissot (SMH-Konzern) gehört noch heute zu den bekanntesten Schweizer Uhrenfirmen.

1856
Eterna

In Grenchen, damals ein unbekanntes Dorf in der Nähe von Solothurn in der Deutsch-Schweiz, gründen Urs Schild und Joseph Girard eine Fabrik für „Ebauches" (Rohwerke). Der Grundstein für Eterna ist gelegt.

Weltbekannt wird das Unternehmen 1948 mit der Erfindung eines Kleinstkugellagers für die Schwungmasse von Automatik-Uhren. Die Eterna-Matic ist geboren.

1860
Chopard

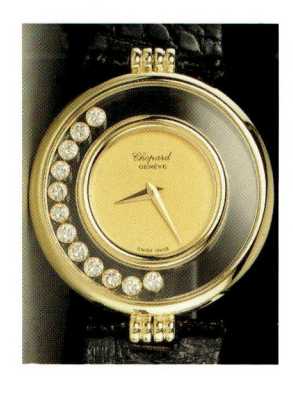

Louis-Ulysse Chopard, Sproß einer bekannten Uhrmacherfamilie, läßt sich in Sonvillier nieder und wird Lieferant der Schweizer Eisenbahn, die ihre Schaffner und Zugführer mit Chopard-Taschenuhren ausrüstet.

1920 zieht das Unternehmen nach Genf um, wo noch heute der Firmensitz ist. Seit der Übernahme von Chopard durch die deutsche Familie Scheufele 1963 ist Pforzheim der zweite Firmenstandort. Chopard ist heute vor allem wegen seiner brillantbesetzten Schmuckuhren bekannt.

1865
Zenith

wurde in Le Locle die Uhrenmanufaktur Zenith gegründet. Der Firmengründer war Georges Favre-Jacot. Heute ist das wichtigste Zenith-Produkt der schon fast legendäre Chronograph „El Primero".

Das für diese Uhr verwendete automatische Chronographen-Werk (Caliber 400) gilt als eines der schönsten Chronowerke überhaupt und wird auch von Ebel und Rolex verwendet.

1869
IWC

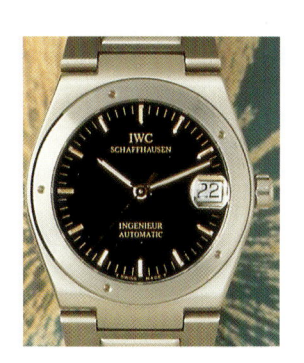

In Schaffhausen, in der deutschsprachigen Schweiz, gründet der Amerikaner F. A. Jones eine Uhrenfabrik mit englischem Namen: International Watch Company – IWC.

Jones wollte, die niedrigeren europäischen Löhne ausnutzend, Uhren für den amerikanischen Markt produzieren.

Dieses Vorhaben scheiterte, weil die Amerikaner hohe Einfuhrzölle auf ausländische Uhren erhoben und außerdem lieber Zeitmesser aus heimischer Produktion kauften. Und so bewegte sich IWC über viele Jahre immer am Abgrund zur Pleite, ständiger Wechsel der Eigentümer gehört zur Firmengeschichte. Heute gehört IWC der VDO und damit zum Mannesmann-Konzern.

1874
Piaget

In La Côte aux Fées eröffnet Georges Piaget eine kleine Werkstatt, in der er, mit einigen seiner 14 Kinder, Uhrwerke für andere Firmen zusammenbaut.

Erst im zweiten Drittel unseres Jahrhunderts beginnen seine Enkel, Gerald und Valentin, Piaget auf den Weg in die Oberklasse der Uhren zu bringen.

Piagets Schwerpunkt liegt heute bei den luxuriösen, edelsteinbesetzten (Damen-)Armbanduhren. Die Firma gehört Cartier.

53

1875
Audemars Piguet

Jules Audemars und Edouard Piguet gründen in Le Brassus eine Uhren-Manufaktur.

Von Beginn an werden in dem Unternehmen, das 1882 ins Handelsregister eingetragen wird, komplizierte Uhren hergestellt. Bis heute werden sämtliche bei Audemars Piguet produzierte Uhren registriert.

Eine der Spezialitäten von AP sind Uhren mit skelettierten Werken. Audemars Piguet verwendet heute hauptsächlich Rohwerke von LeCoultre.

Das bekannteste AP-Modell ist die „Royal Oak".

1905
Rolex

Der Deutsche Hans Wilsdorf gründet in London die Firma Wilsdorf & Davis. Zweck des Unternehmens ist der Import und Export von Schweizer Uhren. Von Armbanduhren, wohlgemerkt, die damals von den „Herren der Schöpfung" noch als zu feminin abgelehnt wurden.

Während des Ersten Weltkrieges führte die britische Regierung Zölle ein, die immerhin ein Drittel des eingeführten Warenwertes betrugen. Wilsdorf verlegte daraufhin seine Aktivitäten in die Schweiz, die er gut kannte.

Er erweiterte seine Zusammenarbeit mit dem in Bienne (Biel) ansässigen Uhrwerkhersteller Jean Aegler, dessen Unternehmen 1878 von dessen Vater gegründet worden war.

Aus den Wörtern „horlogerie exquisite" bildete Wilsdorf einen Namen, der in allen europäischen Sprachen gleich auszusprechen ist: Rolex. Das Unternehmen ist heute eine Stiftung.

1911
Ebel

Ebel wird gegründet. Eugene Blum, der Großvater des heutigen Firmenchefs, wählt La Chaux-de-Fonds als Firmensitz. Heute führt das Unternehmen den Beinamen „Les Architectes du Temps" (Die Architekten der Zeit).

Die bekanntesten Ebel-Uhren-Linien sind die „Discovery" und die „Sport".

1918
Mido

Die Uhrenmarke Mido wird ins Leben gerufen. Der Anspruch des Firmengründers Georges Schaeren ist es von Anfang an, besonders dichte Uhrengehäuse zu konstruieren.

Und so kommen denn aus Bienne (Biel) seit über 70 Jahren sehr robuste Uhren. Besonders bekannt wurde Mido mit der Einführung der „Mido Ocean Star" im Jahre 1959. Diese Uhr, völlig ungewöhnlich mit einem winzigen Korkring abgedichtet, wird seither fast unverändert gebaut.

Auch Mido gehört zur SMH.

1955
Corum

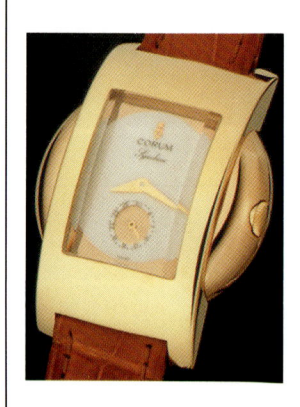

In La Chaux-de-Fonds wird Corum gegründet. Die Firmengründer René Bannwart und Gaston Ries hatten schon vorher Uhren gefertigt, allerdings für andere Firmen. 1955 schien es an der Zeit, mit einer eigenen Marke auf den Markt zu kommen. Deshalb wurde die neue Uhrenmarke geschaffen, die in wenigen Jahrzehnten den Aufstieg in die Reihe der namhaften Uhrenhersteller der Schweiz und damit der Welt schaffte.

Bekannteste Corum-Uhren sind die „Admiral's Cup" und die aus einer Zwanzig-Dollar-Münze gefertigte, besonders flache Herrenuhr.

Die Standorte der Uhrenfirmen in der Schweiz

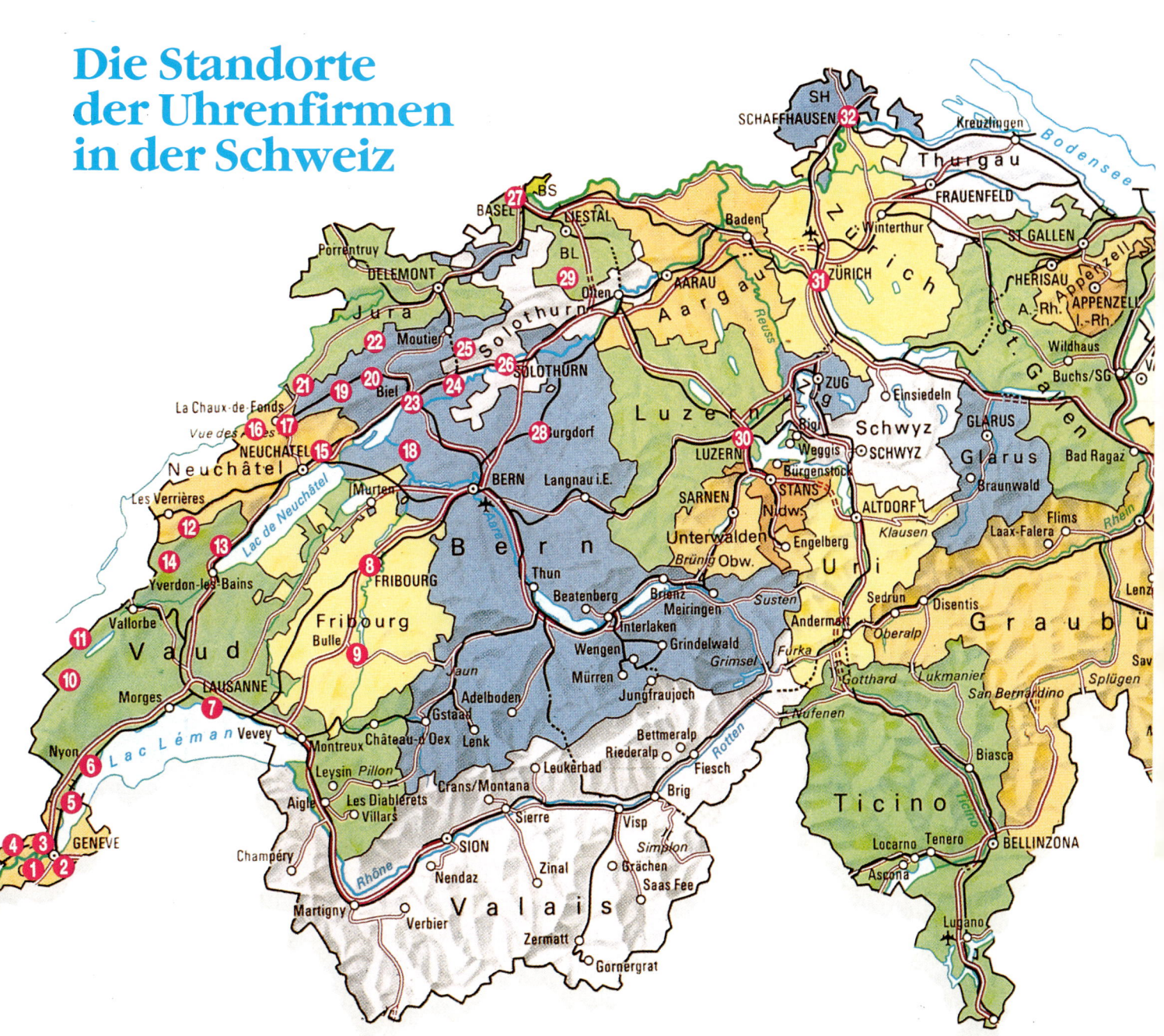

1) GENEVE - Ardath, Alexis Barthelay, Baume & Mercier, Eric Bertrand, Chatelain, Etoile - Stefan Hafner, Forget, Gerald Genta, Gilles Robert, MHR, MDM, Patek Philippe, Philippe Charriol, Piaget, Paul Picot, Rafal, Rolex, Sarcar, Universal, Vignando, Vacheron Constantin, Raymond Weil
2) CAROUGE - Jean Lassale
3) VERNIER - Favre Leuba-Benedom, Christian Dior
4) MEYRIN - Chopard
5) CRANS CELIGNY - Michel Jordi
6) NYON - Breil
7) LAUSANNE - AHCI (Academie Horlogere des createurs independants)
8) FRIBOURG - Tabbah
9) BULLE - André Le Marquand, Nina Ricci
10) LE BRASSUS - Audemars Piguet, Blancpain, Bréguet, Gerald Genta, Fréderic Piguet
11) LE SENTIER - Jaeger-Le Coultre, Daniel Roth
12) FLEURIER - Jeannin Numa
13) GRANDSON - Lucien Rochat
14) COTE-AUX-FEES - Ancienne Fabrique Georges Piaget & Fils
15) NEUCHATEL-MARIN - Aero Watch, Waltham, Tag-Heuer, Zodiac, Le Guet
16) LE LOCLE - Cyma, Ulysse Nardin, Tissot, Zenith
17) LA CHAUX-DE-FONDS - Georges Claude, Corum, Ebel, Girard-Perregaux, Jean d'Eve, Kelek, Leonard, Marvin, Revue Thommen
18) SAINT BLAISE - Memotime
19) ST. IMIER - Longines, Pierre Balmain
20) VILLERET - Minerva
21) LE NOIRMONT - Aubry Frères-Ernest Borel
22) TRAMELAN - August Reymond
23) BIENNE - Artime (Sector, Lucien Rochat, Philippe Watch); Candino, Century Times, Cerruti Montres, Certina, Concord, Delaneu, Endura (private label), Eberhard, Ellesse, Glycine Watch, Hermès, Mido, Milus, Omega, Rolex, Swatch, Urban Jürgensen & Sønner - Copenhagen, VSOE
BIENNE-EVILARD - Bertolucci
24) LENGNAU - Pierre Cardin, Chromacron, Delma Watch, Rado
25) GRENCHEN - Breitling, Fiorucci Time-Sosclan,. Fortis, Movado, Rodania, Eta, Eterna
26) SOLOTHURN - Roamer
27) BASEL - Max René
28) BURGDORF - Armin Strom
29) HÖLLSTEIN - Oris
30) LUZERN - Bucherer
31) ZURICH - Mondaine Watch, Desco-Maurice Lacroix
32) SCHAFFHAUSEN - IWC

ZEIT IN IHRER SCHÖNSTEN FORM.

»Les Mécaniques«
„Masterpiece Collection"
Chronograph mit Gangreserveanzeige
gravierte Tachymeter-Skala
Gehäuse 750/- Gold/Edelstahl
beidseitig Saphirglas
handdekoriertes Automatikwerk cal. ML 30
verschraubbare Krone
50 m wassergeschützt
limitierte Auflage 999 Stück mit Zertifikat
DM 4.750,–*

Ref.-Nr.: 30.585-1602

*unverbindliche Preisempfehlung

Maurice Lacroix
OF SWITZERLAND

Gigantisch

Gigantisch!
Was eine mechanische Uhr so alles leistet

Wir haben mal einige Superlativen und Zahlen zusammengestellt, die deutlich machen, welche Leistungen ein winziges Uhrwerk vollbringt. Und das viel umweltfreundlicher, als jede große Maschine imstande ist.

Mechanik: 0,001 Prozent genau

Auch wenn Ihre mechanische Uhr nicht haargenau mit der Präzision einer Atomuhr arbeitet, so haben Sie noch keinen Grund zur Unzufriedenheit!

Das Zeitzeichen wird durch die schrankgroße Cäsium-Zeitbasis der Physikalisch-Technischen Bundesanstalt in Braunschweig unter optimalen Raum- und Temperaturverhältnissen vermittelt.

Eine Armbanduhr arbeitet unter ungleich schwereren Bedingungen. Ihr Gang wird durch Lagenveränderung, schwankende Temperatur, Magnetismus, Staub, durch unregelmäßiges Aufziehen und Ölen nachteilig beeinflußt. Trotzdem zählt sie jeden Tag 86 400 Sekunden ab. Und wenn sie auch etwas variiert, so ist sie immer noch recht nahe an 100 %iger Präzision!

Geht eine mechanische Uhr nur eine Sekunde pro Tag vor, so hat sie eine Gangabweichung von 0,0011 Prozent! So gesehen geht die Uhr enorm genau.

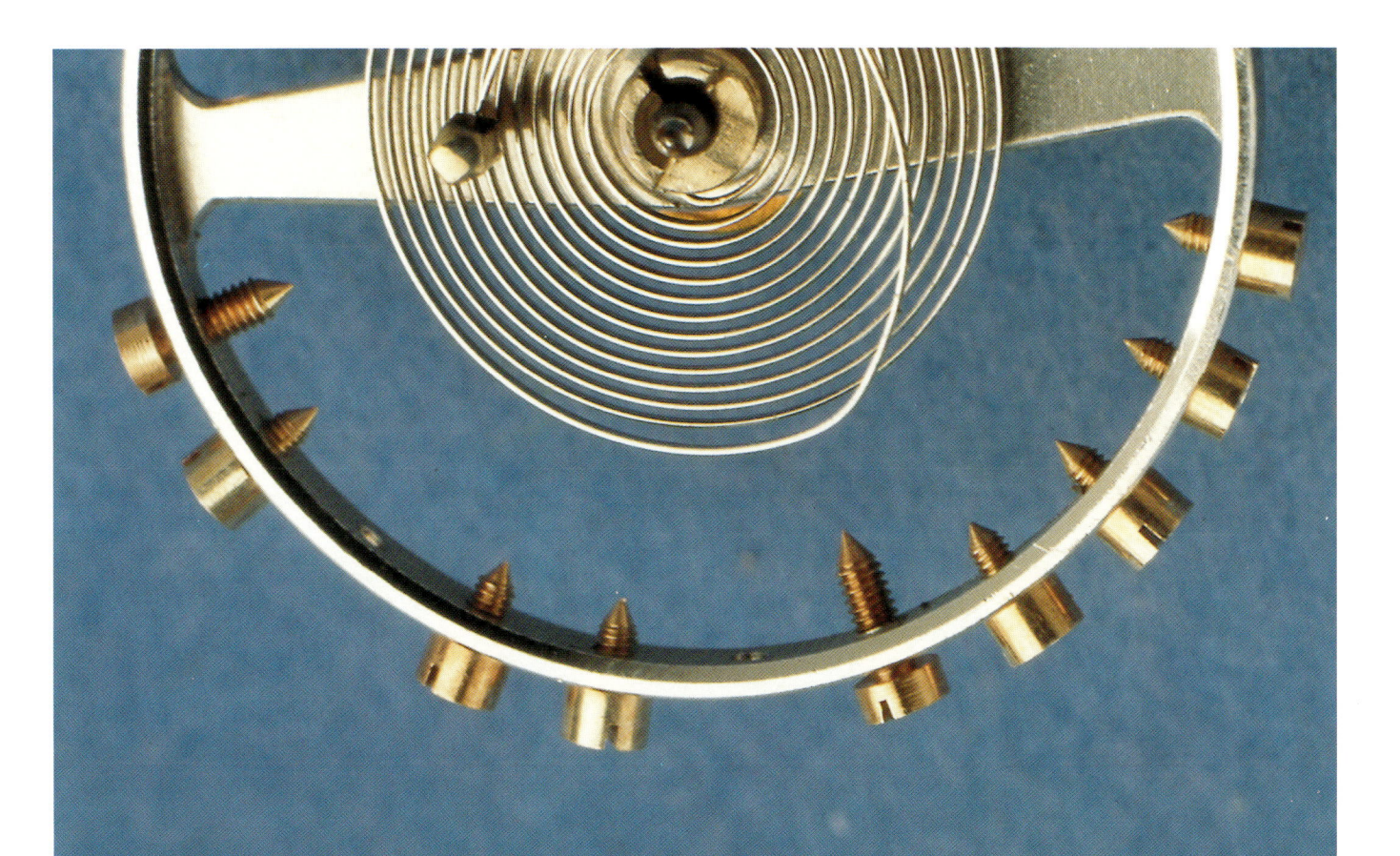

Schneller als die Eisenbahn

Welches Rad dreht sich schneller, das Triebrad einer Lokomotive oder die Unruh einer Armbanduhr? Die Triebräder einer Lokomotive, die mit 90 Kilometer Stundengeschwindigkeit fährt, drehen sich nur halb so schnell wie z. B. die Unruh in einem Zenith-Chronographen.

Das klingt fast unglaublich. Aber die Uhr leistet noch mehr: Sie arbeitet nicht nur einige Stunden, sondern jahraus, jahrein volle 24 Stunden am Tag.

Mit 0,000 000 01 PS um die Welt

Kennen Sie die Maschine, die eine solche Leistung vollbringt? Es ist Ihre mechanische Uhr! Die Unruh einer Uhr, angetrieben durch die Uhrfeder, deren Kraft einem Hundert-Millionstel einer Pferdekraft entspricht, macht täglich mindestens 432 000 Halbschwingungen (18 000 A/h). Ein Punkt auf der Peripherie dieses Rädchens legt dabei täglich 20 km, also in 5 ½ Jahren cirka 40 000 km, gleich dem Erdumfang, zurück. Die Uhr ist damit eine der leistungsfähigsten Maschinen der Welt!

Uhr leistet mehr als ein Auto

Wenn sich das Rad eines Automobils 120 Millionen Mal gedreht hat, so hat der Wagen ca. 250 000 km zurückgelegt. Wir zählen ihn zum alten Eisen. Die Unruh eines Schnellschwinger-Werkes (El Primero) macht aber pro Jahr 315 360 000 Bewegungen. Nach 10 Jahren sind es drei Milliarden, 153 Millionen und 600 000 Halbschwingungen.

Die Uhr wird immer noch funktionieren. Aber es dürfte verständlich sein, daß sie dann eine kleine Inspektion benötigt.

Die enorme Arbeitsleistung einer mechanischen Armbanduhr ist nur möglich dank der Verwendung des bestens Materials und feinster Verarbeitung sowie allergrößter Präzision.

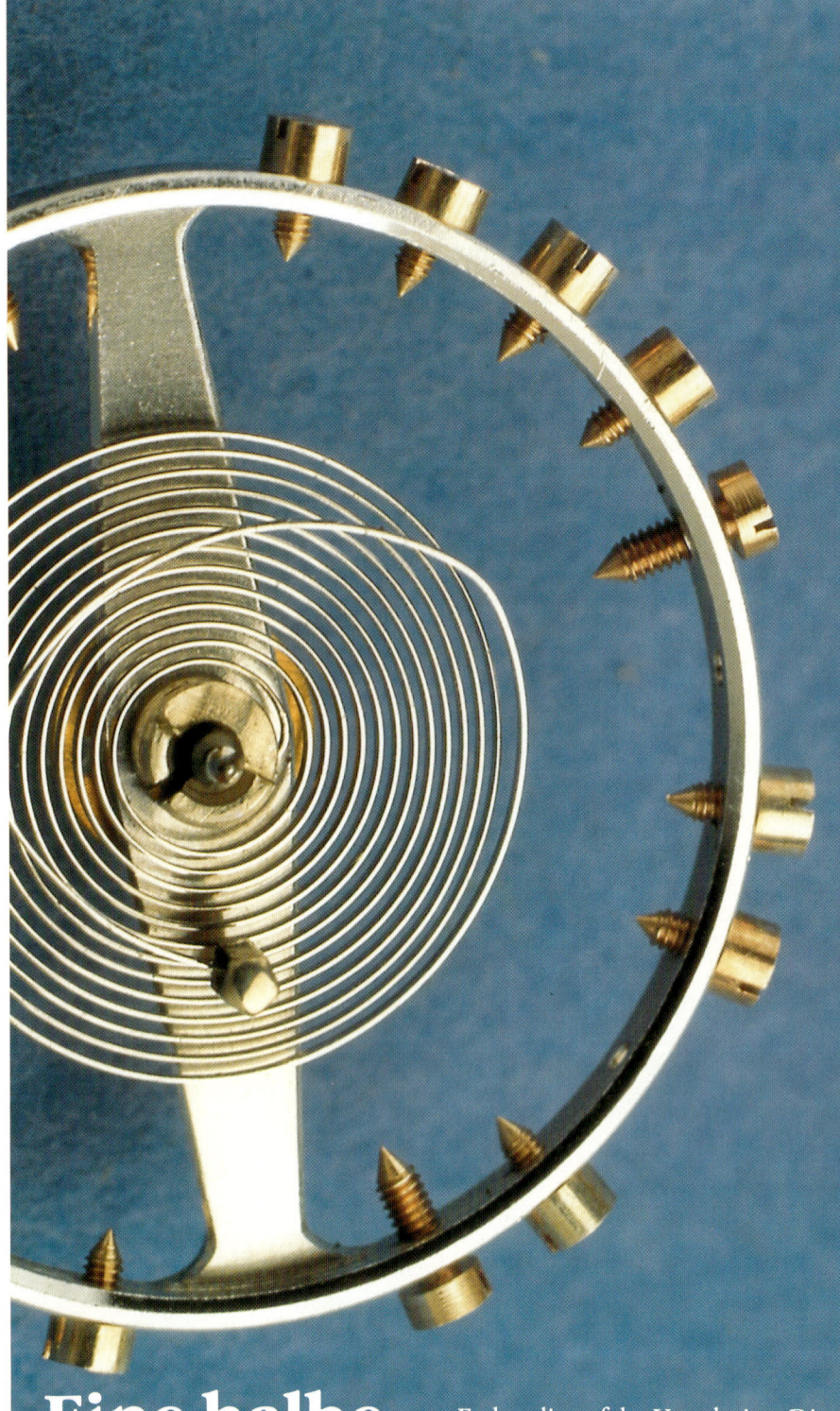

Der ¹/₁₀₀₀ Millimeter

Sie haben sicher schon davon gehört, daß gewisse Uhrbestandteile auf den Tausendstelmillimeter genau gearbeitet sein müssen. Können Sie sich aber so ein kleines Maß überhaupt vorstellen? Der ¹/₁₀₀₀ Millimeter entspricht dem 50sten Teil der Dicke eines menschlichen Haares. Es grenzt fast ans Unglaubliche, daß solche Maße genau gemessen und in Serie fabriziert werden können.

50 000 Schrauben in einem Fingerhut

In kleinen Uhren werden Schrauben verwendet, deren Kubikinhalt nur 0,054 mm³ beträgt. Diese Schräubchen sind für unser Auge kaum sichtbar. Man braucht ca. 50 000 Schräubchen, um einen Fingerhut prall zu füllen. Jede dieser Schrauben besitzt ein tadelloses Gewinde und einen fein polierten Kopf.

Dies gibt einen Begriff von der ungeheuren Präzision, die in der Uhrenfabrikation beachtet werden muß. Auch wird klar, welch hohe Anforderung an die Geschicklichkeit des Uhrmachers gestellt wird, der die kleinen Uhren reparieren muß.

Eine halbe Million Federn...

Die Spirale bildet einen der wichtigsten Bestandteile der Uhr. Sie ist die kleine dünne Feder, die auf der Unruh sitzt. Die Herstellung dieser kleinsten Spiralen ist sehr kompliziert. Spiralfedern für kleine Uhren wiegen nur 2 Tausendstel Gramm und werden auf ¹/₁₀₀ Millimeter ausgewalzt (0,01 mm). Ein Kilogramm solcher Federn (500 000 Stück) würde im Handel einige zigtausend Mark kosten!

Uhren und Temperaturen

Temperaturschwankungen beeinflussen den Gang der Uhr. Eine einmalige und dauerhafte Temperaturveränderung von 5 °C genügt, um die mechanische Uhr 1 Minute vor- oder nachgehen zu lassen. Die meisten Uhren werden aber täglich mehreren größeren Temperaturschwankungen ausgesetzt... und gehen trotzdem genau. Warum? Weil sie so konstruiert sind, daß diese Einflüsse entweder automatisch kompensiert oder aber ganz ausgeschaltet werden. Ermöglicht durch das Temperaturverhalten unterschiedlicher Metalle bzw. Legierungen.

Warum die Feder bricht

Die Uhrfeder einer alten Armband- oder Taschenuhr besteht aus einem dünnen Stahlband, dessen Struktur nicht homogen ist. Federbrüche sind aus diesem Grund unvermeidbar, denn die stete Spannung der Feder ermüdet das Metall. Dünne, gut gehärtete Uhrfedern ergeben eine größere Ganggenauigkeit der Uhr als weiche. Sie brechen aber auch leichter, genau wie Glas leichter bricht als Gummi. Eine Feder kann ohne Schuld des Fabrikanten, des Uhrmachers oder des Trägers brechen. Auch darf aus einer gebrochenen Feder keineswegs geschlossen werden, daß sie schlechter Qualität war.

S

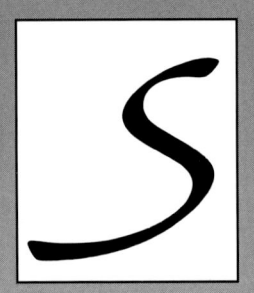

Der Uhrenspezialist auf Erden, zu Wasser und in der Luft

Abb.: Modell 6025 — Ab **DM 1 950,-**

Abb.: Modell 103 — Ab **DM 750,-**

Abb.: Modell 144 — Ab **DM 780,-**

Abb.: Modell 156 — Ab **DM 1 040,-**

Abb.: Modell 157 — Ab **DM 1 040,-**

Abb.: Modell 142 — Ab **DM 1 130,-**

Produktion – Direktvertrieb – Service
– aus einer Hand –

Sinn Spezialuhren GmbH
Im Füldchen 5–6
60489 Frankfurt/Main
Tel.: 0 69-78 27 14/15
Fax: 0 69-78 14 55

Vertrieb Österreich:
Uhren-Service W. Wimmer
Arnsteingasse 21
A-1150 Wien
Tel.: 0222-8 93 27 03

B-Uhren

B-Uhren

B-Uhren sind nicht etwa „zweite Wahl", „B" steht für Beobachtungsuhr. Uhrenspezialist Helmut Sinn in Frankfurt hat eine Kleinserie dieser äußerst genau gehenden Taschenuhren wieder aufgelegt. Dabei wurden neuwertige Originalwerke verwendet.

Beobachtungs-Uhren und B-Uhren sind Uhren mit besonders genauer Zeitmessung. Sie entwickelten sich aus den Schiffs-Chronometern. Diese waren unerläßlich für genaue

Standortbestimmung, die mittels des Sextanten (Winkelmesser) in Verbindung mit dem Bordchronometer exakt durchgeführt werden konnte.

Insbesondere bei der Versorgung von Schiffen durch andere Schiffe waren genaueste Angaben von größter Bedeutung, zumal Peilungsmöglichkeiten und andere Orientierung wie bei der Luftfahrt, z.B. durch Bodenstationen, entfielen.

Deswegen kam es bei Schiffs-Chronometern auf höchste Ganggenauigkeit an. Um diese zu sichern, wurden Schiffs-Chronometer cardanisch aufgehängt. So konnten Lageabweichungen so gering wie möglich gehalten werden. Borduhren hatten ebenfalls Chronometergenauigkeit.

Die Bedingungen an die Ganggenauigkeit mußten immer wieder erfüllt werden. Die Uhren wurden grundsätzlich einmal jährlich überholt und reguliert. Ihre Ganggenauigkeit bei verschiedenen Temperaturen und in unterschiedlichen Lagen wurde überprüft. Erst dann erhielten sie von zugelassenen Prüfstellen erneut ein Gangzeugnis für Chronometer.

Früher waren jährliche Überholungen auch im Hinblick auf die damals verwendeten organischen Öle notwendig.

Das Zifferblatt der Schiffs-Chronometer hat meist einen Durchmesser von 10 cm und mehr. B-Uhren als Taschen- oder Armbanduhren sind immer größer als normale Uhren und enthalten immer Taschenuhrwerke. Abgesehen von ganz alten B-Uhren besitzen diese immer eine Sekundenarretierung, mit der das Werk angehalten und möglichst genau nach Zeitzeichen wieder gestartet werden kann.

Im folgenden sollen nur Punkte angesprochen werden, die auf die LACO KM, STOWA KM und DOUBLE FACE zutreffen.

Diese Uhren stammen aus der Produktion von 1938 bis 1945. Zweifellos war die LACO von allen während des Krieges beim deutschen Militär benutzten Uhren die qualitativ Beste. Sie hat einen Durchmesser von 49,43 mm.

LACO stellte zuerst die Flieger-B-Uhr her, die bei verschiedenen Gattungen der Luftwaffe Verwendung fand. Baugleich mit dieser Uhr war die GLASHÜTTE, ebenfalls 22″. Durch die Kriegsereignisse wurden vermutlich mehr solcher Uhren benötigt, als geliefert werden konnten. Deshalb gab es noch die aus normalen Taschenuhren hergestellte UNITAS; IWC und THOMMEN. Alle hatten die gleiche MIL-Anforderungsnummer FL 23883 und erfüllten dieselben Bedingungen. Äußerlich konnte man sie kaum unterscheiden, nur in der Höhe des Gehäuses.

Es lag nun nahe, die gleichen Werke für die Kriegsmarine als Taschenuhren zu verwenden, jedoch mit kleiner Sekunde. Soweit bekannt, wurden größere Mengen unter STOWA KM hergestellt. Das UNITAS-Kaliber hatte die Bezeichnung 18/21, das besagt, daß die Grundplatine 21linig war, der andere Teil 18linig, also die normale Taschenuhrausführung. Interessant ist bei diesem Kaliber, daß durch das Herausziehen der Krone das Werk nicht sofort stehen bleibt, sondern erst automatisch bei 60. Übrigens: Die Maßeinheit „Linie" entspricht 2,256 mm.

LACO hatte bis 1944 nur die Armband-Ausführung hergestellt. 1944/45 sollten die ersten 1000 LACO KM gefertigt werden. Durch die Bombardierungen kam es aber nicht mehr dazu. Lange nach dem Kriege wurde ein Teil der Werke gefunden, fertig waren nur Handmuster. Große Mengen fehlten oder waren unkomplett.

Die Fertigstellung einer bescheidenen Anzahl dieser Werke ist jetzt beabsichtigt. Die Originalausführung wurde zudem mit einer Schwanenhals-Feinregulierung verbessert. Statt der alten Federn werden unzerbrechliche vorgesehen.

Nagelneu, aber trotzdem aus vergangenen Zeiten: Die alten Werke in neuen Gehäusen. Von links: Sinn „Double Face", LACO KM und Stowa KM. Für die Uhren gibt es jeweils einen Holzkasten mit Messingbeschlägen.

SINN-DOUBLE FACE mit Chronometerzeugnis

Die DOUBLE FACE-Uhr enthält ein Werk, das ursprünglich dazu vorgesehen war, in Armbanduhren für die Luftwaffe eingebaut zu werden. Diese Uhren waren genau wie die Luftwaffen-Uhren von IWC, THOMMEN, GLASHÜTTE und LACO. Einige dieser UNITAS-Werke lagerten seit dem Krieg in originalem Zustand.

So lag es nahe, aus diesen besonders schönen Werken eine doppelseitig verglaste Taschenuhr herzustellen, die dieses Werk so zur Geltung bringt. Es wurden neue Gehäuse fabriziert, Werk und Gehäuse vergoldet, neue Zifferblätter mit römischen Ziffern und klassischen Zeigern gestaltet. Durch die beidseitige Verglasung erhielt die Uhr den Namen "Double Face". Die Werke sind mit Côte Genève verziert.

Während der gewissenhaften Remontage wurden die Werke auf Chronometergenauigkeit ausreguliert, und jede dieser Uhren erhielt ein Gangzeugnis der Contrôle Officiel Suisse des Chronometres, La Chaux-des-Fonds/Schweiz. Dieses weist die Gangprüfungsbedingungen aus.

Im Grunde handelt es sich bei der „STOWA KM" und der „DOUBLE FACE" um das gleiche Uhrwerk. Die Unterschiede liegen darin, daß

– zum einen die DOUBLE FACE einen großen Sekundenzeiger hat, dessen Sekundenradachse mit einem weiteren (20.) Stein in der Sekundenradachsebrücke gelagert ist.

– zum anderen der ebenfalls durch das Herausziehen der Krone arretierbare Sekundenzeiger sofort anhält.

Werkdaten:
Ankerwerk mit Kolbenzahnankerhemmung der Qualität Ia, große Sekunde, 20 Steine, Handaufzug.

Gangteile:
Unruhe und Ankerrad sind 4fach gelagert in Lochsteinen mit Decksteinen. Die Steine sind oliviert und bombiert, Anker und Ankerrad poliert.

Feinregulierung:
Kompensationsrunruhe (Bimetall geschlitzt), Regulierschrauben, Bréguétspirale.

Räderwerk:
Räder-Rundschliff, Triebe poliert, Wellbaum rolliert, Nietansätze.

Aufzug:
Stahlaufzugsräder und Sperrkegel poliert. An der Zeigerstellung ist die Bremsfeder für die Sekundenarretierung gekoppelt.

Federhaus:
Rund- und Flachlauf markiert. Neue unzerbrechliche Federn.

Gehäuse:
Neu angefertigt, vergoldet 10 M, beidseits verglast.

Zifferblatt:
Vergoldet, römische Zahlen.

Zeiger:
Birnenform, Stahl, blau angelassen.

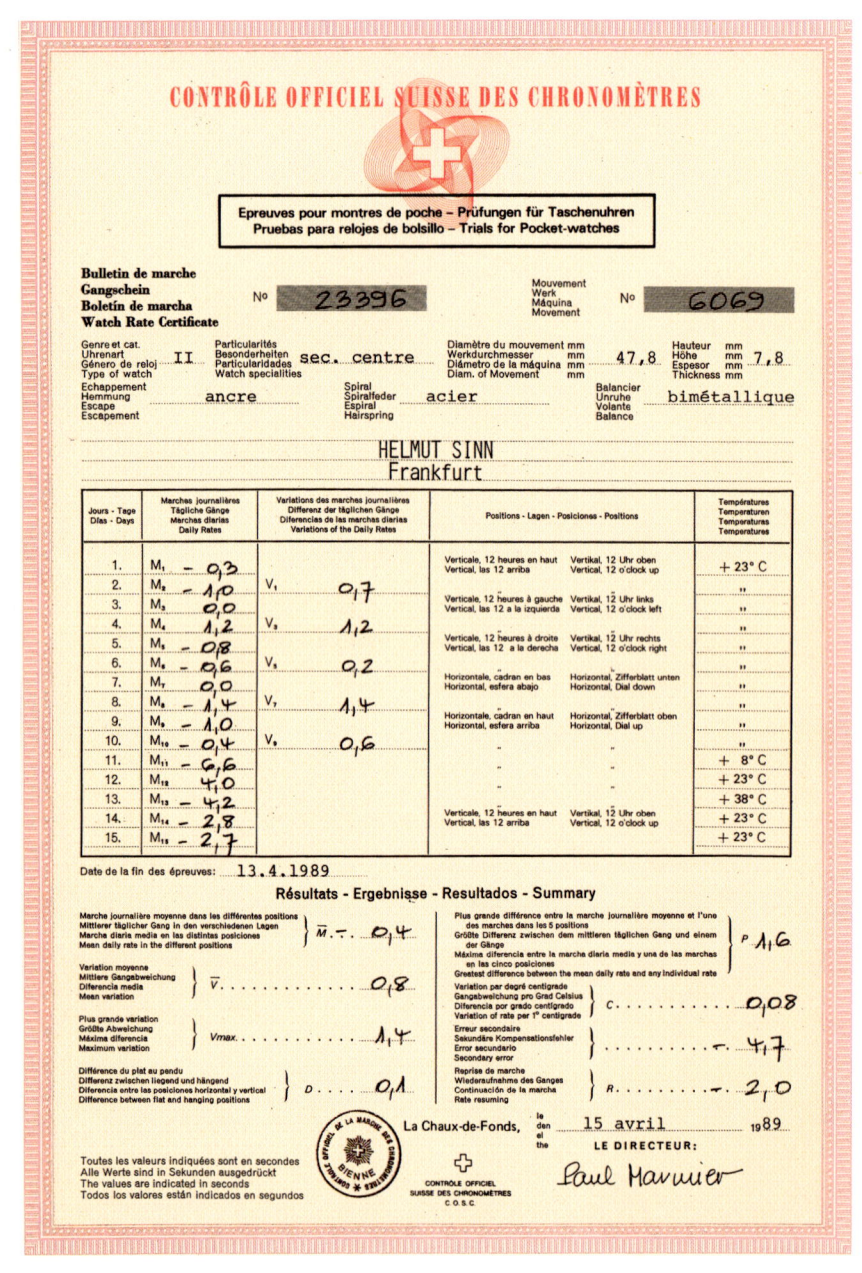

Offizieller Chronometer-Prüfschein des Prüfinstituts in La Chaux-de-Fonds (Schweiz). Das Werk bringt Gangergebnisse, von denen Mechanik-Freaks bei Armbanduhren nur träumen können.

△ Sinn „Double Face" (wegen der beidseitigen Verglasung). Das Werk war ursprünglich für Armbanduhren der Luftwaffe vorgesehen.

◁ 20steiniges Unitas-Werk. In diesem Fall mit Sekundenrad, einem weiteren Stein plus Brücke erweitert. Der Sekundenzeiger läßt sich bei der „Double Face" durch Herausziehen der Krone stoppen.

Marine-Dienstuhr von Stowa. Das komplette Zifferblatt ist nachleuchtend.

Dienstuhr der Marine

Alle drei Wehrmachtsgattungen, Heer, Marine und Luftwaffe, trugen im Dienst sehr genaue Zeitmeßgeräte. Uhren, von denen jedes einzelne Stück bei Seewarte oder einem anderen amtlichen Prüfinstitut nach internationalen Bedingungen geprüft wurde.

Hier die Beschreibung der Kriegsmarine-Taschenuhr, die auf fast allen Schiffen der Kriegsmarine Verwendung fand: Kaliber Unitas, hergestellt in den Jahren 1940 bis 1945 von der Firma Stowa, Pforzheim. 19 Steine, Werk-Durchmesser 47,8 mm. Eine Taschenuhr mit kleiner Sekunde und eine durch Ziehen der Krone gekoppelte Stoppeinrichtung zum sekundengenauen Einstellen der Zeit. Durch Herausziehen der Krone bleibt das Uhrwerk automatisch bei 60 stehen. Eine mechanische Uhr mit höchsten Anforderungen an die Ganggenauigkeit. Sie erfüllte die inter-

Werkeinsicht durch den Glasboden in die Stowa-Uhr. Das Werk ist in fünf Positionen feinreguliert. ▽

B-Uhren

Beobachtungs-Uhr der Kriegsmarine 1940—1945, Decks-Chronometer

Bestimmte Angehörige aller drei Waffengattungen der Wehrmacht, also Heer, Marine und Luftwaffe, benutzten im Dienst sehr genaue Zeitmeßgeräte. Uhren, die jeweils einer amtlichen Prüfung auf Ganggenauigkeit nach strengsten Normen unterzogen wurden.

Diese Prüfbedingungen setzten voraus, daß nur bestes Material, bestimmte Konstruktionsmerkmale, einwandfreie Verzahnung und präziseste Regulierorgane Verwendung fanden. Die letzten Beobachtungsuhren dieser Art wurden von der Firma Lacher & Co., Pforzheim, noch 1944 mit kleinem Sekundenzifferblatt für die Marine gefertigt, aber nicht mehr an diese ausgeliefert.

Helmut Sinn, Hersteller von Spezialuhren für die Luft- und Raumfahrt, hat in seiner Firma eine bescheidene Anzahl dieser, aus dem zweiten Weltkrieg stammenden, interessanten Exemplare terminiert bzw. aufgearbeitet.

Beschreibung

Bezeichnung und Größe:
Caliber LACO, 21 Steine, Werkdurchmesser 49,43 mm ≙ **22.**

Ganggenauigkeit:
Die Uhr erfüllt die internationalen Prüfbedingungen für Taschen-Chronometer, 6 Lagen, 3 Temperaturen.

Werkdaten und Assortiment:
Werk mit schweizer Kolbenzahn-Ankerhemmung, von Ia-Qualität, exzentrische Sekundenanzeige, nach der Schweizer Norm NIHS 94-10 funktionsbedingte Lagersteine, Handaufzug, 36 Stunden Gangdauer, Unruhe, Anker und Ankerrad je 4fach in Steinen gelagert, Lochsteine oliviert und bombiert, gehärteter und polierter Stahlanker, Ankerrad ebenfalls gehärtet und poliert.

Ausführung der Räder:
Räder aus Hartmessing mit der bewährten NHS-Zykloiden- bzw. Kreisbogenverzahnung, Rundschliff, rot vergoldet, Triebe poliert, Wellbaum rolliert, Nietansätze.

Federhaus:
Bei der Remontage Rund- und Flachlauf markiert, Zug- bzw. Triebfeder aus Spezialstahl.
Eine im Federhausdeckel angeordnete Malteserkreuzstellung sorgt für ein annähernd ausgeglichenes Antriebsmoment während der vorgegebenen Gehzeit.

Aufzug und Zeigerstellung:
Aufzugräder aus gehärtetem Stahl mit Spezialschliff, hervorragende, z. T. geschliffene oder polierte Ausführung der restlichen Aufzugteile.

nationalen Prüfbedingungen für Taschen-Chronometer, 6 Lagen bei 3 Temperaturen.

Werkdaten:
Ankerwerk mit Kolbenzahnankerhemmung der Qualität Ia, mit kleiner Sekunde, 19 Steine, Handaufzug.

Gangteile:
Unruhe und Ankerrad sind 4fach gelagert in Lochsteinen mit Decksteinen. Die Steine sind oliviert und bombiert, Anker und Ankerrad poliert.

Regulage:
Kompensationsrunruhe (Bimetall geschlitzt), Regulierschrauben, Bréguétspirale.

Räderwerk:
Räder-Rundschliff, Triebe poliert, Wellbaum rolliert, Nietansätze.

Aufzug:
Stahlaufzugsräder- und Sperrkegel poliert. An der Zeigerstellung ist die Bremsfeder für die Sekundenarretierung gekoppelt.

Federhaus:
Rund- und Flachlauf markiert. Neue unzerbrechliche Federn.

Gehäuse:
Wurde neu angefertigt, verchromt, beidseits verglast.

Zifferblatt:
Durchmesser 50 mm, 0,7 mm Messingblech, 2 Zifferblattfüße, 12-Stunden-Skala, 60-Minuten-Einteilung, Druckdurchmesser 47 mm. Sekundenkreisdurchmesser 16 mm, Zifferblatt komplett belegt mit Leuchtmasse (ZnS).

Zeiger:
Birnenform, Stahl, blau angelassen.

Holzkasten:
2teilig, 95 × 130 × 35 mm, Mahagoni-gebeizt, Samteinlage rot, massive Messingecken, Schieberiegel versenkt.
Die Uhr kann in 5 verschiedenen Positionen aufgenommen werden. Der Boden ist mit Filz belegt.

Die Uhren lagerten seit Ende des Krieges, teilweise als Werk, teilweise als fertige Uhr. Die Werke sind absolut original, die Gehäuse wurden erneuert. Das neue Gehäuse ist beidseits verglast, wodurch man auch das außergewöhnlich schöne Werk sehen kann.

69

B-Uhren

Decks-Chronometer von Lacher & Co. (LACO). In sechs Lagen und drei Temperaturen reguliert. Das gute Stück aus Sterling-Silber wiegt 220 Gramm. ▷

Für die sekundengenaue Zeigerstellung dient eine mit dem Aufzugsmechanismus gekoppelte Bremsfeder, die beim Herausziehen der Krone die Unruh leicht berührt und anhält.

Reglage:
Schwere, bimetallische und aufgeschnittene Kompensationsunruh mit Masse- und Regulierschrauben in Verbindung mit einer Brequet-Stahlspiralfeder. Oder schwere monometallische Unruh mit Massenschrauben und selbstkompensierende Brequetspiralfeder. Beide Schwingsysteme ermöglichen eine optimale Ganggenauigkeit. Zur Feinregulierung dient eine auf dem Unruhkloben montierte Schwanenhalsfeder mit Stellschraube.

Zifferblatt:
Messing versilbert, Befestigung und Lagesicherung mit 3 Zifferblattfüßen, Durchmesser 50 mm, Minutenteilung Durchmesser 45 mm, Sekundenteilung Durchmesser 18 mm. Kennzeichnung „KM" für Kriegsmarine.

Zeiger:
Birnenform, Stahl, blau angelassen, Minutenzeigerauge poliert.

Gehäuse:
Schwere Ausführung, Sterlingsilber 925, Gewicht etwa 100 g, Mittelteil gerippt, doppelseitig mit Mineralgläsern versehenes Gehäuse, zwei verschraubbare Lunetten, Bügel, Krone und Pendanthals nach Form „Jürgens".

Maße:
Durchmesser 60 mm, Dicke 17 mm, Gewicht 210 Gramm.

Das durch das rückseitige Mineralglas sichtbare Uhrwerk besticht durch seine einfache und wohlgeformte Konzeption.

Die geschliffenen und polierten Stahlteile in Verbindung mit dem Genfer Streifenschliff (côtes de genêve) der Brücken und Kloben verleihen der Uhr eine gewisse optische Lebhaftigkeit, so daß auch hier die vielgerühmte Faszination der Mechanik deutlich wird.

△ *Das Werk der LACO. Verzierung durch Genfer Streifen. Aufgeschnittene Kompensationsunruh mit Breguet-Spirale.*

CHRONOSWISS
Faszination der Mechanik

Investition in die Zeit.

Es gibt Dinge, die Ihren kultivierten Lebensstil perfekt zum Ausdruck bringen.
Klassische mechanische Armbanduhren gehören dazu.
Uhren von CHRONOSWISS sind Meisterwerke traditioneller Handwerks-
kunst in höchster mechanischer Präzision.
Sie bestechen durch ihr zeitloses, funktionsbezogenes Design.
Handgefertigte, einzeln numerierte Uhren, die auch morgen noch Ihren
Wert besitzen und übermorgen zu den begehrten Sammlerstücken zählen.

Sammelnswert ist auch das 66seitige Buch „Faszination der Mechanik". Wir senden es Ihnen gerne kostenlos zu.

CHRONOSWISS Uhren GmbH · Nikolaus-Rüdinger-Straße 15 · 80999 München · Telefon (0 89) 8 12 64 75 · Telefax (0 89) 8 12 12 35
Schweiz: CHRONOLINE · Niedermuhren · CH-1714 Heitenried · Telefon (0 37) 35 21 44 · Telefax (0 37) 35 16 77
Österreich : TIME MODE · Bahnhofstraße 43 H · A-9021 Klagenfurt · Telefon (04 63) 3 64 84 · Telefax (04 63) 3 62 41

Uhren-ABC

A

A

Den Buchstaben A findet man häufig auf den → Unruhkloben von Armbanduhren und Taschenuhren sowie manchmal auf den Pendeln von Großuhren. In der Uhrmacherei werden viele Begriffe verwendet, die ihren Ursprung in der französischen Sprache haben. Das A steht als Abkürzung für AVANCE = vorgehen. Das bedeutet, daß die Uhr schneller geht, wenn man den → Rückerzeiger in Richtung des A verschiebt. Damit verschiebt man auch den → Spiralschlüssel, der die wirksame Länge der → Unruhspirale bestimmt. Die wirksame Spirallänge wird kleiner, die Schwingung der Unruh und damit der Gang der Uhr werden beschleunigt.

Bei Pendeluhren wird die Reguliermutter am unteren Pendelende in Richtung A verdreht und damit die wirksame Pendellänge mit dem gleichen Resultat verkürzt.

Abgleichschrauben

Auch Regulierschrauben. Die Abgleichschrauben werden außen am Unruhreif angebracht. Durch Hinein- bzw. Herausdrehen der Schrauben wird der Außendurchmesser des Unruhreifs geringfügig verändert. Dadurch ändert sich das sogenannte Massenträgheitsmoment. Es gibt zwei Anwendungsarten für Abgleichschrauben: Ursprünglich fanden sie Verwendung an den Kompensationsunruhen, die Temperaturfehler von Uhren „kompensieren" (lat. Compensatio = Ausgleich). Heute finden sie in hochwertigen Armbanduhren Verwendung, die nicht mit Hilfe des Spiralschlüssels, sondern nur mit den Abgleichschrauben reguliert werden. Die Abgleichschrauben dürfen nicht mit den ebenfalls am Unruhreif sitzenden Gewichtsschrauben verwechselt werden. Diese dienen dazu, die Masse einer Unruh wesentlich zu verändern, und somit zur Grobregulierung. Gewichtsschrauben finden heute keine Anwendung mehr.

Accutron

War der Name der Anfang der sechziger Jahre erfundenen er-

> *Das Uhren-ABC erklärt Begriffe aus der Kleinuhr-Technik. Fachwörter aus dem Bereich der Großuhr werden nur erwähnt, wenn sie einen direkten Bezug zu Armband- und Taschenuhren haben.*

Unruh mit Gewichtsschrauben zum Auswuchten. Die Feinregulierung erfolgt hier über den Rückerzeiger.

sten elektronischen Armbanduhr.

Eine elektronische Schaltung setzte bei dieser Uhr mit zwei Elektromagneten eine Stimmgabel aus Stahl in Bewegung. An deren unterem Ende waren zwei winzige Schaltzungen angebracht. Wenn nun die Stimmgabel zum Schwingen gebracht wurde, rutschten die Schaltzungen über die Zähne eines Schaltrades und bewegten es. Dieses Schaltrad hatte bei einem Durchmesser von knapp 3 mm 360 (!) Zähne, die selbst mit einer Lupe nicht zu erkennen waren. Reparaturen der Uhr waren deshalb nur unter dem Mikroskop möglich. Obwohl das System als ausgereift gelten konnte, wurde die Stimmgabeluhr bei Einführung der noch genauer gehenden Quarzuhren vom Markt verdrängt.

Acrylglas

Besser unter dem von einem Hersteller eingeführten Namen „Plexi-Glas" bekannter Werkstoff für Uhrengläser.

In den fünfziger und sechziger Jahren wurden Uhrengläser nahezu ausschließlich aus Acrylglas (chem. Polyacrylmethacryl-Säureester) hergestellt. Das Material ist leicht zu bearbeiten, da es sich feilen und polieren sowie in gewissen Grenzen auch biegen läßt. Der Vorteil für den Uhrenträger war die recht hohe Schlagfestigkeit. Nachteilig war die Weichheit des Stoffes, die bei starker Beanspruchung der Uhr dazu führte, daß das Uhrglas schnell verkratzte.

In den letzten Jahren ist das Acrylglas bei der Herstellung von Uhrengläsern durch die Wiedereinführung des sogenannten → Mineralglases weitgehend verdrängt worden.

Bulova-Stimmgabelwerk in einer Omega-Uhr.

Additionsstopper

Zusatzeinrichtung einer Stoppuhr zum Messen von Zwischenzeiten.

a.m.

Abkürzung für ante meridiem. Im englischsprachigen Raum teilt man einen Tag in zwei Abschnitte von zwölf Stunden. Die Zeit von Mitternacht bis zwölf Uhr mittags wird mit a.m. bezeichnet. Der Ursprung liegt im Latein (ante = vor, meridiem = Mittag). Der Ausdruck meridiem leitet sich von Meridian her, dem senkrecht zum Horizont stehenden Mittagskreis, der durch Nordpunkt, Südpunkt, Nadir und Zenit geht.

Im Gegensatz dazu p.m. für die Zeit von Mittag bis Mitternacht (lat. post = nach). Die beiden Abkürzungen findet man heute oft auf den Anzeigen von Digital-Uhren aus dem englischsprachigen Raum.

A

Amplitude

Halbschwingung. Der in der Uhrmacherei gebräuchliche Begriff ist nicht identisch mit der Amplitude im physikalischen Sinn. Die Uhrmacher bezeichnen den Winkel als Amplitude, den die schwingende → Unruh zischen ihren beiden → Umkehrpunkten beschreibt. Die bei vielen Uhrwerksbeschreibungen zu findende Schlagzahl ist identisch mit der Amplitudenzahl. Beispiel: Eine Uhr mit der gängigen Schlagzahl 21 600 hat eine Unruh, die in der Stunde 21 600 Halbschwingungen, d. h. 10 800 Schwingungen ausführt.

Amplituden-Prüfung

Die Größe der Amplitude gibt dem Uhrmacher wertvolle Hinweise auf den Zustand eines Uhrwerkes. Wird zum Beispiel bei einer Uhr eine bestimmte Schwingungsweite der Unruh unterschritten, ist ein Regulieren der Uhr sinnlos. In einem solchen Fall muß die Uhr zunächst überholt und gereinigt werden. Die moderne Uhrmacherwerkstatt ist mit einem sogenannten Amplituden-Meßgerät ausgerüstet. Dieses zeigt dem Uhrmacher auf einer Skala, wie groß die Amplitude, in Winkelgraden gemessen, ist. Die Prüfung erfolgt zusammen mit der → Zeitwaage und deren Mikrofon.

Analog pur: Keine Striche, keine Zahlen – nur zwei Zeiger für die Zeitanzeige. Ein gutes Beispiel für die Überlegenheit der Analoguhr. Der Digital-Boom ist längst vorbei. Nur in einigen Ostblockländern findet man noch Gefallen daran.

Anker

Der Anker stellt in einem Armbanduhrwerk die Verbindung zwischen → Räderwerk und → Unruh her. Es ist ein kleiner, zweiarmiger Hebel, dessen Enden abwechselnd in das Ankerrad greifen. Der Ankerkörper besteht bei Armbanduhren aus gehärtetem Stahl. Seine drei Enden sind gabelförmig ausgearbeitet. In zwei dieser Enden werden die → Paletten mit → Schellack eingesetzt. Jeweils eine dieser Paletten steht mit dem → Ankerrad im Eingriff. Das vom Räderwerk getriebene Ankerrad versucht seine Drehbewegung auszuführen. Dabei gleitet einer der besonders gefrästen Ankerradzähne an der Palette entlang und drückt den Anker von sich weg. Der Anker führt eine kleine Drehbewegung aus, die durch den Eingriff seiner zweiten Palette in das Ankerrad beendet wird. Durch diese Drehbewegung erhält die → Unruh über die der Ankerwelle gegenüberliegenden Ankergabel einen Impuls und wird in Bewegung gesetzt.

Schnellstes Rad im Räderwerk: das Ankerrad.

Ankerrad

Das Ankerrad bildet zusammen mit dem → Anker die Hemmung.

Es ist das letzte Rad im Räderwerk einer Uhr und dreht sich mit der höchsten Geschwindigkeit.

Das ganz aus Stahl hergestellte Ankerrad ist von seinem Aussehen her eigentlich kein Zahnrad im herkömmlichen Sinne. Seine Zähne sind fast eckig gefräst. Man spricht daher auch von Kolbenzahnhemmung. Diese Zahnform hat sich als sehr robust und für die Kraftübertragung auf den Anker als bestens geeignet erwiesen.

Das Ankerrad wird durch den Anker gebremst (gehemmt, daher der Ausdruck Hemmung). Dieser greift wie eine Klaue zwischen die speziell gefrästen Ankerradzähne. Nun schiebt sich immer ein Zahn an einem → Hebestein (Palette) des Ankers vorbei und drückt ihn dabei zur Seite. Der Anker überträgt diese Bewegung auf die → Unruh. Gleichzeitig wird ein Ankerradzahn freigegeben. Wird nun die Unruh durch die Unruhspirale in ihre Ausgangsposition zurückgezogen, bewegt sie mit ihrem → Hebelstein (nicht zu verwechseln mit Hebestein) den Anker in entgegengesetzter Richtung, und an der zweiten Palette des Ankers wiederholt sich das gleiche Spiel.

Die kontinuierliche Drehbewegung des Räderwerkes wird somit in kleine Schritte aufgeteilt, deren Dauer nun über die → Unruhspirale reguliert werden kann.

Strapaziertes Teil im Werk: der Anker.

77

A

Analog-Anzeige
Anzeige der Zeit durch mindestens zwei verschieden lange Zeiger als Analogie zur Tageszeit. Die Stellung des kurzen Stunden- und des längeren Minutenzeigers im Vollkreis symbolisiert die augenblickliche Tageszeit bezogen auf 12 Uhr mittags. Der Begriff Analog-Anzeige findet in der Uhrentechnik eigentlich erst seit ca. 15 Jahren verstärkt Anwendung, um den Gegensatz zur damals zunehmend gebräuchlichen → Digital-Anzeige hervorzuheben. Das Wort entstammt dem Griechischen, analog = entsprechend.

Analog-Uhr
Uhr mit Analog-Anzeige, also jede herkömmliche Uhr mit Zifferblatt und Zeigern.

Anlaß-Farben
Stahlteile, die in Uhren verwendet werden, müssen eine gewisse Härte aufweisen, um den großen mechanischen Anforderungen zu genügen, denen eine Hochleistungs-Maschine ausgesetzt ist. Und solche sind Armbanduhren nun einmal, obwohl dies nicht sofort einleuchtend erscheint.

Das Härten von Stahlteilen, z. B. für eine Aufzug- oder Unruhwelle, wird in der Uhrmacherwerkstatt erreicht, indem man die Stahlteile erhitzt, bis sie hellrot glühen, und sie anschließend schnell abkühlt. Hierzu werden sie in eine kalte Flüssigkeit, meist Wasser oder Öl, eingetaucht und „abgeschreckt". Dabei verdichtet sich die Molekularstruktur des Materials, und das Werkstück wird fast so hart wie Glas und dabei sehr spröde.

Um den Stahl bearbeiten zu können, muß er also wieder etwas weicher gemacht werden. Zu diesem Zweck wird das Stahlteil zunächst abgeschliffen, um es von den beim Härten entstandenen Unreinheiten, wie Zunder, zu befreien.

Das blanke Stahlteil wird nun entweder über einer Flamme, oder bei dünnen Werkstücken in Messingspänen liegend, langsam erwärmt.

Hierbei treten nun die Anlaßfarben auf. Und zwar in einer ganz bestimmten Reihenfolge, je nach Temperatur.

Zunächst färbt sich der Stahl hellgelb (bei ca. 225 Grad C). Anschließend wird er dunkelgelb, rotbraun, purpurrot, violett, dunkelblau und schließlich hellblau (bei ca. 310 Grad C).

Da die Temperaturunterschiede, die die verschiedenen Anlaßfarben bewirken, nur 10 bis 15 Grad betragen, muß der Uhrmacher beim Anlassen eines Werkstücks sehr behutsam und konzentriert vorgehen.

Stahl, der die Anlaßfarbe dunkelblau hat, wird bei Uhren gebraucht, um hoch belastbare Teile herzustellen, wie z. B. Unruhwellen, Triebe, Schrauben, Sperrfedern und Federn.

Wenn man Stahl über die Temperatur, bei der er sich hellblau färbt, noch weiter erwärmt, entspannt sich das Molekularsystem völlig, und der Stahl wird wieder „weich".

Ansteckpunkt
Genauer müßte man von den Ansteckpunkten sprechen, meist ist aber der innere Ansteckpunkt der → Unruhspirale in der → Spiralrolle gemeint. Die genaue Bestimmung dieser Befestigung ist von entscheidender Bedeutung für den genauen Gang einer mechanischen Armbanduhr.

Wenn die Uhr in die Position gebracht wird, in der sie meist getragen wird, also bei Taschenuhren mit der Krone nach oben, bei Armbanduhren mit der Krone nach unten, muß der Ansteckpunkt auf einer waagerechten Linie liegen, die durch den Drehpunkt der Unruh verläuft.

Dadurch wird ein leichter Vorgang der Uhr kompensiert, den sie in liegender Position haben würde.

Antimagnetische Uhren
Richtiger müßte man eigentlich von schwer magnetisierbaren Uhren sprechen.
Während die Quarzuhren ohne Magnetismus nicht laufen würden, ist dieser für mechanische Uhren einer der größten Feinde. Bringt man eine alte Armband- oder Taschenuhr in ein Magnetfeld, wird diese magnetisiert, und die Umgänge der stählernen Unruhspirale ziehen sich

gegenseitig an. Ein Schwingen der Unruh wird unmöglich. Frühere Uhrmachergenerationen haben sich allerlei mehr oder weniger wirkungsvolle Tricks ausgedacht, um den Magnetismus aus ihren Uhren fernzuhalten. Oder, noch schwieriger, die magnetisierte Uhr zu entmagnetisieren. Heute ist die Gefahr, mit einer Uhr in ein Magnetfeld zu kommen, ungleich größer als vor der Zeit der elektrifizierten Haushalte. Wir sind förmlich von Magnetfeldern umgeben, man denke nur an Fernseher, Lautsprecher und Haushaltsgeräte.

Aber auch die Uhrenhersteller haben sich etwas einfallen lassen und verwenden für ihre Unruhspiralen Nickellegierungen, die nicht auf Magnetismus reagieren. Und sollten Stahlteile in der Uhr, z. B. Anker und Ankerrad, doch einmal magnetisch werden, kann der Uhrmacher leicht helfen. Denn inzwischen gibt es Entmagnetisier-Geräte, mit deren Hilfe der Uhrmacher durch einen Knopfdruck den Magnetismus der Uhr beseitigen kann.

Für Uhrenträger, die in besonders starken Magnetfeldern zu tun haben, hat die Uhrenindustrie Spezialarmbanduhren entwickelt.

Bei diesen Uhren ist das Werk innerhalb des Uhrgehäuses noch in eine Schale aus Weicheisen eingesetzt, die auf die Uhr einwirkende Magnetfelder neutralisiert.

Anzugwinkel

Ankerradzahn und → Ankerpaletten stehen bei einer Steinankeruhr in einem ganz bestimmten Winkel zueinander. Dieses Winkelverhältnis sorgt dafür, daß der Anker nicht hin-und herpendelt, wenn die Unruh ihren → Ergänzungsbogen ausführt. Der Anker wird dabei vom Ankerrad an die → Begrenzungsstifte herangezogen, daher Anzugwinkel.

Armbandchronometer

Besonders genau gehende Armbanduhr, die eine Prüfung an einem amtlichen Prüfinstitut für Chronometrie bestanden hat.

Mit etlichen Millionen Uhren ist Rolex Rekordhalter in Sachen Armband-Chronometer. Viele andere mechanische Uhren erfüllen aber auch ohne die offizielle Bezeichnung im Bereich von maximal plus 10 Sekunden am Tag die Werte. Noch genauer gehen natürlich Quarzuhren, bei denen die Bezeichnung Chronometer allenfalls einen psychologischen Wert hat. ▽

A

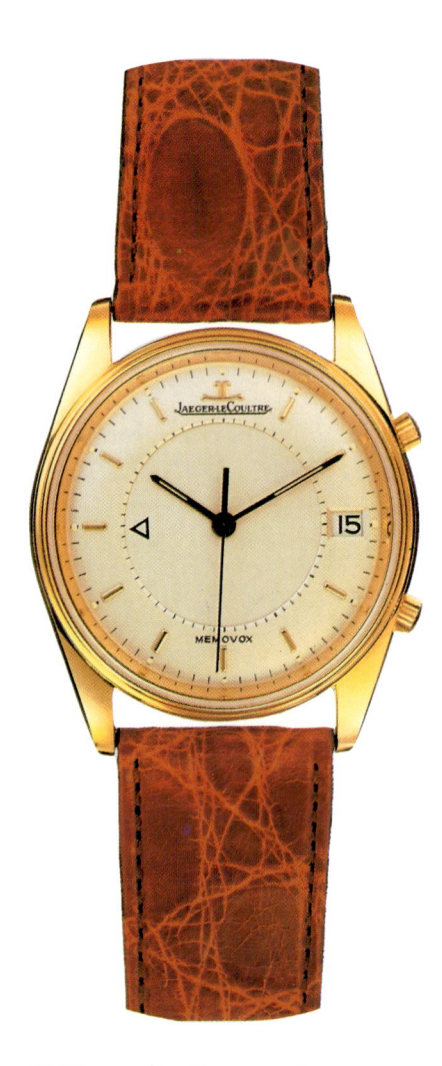

1951 war die „Memovox" von Jaeger-LeCoultre eine der ersten Weckuhren. 1986 wurden 350 numerierte „Memovox" in 18 K Gold neu aufgelegt. Die einzige Armbanduhr mit mechanischem Wecksystem und Automatikuhrwerk. Mit der einen Krone wird die Uhr normal gestellt. Über die zweite Krone wird die Weckzeit (Dreieck auf dem Zifferblatt) gestellt.

Armbandwecker

Armbanduhr mit zusätzlich eingebauter Weckvorrichtung. Früher mit aufwendigem mechanischem Weckerwerk.

Im Zeitalter der Quarzuhren erfolgt das Wecksignal über eine dünne Keramikplatte, die zum Schwingen gebracht wird.

Arnold, John

Englischer Chronometermacher (1736–1799). Arnold war ursprünglich Schlosser. Ihm wird die Erfindung der zylindrischen Spirale für Chronometer zugeschrieben. Arnold baute für Georg III. eine Repetieruhr in Form eines Fingerringes, die aus 120 selbstgefertigten Teilen bestand.

Arrondierung

Die Stirnflächen der Unruhzapfen werden arrondiert (franz. = abrunden). Dadurch erreicht man eine sehr kleine Auflagefläche des Zapfens auf dem → Deckstein bei flacher Position der Uhr. Hierdurch wird die Lagerreibung verringert und die Unruhschwingung und damit die Genauigkeit der Uhr nur wenig beeinflußt.

Atomuhr

Diese hat mit herkömmlichen Uhren nichts mehr zu tun. Die Atomuhr ist eine ortsfeste Einrichtung, bei der man sich die genaue Schwingungsdauer bestimmter Atome zunutze macht. Atomuhren gehen noch viel genauer als Quarzuhren. Das Zeitsignal für die Bundesrepublik Deutschland wird mit einer Caesium-Atomuhr in der Physikalisch-Technischen Bundesanstalt in Braunschweig erzeugt und über den Langwellensender Mainflingen bei Frankfurt mit einem Radius von ca. 1 500 km ausgestrahlt. Der (natürlich nur rechnerisch ermittelte) Gang einer Atomuhr beträgt 1 Sekunde in einer Million Jahren.

Auf-und-Ab-Werk

Ein besonders bei → Beobachtungsuhren gebräuchlicher Mechanismus, mit dessen Hilfe auf dem Zifferblatt einer Uhr die Spannung der → Zugfeder bzw. die noch verbleibende Gangdauer der Uhr bis zur völligen Entspannung der Zugfeder angezeigt wird.

„Atomzeit" für jeden Haushalt. Diese Wanduhr empfängt über Langwelle auf 77,5 Kilohertz vom Sender Mainflingen die in Braunschweig bei der Physikalischen Bundesanstalt ermittelten Werte. Das Cäsiumatom dort strahlt pro Sekunde 9 192 631 770 (9,19 Gigahertz) Schwingungen aus. Nicht diese Schwingungen, sondern Sekundenimpulse werden von Funkuhren empfangen. Seit 1955 gibt es Cäsium-Atomuhren.

Auswuchten

Um bei einer tragbaren Unruhuhr einen genauen Gang zu erreichen, ist es u. a. notwendig, die Unruh auszuwuchten.

Das geschieht in der Uhrmacherei heute mit Hilfe der → Zeitwaage durch Beseitigung einer sogenannten dynamischen Unwucht, bei der auch das Verhalten der → Unruhspirale berücksichtigt wird. Beim Auswuchten wird durch Bohren oder Ausfräsen dem Unruhreifen Masse entnommen (vergleichbar etwa dem Einsetzen von Gewichtsstückchen beim Auswuchten eines Autorades).

Dies geschieht so lange, bis der Schwerpunkt des Schwingsystems in der → Unruhwelle liegt.

Früher wurde eine Unwucht der Unruh (in der Uhrmachersprache auch „außermittiger Schwerpunkt" genannt) mit Hilfe der „Unruhwaage" ermittelt.

Bei diesem Spezialwerkzeug sind zwei Schneiden aus Stahl oder Achat parallel verschiebbar zueinander angebracht. Eine Unruh wurde nun mit ihren Zapfen auf diese Schneiden gelegt. Blieb die Unruh still liegen, hatte sie keine Unwucht. War eine solche vorhanden, drehte oder pendelte der Unruhreif so lange, bis sein Schwerpunkt an der tiefsten Stelle zwischen den Schneiden der Unruhwaage war. Dort mußte der Uhrmacher nun Material entfernen, und das Spiel begann von neuem.

In der Industrie wird eine Unwucht der Unruh auf elektronische Weise mit Auswuchtmaschinen ermittelt.

Die Aufzugwelle (hier weit herausgezogen) hat neben der Aufzugfunktion (auch bei einer Automatikuhr möglich) noch andere Aufgaben. Zum Beispiel wird gezogen die Verbindung zur Zugfeder aus- und die Verbindung zum Zeigerwerk eingekuppelt. So läßt sich die Uhr stellen.

Aufzugwelle

Welle, an deren äußerem Ende die → Krone angebracht ist. Die Aufzugwelle stellt die Verbindung zum Uhrwerk her. Über ein kleines Getriebe und ein Hebelwerk können Funktionen wie Aufziehen des Uhrwerkes, Stellen der Zeiger und weiterer Anzeigen, z. B. Datum, Wochentag, Mondphase u. ä., bedient werden.

Unruhwaage. Sie wird heute in der Industrie nicht mehr benutzt.

A

Ausdehnungskoeffizient

Die Veränderung von Materialien bei Temperaturschwankungen spielt in der Uhrentechnik von jeher eine wichtige Rolle und beschäftigte den Erfindergeist der Uhrmacher immer wieder.

Nehmen wir z. B. das Pendel einer Wanduhr. Die Regulierung erfolgt hier durch Drehen einer Rändelmutter, die die Pendellinse nach oben oder unten verschiebt. Dabei ändert sich die wirksame Pendellänge, wie die Uhrmacher sagen. Diese verändert sich aber auch unbeabsichtigt, wenn die Umgebungstemperatur der Uhr schwankt.

Die Größe dieser Veränderung ist vom verwendeten Material abhängig. Und eben diese materialspezifische Veränderung kann man berechnen und bezeichnet sie als Ausdehnungskoeffizient.

In Kleinuhren spielt der Ausdehnungskoeffizient heute keine Rolle mehr, da man für → Unruh und → Unruhspirale Materialien verwendet, die kaum noch auf Temperaturschwankungen reagieren.

Automatische Uhren

Als automatische Uhren (oder nur kurz Automatik) bezeichnet man in der Uhrentechnik Armbanduhren, deren Zugfedern durch die Armbewegungen der Uhrenträger aufgezogen werden. Dies geschieht durch eine Schwungmasse, meist in der Werkmitte angebracht, die sich bei Armbewegungen, den Gesetzen der Schwerkraft folgend, dreht.

Bei den heutigen Automatiksystemen trägt die Schwungmasse entweder an ihrem Lagerpunkt oder an ihrem Außenrand einen Zahnkranz. Dieser steht mit den Zahnrädern des Automatikgetriebes im Eingriff. Hat die Konstruktion nun eine Schwungmasse, die in beiden Drehrichtungen wirksam ist, werden die unterschiedlichen Drehrichtungen von einem sogenannten Wechsler oder durch Klinkenräder in eine konstante Drehrichtung umgelenkt. Das letzte Rad des Automatikgetriebes steht nun mit dem → Sperrrad der Zugfeder im Eingriff.

Da die Zugfeder bei einer automatischen Uhr ständig aufgezogen wird, haben die Zugfedern dieser Uhren keinen Endhaken zur Befestigung im → Federhaus. Statt dessen verwendet man eine Art Rutschkupplung, die, mit einem Spezialfett versehen, im Federhaus langsam nachrutscht. Dadurch wird ein Überspannen der Zugfeder verhindert.

Das Automatik-Kaliber 989 von Longines mit Zentral-Rotor, der kugelgelagert ist.

Avance
Siehe unter A.

Baguettewerk
In besonders kleinen und vor allem schmalen Damenuhren verwendet man Baguettewerke. Das französische Wort Baguette heißt ursprünglich Rute, Stock, ist aber heute fast jedermann als Bezeichnung für die langen, schmalen französischen Weißbrote ein Begriff. Ein Baguettewerk ist auch besonders schmal, was durch die Verwendung eines sehr kleinen Räderwerkes erreicht wird, das auf zwei Ebenen läuft.

Balance
Bezeichnung der → Unruh in der englischen und französischen Sprache. Bisweilen auch im deutschsprachigen Raum verwendet.

Begrenzungsstifte
In älteren Taschen- und Armbanduhren sind auf beiden Seiten der Ankergabel zwei kleine Stifte in die → Grundplatine eingelassen, die Begrenzungsstifte.

Der Anker bei einer freien → Ankerhemmung führt noch eine kleine Bewegung aus, nachdem er die → Unruh mit einem Kraftimpuls versorgt hat und der Ankerradzahn von der → Hebefläche des Ankers abgefallen ist.

Diese Bewegung bezeichnet man als den „verlorenen Weg". Dieser Weg, der eigentlich sehr sinnvoll und wichtig ist und des-

Kristall-Tischuhr von Corum mit einem Baguette- bzw. Stabwerk. Das Gehäuse ist aus einem Baccarat-Kristall. Diese mechanisch anmutende Uhr wird allerdings quarz-gesteuert. Die Batterie (unten) ist das größte Bauteil.

halb seinen Namen zu Unrecht trägt, wird durch die beiden Stifte „begrenzt".

Zwischen → Ankerrad und Anker wird gleichzeitig der → Anzugwinkel wirksam. In modernen Armbanduhren wird auf die Begrenzungsstifte verzichtet. Hier bewegt sich der Anker zwischen zwei entsprechend gefrästen Vorsprüngen der Grundplatine.

Beobachtungsuhr
Meist nur kurz B-Uhr.

Beobachtungsuhren sind sehr genau gehende Taschenuhren (Chronometerzeugnis) mit übergroßen Gehäusen und Zifferblättern.

B-Uhren dienten auf Schiffen als tragbare Ergänzung zu den unter Deck aufbewahrten → Marinechronometern. B-Uhren haben stets ein → Auf-und-Abwerk und meistens eine exzentrische Sekundenanzeige.

In den letzten Jahren haben mechanische Borduhren durch Einführung von Quarztechnik und Satelliten-Navigation ihre Bedeutung verloren.

B

Bimetall-Unruh

→ Unruh, mit deren Hilfe der Einfluß von Temperaturschwankungen auf den Gang der Uhr verkleinert werden soll.

Wie alle Stoffe ändern auch die Materialien, aus denen eine Unruh besteht, bei Temperaturschwankungen ihre Ausdehnung, das Molekulargeflecht „lockert" sich. Bei den früher zumeist verwendeten → Unruhspiralen aus → Stahl spielte die Längenveränderung infolge unterschiedlicher Temperaturen nur eine untergeordnete Rolle. Viel entscheidender für den → Gang der Uhr war die Veränderung der Federkraft der Spirale. Stieg z. B. die Umgebungstemperatur, ließ die Federkraft nach, die Spirale wurde träge, wie die Uhrmacher sagen, und die Uhr ging nach. Um diese unerwünschte Veränderung der Spirale auszugleichen, verwendete man einen Unruhreif aus zwei Metallen (Bimetall). Der innere Stahlreif dieser stets zweischenkeligen Unruh wurde mit einem außen sitzenden Messingreif fest verschweißt. An den gegenüberliegenden Enden der Unruhschenkel wurde der Reif aufgeschnitten. Stieg nun die Umgebungstemperatur der Uhr, dehnte sich aufgrund der unterschiedlichen → Wärme-Ausdehnungs-Koeffizienten der außen sitzende Messingreif stärker aus als der innen sitzende Stahlreif.

Dadurch wurden die beiden freien Enden des Unruhreifes in Richtung Unruhwelle gebogen, der Durchmesser des Unruhreifes wurde also kleiner.

Hierdurch erreichte man ein Vorgehen der Uhr, das das durch die Spiralveränderung hervorgerufene Nachgehen kompensierte. Man spricht daher bei der Bimetallunruh auch von der Kompensationsunruh (lat. compensatio = Ausgleichung).

Seit den fünfziger Jahren werden keine Bimetall-Unruhen mehr verwendet. Die Stahlspirale war durch Spiralen aus Legierungen ersetzt worden, die kaum noch auf Temperaturunterschiede reagieren.

Bimetall-Unruh: Die beiden Schichten sind deutlich zu erkennen. Innen Stahl, außen Messing.

Bombieren

Sehr alte Technik des Metallwölbens. In der Uhrentechnik finden „bombierte", d. h. gewölbte Lagersteine Verwendung. Man benutzt diese in feinen Uhren zur Lagerung der Ankerwelle, seltener auch für Räderwellen, um die Reibung der Stirnflächen der Wellen auf dem Lagerstein zu verringern.

Brücke

Auf zwei Punkten der Grundplatine aufliegende und dort mit Stellstiften und Schrauben fixierte Messingplatte. Die Brücke ist an ihrer Unterseite ausgefräst und trägt die Lagersteine zur Aufnahme der oberen Zapfen der Räder des Uhrwerkes.

Bréguet

Der 1747 in Neuchâtel in der französischen Schweiz geborene Uhrmacher Abraham Louis Bréguet ist wohl zu Recht einer der bekanntesten Uhrmacher überhaupt. Denn wie keinem anderen verdankt die Uhrmacherei Bréguet Erfindungen und technische Entwicklungen.

Die bekannteste Erfindung ist die nach ihm benannte Bréguet-Spirale.

Aber auch eine Taschenuhr mit automatischem Aufzug, die Einführung der Repetieruhren, eine Stoßsicherung für Unruhwellen und vor allem die Erfindung des → Tourbillons sind diesem genialen Uhrmacher zu verdanken. Zahllose berühmte Uhrmacher haben bei Bréguet ihr Handwerk gelernt oder bei ihm gearbeitet.

Er starb 1823 in Paris, wo er auch die meiste Zeit seines Lebens tätig gewesen war.

Einer der größten Uhrenkünstler aller Zeiten: Abraham-Louis Bréguet. Von seinen Erfindungen lebt noch heute die Uhrmacherei.

Eine von rund 6 000 in Bréguets Büchern aufgezeichnete Originaluhr: die Bréguet Nr. 28. Taschenuhr mit automatischem Aufzug. Guillochiertes Goldgehäuse. Minutenrepetition. Freie Ankerhemmung, Begrenzungsstift. Silbernes Zifferblatt mit zusätzlicher Anzeige der Aufzugreserve, Sekunden, Datum und Mondphasen. Durchmesser 53 mm. Verkauft 1791 an den Herzog de La Force, General und Pair von Frankreich. Der Automatikaufzug mit Gewicht wurde 1788 von Perrelet in der Schweiz erfunden und von Bréguet vervollkommnet, der seine Taschenuhren dieser Art „perpétuelle" nannte.

B

Bréguet-Spirale

Bei der nach ihrem Erfinder, dem Frankoschweizer Abraham Louis → Bréguet benannten → Unruhspirale wird der letzte Spiralumgang doppelt knieförmig nach oben gebogen und verläuft dann, über den übrigen Spiralwindungen, in Richtung Unruhwelle.

Bréguet versuchte mit dieser genau berechneten sogenannten Endkurve zu erreichen, daß die Spirale sich nach allen Seiten gleichmäßig ausdehnen (atmen) kann.

Dadurch wird eine stetigere Schwingung der Unruh und somit eine größere Ganggenauigkeit der Uhr erzielt.

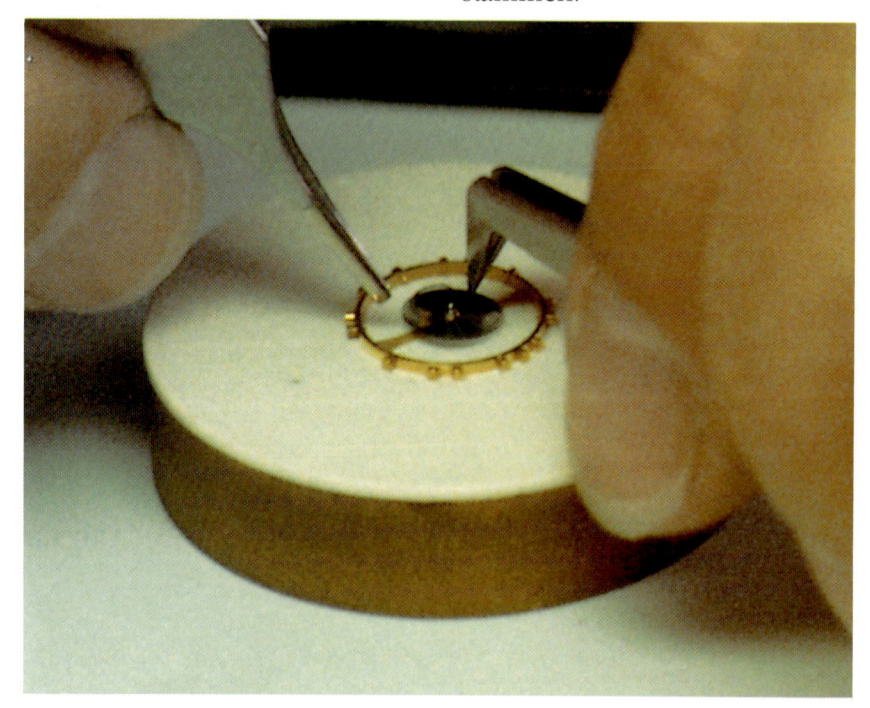

Ein Uhrmacher beim Biegen der Endkurve einer Bréguet-Spirale. Dieser letzte Umgang muß genau berechnet sein.

Caliber (Kaliber)

In der Uhrmacherei gebräuchlicher Ausdruck für ein bestimmtes Uhrwerk. Ist z. B. von einem Uhrwerk ETA, Cal. 2412 oder AS Cal. 1130 die Rede, weiß jeder erfahrene Uhrmacher sofort, um welches Uhrwerk es sich handelt. Viele wissen auch sogleich die Werkgröße in → Linien, einer nur in der Uhrentechnik verwendeten Maßeinheit.

Damit sind wir bei der eigentlichen, ursprünglichen Verwendung des Ausdrucks Caliber. So haben beispielsweise Uhrwerke der Größe $6\frac{3}{4} \times 8$ (Linien) stets das gleiche Format und die gleiche Größe, auch wenn sie aus verschiedenen Uhrenfabriken stammen.

Verschraubter Lagerstein in einer Taschenuhr. Eine andere Möglichkeit: Die Steine werden in das Lager gepreßt.

Chaton

(franz., etwa: gefaßter Edelstein). Die Lagersteine aus Rubin wurden früher bei hochwertigen Uhren zunächst in sogenannte Futter (Chatons) aus Bronze oder Gold eingesetzt. Diese wurden dann mit zwei oder, bei großen Lagern, mit drei Schrauben in den Platinen eines Uhrwerks befestigt.

Dadurch konnte ein beschädigter Lagerstein problemlos ausgetauscht werden, ohne die Bohrungen der Platinen verändern zu müssen.

Mit zunehmender Normung bei den Lagersteinen verloren die Chatons an Bedeutung und werden heute bei Gebrauchsuhren nicht mehr verwendet.

Chrom

Weißes, hartes Metall (chem. Cr). In der Uhrentechnik wird Chrom in → Legierungen und zur Beschichtung von Gehäusen verwendet.

Chronograph

Diese Bezeichnung entstammt dem Griechischen und wird aus den Wortstämmen Chronos (Zeit) und Graphô (ich schreibe) gebildet. Der erste Chronograph, dessen Erfindung dem französischen Uhrmacher Rieussec zugeschrieben wird, war tatsächlich ein Zeitschreiber. Rieussec entwickelte um 1822 eine Uhr, die mit einem Tintenstift, der am Zeiger befestigt war, auf das Zifferblatt schrieb, wenn ein Mechanismus betätigt wurde. Im Jahre 1862 erfand Adolphe Nicole aus dem Vallée-de-Joux (franz. Schweiz) den ersten Chronographen mit rückstellbarem Zeiger.

In der heutigen Definition ist ein Chronograph eine Armbanduhr, selten Taschenuhr, mit mindestens einem, im Zentrum des Werkes drehenden Zeiger, der beliebig zugeschaltet, angehalten und auf den Nullpunkt zurückgestellt werden kann, ohne daß das Uhrwerk beeinträchtigt wird.

Eine Besonderheit bilden die → Stoppuhren, deren Mechanismus zum Messen von bestimmten Zeiträumen dem Chronographen-Mechanismus sehr ähnlich ist, die die Bezeichnung „Uhr" aber eigentlich zu Unrecht tragen, denn sie zeigen nicht die Uhrzeit.

Die modernen Armband-Chronographen, die häufig mit einem → Automatik-Werk ausgerüstet sind, bieten eine Vielzahl von Einsatzmöglichkeiten, die über die Kurzzeitmessung hinausgehen. Als Beispiel sei hier nur die Geschwindigkeitsmessung mit Hilfe einer speziellen Skala (Tachymeter) genannt, die manche Chronographen am Zifferblattrand haben.

Chronographen gibt es sowohl als mechanische Handaufzug- oder Automatikuhr, aber auch als Quarzuhr mit Analog- oder Digitalanzeige.

Ein Chronograph darf nicht mit einem → Chronometer verwechselt werden, obwohl eine Uhr durchaus beides sein kann.

Sportlicher Chronograph: Heuer „Super 2000", bis 200 m Tiefe wasserdicht, zusätzlich mit einer Tachymeter-Skala zur Geschwindigkeitsmessung versehen. Gehäuseinhalt: Normales Automatikwerk mit aufgesetztem Chronographen-Modul. Die Ganggenauigkeit erreicht in der Regel auch Chronometer-Werte

C

Chronometer

Besonders genau gehende Uhren, für die nach intensiver Prüfung durch eine amtliche Prüfstelle ein Zertifikat (→ Gangschein) ausgestellt wird.

Bei der näheren Erklärung des Begriffs Chronometer muß man zwischen der englischen und der Schweizer Definition unterscheiden.

Nach letzterer wird jede Uhr als Chronometer bezeichnet, die die → Chronometerprüfung erfolgreich bestanden hat. Nach englischer Definition sind nur Uhren als Chronometer zu bezeichnen, die als solche konstruiert und gebaut wurden, d. h. nur → Schiffschronometer und Deckuhren (→ Beobachtungsuhren).

Chronometerprüfung

Hersteller von Präzisionsuhren legen zumeist Wert darauf, daß ihnen die Genauigkeit ihrer Produkte von offizieller Stelle bescheinigt wird. In der Schweiz gibt es zum Beispiel in verschiedenen Städten (Biel, Genf, Le Locle) Prüfinstitute für Uhren. Dort werden die Uhren, unterschiedlich nach Konstruktion und Verwendungszweck, einer Prüfung unterzogen, die 15 bis 22 Tage dauert.

Dabei werden die Uhren in verschiedenen Temperaturen und, soweit es sich um tragbare Uhren handelt, in verschiedenen Lagen getestet.

Wenn bei diesem Test bestimmte, genau festgelegte → Gangabweichungen nicht überschritten werden, stellt das Institut einen → Gangschein aus.

Beispiel eines Chronographen, der gleichzeitig Chronometer ist. Dieser aktuelle Jubiläums-Chrono von Zenith (125 Jahre) ist mit dem El-Primero-Kaliber (36 000 A/b) ausgestattet. Von diesem Chronometer in 18 K Gold sind 500 Stück 1990 hergestellt worden. Jede dieser Uhren wird mit einem Gangschein geliefert.

Datums-Anzeige

Anzeige von Datum, Wochentag, Monat und Jahr auf dem Zifferblatt einer Uhr. Bei mechanischen Uhren geschieht dies mit Scheiben oder Walzen, die vom Uhrwerk durch Mitnehmerräder weitergeschaltet werden und jeweils einen Wochentag oder eine Datumszahl in einem Ausschnitt des Zifferblattes zeigen. Eine andere Möglichkeit ist die Anzeige durch einen oder mehrere Zeiger, die zum Beispiel auf eine der am Zifferblattrand aufgedruckten Zahlen von 1 bis 31 zeigen. Diese Form der Anzeige findet in letzter Zeit, auch bei Quarzuhren mit Zeigern, zunehmend Verwendung.

Quarzuhren mit → Digitalanzeige haben zumeist das komplette Datum mit Jahreszahl auf ihrem → Display.

Datumsgrenze

Willkürlich festgelegte Linie im Pazifik, die sich weitgehend mit dem 180. Längengrad deckt. Beim Überqueren der Datumslinie von West nach Ost, gleich zu welcher Tageszeit, wiederholt sich das Datum. Kreuzt man die Linie von Ost nach West, kann man z. B. schom am Mittag des Silvestertages das neue Jahr feiern.

Datumsschaltwerk

Meistens nur Datumsschaltung genannt. Auf der dem Zifferblatt einer Uhr zugewandten Seite der → Grundplatine sind ein oder mehrere Räder, meist auch einige Hebel und eine Sperrklinke, untergebracht, die entweder kontinuierlich, über mehrere Stunden, oder ruckartig einen am äußeren Rand der Platine gelagerten Ring fortschalten, der mit den Zahlen 1 bis 31 bedruckt ist. Die erwähnte Sperrklinke dient dazu, den Datumsring nach dem Schaltvorgang in einer Ruheposition zu halten. Die Kraftübertragung erfolgt durch den Eingriff des → Stundenrades in eines der Datumsschalträder.

Der Schaltvorgang ist für das Uhrwerk mit einem großen Kraftaufwand verbunden, der vorübergehend eine Verkleinerung der → Amplitude zur Folge haben kann. Dies wiederum kann zu ungenauem Gang der Uhr führen.

Um die Datumsanzeige in Monaten mit weniger als 31 Tagen korrigieren zu können, besteht bei vielen modernen Uhren die Möglichkeit, den Datumsring über → Krone und Aufzugwelle weiterzudrehen.

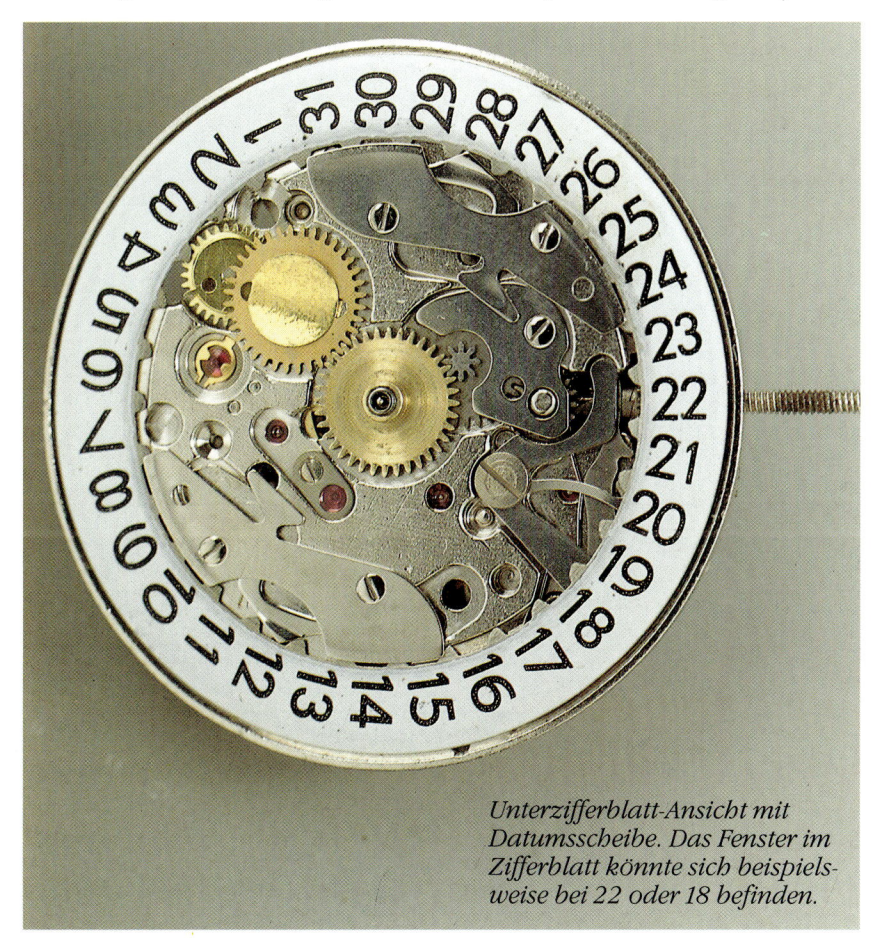

Unterzifferblatt-Ansicht mit Datumsscheibe. Das Fenster im Zifferblatt könnte sich beispielsweise bei 22 oder 18 befinden.

D

Deckplatte

Uhrmacher sagen meistens Deckplättchen. Kleine Platte aus Messing- oder Stahlblech, mit einem oder zwei Schraubenlöchern, das zur Aufnahme eines Decksteins dient.

Deckstein

Die Unruh einer Uhr muß mit sehr geringer Kraft in Bewegung gehalten werden. Deshalb versucht man hier, die Lagerreibung so gering wie möglich zu halten. Aus diesem Grund besteht das Lager eines Unruhzapfens stets aus dem → Lochstein und dem Deckstein. Beide werden aus synthetischem Rubin hergestellt. Bei modernen Uhren werden beide durch die → Stoßsicherungsfeder zusammengehalten. Früher wurden die Deckplättchen mit dem Deckstein auf der Platine verschraubt. Der Deckstein hat die Aufgabe, das Höhenspiel der Unruh zu begrenzen. Außerdem dient er zur besseren Ölhaltung im Lager und reduziert die Lagerreibung des Unruhzapfens bei flachen Positionen der Uhr. Zu diesem Zweck ist der Zapfen der Unruhwelle an seiner Stirnfläche halbrund geschliffen, und die Unruh kann sich mit einer winzigen Auflagefläche auf dem Deckstein drehen. Gelegentlich werden auch Lager von Rädern mit Decksteinen versehen.

Dichtungsring

Dichtungsringe sind aus der modernen Uhrenfabrikation nicht mehr wegzudenken. Jede wasserdichte Uhr ist mit mindestens einem Dichtungsring am Gehäusedeckel, dem Glas und der Krone ausgerüstet. Die Vielfalt der Dichtungsringe ist unüberschaubar. Wurden früher Dichtungsringe aus Kork, Blei und Gummi verwendet, so sind diese Materialien heute durch die verschiedensten Kunststoffe ersetzt worden.

Digital-Anzeige

Anzeige mit Ziffern. Die Bezeichnung hat ihren Ursprung in dem englischen Wort digit, Ziffer.

Bei mechanischen Uhren wird meistens nur das Datum digital angezeigt. Anfang der siebziger Jahre wurden auch mechanische Digital-Armbanduhren produziert, bei denen die Anzeige über Zahlenscheiben erfolgte, die sich unter dem Zifferblatt drehten. IWC baute solche Uhren schon Anfang des Jahrhunderts. Diese Uhren waren sehr störanfällig und verschwanden, zur Freude aller Uhrmacher, schnell wieder vom Markt.

Größere Bedeutung hat die Digital-Anzeige sinnvollerweise

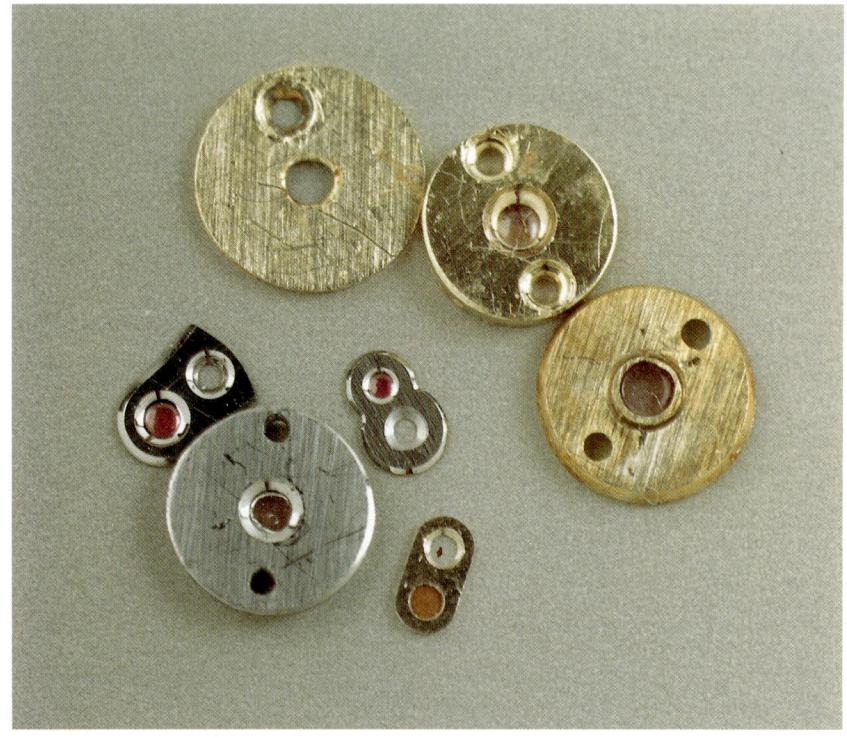

Deckplättchen verschiedener Art.

D

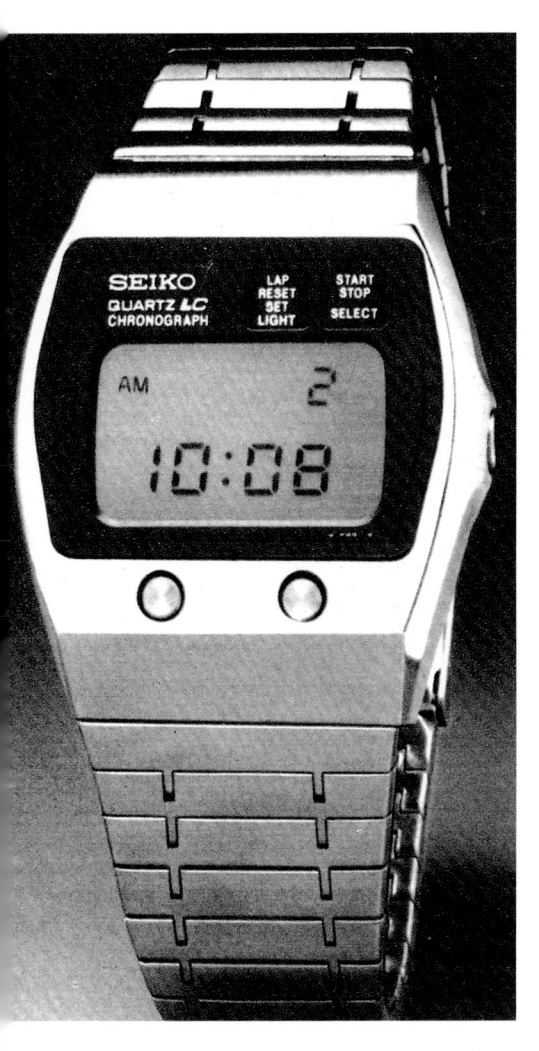

Quarz-Digitaluhr. Heute glänzen solche Uhren überwiegend durch interessante Zusatzfunktionen.

auf dem Sektor der Quarzuhren erlangt. In der Anfangsphase bestand die Anzeige aus Leuchtdioden, die man per Knopfdruck einschalten mußte, um die Uhrzeit abzulesen. Diese Anzeigen erwiesen sich aber als wahre „Batteriefresser" und konnten sich deshalb nicht durchsetzen.

Bei der inzwischen allgemein üblichen LCD-Anzeige (liquid-chrystal-display – Flüssig-Kristall-Anzeige) gibt es die vielfältigsten Verwendungsmöglichkeiten, da sie ständig sichtbar ist und sehr energiesparend arbeitet.

Das ihr zugrundeliegende Prinzip der sogenannten Sieben-Segment-Anzeige geht davon aus, daß jede Ziffer aus maximal 7 Strichen gebildet werden kann (die Ziffer 8 besteht aus drei waagerechten und vier senkrechten Segmenten). Durch Weglassen eines oder mehrerer Segmente können alle übrigen Ziffern von eins bis neun gebildet werden. Jedes der Segmente ist über zwei Kontakte mit einer integrierten Schaltung verbunden und wird sichtbar, wenn es von dieser mit Strom versorgt wird.

Display

Englisch etwa: zeigen, zur Schau stellen. Heute wird der Ausdruck, auch im deutschen Sprachraum, für alpha-numerische (aus Buchstaben und Ziffern bestehende) Anzeigen verwendet.

Doppelscheibe

(Plateau). Die Doppelscheibe ist ein Teil der → Unruh und hat ihren Sitz auf dem unteren Teil der → Unruhwelle, unter dem → Unruhreif. Sie sorgt für die Verbindung zwischen → Anker und → Unruh. An einem Ende eines kleinen Rohres, das auf die → Unruhwelle aufgeschlagen wird, sitzt die Hebelscheibe mit dem → Hebelstein, über den der Antriebsimpuls vom Anker auf die Unruh übertragen wird.

Die am anderen Rohrende sitzende → Sicherheitsscheibe sorgt dafür, daß der Eingriff von Anker und Unruh erhalten bleibt, wenn diese den → Ergänzungsbogen ausführt.

Die Zeit
Große, leicht lesbare Flüssigkristall-Ziffern geben Stunde und Minute an sowie Vormittag (AM) oder Nachmittag (PM). Bei Dunkelheit wird durch Knopfdruck die Anzeigefläche beleuchtet.

Das Datum
Das Tagesdatum erscheint rechts oben über der Zeitanzeige.

Elektronische Stoppuhr
Durch Druck auf die Krone verschwindet die Zeitanzeige. Auf der Anzeigefläche erscheint die Stoppzeit in Zehntelsekunde, Sekunde und Minute.

Lap-Timing
Diese spezielle Vorrichtung ermöglicht, Zwischenzeiten festzuhalten, während die Zeitmessung der Stoppuhr unsichtbar weiterläuft.

Simultan-Zeitmessung
Standardzeit und Stoppzeit können gleichzeitig laufen und unabhängig voneinander abgerufen werden.

Doppelmessung
Zwei Knöpfe drücken: Die Zeit des Gewinners eines Wettbewerbs wird auf der Anzeigefläche angezeigt. Die Zeit des Zweitplazierten wird gespeichert und kann danach abgerufen werden.

91

D

Doublé

Mit diesem aus dem Französischen stammenden Ausdruck (doublé = doppelt) bezeichnet man ein Schmuckmetall, bei dem auf ein unedles Metall eine Goldschicht aufgebracht wurde. Als Untermetall wird meistens Tombak, eine Legierung aus 85 % Kupfer und 15 % Zink, verwendet. Seltener Bronze oder Stahl. Zur Beschichtung gebraucht man eine Gold-Legierung (Feingehalt $333/000$ oder $585/000$), niemals Feingold. Beide Metallschichten werden bei hoher Temperatur (ca. 800 °C) und hohem Druck miteinander verschweißt. In der Uhrenfabrikation ist Doublé hauptsächlich bei der Gehäuseherstellung von Bedeutung.

Drücker

Zur Bedienung von Uhren mit Zusatzfunktionen (z. B. → Chronographen) reicht die Krone allein nicht aus. Deshalb versieht man diese Uhren mit kleinen Druckschaltern, meist rund, gelegentlich auch eckig, die seitlich, meist beidseitig der Krone, aus dem Gehäuse ragen. Diese werden als Drücker bezeichnet. Mechanische Chronographen haben meistens zwei Drücker, bei Quarz-Chronographen sind manchmal bis zu vier Drücker vorhanden. Manche Uhren, vor allem japanischen Ursprungs, sind mit einem Drücker zur Bedienung der Datumskorrektur ausgestattet.

Earnshaw

Thomas Earnshaw (1749–1814) war ein englischer Uhrmacher und Chronometerbauer. Earnshaw verbesserte die von → Pierre Le Roy erfundene Chronometerhemmung, die beim Bau von Seechronometern größte Bedeutung erlangte.

Ebauche

Rohwerk, meist ohne Zugfeder und Unruh. Die meisten Uhrenfabriken stellen selbst keine Uhrwerke her, sondern kaufen Rohwerke, die in speziellen Fabriken produziert werden.

Diese Werke werden dann, je nach den Qualitätsvorstellungen der einzelnen Uhrenfirmen, nachgearbeitet, verfeinert und mit den fehlenden Teilen ausgestattet.

Drücker links und rechts neben der Krone eines Chronographen. ▽

Echappement

Franz. Hemmung. Ein Echappement ist ein Uhrenbauteil, das aus einer kleinen → Platine besteht, auf der die Hemmung (→ Ankerrad und → Anker) sowie die → Unruh, jeweils mit ihren → Kloben, angeordnet sind. Ein Echappement kann in verschiedene Uhren mit passendem Räderwerk eingebaut werden. Es ist nur mit wenigen Schrauben auf dem Werk befestigt und kann problemlos aus- und eingebaut werden, ohne daß das Uhrwerk zerlegt werden muß.

Edelstahl

Nichtrostender Stahl. Durch Legierung von → Nickel und Chrom, seltener → Molybdän und → Wolfram, mit Stahl erhält man Edelstahl, ein aus der Uhrenproduktion heute nicht mehr wegzudenkendes Material.

Wegen seiner Resistenz gegen den auf Metalle sehr aggressiv wirkenden menschlichen Schweiß verwendete man Edelstahl etwa seit Beginn der dreißiger Jahre in der Uhrmacherei, wobei zunächst meistens nur die Gehäuseböden aus diesem Werkstoff gefertigt wurden.

Ab etwa Anfang der sechziger Jahre wurden immer mehr Uhrgehäuse aus Edelstahl produziert, da man inzwischen bessere Bearbeitungsverfahren für die recht zähen und schwer zerspanbaren Stahllegierungen entwickelt hatte.

Ein weiterer Vorteil, neben der Korrosionsfestigkeit, ist die Tatsache, daß sich Edelstahl gut schleifen und polieren läßt, so daß stark beanspruchte, verkratzte Gehäuse gut aufgearbeitet werden können.

Auch bei billigen Uhren wurde das verchromte Messinggehäuse weitgehend vom Edelstahl-Gehäuse abgelöst.

Bei sehr hochwertigen Uhren ist die Verbindung von wertvollen Goldlegierungen (585er und 750er) mit Edelstahl bei den sogenannten Bi-Color-Gehäusen durchaus üblich.

Edelstahl-Uhren galten in den 30er Jahren als selten, teuer und als etwas Besonderes. Heute wird Stahl in Verbindung mit „sportlich" gebracht. Oder auch „preiswert" gegenüber Golduhren. Vom realen Materialwert her dürfte der Unterschied zwischen Stahl und Gold allerdings nicht so groß sein. Unser Foto zeigt eine Mido „Ocean Star" in Edelstahl, Baujahr 1991.

Eingriff

Vom Eingriff spricht man in der Uhrentechnik in zweierlei Hinsicht. Zum einen bezeichnet man damit das Zusammenspiel von zwei Zahnrädern, oder, was in der Uhr häufiger vorkommt, von Rad und → Trieb.

Bei der Berechnung eines → Räderwerkes werden ein Rad und das Trieb des ihm folgenden Rades genau aufeinander abgestimmt. So müssen zum Beispiel die Verzahnungen eines → Federhauses und eines Minutenrad-Triebes genau zueinander passen. Die Zähne des Minutenrades spielen dabei überhaupt keine Rolle, weil diese wiederum mit dem Trieb des → Kleinbodenrades harmonieren müssen.

Diese Reihenfolge setzt sich bis zum Trieb des → Ankerrades fort.

Das Ankerrad selbst bildet ja schon einen Teil der → Hemmung, womit wir bei der zweiten Verwendung des Begriffes Eingriff in der Uhrentechnik sind. Er umschreibt das Zusammenspiel von Ankerrad und → Anker, das wir unter dem Stichwort → Hemmung ausführlich erklären werden.

Eingriff-Zirkel

Ein im 18. Jahrhundert von dem Uhrmacher Abraham Robert aus La Chaux-de-Fonds (Schweiz) erfundenes Werkzeug, mit dem einerseits der Achsenabstand zweier Räder eines Uhrwerks kontrolliert, anderseits der → Eingriff von Rad und → Trieb geprüft werden kann.

E

Einstellring

Drehbarer Ring am Außenrand eines Armbanduhr-Gehäuses, manchmal auch unter Glas angebracht und dann über eine zweite Krone zu betätigen. Ein Einstellring dient zur Ermittlung zusätzlicher Meßwerte mit Hilfe der Uhr. So lassen sich beispielsweise mit einem Weltzeitring die Uhrzeiten anderer Länder feststellen, indem man den auf dem Ring angegebenen Namen des jeweiligen Aufenthaltsortes mit dem Stundenzeiger in Deckung bringt. Nun kann die jeweilige Ortszeit eines anderen, auf dem Einstellring angegebenen Ortes an der Zifferblatt-Einteilung abgelesen werden. Hierbei ist zu berücksichtigen, ob der Ort östlich oder westlich des → Nullmeridians liegt. Beispiel: In Berlin ist es 12 Uhr mittags, der Einstellring wird entsprechend gedreht. Nun erscheint der Name New York bei der Ziffer 6, der Name Tokio bei der 8. In New York (westlich des Nullmeridians) ist es also 6 Uhr morgens, in Tokio (östlich des Nullmeridians) ist es schon 20 Uhr. Einstellringe können für die unterschiedlichsten Messungen verwendet werden. So gibt es zum Beispiel Minuten-Einstellringe für Taucheruhren, Telemeter-Ringe zur Berechnung von Entfernungen oder die wohl am häufigsten verwendeten Tachymeter-Ringe, mit denen man, in Verbindung mit einem → Zentrums-Sekundenzeiger die Geschwindigkeit eines Fahrzeuges ermitteln kann.

Weltzeituhr von Svend Andersen mit drehbarer Städte-Lünette. Stundenring unter Glas mit Tag- und-Nacht-Einteilung. ▷

Eisen

Grundstoff für Stahl. Eisen (lat. Ferrum, Fe) wird gewonnen, indem man in einem Hochofen Eisenerz unter großer Hitze bei ca. 1300 °C schmilzt. Das dabei entstehende Roheisen ist für den Maschinenbau (also auch Uhrenbau) noch nicht geeignet, da es noch zu viele Verunreinigungen und einen zu hohen Kohlenstoffgehalt aufweist.

Der Kohlenstoff wird durch weitere Wärmebehandlung reduziert, und aus dem Eisen wird Stahl. Dieser muß noch gehärtet werden, um im Uhrenbau Verwendung finden zu können. Die Ausnahme bilden die sogenannten magnetischen Abschirmungen, kleine Gehäuse aus Weicheisen, die in manche Uhren eingebaut werden, um die Uhrwerke vor Störungen durch Magnetfelder zu schützen. Hierbei geht man von der Überlegung aus, daß „weiches" Eisen leicht magnetisierbar ist, also die Kraft, die zum Beispiel von einem Elektromagneten ausgeht, ablenken kann, bevor diese dem empfindlichen Uhrwerk schaden kann. Die Gefahr, daß der „Magnetschutz" selbst magnetisch wird, besteht nicht, da Weicheisen den Magnetismus sofort wieder abgibt, wenn man es aus einem Magnetfeld entfernt.

Elinvar

Speziallegierung mit einem besonders kleinen → Ausdehnungskoeffizienten zur Herstellung von → Unruhspiralen. Man unterscheidet zwischen Elinvar I, das aus Nickel, Eisen, Chrom, → Titan und → Aluminium besteht, und Elinvar II, das nur Eisen, Nickel und Chrom enthält.

Ellipse

→ Unruh-Hebelstein aus synthetischem → Rubin, der früher bei Taschenuhren, der geringeren Reibung in der Ankergabel wegen, die Form einer Ellipse hatte.

Endhaken

Äußeres Ende einer → Zugfeder, das am → Federhaushaken oder an einem → Federzaum befestigt ist.

Endkurve

Um ein einseitiges Ausdehnen (Atmen) einer Unruhspirale zu vermeiden, das zu ungenauem Gang der Uhr führen würde, sind die Spiralen von feinen Uhren häufig mit einer besonders gebogenen Endkurve ausgestattet. In den letzten Jahrzehnten wurden die Spiralen mit besonderer Endkurve kaum noch hergestellt, da unter Verwendung neuerer technischer Erkenntnisse hergestellte Spiralen zu sehr guten Gangresultaten führten. Trotzdem findet die Breguet-Spirale bei einigen Herstellern feiner Uhren nach wie vor Verwendung.

◁

IWC Ingenieur SL alter Bauart. Unter dem Edelstahlboden befand sich ein weiterer Deckel aus „Weicheisen" zur Abschirmung gegen Magnetfelder. Bei der neuen Ingenieur entfällt dieses „Doppelgehäuse", da alle gefährdeten Teile aus antimagnetischen Legierungen hergestellt werden.

E

Epilame
Moderne Reinigungsmittel und -methoden in der Uhrentechnik (zum Beispiel → Ultraschall-Reinigung) sorgen für absolut reine Werkoberflächen. Dies hat durchaus auch Nachteile. So wird beispielsweise ein kleiner Tropfen Uhrenöl, den der Uhrmacher mit einem kleinen Ölgeber in ein Radlager gebracht hat, aufgrund der starken Adhäsionskraft der reinen → Platine breitgezogen. Das heißt, das Öl bleibt nicht im Lager, wo es zur Reibungsverminderung dienen soll, sondern es verteilt sich nach und nach über die Werkplatte. Dadurch verliert die Schmierung ihren Sinn, und das Uhrwerk bekommt ein häßliches, schmieriges Aussehen. Um dies nun zu verhindern, kann man das Uhrwerk nach der Reinigung mit einer Schicht überziehen, die sich nicht mit dem Öl verbindet, aber dessen Zerfließen verhindert. Die hierzu verwendeten Mittel (Paraffine, Silikone, Stearinsäuren) nennt man Epilame, den Arbeitsvorgang epilamisieren.

Ergänzungsbogen
Teil der Unruh- (oder Pendel-) schwingung. Den Ergänzungsbogen führt ein Schwingsystem aus, nachdem die Auslösung der → Hemmung erfolgt ist. → Anker und → Unruh stehen in einer Wechselwirkung. Wird zunächst die Unruh durch den Druck der Ankergabel gegen ihren → Hebelstift aus ihrer Ruheposition gebracht und beginnt zu schwingen, so zieht sie umgekehrt während ihrer Rückschwingung den → Anker aus seiner Ruheposition, in die er inzwischen durch das → Ankerrad gezogen wurde. Danach hat die Unruh ihre Arbeit getan und erwartet nun vom Anker einen neuen Impuls. Nachdem sie diesen erhalten hat, verläßt der Hebelstift die Ankergabel, und die Unruh schwingt ihren Ergänzungsbogen.

Dabei muß sie die entgegenwirkenden Kräfte der → Unruhspirale überwinden. Wenn sich Kraft in der Spirale und der Schwung aufheben, den die Unruh durch den Impuls der → Hemmung bekommen hat, ist der sogenannte Umkehrpunkt erreicht. Nun wird die Unruh von der Spirale wieder in Richtung Nullpunkt gezogen, und der ganze Vorgang wiederholt sich in umgekehrter Richtung.

Erotische Uhren
Uhren mit beweglichen erotischen Darstellungen, die vom Uhrwerk gesteuert werden konnten (meist mittels eines Schiebers oder Drückers, ähnlich wie bei Repetitionsuhren →). Die Uhren hatten meist kunstvoll gefertigte Emailgehäuse, die beweglichen Bilder waren unter geheim zu öffnenden Deckeln verborgen.

Ewige Kalender

Komplizierte Zusatzeinrichtung in Uhren zur Anzeige von Datum, Wochentag, Monat und Jahr. Die Uhren zeigen meistens auch noch die Mondphase an und berücksichtigen Schaltjahre.

Wegen der kleinen Stückzahl, in der diese Uhren produziert werden, aber auch wegen der außerordentlich umfangreichen Konstruktion und aufwendigen Herstellung sind die meist sehr hohen Preise für diese Uhren gerechtfertigt.

Ebels Höhepunkt: Der Automatik-Chronograph mit ewigem Kalender und Anzeige der Schaltjahre. Von diesem Modell werden verständlicherweise nur Kleinststückzahlen hergestellt.

Exzenter

Im Uhren-, vorwiegend im Chronographenbau benötigt man Exzenter. Man muß sich diese wie Schrauben vorstellen,

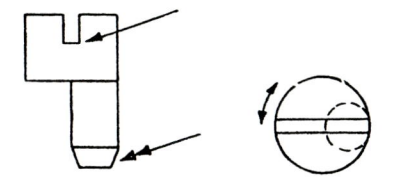

Bauart eines Chronographen-Exzenters.

deren Gewindeschaft nicht in der Schraubenkopfmitte, sondern an dessen Rand angebracht ist. Statt des Gewindes haben die Chronographen-Exzenter einen dicken Zapfen, der mit „satter Reibung", wie die Uhrmacher sagen, in einer Bohrung der Räderwerksbrücke steckt.

Im Chronographen → sitzen die Hebel, die die Räder des Stoppmechanismusses tragen, auf Exzentern oder liegen an diesen an. Durch Verdrehen der „Schraubenköpfe" kann der Uhrmacher die Eingriffe → verändern.

F

Den Buchstaben F findet man häufig auf Regulierverrichtungen von Uhren, zum Beispiel auf Unruhkloben → oder Pendelskalen.

Das F steht als Abkürzung für das englische Wort „fast" (schnell). Das bedeutet, daß die Uhr schneller geht, wenn beispielsweise der Rückerzeiger in Richtung F verschoben wird. (Siehe auch A – avance.)

Fassung

Lagersteine → von Taschenuhren wurden früher nicht in die Brücken → und Platinen → eingepreßt, sondern wie ein Edelstein bei einem Schmuckstück, eingefaßt.

Zunächst wird bei dieser Lagerungsart ein Loch in die Werkplatte gebohrt oder mit einem sehr spitzen Drehmeißel gedreht. Diese hat den Durchmesser des zu verwendenden Lagersteins. Am unteren Ende des Loches verbleibt eine schmale Kante zur Auflage des Steines. Um den Außenrand der Bohrung wird eine umlaufende Nute eingedreht, so daß am Bohrungsrand ein sehr schmaler Grat stehenbleibt.

Nun wird der Stein in die Bohrung gelegt und befestigt, indem man mit einem Spezialwerkzeug den verbliebenen schmalen Materialrand über die Kante des Lagersteins drückt und ihn dadurch befestigt.

Der besseren Austauschbarkeit wegen wurden Lagersteine hochwertiger Uhren in Chatons → gefaßt.

◁
Gepreßte Lagersteine in einer Taschenuhr.

F

Federhaus

Zugfedern → von Uhren werden nicht offen im Uhrwerk verwendet (Ausnahme: Wecker und billige Wanduhren), sondern sind in Federhäusern untergebracht.

Ein Federhaus ist eine Trommel von geringer Höhe und großem Durchmesser, die an ihrer Seite einen umlaufenden Zahnkranz trägt. Das Federhaus wird mit dem Federhausdeckel verschlossen, der in eine Ausdrehung in der Federhauswandung gepreßt wird.

In der Mitte haben Federhaus und Deckel eine große Bohrung zur Aufnahme des Federkerns→.

Eine Federhausbrücke, wie sie recht selten vorkommt. Sie dient auch zur Lagerung von Minutenrad und Kleinbodenrad.

Ein geöffnetes Federhaus.

Federhausbrücke

Die Federhausbrücke dient im Uhrwerk zur Lagerung des → Federkerns und des → Kronrades. Außerdem bildet sie, zusammen mit der → Grundplatine, auf der sie meistens mit drei Schrauben befestigt wird, das Lager für → Aufzugwelle und die Aufzugräder.

Der Federkern dreht sich direkt in der Brücke, während das → Kronrad auf einem Stahlring gelagert wird, der auf den Kronradstutzen aufgesteckt wird. Beide Teile werden durch die → Kronradschraube gehalten, die ein Linksgewinde hat.

Die Federhausbrücke einer alten Cylindertaschenuhr. Die beiden Bohrungen rechts und links im Bild dienen zur späteren Aufnahme der Werkbefestigungsschrauben.

Federhausdeckel

Moderne Uhren-Zugfedern sind wartungsfrei und brauchen deshalb nicht mehr aus dem → Federhaus genommen zu werden. Bei den früher verwendeten Federn aus Stahl war das nicht der Fall. Diese mußten wegen ihrer hohen Bruchempfindlichkeit häufig ersetzt und bei → Überholung des Uhrwerkes gereinigt und neu geschmiert werden.

Manche Uhrenhersteller rüsten ihre Werke mit Federhäusern aus, die die Aufschrift „Nicht öffnen" oder „Don't open" tragen.

Die meisten Federtrommeln lassen sich aber leicht öffnen, was sicher auch nach wie vor sinnvoll ist, um den Federkern zur Reinigung und Schmierung ausbauen zu können.

Der Federhausdeckel wird entweder in eine Ausdrehung in der Federhauswandung eingesetzt, oder (selten) wie ein Keks-

Geöffnetes Taschenuhr-Federhaus und der Federhausdeckel einer einfachen Armbanduhr, der gleichzeitig auch Sperrad ist und den Federkern trägt.

dosendeckel über deren Außenrand gestülpt.

Das Deckelmaterial ist um die Bohrung für den → Federkern herum etwas verstärkt, um dessen einwandfreie Lagerung zu gewährleisten und die Höhenluft zu begrenzen.

Federhaushaken

Die → Zugfeder einer Uhr muß an beiden Enden verhakt werden. Das innere Ende wird am → Federkern verhakt.

An ihrem äußeren Ende hat die Zugfeder meistens einen → Federzaum, der beim Aufziehen eigentlich nachrutschen würde. Wie das beispielsweise bei der → Schleppfeder einer Automatikuhr geschieht.

Bei einer Handaufzuguhr verhakt sich der Zaum an einem kleinen Haken, der aus der Federhauswandung ins Innere des → Federhauses ragt.

Bei modernen Armbanduhren wird auf einen solchen Haken, der bisweilen auch abbrechen kann, verzichtet.

Statt dessen wird die Federhauswand mit einer stufenförmigen Ausfräsung versehen, in die der Federzaum einrasten kann.

Federkern

Bisweilen wird auch der Ausdruck Federwelle verwendet, der aber die Funktion dieses Teils nur unzureichend umschreibt.

Der Federkern ist nämlich sowohl Achse wie Welle.

Als Achse dient er dem Federhaus. Dieses dreht sich beim Entspannen der Zugfeder auf den beiden Ansätzen, die sich oben und unten an den Teil anschließen, um den die Feder beim Aufziehen der Uhr gewickelt wird.

In seiner zweiten Funktion ist der Federkern Welle des → Sperrades, das mit seinem Innenvierkant auf dem Außenvierkant sitzt, den der Federkern an seinem oberen Ende trägt. Dort wird das Sperrad mit einer Schraube befestigt, die in eine Bohrung mit Innengewinde geschraubt wird.

Das Bauteil selbst besteht aus hochglänzend poliertem, gehärtetem Stahl und hat neben dem bereits erwähnten Vierkant noch fünf Ansätze. Mit den äußeren zylindrischen Ansätzen wird der Federkern unten in der → Grundplatine des Uhrwerkes und oben in der Federhausbrücke gelagert.

Die sich anschließenden Ansätze werden zur Federhauslagerung genutzt. Der eigentliche Feder-„Kern" in der Mitte trägt den Haken zur Aufnahme des inneren Federendes.

Dieser Haken sitzt meistens in einer stufenförmigen Vertiefung. Die Begründung für diese Ausfräsung ist in der Konstruktions-Theorie zu finden, nach der die Zugfeder einer Uhr als zentrische Spirale wirken soll ... Diesem praktisch nicht zu verwirklichenden Anspruch versucht man gerecht zu werden, indem man das innere Ende der Zugfeder in der Aussparung des Federkerns befestigt.

Bei genauer Betrachtung eines offenen Federhauses, in dem Feder und Federkern montiert sind, erkennt man, daß die Verlauflinie der Feder, theoretisch fortgeführt, tatsächlich im Mittelpunkt des Federkerns endet.

Federkerne – aus einer Taschenuhr und einem Damenuhrwerk.

F

Federstege gibt es in den unterschiedlichsten Ausführungen. Die Stege mit den Bohrungen in den Endstücken werden für Uhren verwendet, deren Anstöße kleine Stifte tragen.

Federsteg

Federstege werden für alle Armbanduhren benötigt, deren Armbänder nicht fest mit dem Gehäuse verbunden sind. Ein Federsteg ist ein Röhrchen aus → Messing, → Neusilber oder → Edelstahl. Die beiden Enden sind mit beweglichen Endstücken verschlossen. Diese werden durch eine kräftige, zylindrische Spiralfeder auseinandergedrückt und durch einen kleinen Wulst am Ende des Steges begrenzt.

Federstege werden in den unterschiedlichsten Ausführungen verwendet. Sowohl Länge als Stärke als auch Form der Endstücke gibt es in zahlreichen Variationen.

Um den Federsteg an der Uhr anzubringen, werden die Endstücke in das Rohr hineingedrückt, wobei ein Endstift schon in eine der dafür vorgesehenen Bohrungen im Armbandanstoß der Uhr gesteckt wird. Anschließend führt man das andere Endstück zwischen die Anstöße, bis es im gegenüberliegenden Loch einrasten kann.

Federwelle
→ Federkern.

Federzaum

Ein Federzaum ist ein kurzes Stück des Materials, aus dem auch die jeweilige → Zugfeder besteht, also auch von gleicher Stärke und Breite. Dieses wird durch Nietung oder (meistens) Verschweißung mit der Zugfeder an der Stelle verbunden, an der sonst das Endloch der Feder eingestanzt wird. Das Ende des so befestigten Zaumes verhakt sich nun beim Aufziehen der Uhr mit dem → Federhaushaken. Feder und Zaum werden V-förmig auseinandergebogen, wenn die Feder gespannt wird.

Durch die Verwendung eines Federzaumes wird eine größere Gleichmäßigkeit beim Spannen und Entspannen der Feder gewährleistet, die Bruchgefahr der Feder verringert und eine größere Drehmoment-Konstante erreicht.

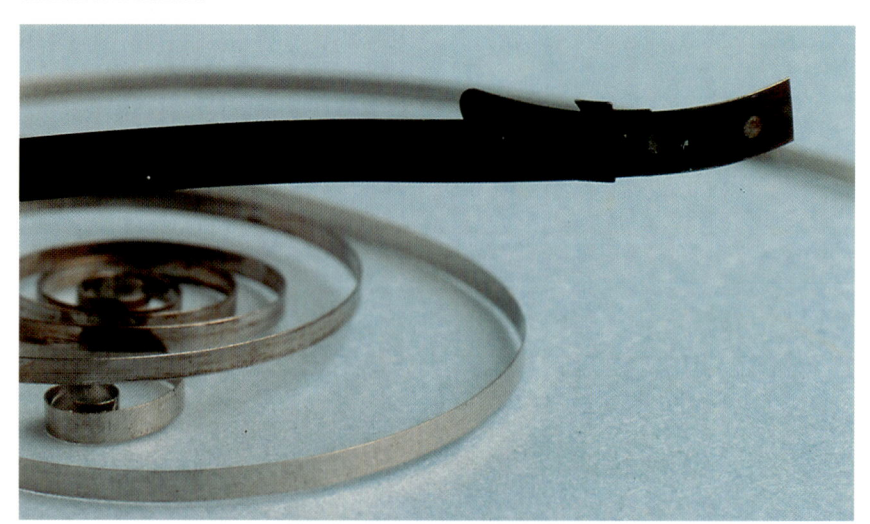

Bei hochwertigen Taschenuhren wird manchmal von der allgemein üblichen Hakenform eines Federzaumes abgewichen. Dieser Federzaum hat auf beiden Seiten kleine „Nasen", die in entsprechende Ausstanzungen in Boden und Deckel des Federhauses einrasten können. Dieses braucht dann keinen Haken.

Feinregulierung 1

Unter Feinregulierung oder Feinstellung versteht man ein bei Präzisionsuhren angewendetes Arbeitsverfahren, das die besonders genaue Regulierung der Uhr zum Ziel hat.

Es erfordert besondere Erfahrung und großes Geschick vom Uhrmacher.

Feinregulierung 2

Genauer: Feinregulierungs-Vorrichtung. Präzisionsuhren sind mit speziellen Vorrichtungen zur besonders genauen Regulierung ausgestattet.

Bei Pendeluhren kann dies zum Beispiel ein an der Pendelstange befestigter Auflageteller sein, der zur Aufnahme kleiner Gewichtsstücke dient, mit denen der Pendelschwerpunkt verschoben werden kann.

Bei Kleinuhren geschieht die Feinregulierung entweder mit Hilfe sogenannter → Abgleichschrauben, mit denen die Trägheit der Unruh verändert werden kann, oder mit dem → Spiralschlüssel. Der mit diesem zusammenwirkende → Rückerzeiger wird so konstruiert, daß man mit ihm den Spiralschlüssel in möglichst kleinen Schritten verschieben kann.

Dazu nutzt man zum Beispiel einen besonders langen Rückerzeiger, eine → Schwanenhalsregulierung, oder einen Rücker, der mit einem indirekten Hebel, einem → Exzenter oder einer Schraube verstellt werden kann.

Formwerke

Alle Uhrwerke, die nicht rund sind, werden in der Uhrmacherei als Formwerke bezeichnet.

Während es bei runden Werken genügt, neben der Werkhöhe den Durchmesser von bei-

Besonders für Damenarmbanduhren werden häufig Formwerke verwendet.

spielsweise 12 ''' (→ Linien) anzugeben, sind für die Bemaßung von Formwerken drei Maßangaben notwendig. Dabei kommen dann so merkwürdig anmutende Angaben wie $6\frac{3}{4} \times 8$ heraus.

Uhrmacher wissen bei solchen Angaben aber zumeist schon, wie das Werk in etwa aussieht.

Freie Ankerhemmung

Diese heute in Armbanduhren ausschließlich verwendete Ankerhemmung wurde von dem englischen Uhrmacher Thomas → Mudge (1715–1794) erfunden.

Die heute verwendete Hemmung ist eine Weiterentwicklung der auch als Spitzzahn-Ankerhemmung oder Englische Ankerhemmung bekannten Konstruktion von Mudge.

Während bei dieser die → Hebung nur auf den → Ankerpaletten erfolgt, spricht man bei der heute gebräuchlichen → Kolbenzahn-Hemmung oder Schweizer Ankerhemmung von der sogenannten geteilten Hebung.

Der große Vorteil der Freien Ankerhemmung gegenüber der → Ruhenden Hemmung, wie zum Beispiel der Zylinder-Hemmung, liegt darin, daß das Schwingsystem (Unruh) nur bei Auslösung und Impuls mit der Hemmung in Verbindung steht. Während der übrigen Zeit schwingt die Unruh völlig frei, daher Freie Ankerhemmung.

F

Ferngesteuerte Zeitmesser: Funkuhren als Wecker und als Schreibtischuhr.

Galilei, Galileo

Galilei (1564–1642), Mathematiker, Physiker und Mechaniker, ist für die Uhrmacherei vor allem von Bedeutung, weil durch ihn die Pendelgesetze entdeckt wurden.

Galilei, Hofmathematiker in Florenz, fand auch das Gesetz des freien Falls. Mit einem von ihm selbst entwickelten Fernrohr führte er astronomische Beobachtungen durch. Diese bestätigten ihm auch die Richtigkeit des Weltbildes des Kopernikus. Unter dem Druck der Inquisition mußte er seinen Erkenntnissen abschwören.

Im Alter erblindet, konstruierte Galilei noch eine Pendeluhr, die von seinem Sohn Vincenzo nach seiner Anleitung gebaut wurde.

Funkuhr

In der letzten Zeit kommen zunehmend Uhren in Gebrauch, die über Funk gesteuert werden. Nachdem ursprünglich nur Wand-, Stiluhren und Wecker produziert wurden, sind seit 1989 auch funkgesteuerte Armbanduhren auf dem Markt. Bei Funkuhren handelt es sich im Prinzip um ganz normale → Quarzuhren, die mit einem Funkempfänger ausgerüstet sind und außerdem einen sogenannten Decoder besitzen, der die Verbindung zwischen Quarzwerk und Empfänger herstellt.

In der Bundesrepublik Deutschland ist die Physikalisch-Technische Bundesanstalt (PTB) in Braunschweig für die sogenannte „Gesetzliche Zeit" verantwortlich, die dort mit einer Cäsium-Atom-Uhr ermittelt wird. Diese hat einen → Gang von einer Sekunde in 20 000 Jahren, der natürlich nur rechnerisch ermittelt werden kann.

Diese „super-genaue" Zeit wird über den Langwellensender DCF 77, einem speziellen Zeitsender, von Mainflingen bei Frankfurt/M. aus gesendet.

Die Reichweite des Senders kann, bei günstigem Standort des Empfängers, bis zu 2 000 km betragen.

Im Empfänger angekommen, wird das Zeitsignal von der Elektronik der Funkuhr mit dem Gang des eingebauten Quarzwerkes verglichen.

Der „Apparat" von Galilei – hier ein Nachbau.

Gang

Keine Uhr läuft völlig genau. Je nach Qualität und Standort (bei ortsfesten Uhren) oder Qualität und Tragebedingungen (bei Kleinuhren) können Differenzen von Sekundenbruchteilen bis zu mehreren Minuten pro Tag auftreten.

Im Uhrmacherdeutsch heißt es: Der Gang ist der Unterschied zwischen zwei Ständen, wobei mit „Ständen" die abgelesene Zeitanzeige einer Uhr an zwei verschiedenen Tagen gemeint ist.

Was das allgemein verständlich heißt, läßt sich am besten anhand eines Beispiels verdeutlichen: Eine Uhr wird an einem Tag um 11 Uhr sekundengenau eingestellt. Am nächsten Tag um die gleiche Zeit, also genau 24 Stunden später, zeigt die Uhr 11 Uhr, 1 Minute und 5 Sekunden an.

Der Gang dieser Uhr beträgt also 65 Sekunden pro Tag, wobei man sich die Angabe „pro Tag" eigentlich sparen kann, denn die Angabe des Ganges bezieht sich immer auf einen Zeitraum von 24 Stunden.

Gangabweichung

Während man den → Gang einer Uhr durch Regulierung fast ganz beseitigen kann (je nach Qualität der Uhr), ist die Beseitigung von Gangabweichungen ungleich schwerer. Diese hängen nämlich zu einem großen Teil von Faktoren ab, auf die der Uhrmacher keinen Einfluß nehmen kann, wie zum Beispiel schwankende Temperaturen, Erschütterungen der Uhr oder unregelmäßiges Aufziehen bzw. Verschmutzung.

Von Gangabweichung spricht man in der Uhrentechnik, wenn beispielsweise eine Uhr von gestern auf heute 20 Sekunden vorgegangen ist und von heute auf morgen 14 Sekunden vorgehen wird.

Der Gang beträgt dann einmal 20 und einmal 14 Sekunden, die Gangabweichung ist der Unterschied zwischen den beiden Gängen, also 6 Sekunden.

Gangdauer

Als Gangdauer oder Gangreserve bezeichnet man die Zeit, die eine Uhr vom Vollaufzug der → Zugfeder bis zu deren völligem Entspannen läuft.

Moderne Uhren haben eine größere Gangdauer als vergleichbare frühere Uhren, die mit einer schlichten Stahlfeder angetrieben wurden.

Die heute verwendeten Zugfedern aus → Nivaflex und → INOX können bei geringerer Klingenstärke das gleiche Drehmoment abgeben wie Stahlfedern.

So können längere Federn mit dementsprechend mehr Windungen benutzt werden, ohne mehr Platz im Federhaus zu beanspruchen.

Manche Uhren, zum Beispiel → Beobachtungsuhren, sind mit einem → Auf-und-Ab-Werk ausgestattet, mit dessen Hilfe über eine Anzeige auf dem Zifferblatt der jeweilige Spannungszustand der Zugfeder abgelesen werden kann.

Manche Uhren haben auf dem Zifferblatt eine Anzeige, auf der ein Zeiger die Restgangdauer bis zur völligen Entspannung der Zugfeder angibt.

G

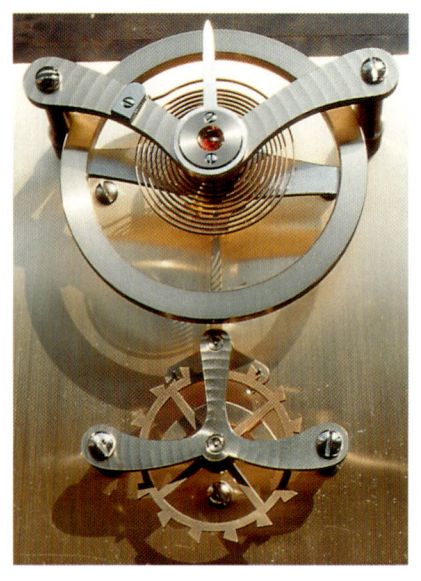

Das Gangmodell einer Stiftankerhemmung.

die genau gehensten tragbaren Uhren.
Um einheitliche Forderungen an die Ganggenauigkeit stellen und überprüfen zu können, wurden in Ländern mit eigener Uhrenproduktion früh offizielle Prüfinstitute eingerichtet. In der Bundesrepublik Deutschland führte beispielsweise das Deutsche Hydrographische Institut (heute Bundesamt für Seeschiffahrt und Hydrographie) bis zum Jahre 1987 Chronometerprüfungen durch. In der Schweiz wird diese Aufgabe von Prüfinstituten der COSC („Contrôle Officiel Suisse des Chronomètres" – Offizielle Schweizer Chronometer-Kontrolle) wahrgenommen, die Prüfinstitute in Biel, Genf und Le Locle unterhält. Für Uhren, die eine Prüfung bestanden haben, wird dann ein sogenannter Gangschein (Bulletin de Marche) ausgestellt. Ist die Uhr höchsten Ansprüchen an die Genauigkeit gerecht geworden, verleiht das Prüfinstitut ein Chronometerzeugnis.

Gangmodell
Zur Veranschaulichung in der Uhrmacherausbildung, aber auch als dekorative technische Kunstwerke, werden Gangmodelle angefertigt. Als Gangmodell wird die stark vergrößerte Ausführung einer Hemmung und eines Schwingsystems auf einer separaten Werkplatte bezeichnet.

Gangrad
→ Ankerrad.

Gangschein
An bestimmte Uhren und Uhrengruppen müssen besondere Genauigkeitsanforderungen gestellt werden. So waren zum Beispiel früher die zur Navigation benutzten Seechronometer

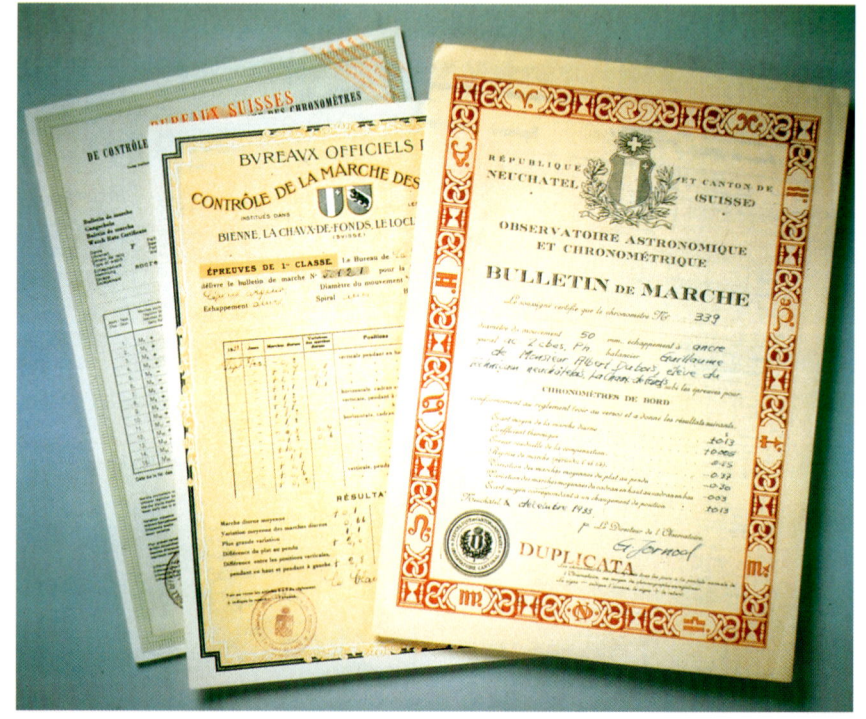

Bulletins de Marche: hier ältere Exemplare aus der Schweiz.

104

Gesperr

Gleichgültig, ob man es mit einer Handaufzuguhr oder einer → Automatik zu tun hat, die → Zugfeder wird immer langsam und in kleinen Schritten aufgezogen. Von der ersten Umdrehung der Krone oder des → Rotors des automatischen Aufzugs gerät die Zugfeder unter Spannung und muß am Zurückschnellen gehindert werden. Diese Aufgabe übernimmt das Gesperr.

Es besteht aus einer → Sperrklinke (von den Uhrmachern meist als Sperrkegel bezeichnet), einer → Sperrfeder, dem Sperrad und im allgemeinen einer Sperrkegelschraube. Nun soll ein Gesperr nicht nur den Aufzug der Uhr ermöglichen, sondern auch verhindern, daß die Feder überspannt wird. Deshalb sind Gesperre so konstruiert, daß sie eine kleine Rückwärtsdrehung des Sperrades ermöglichen, nachdem dieses den → Federkern gedreht und damit die Zugfeder gespannt hat.

Eine der einfachsten Gesperrarten: eine schlichte runde Scheibe mit einem Zahn, der während des Aufzugs zur Seite gedrückt wird und nach der Rückwärtsdrehung des Sperrades an der Federhausbrücke anliegt.

Die Sperrklinke einer Taschenuhr – darunter liegt die kreisförmige Sperrfeder, deren hochgebogenes Ende in der Ausfräsung der Sperrklinke zu erkennen ist.

Goldene Taschenuhr mit Tourbillon von Lange & Söhne.

Glashütter Uhr

Glashütte ist eine Stadt im deutschen Bundesland Sachsen. Wenn von Glashütter Uhr die Rede ist, meint man meistens die Uhren aus der Produktion der Firmen Lange, Grossmann und Assmann. Die Uhrenproduktion wurde in Glashütte 1845 von Ferdinand Adolf Lange aufgenommen. Aufgrund ihrer hervorragenden Qualität erlangten die Glashütter Uhren sehr schnell Weltruf. Charakteristisch ist bei den (Taschen-)Uhren die sogenannte ¾-Platine. In „DDR-Zeiten" konnten weder Ruf noch Qualität der Glashütter Uhren gewahrt werden. Nach der Vereinigung der deutschen Teilstaaten gingen auch die Glashütter Uhrenbetriebe neue Wege, die in der Kooperation mit Schweizer Unternehmen ihren Ausdruck fanden.

Gleitlager

In Uhren werden ausschließlich Gleitlager verwendet, einzige Ausnahme ist das Kugellager für → Schwungmassen von Automatikuhren. In einem Gleitlager dreht sich ein → Zapfen in einer Bohrung. Hierbei kann es sich in der Uhrentechnik entweder um Bohrungen in sogenannten → Lagersteinen aus Rubin handeln oder um Löcher, die direkt in die → Platinen, → Brücken und → Kloben gebohrt werden. Zur Reibungsverminderung werden die Gleitlager geölt.

Gleitlager: Lagersteine aus synthetischem Rubin.

G

GMT

Greenwich Mean Time (engl. etwa Mittlere Greenwich-Zeit). Durch die südenglische Stadt Greenwich, inzwischen durch Eingemeindung Teil Londons, verläuft der Nullmeridian. Greenwich, auch Sitz des Königlich Britischen Observatoriums, ist damit „Weltzeit"-Stadt.

Die Erde ist in 24 → Zeitzonen unterteilt. Die Zeitanzeigen überall auf der Erde erfolgen immer bezogen auf GMT. So hat beispielsweise New York GMT – 7 Stunden, Sidney GMT + 8 Stunden und Bangkok GMT + 5 Stunden. GMT ist gleichzeitig WEZ (Westeuropäische Zeit).

Gold

Chemisches Zeichen Au, von lat. Aurum. Gold wurde von alters her in fast allen Kulturen

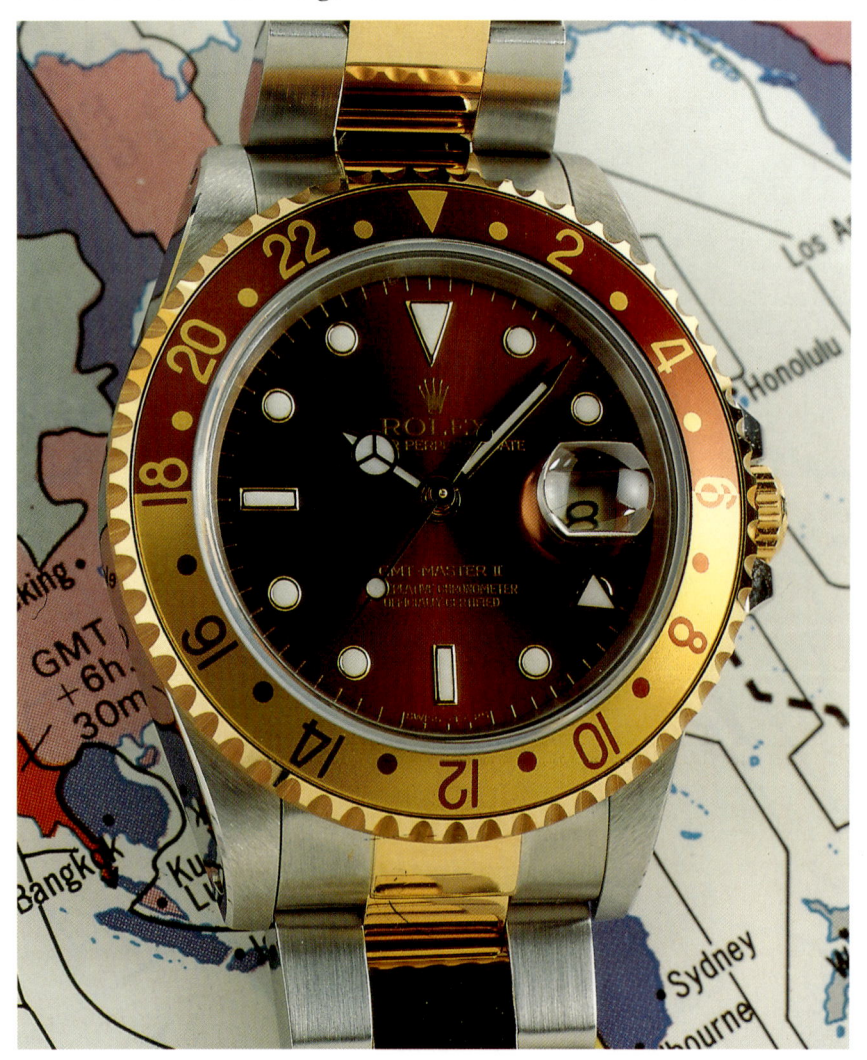

Goldbarren, Feingehalt 999,9/000, Gewicht 5 Gramm.

als besonders wertvolles Metall angesehen, teilweise mystifiziert. Das zu den schwersten Metallen gehörende Gold (spez. Gewicht 19,3) hat eine an der Luft unveränderliche gelbe Farbe, die durch → Legierung verändert werden kann. Zum Beispiel durch Zusatz von → Silber und → Nickel zu Weißgold, durch Kupferzusatz zu Rotgold. Gold wurde seit jeher als Schmuckmetall verwendet. Auch für Uhrgehäuse wird es seit Jahrhunderten verwendet. Dabei macht man sich zunutze, daß Gold weich ist und sich deshalb gut verarbeiten läßt. Gold kann auch wegen seiner großen Festigkeit zu sehr dünnen Blechen ausgewalzt werden (Uhrdeckel).

Bei der GMT-Master von Rolex lassen sich, mit Hilfe des dreieckigen Stundenzeigers und des Einstellringes, zwei Zonenzeiten einstellen.

Graham, George

Wenn von bedeutenden Uhrmachern die Rede ist, darf der Name des Engländers George Graham (1673–1751) nicht fehlen. Ihm werden die Entwicklung der Zylinderhemmung und des Quecksilber-Kompensationspendels zugeschrieben. Die wohl bedeutendste Erfindung Grahams ist die nach ihm benannte → Hemmung für Großuhren. Die → Graham-Hemmung wird bis heute in hochwertigen Pendeluhren verwendet.

Graham-Anker

Anker der → Graham-Hemmung. Die Besonderheit des Graham-Ankers sind die verstellbaren Ankerklauen.

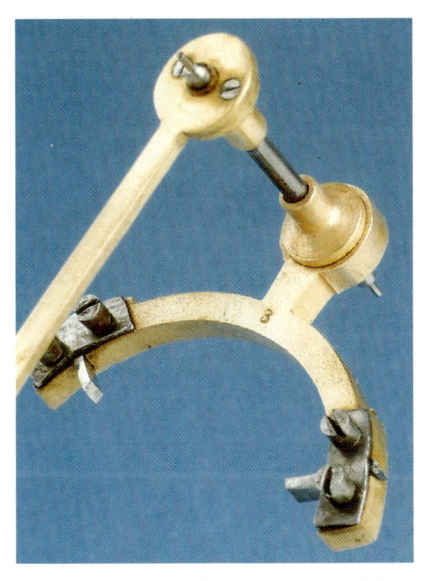

Der Graham-Anker einer Wanduhr. Die Einstellung der Hemmung erfordert einige Geschicklichkeit, denn dabei kommt es auf zehntel Millimeter an.

Graham-Hemmung

Die nach ihrem Erfinder, dem Engländer George Graham, benannte Hemmung ist eine sogenannte ruhende Hemmung. Bei Großuhrenhemmungen, zu denen die Graham-Hemmung gehört, unterscheidet man zwischen ruhenden und rückführ-

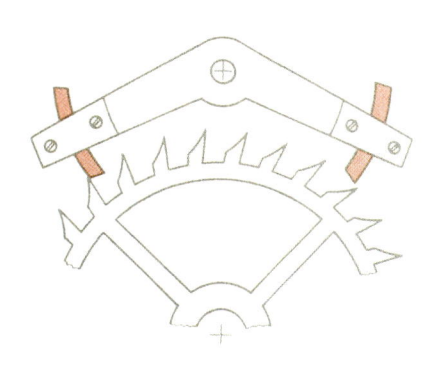

Skizze einer Graham-Hemmung.

renden Hemmungen, zu denen zum Beispiel die → Hakenhemmung zählt. „Ruhe" hat in diesem Fall das → Ankerrad, das still steht (ruht), während das → Pendel seinen Ergänzungsbogen schwingt. In Konstruktionszeichnungen für Graham-Hemmungen kann man deutlich erkennen, daß die Ruheflächen der beiden → Ankerklauen auf einem Kreisbogen liegen. Der Ankerradzahn ruht also, mit ein wenig Phantasie betrachtet, auf den realen Ausschnitten einer großen, imaginären Scheibe. Man könnte den Vergleich eines Messers am Schleifstein des Scherenschleifers bemühen. Dabei entsteht zwar das, was die Uhrmacher Ruhereibung nennen. Diese ist aber für die Schwingung des Pendels nicht sehr beeinträchtigend.

Ein großer Vorteil der Graham-Hemmung ist, neben der Genauigkeit, die man mit ihr erreichen kann, ihre „Service-Freundlichkeit": Die Ankerklauen sind, jeweils mit einer kleinen Stahlplatte und zwei Schrauben solide im Messinganker befestigt, leicht auszubauen. Die Nacharbeitung der → Hebeflächen und korrekte Einstellung der Hemmung ist dadurch problemlos.

Das → Ankerrad ist bei der Graham-Hemmung stets aus Messing.

Gregorianischer Kalender

Papst Gregor XIII. entwickelte den nach ihm benannten Kalender 1582, um damit den Julianischen Kalender abzulösen, der auf Julius Cäsar zurückgeht.

Der erst 1776 durch kaiserliche Reichsverfügung eingeführte Kalender teilt das Jahr in 365 Tage, 5 Stunden, 48 Minuten und 46 Sekunden. Die Ungenauigkeit von über fünf Stunden wird dadurch ausgeglichen, daß alle vier Jahre der Monat Februar 29 Tage hat. Dadurch wird aber wieder eine Ungenauigkeit in die andere Richtung erzeugt, die man dadurch ausgleicht, daß alle Schaltjahre, deren Zahl durch 100 teilbar ist, nur 365 Tage haben. Auch dadurch entsteht eine neue Ungenauigkeit. Diese wird korrigiert, indem man alle 400 Jahre, obwohl die Jahreszahl durch 100 teilbar ist, den Februar 29 Tage lang sein läßt.

Großbodenrad

Alter Ausdruck für Minutenrad.

G

Grundplatine

Auch Werkplatte oder Grundplatte. Die Grundplatine ist eine massive Messingplatte, meistens vernickelt, versilbert oder vergoldet, manchmal rhodiniert, die zur Aufnahme der → Brücken und → Kloben eines Uhrwerkes dient.

Die Grundplatine ist, obwohl sie das Zifferblatt einer Uhr trägt, aus der Sicht des Uhrmachers der untere Teil eines Uhrwerkes.

Die Montage eines Uhrwerkes beginnt folgerichtig bei der Grundplatine, indem die Zapfen der Räder in die (Stein-)Lager in der Platine gesteckt werden. Anschließend werden dann die Brücken und Kloben aufgesetzt, die dabei mit ihren → Stellstiften in den Bohrungen der Platine einrasten.

Hierbei muß der Uhrmacher vorsichtig zu Werke gehen, denn er muß einerseits die „oberen" Zapfen der Räder in die dafür vorgesehenen Lager schieben. Andererseits muß er aber die Brücken mit einem gewissen Druck aufsetzen, um damit deren Stellstifte in die Bohrungen der Grundplatine zu bringen. Eine Gratwanderung, denn bei zuviel Druck brechen unweigerlich die empfindlichen Zapfen ab.

Bei der Herstellung der Grundplatine ist äußerste Präzision erforderlich, weil bei der fertigen Uhr zwar nicht alle Teile in direkter Verbindung miteinander stehen, aber alle Teile mit der Grundplatine verbunden sind.

Die Guillaume-Unruh eines Schiffschronometers. ▷

Grundplatine einer Taschenuhr. Die Unruh ist nur zu Prüfzwecken aufgebaut.

Guillaume, Dr. Charles Edouard

(1861–1931). Der 1920 mit dem Nobelpreis für Physik ausgezeichnete Guillaume erwarb auf dem Gebiet der Uhrentechnik große Verdienste durch die Entwicklung spezieller Nickel-Stahl-Legierungen mit einem besonders kleinen → Ausdehnungs-Koeffizienten. Diese sind unter dem Namen Invar und Elinvar bekannt.

Guillaume-Unruh

Spezial-Unruh für Schiffschronometer, mit der die Temperaturfehler ausgeglichen werden. Die Unruh hat einen aufgesägten Reif aus Bimetall (Spezial-Stahl und Messing).

Verliert die Unruhspirale bei Erwärmung ihre Spannung, biegen sich die Teile des aufgeschnittenen Unruhreifes nach innen, wodurch sich der wirksame Durchmesser der Unruh verkleinert. Dadurch wird der durch die Erschlaffung der Spirale hervorgerufene Nachgang der Uhr teilweise ausgeglichen, denn eine Unruh mit kleinerem Durchmesser schwingt wiederum schneller.

Hakenhemmung
Eine einfache, aber wohl die meistverwendete → Hemmung für Pendeluhren. Die Hakenhemmung gehört zu den sogenannten rückführenden Hemmungen, bei denen das → Ankerrad immer ein Stück entgegen seiner Laufrichtung zurückgedrückt wird, während das Pendel seinen → Ergänzungsbogen schwingt.

Halbschwingung
→ Amplitude.

Halbsavonnette
→ Taschenuhr mit Sprungdeckel. Bei der Halbsavonnette ist der Sprungdeckel in der Mitte durchbohrt. Durch diese Bohrung kann der Uhrenträger die Stellung der Zeiger erkennen und sich so eine ungefähre „Zeit-Information" verschaffen, ohne den Uhrendeckel zu öffnen.

Silberne Halbsavonnette-Taschenuhr von Tissot. Der Sprungdeckel wird durch Druck auf die Krone geöffnet.

Skizze einer Hakenhemmung. Der Anker besteht bei dieser Hemmungsart meistens aus einem gebogenen Stahlblechstreifen.

Handaufzug
Im Gegensatz zur → Automatik, die sich durch die Armbewegung des Uhrenträgers selbsttätig aufzieht, muß eine Handaufzuguhr täglich, wie der Name sagt, mit der Hand aufgezogen werden.

Früher geschah dies auch bei Taschenuhren mit kleinen Schlüsseln. Mitte des letzten Jahrhunderts wurde der uns bekannte → Kronenaufzug erfunden.

Eine Handaufzuguhr muß täglich aufgezogen werden, weil die Zugfeder nur für eine Gangreserve von etwa 36–40 Stunden sorgt, die Uhr also nach einundhalb Tagen stehenbleibt.

Die günstigste Zeit, eine Uhr aufzuziehen, ist, falls die Uhr nachts abgelegt wird, morgens. Das sorgt dann dafür, daß die Uhr tagsüber, wenn die Uhr den größten Erschütterungen ausgesetzt ist und die Unruh mit der größten Lagerreibung fertig werden muß, auch die größte Kraftzufuhr bekommt.

H

Harrison, John
(1693–1776). Englischer Tischler und Uhrmacher, der durch die von ihm gebauten Seechronometer der englischen Marine wertvolle Navigations-Instrumente lieferte und dafür mit hochdotierten Preisen ausgezeichnet wurde. Harrison ist auch Erfinder der sogenannten Grashopper-Hemmung.

Hebefläche
Fläche an der Palette eines → Ankers, auf der der Ankerradzahn während der → Hebung entlanggleitet.

Hebelscheibe
Oberer Teil der → Doppelscheibe (→ Plateau). Die Hebelscheibe dient der Aufnahme des → Hebelsteines.

Hebelstein
Teil der → Doppelscheibe (→ Plateau). Der Hebelstein stellt die eigentliche Verbindung zwischen → Hemmung und → Schwingsystem (→ Unruh) her. Der Hebelstein (→ Ellipse) steht bei entspannter Uhr in der Mitte der Ankergabel. Wird die Uhr aufgezogen, rutscht ein Ankerradzahn über eine → Hebefläche des → Ankers und drückt diesen zur Seite. Dabei wird auch der Hebelstein aus der Ruheposition gebracht, und die Unruh beginnt zu schwingen.

Hebelstift
Sehr einfache Ankeruhren haben statt eines → Hebelsteines einen Hebelstift aus Stahl.

Hebestein
→ Palette.

Hebung
Als Hebung bezeichnet man in der Uhrmacherei die Kraftübertragung vom → Ankerrad auf den Anker und damit auf das → Schwingsystem (→ Pendel oder → Unruh). Gemeint ist damit das Entlanggleiten eines Ankerradzahnes auf der → Hebefläche des → Ankers. Dadurch wird der Anker aus seiner Ruheposition gelenkt und verwandelt dabei die Drehbewegung des Räderwerkes in eine Hin- und Herbewegung des Schwingsystems.

Doppelscheibe einer Unruh: Die große Scheibe ist die Hebelscheibe mit dem Hebelstein, der in diesem Fall dreieckig ist. Links im Bild Ankergabel und Begrenzungsstifte.

Dieses Bild macht es besonders deutlich: Der Zahn des (rechtsdrehenden) Ankerrades „hebt" den Anker aus seiner Ruheposition, der dabei die Unruh in Bewegung setzt.

Hemmrad
→ Ankerrad.

Hemmung
Die Hemmung sorgt in einer mechanischen Uhr für die Kraftübertragung vom Räderwerk auf das → Schwingsystem (→ Pendel oder Unruh).

Es gibt sehr viele verschiedene Hemmungsarten, von denen die meisten aber für die Verwendung in tragbaren Uhren ungeeignet sind.

Die gängigste Kleinuhr-Hemmung ist heute die sogenannte Kolbenzahn-Hemmung oder

110

Schweizer Ankerhemmung.

Zu einer Ankerhemmung gehören das → Ankerrad und der → Anker. Das Ankerradtrieb gehört, konstruktionstechnisch, noch zum Räderwerk.

Die Aufgabe einer Hemmung besteht nun darin, einerseits den schnellen Ablauf eines → Räderwerkes zu verhindern (hemmen). Andererseits soll die Hemmung die Drehbewegung des Räderwerkes in eine Hin- und Herbewegung umwandeln.

Die Wirkungsweise einer → Steinanker-Hemmung: Die Uhr wird aufgezogen, das Ankerrad will sich drehen. Dabei ist eine der → Paletten im Weg und muß vom Ankerradzahn weggeschoben werden. Der Ankerradzahn rutscht über die Hebefläche der Palette. Dadurch wird der Anker aus seiner Ruheposition gedrückt und überträgt diese Bewegung mit seiner Ankergabel auf den → Hebelstein der → Unruh.

Nun wird die Unruh aus ihrer Ruhestellung gebracht und beginnt zu schwingen. Hierbei muß die Kraft der Unruhspirale überwunden werden, deren Aufgabe es ist, die Unruh immer wieder zu ihrem Nullpunkt zurückzuführen. Wenn sich der vom Anker erhaltene Schwung der Unruh und die Spiralkraft aufheben, stoppt die Unruh für einen Sekundenbruchteil und schwingt anschließend zurück.

Dabei übernimmt der Hebelstein nun die Funktion, den Anker von einem der → Begrenzungsstifte wegzuziehen. Ist diese Arbeit vollbracht, kann auf der gegenüberliegenden Ankerpalette der Hebungsvorgang von neuem beginnen. Nun wiederholt sich der gesamte Ablauf in entgegengesetzter Richtung.

◁ *Modell einer Schweizer Ankerhemmung.*

H

Henlein, Peter

Peter Henlein wurde lange die Erfindung der tragbaren Uhr zugeschrieben. Neuere Forschungen haben dies nicht bestätigen können. Unbestritten ist, daß der um 1490 geborene Henlein, der ursprünglich Schlossermeister war, zahlreiche → Taschenuhren gefertigt hat.

Seine Uhren besaßen, wie damals üblich, nur einen → Zeiger und waren mit Schlagwerken und → Spindelhemmung ausgerüstet. Henlein starb 1542.

Hertz, Heinrich

Deutscher Physiker (1857–1894). Der Name Hertz dient heute als physikalische Maßeinheit für die Frequenzen (Schwingungszahlen), die in Schwingung pro Sekunde angegeben werden. 1 Hertz ist eine Schwingung in der Sekunde. Die → Unruh einer Uhr mit 28 000 → Halbschwingungen pro Stunde (A/h) schwingt also mit 4 Hertz (Hz), der → Quarz einer Armbanduhr arbeitet mit 32 768 Hz.

Herz, Herzscheibe

Teil in → Stoppuhren und → Chronographen, das zur sogenannten Nullstellung dient. Auf der Welle des → Sekunden- und → Minutenzählrades sitzt eine herzförmige Scheibe.

Nach Beendigung eines Stoppvorganges wird durch Druck auf einen der Gehäusedrücker ein Hebel betätigt und

Hier ist der Kloben mit den oberen Lagern abgenommen. Der Chronographen-Mechanismus ist eingeschaltet. Man erkennt gut die Herzen des Minuten- und des Sekundenzählrad.

Nach der Nullstellung: Die Zeiger stehen jetzt auf Null beziehungsweise Zwölf. Der Herzhebel drückt gegen die abgeflachte Seite der Herzen.

Der Chronographen-Mechanismus ist eingeschaltet. Der Herzhebel ist durch die Nocken des Schaltrades (am unteren Bildrand) vom Minuten- und Sekundenzählrad weggedrückt worden und hat diese freigegeben.

Mit den beiden abgeschrägten Enden des Herzhebels werden die Herzen der Chronoräder in Nullstellung gebracht.

von einer kräftigen Schaltfeder in Richtung der beiden Wellen geschleudert. Die abgeschrägten Enden des → Herzhebels treffen dabei auf die Herzscheiben, die dadurch, gleich in welcher Stellung sie stehen, schlagartig am Herzhebel entlanggleiten, wodurch die Zählräder blitzschnell gedreht werden. Diese Drehung endet ebenso ruckartig, wenn die leicht abgeflachte „obere" Herzseite parallel zu den Enden des Herzhebels zum Stehen kommt.

Herzhebel

Der Herzhebel ist ein Teil des Chronographen. Er dient dazu, die Räder für Sekunden- und Minutenzählung nach dem Stoppvorgang in ihre Nullposition zu bringen.

Hochfrequenz-Unruh

Unruhen, die mehr als 14 000 Schwingungen (28 800 Halbschwingungen) pro Stunde ausführen, bezeichnet man als Hochfrequenz-Unruhen. Ende der sechziger Jahre wurden sogar Uhren entwickelt, deren Unruh 18 000 Schwingungen (36 000 Halbschwingungen) pro Stunde ausführten. Bei einer solch hohen Frequenz treten aber Schmierungs- und Verschleiß-Probleme auf, so daß man inzwischen wieder vorwiegend Uhren baut, die eine → Schlagzahl von 28 800 haben.

Das Streben nach möglichst

H

hoher Unruhfrequenz resultiert aus der Überlegung, daß eine schnelle Schwingung nicht so leicht durch Außeneinflüsse, wie zum Beispiel Stöße, gestört werden kann.

Hohltrieb
In einfachen Großuhren haben die → Triebe anstelle der Zähne Stifte zur Kraftübertragung durch die Räder.

Hora
(lat., griech.) Stunde. Die Stunde ist die heute weltweit gültige Maßeinheit für die Zeit.

In vielen Sprachen läßt das Wort für Stunde noch den sprachlichen Ursprung erkennen: Hour (engl.), heure (franz.), hora (span.), ora (ital.). Die Maßeinheit für die Stunde ist der kleingeschriebene Buchstabe H (zum Beispiel bei Angabe der Amplituden einer → Unruh pro Stunde A/h, oder bei Zeitangaben 17 h).

Der IC und die Leiterplatte der „Swatch Pager", einer Kombination aus Quarzuhr und Funkruf-Empfänger.

Hohltrieb aus einer Großuhr.

Huygens, Christian
Für den Niederländer Huygens (1629–1695) ist die Bezeichnung Universal-Genie sicher angebracht. Der Rechtsgelehrte und Mathematiker war auch als Astronom tätig und stellte physikalische Forschungen an. Mit selbstkonstruierten Fernrohren entdeckte er unter anderem den größten Saturnmond.

Huygens beschäftigte sich auch umfassend mit Uhrentechnik wie der Pendelkonstruktion. Er gilt als der Erfinder der → Unruh-Spirale.

IC
(engl. integrated circuit). Integrierte Schaltung. Auf Plättchen aus Silicium oder Germanium werden auf photochemischem Wege elektronisch aktive Schichten aufgebracht, die dann Dioden, Transistoren, Widerstände oder Kondensatoren bilden.

Mit den heutigen technischen Möglichkeiten können auf diese Weise über 100 000 Schaltelemente auf einem Quadratzentimeter untergebracht werden. Integrierte Schaltungen bilden das Herz zahlloser Elektronikgeräte, wie zum Beispiel von → Quarzuhren.

I J

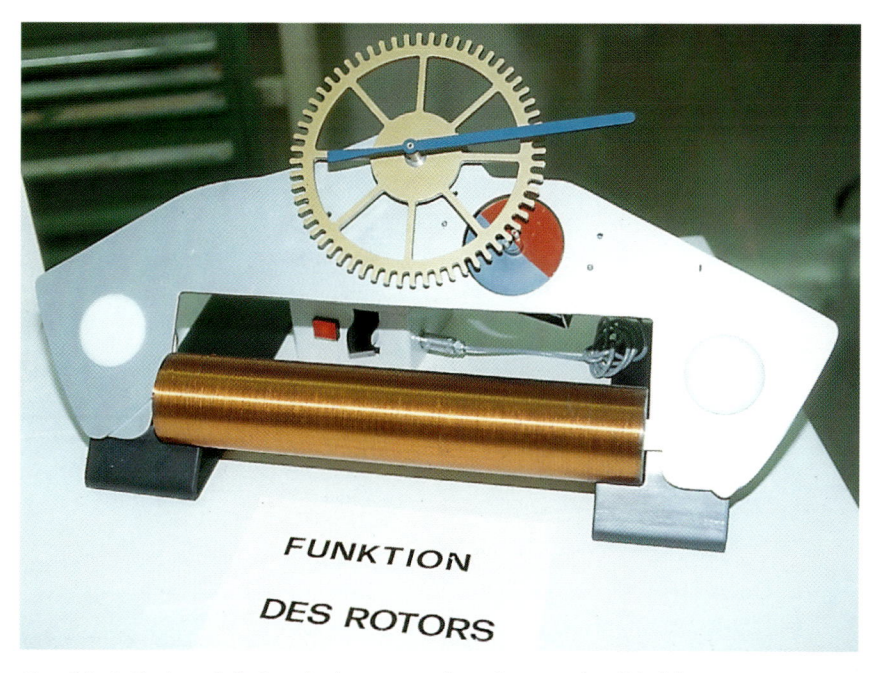

Das Modell eines Schrittschaltmotors einer Quarzuhr: Die blau-rote Scheibe, der sogenannte Rotor, besteht aus einem Permanentmagneten. Durch eine integrierte Schaltung werden nun Magnetfelder unterschiedlicher Polarität aufgebaut, so daß der Rotor abgestoßen beziehungsweise angezogen wird und sich dabei zu drehen beginnt.

Impuls 1
In der → Quarzuhren-Technik wird die Anregung des → Schrittschaltmotors, der das Räderwerk antreibt, als Impuls bezeichnet. Dazu werden vom → IC im Sekundenrhythmus Stromstöße unterschiedlicher Polarität an den Motor gesandt.

Impuls 2
Die Kraftübertragung von der → Hemmung auf das → Schwingsystem wird als Impuls bezeichnet. Während der → Hebung wird die → Unruh von der Ankergabel aus ihrer Nullstellung ausgelenkt und erhält dabei Kraft für eine neue Halbschwingung. Dieser Vorgang geschieht beim Aufziehen der Uhr selbsttätig.

Bei Pendeluhren muß das

Hier hat der Motor schon einige Schritte getan. Bei jedem Schritt wird das Zahnrad durch die beiden Stifte auf dem Rotor um einen Zahn weitergedreht.

Pendel von Hand aus seiner Ruheposition gebracht werden. Danach reichen die von der Hemmung erhaltenen Impulse aus, um konstante Schwingungen beizubehalten.

Incabloc
Meistverwendete → Stoßsicherung für Armbanduhren.

Invar
Legierung aus etwa 36 % → Nikkel und 64 % → Eisen. Invar hat einen außerordentlich geringen → Ausdehnungskoeffizienten und wird deshalb zur Herstellung von Pendelstangen für Präzisionspendeluhren verwendet.

Isochronismus
Als Isochronismus bezeichnet man die Tatsache, daß → Schwingsysteme kleine und große Schwingungen gleich schnell ausführen.

Jahr
Ein Jahr ist die Zeitdauer eines Umlaufes der Erde um die Sonne.

Dieser Umlauf erfolgt auf einer elliptischen Bahn in unterschiedlicher Geschwindigkeit, und zwar in Sonnennähe (Winter auf der Nordhalbkugel) schneller als in Sonnenferne (Sommer auf der Nordhalbkugel).

Ein Jahr dauert von einer Frühjahrs-Tag-und-Nachtgleiche bis zur nächsten.

Der Beginn des Jahres am 1. Januar ist eine willkürliche Festlegung nach dem → Gregorianischen Kalender.

J

Jahresuhr

Auch Drehpendeluhr. Tischuhren, selten auch Wanduhren, bei denen ein Drehpendel an einer dünnen Feder aus Stahl oder Bronze aufgehängt ist und sich sehr langsam dreht.

Genauer ist die englische Bezeichnung 400-Day-Clock (400-Tage-Uhr), denn aus dieser Bezeichnung geht schon die Gangdauer der Uhr hervor. Sie läuft nämlich mit einem Vollaufzug der Feder über ein Jahr, womit wir wieder beim Namen Jahresuhr wären.

Man erreicht diese lange Gangdauer durch eine sehr lange Zugfeder, vor allem aber durch mehrere Beisatzräder (Zwischenräder) zwischen Minutenrad und Federhaus, mit denen eine besonders langsame Entspannung der Feder erzielt wird.

Bei Drehpendeluhren hat das Ankerrad, als letztes Rad des Räderwerkes, in Relation zum Federhaus eine sehr hohe Drehzahl. Infolgedessen kommt nur eine sehr geringe Kraft an. Deshalb sind diese Uhren mit einer Hemmung mit sehr geringem Energieverbrauch ausgerüstet und bleiben bei Erschütterungen leicht stehen.

Jürgensen

Louis Urban Jürgensen (1776–1830) war ein dänischer Uhrmacher. Sein Vater, Jürgen Jürgensen, betrieb in Kopenhagen eine Taschenuhrfabrik. Urban Jürgensen ging 1797 in die Schweiz und begründete in dem Gebirgsdorf Le Locle eine Uhrenfabrikation. Jürgensen selbst vervollständigte seine Kenntnisse unter anderem bei Berthoud und → Breguet sowie in London, wo er den Chronometerbau erlernte. Später nach Kopenhagen zurückgekehrt, gründete er eine Chronometerfabrik.

Julianischer Kalender

Der von dem römischen Heerführer und Staatsmann Gajus Julius Caesar im Jahre 46 vor unserer Zeitrechnung eingeführte Kalender unterteilte das → Jahr in 365 Tage.

Alle vier Jahre wurde ein Schaltjahr mit einem zusätzlichen Tag eingelegt. Die Monate hatten abwechselnd 30 und 31 Tage, der Februar hatte 29, im Schaltjahr 30 Tage.

Das Jahr begann im März. Damit ist auch erklärt, warum September der siebente, der Oktober der achte, der November der neunte und der Dezember der zehnte Monat ist (benannt nach den entsprechenden lateinischen Zahlen). Der Julianische Kalender wurde 1582 durch den → Gregorianischen Kalender abgelöst.

Blick unter das Zifferblatt einer Armbanduhr: Am oberen Bildrand (bei „3") ist das Datumsschaltrad, bei der „28" sieht man die Sperrklinke, die dafür sorgt, daß der Datumsring sich nicht unwillkürlich verstellt. ▷

Kadratur

Als Kadratur wird der Mechanismus aus Hebeln und Federn bezeichnet, der das Schlagwerk einer Uhr auslöst und steuert.

Kalender

(*von* lat. calendae, erster Tag des Monats). Einteilung des → Jahres und Zählen der Jahre.

Mit der Beobachtung regelmäßiger astronomischer Erscheinungen begannen die Menschen schon vor Tausenden von Jahren, die Zeit einzuteilen. Die wohl wichtigsten astronomischen Vorgänge waren der Umlauf der Erde um die Sonne, die tägliche Drehung der Erde um ihre Achse (die lange für eine Drehung der Sonne um die Erde gehalten wurde) und der → Mondmonat.

Kalenderschaltung

→ Datumsschaltwerk.

Kalenderuhr
Uhr mit Datumsanzeige, häufig auch mit Wochentagsanzeige.

Karat
Während die Bezeichnung Karat für die Angabe des Feingehalts von Goldlegierungen in Deutschland nicht mehr erlaubt ist, wird sie international noch häufig verwendet. 24 Karat entsprechen Feingold, Gold 750/000 ist 18 Karat (genau 18,75), Gold 585/000 ist 14 Karat und Gold 333/000 ist 8 Karat. Letzteres wird für Uhren nicht verwendet.

Karussel-Uhr
→ Tourbillon.

Kleinbodenrad
Zwischen → Minutenrad und → Sekundenrad angeordnetes Zahnrad im Uhrwerk. Das Kleinbodenrad dient nur der Kraftübertragung und Drehzahlveränderung und hat keine weiteren Funktionen.

Kleinuhren
Taschen- und Armbanduhren.

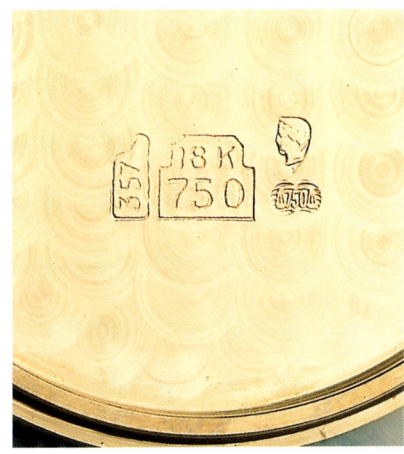

Die Innenseite eines Gehäusebodens aus Gold. Er trägt sowohl die Stempelung (Punzierung) 750 als auch die (dementsprechende) Punzierung 18 K.

Kleine Sekunde
Von kleiner Sekunde spricht man in der Uhrentechnik bei einer Sekundenanzeige, die nicht aus der Zifferblattmitte (wie heute allgemein üblich), sondern mit einem separat über dem Zifferblatt drehenden Zeiger erfolgt. Diese Art der Sekundenanzeige setzt eine völlig andere Werkkonstruktion voraus als die meistens verwendete → Zentrumssekunde.

Taschenuhr mit kleiner Sekunde.

K

Modelle von Klinkenrädern. Zur besseren Veranschaulichung wurde jeweils der obere Teil der Klinkenräder aus Acrylglas gefertigt.

Klinkenrad

Bei → Automatikuhren verwendete Spezialräder. Dabei sitzen zwei Räder, gegeneinander verdrehbar, auf einer Welle. Ein Teil dieses „Doppelrades" kann in einer Richtung frei drehen, in der entgegengesetzten Richtung rasten Klinken (daher Klinkenrad) ein und sorgen so dafür, daß das eine Rad das andere mitdreht. Diese Konstruktion ermöglicht, daß eine Automatikschwungmasse die Zugfeder einer Uhr aufzieht, gleichgültig, in welche Richtung sie sich dreht.

Kloben

Ein Kloben ist ein Teil des Werkgestells. Im Gegensatz zur → Brücke liegt der Kloben auf der → Grundplatine nur einseitig auf und ist meistens nur mit einer Schraube befestigt.

Der Kloben hat die gleiche Funktion wie eine Brücke, nämlich die oberen Lager für Unruh, Anker oder ein Rad aufzunehmen.

Unruhkloben einer alten Taschenuhr mit Feinreguliervorrichtung. ▷

Kolbenzahnrad

Ankerrad der → Steinankerhemmung, das wegen der fast eckigen Form seiner Zähne so genannt wird.

Kolbenzahnrad einer Taschenuhr.

Kornzange

→ Pinzette.

Krone

Das „Rädchen, mit dem man die Uhr aufzieht", wird unter Fachleuten Krone genannt. Der Name rührt wohl von der geriffelten, früher meist runden Form her.

Kronenaufzug

Der Kronenaufzug wurde 1842 von dem Genfer Uhrmacher Adrien Philippe erfunden und löste den bis dahin üblichen Schlüsselaufzug bei Taschenuhren ab.
Beim Schlüsselaufzug sitzt auf dem Federkern ein Vierkant, der dann mit einem Schlüssel, der einen entsprechenden Innenvierkant hat, verdreht werden kann. Dabei wird dann die → Zugfeder gespannt.
Beim Kronenaufzug erfolgt das Spannen der Zugfeder über eine seitlich ins Werk gesteckte → Aufzugwelle. Da diese im rechten Winkel zum Federkern sitzt, muß die Drehbewegung der Aufzugwelle über ein Getriebe umgelenkt werden. Dieses Getriebe gibt es in zwei Ausführungen, dem → Kupplungsaufzug und dem → Wippenaufzug.

Kronrad 1

→ Spindelrad.

Verschiedene Kronen von Taschen- und Armbanduhren.

K

Kronrad 2

Teil des → Kronenaufzugs. Das Kronrad sitzt auf der → Federhausbrücke neben dem → Sperrrad, mit dem es in → Eingriff steht. Außerdem steht es mit dem → Kupplungsrad in Eingriff, das auf der → Aufzugwelle sitzt und zum Kronrad in rechtem Winkel steht. Das Kronrad hat die Aufgabe, die bei Drehung der Aufzugwelle übertragene Kraft durch Drehung des Sperrades der → Zugfeder zuzuführen. Es dreht sich dabei auf dem → Kronradring und wird durch die → Kronradschraube gehalten.

Kronradring

Ring aus gehärtetem Stahl, auf dem sich das → Kronrad dreht.

Kronradschraube

Schraube mit kurzem, linksdrehendem Gewinde und einem Kopf mit großem Durchmesser. Die Kronradschraube dient zur Befestigung von → Kronrad und → Kronradring. Die Schraube hat ein Linksgewinde, weil sie sich sonst beim Aufzug der Uhr mit dem (rechtsdrehenden) Kronrad losdrehen würde.

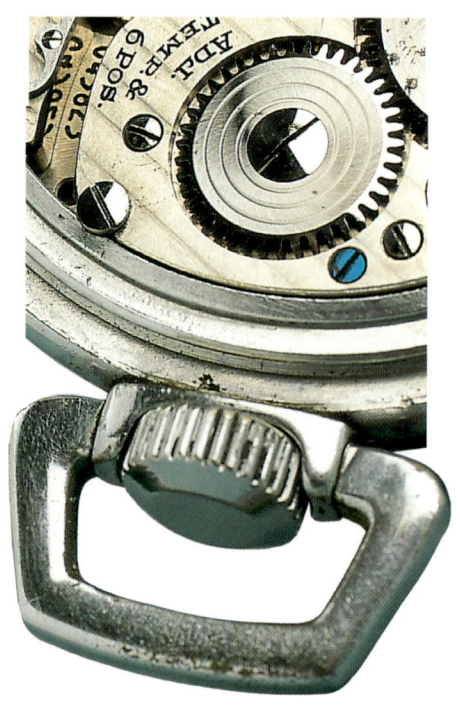

Kronrad, Kronradring und Kronradschraube einer Taschenuhr im ausgebauten Zustand. In der linken oberen Ecke des Bildes sieht man die Ausfräsung für das Kronrad auf der Federhausbrücke.

Montiertes Kronrad einer alten Taschenuhr. Die gebläute Schraube hält den Winkelhebel. ▷

Kugellager

In Uhren kommen Kugellager nur zur Lagerung der Schwungmasse in → automatischen Uhren vor. Ein Kugellager besteht aus zwei Ringen mit dazwischen sitzenden Kugeln, die sich drehen können, ohne dabei ihren Sitz zu verändern. Normalerweise sitzt der äußere Ring fest und eine Welle dreht sich mit dem inneren Ring. So ist es beispielsweise bei den Radlagern von Autos. Beim Kugellager für die Schwungmasse ist der innere Ring auf der Automatikbrücke festgeschraubt. Der äußere Ring ist in der Schwungmasse vernietet, so daß diese sich, in Umkehrung des „Radlager-Prinzips", um das Kugellager dreht.

Kupfer

Kupfer kommt in der Uhrentechnik nur in Legierungen vor. Die meistverwendete Kupferlegierung ist Messing, das für die Herstellung von → Platinen, → Brücken und → Kloben gebraucht wird. Außerdem findet Kupfer (chemisches Zeichen Cu, von lat. cuprum, einem alten Ausdruck für Cypern, wo es erstmals gefunden wurde) bei der Herstellung von Rotgold Verwendung, dem es die charakteristische rote Farbe gibt.

Kupplungsaufzug

Eine der beiden Ausführungen des → Kronenaufzuges (die andere ist der → Wippenaufzug). Der Kupplungsaufzug besteht aus → Kupplungsrad, → Kupplungstrieb, → Kupplungshebel, → Kupplungshebelfeder, → Aufzugwelle, → Winkelheber, → Winkelhebelschraube, → Winkelhebelfeder und → Zeigerstellrad. Kupplungsrad und Kupplungstrieb sitzen auf der Aufzugwelle. Sie werden beim Ziehen der Krone aus ihrem → Eingriff gebracht. Dabei kommt das Kupplungstrieb automatisch mit dem Zeigerstellrad in Eingriff, und die Zeiger können, mit Hilfe des → Wechselrades, verstellt werden.

Kupplungshebel

Der Kupplungshebel ist ein Teil des → Kupplungsaufzugs und hat die Aufgabe, das → Kupplungstrieb auf dem Vierkant der → Aufzugwelle zu verschieben. Wird die → Aufzugwelle einer Uhr in die Position „Zeigerstellung" gebracht, drückt der → Winkelhebel gegen den Kupplungshebel, und dieser drückt seinerseits das Kupp-

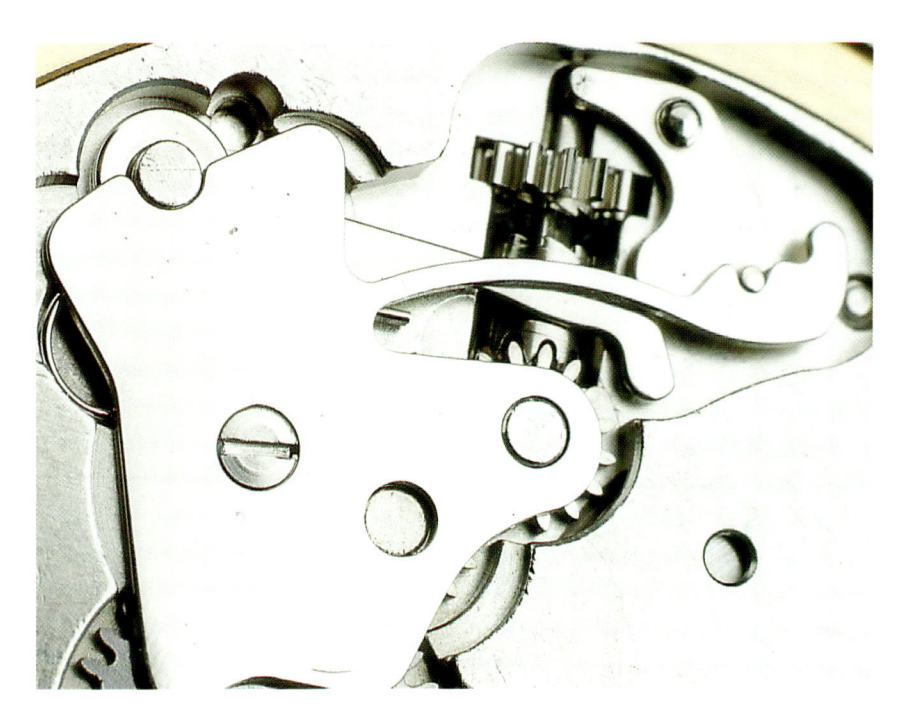

Kupplungsaufzug einer Taschenuhr: Die Aufzugwelle ist gezogen, der Aufzug steht in der Position Zeigerstellung.

Auf diesem Foto ist die Winkelhebelfeder abgenommen, die mit ihrer großen Fläche den Blick auf den Kupplungshebel (Zeigerstellhebel), die Kupplungshebelfeder und die Zeigerstellräder versperrt hat.

K

lungstrieb gegen das Zeigerstellrad. Deshalb wird der Kupplungshebel auch Zeigerstellhebel genannt.

Kupplungshebelfeder

Die Kupplungshebelfeder betätigt den Kupplungshebel. Dieser sorgt dafür, daß Kupplungsrad und Kupplungstrieb wieder in → Eingriff kommen, nachdem die → Aufzugwelle von der Position „Zeigerstellung" in die Position „Aufzug" gebracht wurde.

Kupplungsrad

Das Kupplungsrad sitzt auf einem Ansatz der → Aufzugwelle. Beim Aufziehen der Uhr rastet das → Kupplungstrieb, das die gleiche Sägeverzahnung hat, in die Zähne des Kupplungsrades, wodurch dieses der Bewegung der Aufzugwelle folgen muß. Dabei dreht das Kupplungsrad das → Kronrad, zu dem es in einem Winkel von 90 Grad steht.

Kupplungsrad.

Kupplungstrieb

Der Kupplungstrieb sitzt mit einem Innenvierkant auf dem Außenvierkant der → Aufzugwelle. Es hat außen eine tiefe Nute zur Aufnahme des → Kupplungshebels, von dem es auf dem Aufzugwellenvierkant verschoben werden kann. Das Kupplungstrieb hat an einer Seite eine „normale" Verzahnung, am gegenüberliegenden Ende eine Sägeverzahnung. Mit dieser steht es im → Eingriff mit dem → Kupplungsrad. Die gegenüberliegende Verzahnung betätigt das → Zeigerstellrad.

Kupplungstrieb.

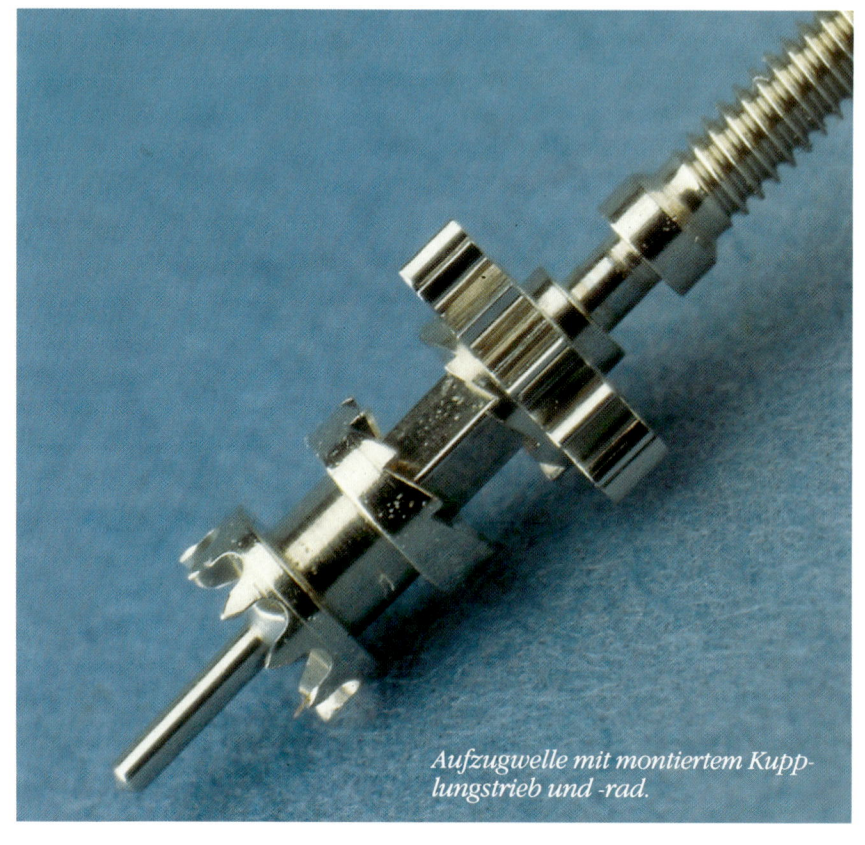

Aufzugwelle mit montiertem Kupplungstrieb und -rad.

La Chaux-de-Fonds

Die Stadt (35 000 Einwohner) im schweizerischen Kanton Neuchatel (Neuenburg) ist das Zentrum der Uhrenindustrie in der Schweiz. Zahlreiche Uhrenhersteller und Zulieferbetriebe haben hier ihren Sitz. Sehenswert ist das Internationale Uhrenmuseum (Musée International d'Horlogerie).

Lagenfehler

Armband- und Taschenuhr weisen meistens in den unterschiedlichen Lagen ein verschiedenes Gangverhalten auf. Dies bezeichnet man als Lagenfehler. Der Lagenfehler ist abhängig von der Lagerreibung und der Auswuchtung von Unruh und Unruhspirale. Siehe auch → Gang und → Gangabweichung.

Lager

In der Uhrentechnik werden die Bohrungen, die der Aufnahme von Zapfen von Rädern, Anker in Unruh dienen, als Lager bezeichnet. In Uhren kommen, mit Ausnahme des → Kugellagers der Automatikschwungmasse, nur Gleitlager vor. Diese bestehen bei Qualitätsuhren aus synthetischem Rubin (→ Lagersteine).

Lagerstein

Räder, Anker und Unruh laufen in Qualitätsuhrwerken in Lagern aus synthetischem Rubin. Dies geschieht, um den (beispielsweise bei Messinglagern auftretenden) Verschleiß zu vermeiden, zur Reibungsverminderung und wegen der besseren Ölhaltung.

Früher wurden die Lagersteine mit diamantölbeschichteten Kupferspindeln gebohrt. Heute geschieht dies meist mit Hilfe von Laser. Bei Lagersteinen unterscheidet man zwischen Lochsteinen und → Decksteinen. Lochsteine dienen der Lagerung, Decksteine zur Begren-

Lagersteine in einem Taschenuhrwerk.

zung des Achsialspiels einer Welle, meistens der → Unruhwelle.

Lagerzapfen
→ Zapfen.

Blick auf La Chaux-de-Fonds.

L

Lange, Ferdinand Adolf
Begründer der Uhrenindustrie in Glashütte in Sachsen. Lange (1815–1875) nahm 1845 die Produktion von hochwertigen Taschenuhren auf, die aufgrund ihrer Qualität und besonderen Konstruktionsmerkmale zu Weltgeltung kamen und heute noch sehr begehrte Sammlerobjekte sind.

LCD
(englisch, Liquid Cristal Display, Flüssig-Kristall-Anzeige).

Heute in Uhren und zahlreichen anderen technischen Geräten verwendete Anzeigeart.

Bei der LCD-Anzeige werden durch elektrischen Strom Flüssigkristalle ausgerichtet beziehungsweise „durcheinandergebracht", wodurch sie sichtbar werden.

LED
(englisch, Light Emitting Diode, Leuchtdiode). Frühe Digital-Anzeigen von Armbanduhren waren mit LED-Anzeigen ausgerüstet. Der Nachteil dieser Anzeigeart war die Tatsache, daß man nur auf Knopfdruck die Zeit ablesen konnte und die Uhren einen extrem hohen Energieverbrauch hatten. Die LED verschwand deshalb nach einiger Zeit wieder vom Markt.

Legierung
Mischung aus mindestens zwei Metallen. In der Uhrenherstellung werden fast ausschließlich Legierungen verwendet. Für die Produktion von Brücken und Platinen gebraucht man Messing (Kupfer und Zink), für Gehäuse Edelstahl (Stahl mit Nickel- und Chrom-Zusätzen), Messing, Tombak oder Goldlegierungen.

Leiterplatte
→ IC.

Lépine
Als Lépine (nach dem französischen Uhrmacher Jean Antoine Lépine) bezeichnet man Taschenuhren ohne Sprungdeckel. Diese werden auch „offene" Taschenuhren genannt.

Le Roy, Pierre
Erfinder der Duplex-Hemmung. Außerdem hatte Le Roy entscheidenden Anteil an der Entwicklung der Chronometerhemmung.

Linie
Ursprünglich alte französische Maßeinheit, die heute bei der Bemaßung von Uhrwerken immer noch üblich ist. Eine Linie (''') entspricht 2,2558 Millimeter.

„Offene" Taschenuhr, auch Lépine genannt.

Lochstein
→ Lagerstein.

Lünette
(Lunette). Mit diesem aus dem Französischen stammenden Wort (eigentlich Augenglas, Fernglas) bezeichnet man heute den Glasrand einer Uhr.

Malteserkreuz-Stellung
Bei einer mechanischen Uhr ist eine wichtige Voraussetzung für einen genauen Gang eine möglichst gleichmäßige Kraftzufuhr durch die → Zugfeder. Bei der früheren Verwendung von Zugfedern aus unlegiertem Stahl war dies Problem besonders gravierend. Die Uhrmacher versuchten deshalb, möglichst nur die mittlere Kraft der Zugfeder auszunutzen. Eine der hierzu erfundenen Möglichkeiten ist die Malteserkreuz-Stellung.

Man versucht hier, etwa den ersten Federumgang nach dem Aufziehen der Uhr und den letzten Umgang, bevor die Feder völlig entspannt ist, ungenutzt zu lassen.

Auf dem → Federhausdeckel dreht sich, von einer Schraube gehalten, ein Malteserkreuz mit einem konkav gearbeiteten Zahn.

Auf einem Vierkant auf der → Federwelle (Federkern) sitzt eine runde Stahlscheibe mit einem Mitnehmerfinger. Die hohlgeschliffenen Seiten der Malteserzähne und die Mitnehmerscheibe haben den gleichen Radius. Deshalb kann diese sich am Kreuz vorbeidrehen, wobei dieses bei jeder Umdrehung des Federkerns um eine Fünftelumdrehung weiterbewegt wird, bis der konkave Zahn die Mitnehmerscheibe blockiert. Beim Ablauf der Uhr dreht sich das Federhaus mit dem Malteserkreuz, und der Vorgang wiederholt sich in umgekehrter Reihenfolge.

Um wirklich die mittlere Federkraft auszunutzen, muß die Feder im Federhaus vor dessen Einbau in die Uhr um etwa einen Federumgang vorgespannt werden.

Bei modernen mechanischen Armbanduhren bedarf es solcher Hilfsmittel nicht mehr, weil die heute verwendeten Zugfedern bei geringerer Klingenstärke ein höheres Drehmoment entwickeln als die früher gebräuchlichen Stahlfedern. Deshalb kann man bei gleichbleibendem Federhausdurchmesser eine längere Feder einbauen, wodurch eine Gangdauer der Uhr von 36 Stunden und mehr gewährleistet wird. Da eine Armbanduhr üblicherweise täglich aufgezogen wird, kommt der starke Kraftverlust nicht zur Wirkung, den die Feder kurz vor Ablauf der Uhr erleidet.

◁
Ein einseitig gelagertes, sogenanntes Fliegendes Federhaus in einer alten Taschenuhr. Man verzichtete hier auf die untere Lagerung des Federkerns, um ein möglichst flaches Werk bauen zu können. Die Malteserstellung ist hier in der Position „fast abgelaufen" zu sehen.

M

Marine-Chronometer

Auf Schiffen ist bei der Navigation genaue Zeit sehr wichtig. Aus diesem Grunde war es seit Jahrhunderten das Bestreben der Uhrmacher, immer genauere Uhren für die Seefahrt zu bauen.

Von den Admiralitäten der seefahrenden Nationen wurden teilweise gigantische Summen für die genauesten → Chronometer als Prämien ausgeschrieben.

Besondere Merkmale von Marine-Chronometern sind die besondere (Chronometer-)Hemmung, die Kraftübertragung von der Zugfeder über Kette und → Schnecke sowie die kardanische Aufhängung des Uhrwerkes in seinem Holzkasten. Diese sorgt dafür, das Uhrwerk auch in waagerechter Stellung zu halten, wenn das Schiff schaukelt. Damit können → Lagenfehler vermieden werden.

Heute werden in der Seefahrt keine Marine-Chronometer mehr gebraucht, da über Funk ständig ein genaues Zeitzeichen empfangen werden kann und die meisten Schiffe sich ihren Kurs mit Hilfe der Satelliten-Navigation suchen.

Dafür sind diese Uhren beliebte Sammelobjekte.

Marine-Chronometer im typischen Holzkasten. Vorn rechts sieht man die Feststellvorrichtung für die kardanische Aufhängung, hinten rechts den Aufzugschlüssel mit dem charakteristischen runden Griff. ▷

Auf diesem Bild erkennt man die Eingriffe in einem Uhrwerk: Das Federhaus greift in das (nicht zu sehende) Minutenradtrieb. Das Minutenrad steht mit dem Trieb des Kleinbodenrades (linker Bildrand) im Eingriff.

Messing
Meistverwendete Legierung im Uhrenbau. Aus Messing werden Grundplatinen, Kloben und Brücken hergestellt. Messing besteht aus → Kupfer, Zink und manchmal einem geringen Anteil von Blei.

Mineralglas
In den letzten Jahren hat das „richtige" Glas das in den letzten Jahrzehnten sehr gebräuchliche → Acryl-Glas weitgehend verdrängt. Mineralgläser (die so heißen, weil Glas nun einmal aus Mineralien besteht) haben gegenüber dem Acryl-Glas den Vorteil hoher Kratzfestigkeit. Sie können auch bei größerem Durchmesser aufgrund ihrer Festigkeit sehr dünn sein. Der Nachteil ist ihre geringe Bruchfestigkeit.

Minutenrad
Erstes Rad im → Räderwerk einer mechanischen Uhr. Das Minutenrad steht mit seinem → Trieb im → Eingriff mit dem → Federhaus. Das Minutenrad selbst greift in das Trieb des → Kleinbodenrades. Der obere → Zapfen des Minutenrades ragt weit aus dem Uhrwerk bis über das → Zifferblatt hinaus und trägt das → Minutentrieb. Auf diesem dreht sich das → Stundenrad und sitzt der Minutenzeiger.

Minutenradwelle
Die Minutenradwelle hat mehrere Funktionen: In fast allen Kleinuhren ist sie die Welle des ersten Rades im Räderwerk, muß also mit ihrem → Trieb die ganze Kraft auffangen, die die Zugfeder ans Uhrwerk abgibt.

Auf der Zifferblattseite der → Grundplatine trägt die Minutenradwelle das → Minutentrieb (Vierteltrieb/Viertelrohr), auf dem der → Minutenzeiger sitzt.

Bei Uhren mit → Zentralsekunde (Zentrumssekunde) ist die Minutenradwelle durchbohrt und dient als Lagerung für das → Zentralsekundenrad.

Minutenrohr
→ Minutentrieb.

Minuten-Repetition
Uhren mit Schlagwerk, die den letzten Stundenschlag auf Aufforderung (Auslösung) wiederholen, nennt man → Repetitionsuhren. Eine Verfeinerung ist die Minuten-Repetition.

Bei Uhren mit Minuten-Repetition (meistens Taschen-, selten

◁ *Minutentriebe verschiedener Uhren. Die Plazierung auf dem Pfennig macht die Größe deutlich.*

M

Armbanduhren) wird durch Betätigung eines Schiebers oder Druckknopfes ein Schlagwerk aufgezogen.

Dieses schlägt zunächst die vergangenen Stunden, anschließend die seit der letzten vollen Stunde vergangenen Viertelstunden und zuletzt die seit der letzten Viertelstunde vergangenen Minuten.

Minutentrieb

(Viertelrohr/Vierteltrieb). Das Minutentrieb wird manchmal auch Minutenrohr genannt. Es ist beides, nämlich ein kleines Stahlrohr mit einer umlaufenden Verzahnung an einem Ende.

Zwischen zwei Ansätzen ist die Wandung dieses Rohres dünner gedreht. An dieser Stelle werden mit einer Spezialzange zwei kleine, einander gegenüberliegende Druckstellen angebracht. Diese rasten nun in die leicht kegelförmige Nute der Minutenradwelle und klemmen das Minutenrohr so auf dieser fest.

Dabei muß der Uhrmacher darauf achten, daß das Minutenrohr auf der Welle gut drehbar bleibt. Damit es sich dabei nicht festfrißt, wird es vorher sorgfältig gefettet.

Auf dem Minutenrohr wird anschließend, nach Montage des Zifferblattes, der Minutenzeiger befestigt.

Das Minutenrohr steht im Eingriff mit dem Wechselrad.

Minuten-Zählrad

Teil eines → Chronographen. Das Minuten-Zählrad trägt bei einem Chronographen den kleinen Zeiger, mit dem die Halbstunden-Intervalle gemessen werden. Es läuft bei mechanischen Chronographen nicht kontinuierlich mit, sondern wird vom → Sekundenrad einmal in der Minute weitergeschaltet.

Das Minutenzählrad eines Valjoux Chronographen-Werkes (oben). Es wird vom Chrono-Sekundenrad (unten) einmal in der Minute um einen Zahn weitergeschaltet. Das Federchen (rechts oben) verhindert eine unbeabsichtigte Bewegung des Rades zwischen den Schaltvorgängen. Das Chrono-Sekundenrad hat eine direkte Verbindung zum Uhrwerk über ein Zwischenrad und ein Rad, das auf dem hinteren Zapfen des Sekundenrades sitzt.

Minuten-Zeiger

Frühe mechanische Uhren hatten nur einen Zeiger, mit dem die Stunden angezeigt wurden. Erst im sechzehnten Jahrhundert wurden Uhren immer häufiger mit Minutenzeiger ausgestattet. Der Minutenzeiger sitzt auf dem → Minutenrohr, das sich mit dem → Minutenrad einmal in der Stunde dreht. Die Einteilung der Stunde in 60 Minuten ist eine willkürlich gewählte Maßeinheit.

Mitteleuropäische Zeit

Zonenzeit für Mitteleuropa. Die mitteleuropäische Zeit (MEZ) gilt unter anderem in Norwegen, Dänemark, Schweden, Deutschland, Österreich, Italien und Frankreich, aber auch in Tunesien und beispielsweise Niger.

Mittlerer täglicher Gang

Auf jedem → Gangschein findet sich eine Spalte mit der Angabe „mittlerer täglicher Gang in den verschiedenen Lagen". Der mittlere tägliche Gang ist ein errechneter Wert auf der Grundlage der täglichen Gänge (→ Gang) über einen bestimmten Zeitraum gemessen.

Modul

Der Ausdruck Modul stammt ursprünglich aus der Elektronik und bezeichnet ein Bauteil. Bei mechanischen Uhren spricht man heute von Modul-Bauweise, wenn zum Beispiel eine → automatische Uhr durch Aufbau eines kompletten Chrono-Mechanismus in einen → Chronographen umgebaut wird.

Ein solches sogenanntes Modul kann auf ein ganz normales Uhrwerk gesetzt werden und dieses zum Chronographen machen.

Mondmonat

Als Mondmonat bezeichnet man in der Uhrentechnik die Zeit von Neumond zu Neumond. Sie beträgt etwas mehr als 29 ½ Tage (29 Tage, 12 Stunden, 44 Minuten und 2,9 Sekunden) und wird als sinodischer Mond bezeichnet.

Da der Umlauf und vor allem die verschiedenen Phasen für den Menschen interessant sind, die der Mond innerhalb eines Monats durchläuft, haben die Uhrmacher schon sehr früh Uhren mit → Mondphasenanzeige gebaut.

Diese ermöglichen, auch bei bedecktem Himmel und vor allem im Haus die verschiedenen Phasen des Mondes zu verfolgen. Astronomen rechnen mit dem sogenannten siderischen Mond, der nur eine Umlaufzeit von etwas mehr als 27 Tagen hat.

Mondphasen

Die verschiedenen Erscheinungsformen des Mondes während eines → Mondmonats (abnehmender Mond, Neumond, zunehmender Mond, Halbmond und Vollmond) nennt man Mondphasen.

Mondphasenanzeige

Die Uhrmacherei war schon immer bemüht, möglichst viele regelmäßig wiederkehrende Ereignisse von Uhren anzeigen zu lassen. Dazu gehört auch die Anzeige der → Mondphasen auf dem Zifferblatt einer Uhr.

Dies geschieht mit einer dunkelblauen Scheibe, die vom Zeigerwerk der Uhr unter dem Zifferblatt gedreht wird. Zwei große, meist goldfarbene Punkte, die einander gegenüberliegend aufgedruckt oder aufpoliert sind, zeigen sich abwechselnd in einem Ausschnitt des Zifferblattes.

Dieser ist halbkreisförmig ausgearbeitet, so daß ein ganzer „Mond" nur in der Mitte des Fensters erscheint. Rückt die Mondscheibe weiter, verschwindet ein Teil des einen goldenen Punktes, oder es erscheint ein Teil des anderen. Auf diese Weise werden der abnehmende und der zunehmende Mond symbolisiert.

Die „Mondscheibe" sitzt meistens auf einer flachen Zahn-

Typische Mondphasenanzeige: Hier zeigt sie etwa Halbmond, zunehmend.

Zeichnung einer Mondphasenanzeige: Die „Mondscheibe" wurde am Rand etwas ausgespart, um den Eingriff der Schalträder zeigen zu können.

scheibe mit 59 Zähnen, die sich auf einer feststehenden Achse dreht und einmal täglich, meist von der Datumsschaltung, weitergedreht wird. Sie dreht sich in 59 Tagen, also nicht ganz zwei Monaten, einmal.

Durch Kopplung an die Datumsschaltung ergibt sich die eine Ungenauigkeit, die zweite entsteht, weil ein Mondmonat etwas mehr als 29 Tage lang ist.

Die Ungenauigkeit der Mondphasenanzeige macht etwa acht Stunden im Jahr oder einen Tag in drei Jahren aus. Es gibt Kalender-(Mondphasen-)Mechanismen, die aufgrund genauerer Räderwerks-Berechnungen, zusätzlicher Räder und anderen Verzahnungszahlen genauer sind.

M N

Mudge, Thomas
Englischer Uhrmacher, der als Erfinder der freien Ankerhemmung gilt. Bei der freien Ankerhemmung, die Mudge (1715 bis 1794) aus der von → Graham erfundenen Hemmung entwickelte, schwingt die Unruh ihren → Ergänzungsbogen völlig frei, ohne Kontakt mit der Hemmung. Thomas Mudge wird auch die Einführung von → Paletten sowie → Hebelstiften aus Stein zugeschrieben.

Nautischer Chronometer
→ Marinechronometer.

Neusilber
Neben dem häufig verwendeten → Messing wird mit Neusilber eine weitere → Legierung mit einem hohen Kupferanteil in Uhren verwendet. Neusilber besteht aus → Kupfer, → Nickel und Zink in unterschiedlichen Anteilen. Im Uhrenbau wird es unter anderem für → Unruhen, → Federhäuser, → Federhausdeckel, → Ankerräder und → Kronen verwendet. Seinen Namen hat Neusilber wegen seiner an → Silber erinnernden hellen Farbe.

Nickel
In vielen → Legierungen, die in der Uhrentechnik verwendet werden, kommt Nickel vor. Nickel ist ein silberfarbenes, schwach magnetisierbares Metall. In Legierungen mit Stahl macht es diesen weitgehend unmagnetisch. In der Uhrenproduktion wird Nickel für Stahl- und Weißgold-Gehäuse sowie Teile aus → Neusilber verwendet. Große Bedeutung hat auch die Vernickelung von → Platinen, → Brücken und → Kloben von Uhrwerken auf elektrochemischem Wege (Galvanik).

Nivaflex
Von dem Schweizer Ingenieur R. Straumann entwickelte → Legierung aus Beryllium, Molybdän, → Nickel, Kobalt, → Eisen, Wolfram und → Titan und Beryllium als Zusätzen. Nivaflex wird unter anderem zur Herstellung ermüdungsfreier → Zugfedern verwendet. Diese sind nahezu unzerbrechlich und haben eine äußerst günstige Kraftentladungskurve, was für den genauen → Gang einer Uhr von entscheidender Bedeutung ist.

Nivarox
Legierung für die Herstellung von Unruhspiralen. Nivarox hat einen sehr kleinen → Ausdehnungskoeffizienten. Nivarox besteht aus → Eisen, → Nickel, Chrom sowie → Titan und Beryllium als Zusätzen. Die Entwicklung der Legierung machte die Verwendung von Kompensationsunruhen überflüssig, mit denen die Erschlaffung der Spirale bei steigender Temperatur ausgeglichen werden sollte. Spiralen aus Nivarox haben ein neutrales Temperaturverhalten.

Normalzeit
Die in einem bestimmten Gebiet geltende amtliche Zeit, nach der beispielsweise Fahrpläne festgelegt werden. Die Normalzeit für Deutschland und angrenzende Länder ist die → mitteleuropäische Zeit seit 1893.

Nullmeridian
Die Erde ist in 24 → Zeitzonen unterteilt, die sich an den von Pol zu Pol verlaufenden Meridianen (Längengraden) orientieren. Der Nullmeridian verläuft durch die Sternwarte der englischen Stadt Greenwich am Rande Londons. Alle Zonen-

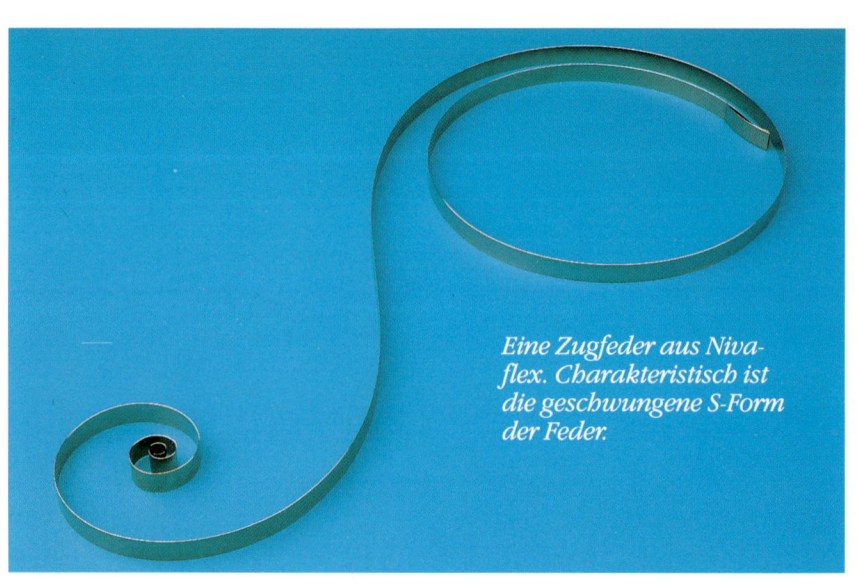

Eine Zugfeder aus Nivaflex. Charakteristisch ist die geschwungene S-Form der Feder.

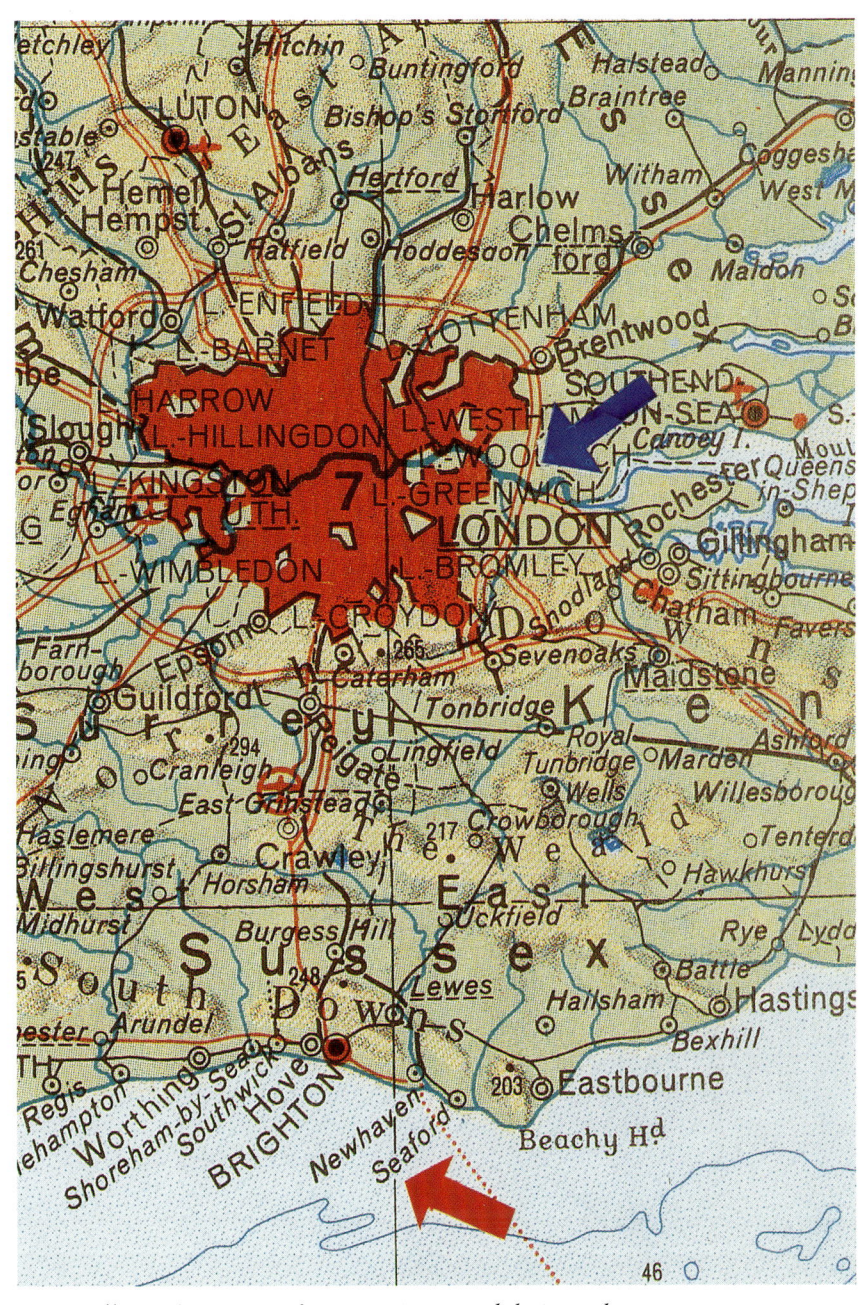

Der Nullmeridian verläuft durch Greenwich bei London.

zeiten beziehen sich auf die Zeit in Greenwich (→ GMT).

Nullsteller-Hebel
→ Herzhebel.

Nullstellung
Als Nullstellung wird das Zurückschalten von Zeigern eines → Chronographen nach Beendigung der Zeitmessung bezeichnet.

Ölsenkung
Die meisten Lagerungen in einer Uhr müssen geölt werden. Dabei gibt der Uhrmacher (oder der Ölautomat) einen winzigen Tropfen Öl in das Lager. Damit das Öl nicht über die Werkplatten verläuft, haben die Messing- oder Steinlager eine kleine Vertiefung, die Ölsenkung, in der sich der Öltropfen hält.

Das Modell eines Lochsteines. Sehr gut erkennt man die Ölsenkung in der Mitte.

Olivierung
Weil in Kleinuhren naturgemäß nur sehr geringe Antriebskräfte vorhanden sind, versucht man, den Reibungsverlust in den Lagern der Räder so klein wie möglich zu halten. Deshalb sind die → Lagersteine bei hochwertigen Uhren nicht einfach zylindrisch gebohrt.

Vielmehr werden die Steine mit einer Bohrung versehen, die zum Zapfen des Rades hin gewölbt ist, so daß dieser nur eine sehr geringe Auflagefläche hat. Diese Steinbearbeitung nennt man Olivierung.

Skizze eines olivierten Lagersteines im Querschnitt. Deutlich erkennt man die nach innen gewölbte Wandung der Bohrung.

131

P

Paletten

Teil des → Ankers, auch → Hebestein. Die Paletten sind bei Armband- und Taschenuhren rechteckig geschliffene synthetische Rubine, deren Stirnseite in einem genau vorgeschriebenen Winkel schräg angeschliffen ist.

Diese sitzen verschiebbar in Ausstanzungen der beiden Arme des Ankers, wo sie mit einem winzigen Schellacktropfen fixiert werden. Die abgeschrägten Flächen bilden die → Hebeflächen (Hebestein).

Auf ihnen rutschen die Ankerradzähne entlang und setzen dabei den Anker in Bewegung, wobei dieser die Drehbewegung des Räderwerkes auf das → Schwingsystem (→ Unruh) überträgt.

In Großuhren kommen Paletten nur bei der → Grahamhemmung, der Federkrafthemmung und (in abgewandelter Form) bei der Chronometerhemmung vor. Bei der Grahamhemmung bestehen sie aber meistens aus poliertem gehärteten Stahl. Siehe auch → Hemmung.

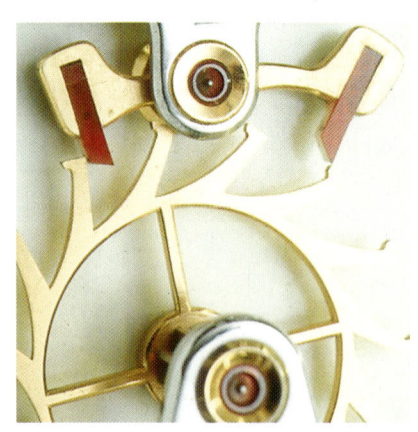

Ankerpaletten und Teil eines Ankerrades.

Palettenhemmung

→ Steinankerhemmung.

Paßstift

Paßstifte dienen der Fixierung von → Brücken und → Kloben auf der → Grundplatine einer Uhr. Paßstifte sorgen dafür, daß die Brücken und Kloben nach dem Zerlegen eines Uhrwerkes

Die Unterseite eines Unruhklobens und der Teil der Platine, auf dem er befestigt wird. Das Bild zeigt die Paßstifte des Klobens und die Bohrungen in der Platine, die diese aufnehmen.

beim Zusammenbau wieder genau so auf der → Grundplatine sitzen, wie vorher.

Sie sitzen an der Unterseite von Kloben oder Brücke und passen genau in entsprechende Bohrungen in der Platine. In diese sollen sie bei der Montage des Uhrwerkes leicht, aber ohne Spiel rutschen.

Pendel

Werden eine an einem Ende beweglich aufgehängte Stange oder ein an einem Draht oder Faden aufgehängtes Gewicht aus ihrer Ruheposition gebracht, versuchen sie, den Gesetzen der Schwerkraft folgend, in ihre Ruheposition zurückzuschwingen.

Dabei entwickelt sich ein Schwung (Massenbeschleunigung), der das Gewicht oder die Stange über ihren Ruhepunkt hinaus schwingen läßt. Auf der gegenüberliegenden Seite werden wieder entgegengesetzte Kräfte wirksam, und der Vorgang wiederholt sich. Dabei wird der Schwingungsbogen immer kleiner. Das ist, stark vereinfacht dargestellt, die Wirkung eines Pendels.

Wird nun dem pendelnden Gegenstand in der Nähe seiner Aufhängung eine konstante Kraft zugeführt, kommt es zu sehr gleichmäßigen, gleich langen Schwingungen.

Dies macht man sich im Uhrenbau seit Jahrhunderten zunutze. Grundlagen dafür sind die von → Galileo Galilei entdeckten Pendelgesetze und deren praktische Umsetzung durch → Christian Huygens.

Perrelet

Als Uhrmacher versuchte Abraham-Louis Perrelet 1788 die Konstruktion einer Uhr mit automatischem Aufzug.

Weil Armbanduhren im 18. Jahrhundert noch unbekannt waren, baute Perrelet (1729–1826) in eine Taschenuhr einen Mechanismus ein, bei dem ein Gewicht bewegt wurde, wenn der Träger der Uhr ging. Dieser Mechanismus nach dem Prinzip eines Pedometers versorgte die Zugfeder allerdings nicht zuverlässig mit Energie. Trotzdem muß die Konstruktion von Perrelet als Vorläufer der Automatik angesehen werden.

Der Autodidakt Perrelet erfand außerdem zahlreiche Werkzeuge und Maschinen für die Uhrenherstellung, unter anderem die Wälzmaschine (zum Schneiden von Zahnrädern) und den sogenannten Planteur, ein Werkzeug, mit dem die richtigen Achsabstände der Räder in einem Uhrwerk bestimmt werden.

Pfeiler
Verbindungsstück zwischen zwei → Werkplatten in einem Uhrwerk. Der Pfeiler ist in der unteren Werkplatte vernietet, die obere wird auf ihm festgeschraubt.

Pfeilerwerk
Bei Großuhren werden die → Werkplatten von → Pfeilern zusammengehalten, die gleichzeitig auch für den richtigen Abstand zwischen den Werkplatten sorgen.

Philippe
Der Genfer Uhrmacher und Taschenuhrfabrikant Adrien Philippe (1815–1894) erfand 1842 den heute gebräuchlichen Kronenaufzug, der den Schlüsselaufzug bei Kleinuhren ablöste.

Piezoelektrischer Effekt
Bestimmte Mineralien (→ Quarze, Turmaline) beginnen sehr gleichmäßig zu schwingen, wenn sie unter elektrische Spannung gesetzt werden.

Umgekehrt geben sie eine elektrische Spannung ab, wenn sie mechanisch beansprucht werden, beispielsweise durch Druck oder Schlag. Diese Eigenschaften der Mineralien wurde von Curie entdeckt. Man nennt sie den Piezoelektrischen Effekt.

Plateau
→ Doppelscheibe.

Plateau einer Taschenuhr-Unruh.

Platin
Platin ist neben → Gold und → Silber, von dem sich sein Name ableitet, ein weiteres Edelmetall, das für die Herstellung von Uhrengehäusen verwendet wird.

Platin (von Platina, span. etwa Silberchen) ist allerdings schwieriger zu verarbeiten, da sein Schmelzpunkt mit 1774 Grad Celsius erheblich über dem von Gold und Silber liegt. Platin ist sehr schwer, es hat ein spezifisches Gewicht von 21,45.

Platinbarren, Kantenlänge etwa 5 cm, Gewicht 50 Gramm, Feingehalt 99,5/000. Für Uhren und Schmuck wird Platin nur mit einem Feingehalt von 950/000 verwendet.

Platine
→ Werkplatte.

p. m.
Zusatz für die Zeitangabe im englischsprachigen Raum von 12 bis 24 Uhr. Abkürzung für post meridiem. Siehe auch → a. m.

Pfeilerwerk, hier das Uhrwerk eines Etuiweckers.

P Q

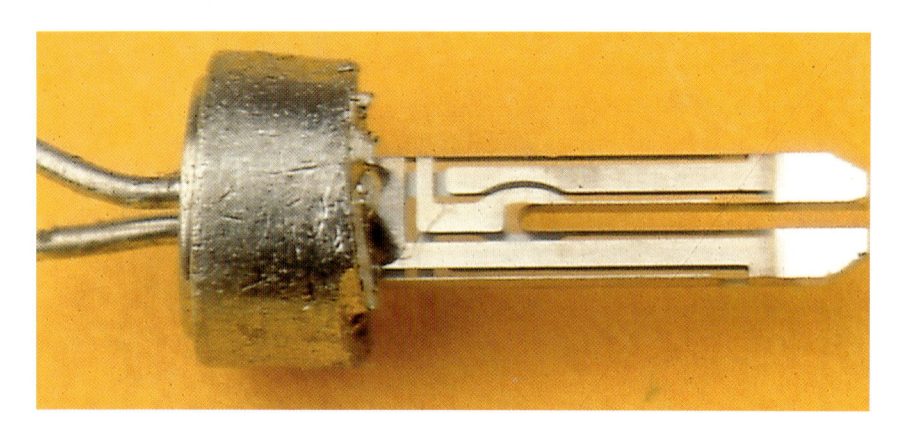

Ein sogenannter Stimmgabelquarz aus einem Quarzwecker. Der obere Teil des Vakuumgehäuses wurde abgesägt. Das Original hat eine Länge von etwa 1 cm. Quarze in Armbanduhren sind natürlich wesentlich kleiner.

Präzisionsuhr

Uhren mit besonderer Ganggenauigkeit. Bei Wanduhren spricht man nur bei solchen Uhren von Präzisionsuhren, die einen gleichmäßigen Antrieb (Gewicht) haben und mit einem sogenannten Gegengesperr ausgestattet sind, das das Uhrwerk auch während des Aufziehvorgangs mit Energie versorgt.

Außerdem müssen solche Uhren ein Pendel aus einem Material mit einem kleinen → Ausdehnungskoeffizienten (→ Invar) haben. Auch → Chronometer, → Marine-Chronometer und fast alle Quarzuhren gehören zu den Präzisionsuhren.

Letztere allerdings im herkömmlichen Sinne nur sehr bedingt, denn bei ihnen beruht die Genauigkeit auf elektro-physikalischen Gesetzen und nicht, wie bei rein mechanischen Uhren, auf der Verwendung besonders hochwertiger Materialien und äußerst genauer, handwerklich perfekter Verarbeitung.

Quarz

Weit verbreitetes Mineral, für → Quarzuhren synthetisch hergestellt. Quarz (chem. SiO_2) zeigt den → piezoelektrischen Effekt.

Quarzuhren

Uhren mit → Analog- oder → Digital-Anzeige, deren Werk oder Anzeige quarzgesteuert ist. In einer Quarzuhr wird ein speziell gefertigter synthetischer Quarz mit einer elektronischen Schaltung in Schwingungen versetzt. Dies geschieht unter Ausnutzungt des piezoelektrischen Effektes.

Der Quarz hat bei den meisten Uhren eine Frequenz von 32 768 Hz. Diese hohe Schwingungszahl wird durch sogenannte Teilerstufen auf 1 Hz oder, für Uhren ohne Sekundenanzeige, auf eine noch kleinere Frequenz reduziert. Bei der Analog-Quarzuhr wird mit dem entstehenden → Impuls eine Schaltung angeregt, die über den → Rotor eines → Schrittschaltmotors dreht. Dieser treibt das → Räderwerk an. Bei Digital-Quarzuhren werden mit dem Sekundenimpuls die → LCD-Anzeigen gesteuert.

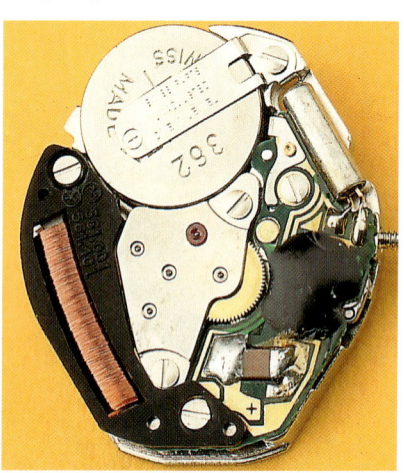

Typisches Quarzwerk: hier ein Exemplar einer älteren Generation, ein ESA-(ETA-)Werk 561.101. Rechts, oberhalb der Stellwelle, sieht man das röhrenförmige Gehäuse des Quarzes.

R

Abkürzung des französischen Wortes „retard" – Verspätung, Verzögerung. Der Buchstabe oder das Wort, eingeprägt oder gedruckt auf → Unruhkloben oder → Pendel, zeigt dem Uhrmacher, in welche Richtung er die → Regulier-Vorrichtung verstellen muß. Siehe auch → A und → Avance.

Räderwerk

Ein mechanisches Uhrwerk setzt sich aus mehreren Baugruppen zusammen. Das Räderwerk dient der Übertragung der Energie der → Zugfeder auf die → Hemmung (wobei sich diese Kraft auf einen Bruchteil reduziert).

Außerdem sorgt das Räderwerk, fast immer über das → Minutenrad, für die Bewegung des aus → Minutenrohr, → Wechselrad und → Stundenrad bestehenden → Zeigerwerkes, das die Zeiger einer Uhr trägt.

Das Räderwerk einer normalen Armband- oder Taschenuhr besteht aus dem → Minutenrad, dem → Kleinbodenrad, dem → Sekundenrad und dem → Ankerrad, jeweils mit ihren → Trieben. Das Ankerrad bildet eine gewisse Ausnahme. Sein Trieb ist noch eindeutig dem Räderwerk zuzuordnen, aber das Ankerrad selbst wird schon der → Hemmung zugerechnet.

Räderwerksbrücke

Oberer Teil des → Werkgestelles, siehe auch → Brücke.

Rattrapante

→ Chronographen mit Doppelzeiger. Diese haben zwei Chrono-Sekundenzeiger, die durch einen Drücker in der → Krone der Uhr oder einen dritten Drücker am Gehäuse in Gang gesetzt werden und durch einen weiteren Druck auf die Chronodrücker einzeln gestoppt werden können.

Durch eine erneute Drückerbetätigung kann der angehaltene Zeiger wieder mit dem noch laufenden parallel geschaltet werden. Die Vorrichtung dient dem Messen von zwei verschiedenen Intervallen zur gleichen Zeit, beispielsweise um die unterschiedlichen Zeiten zu ermitteln, in denen zwei Läufer eine Strecke zurücklegen.

Das Wort hat seinen Ursprung in dem französischen Verb rattraper (wieder erhaschen, einholen). Der zweite Zeiger wird auch vom Chrono-Sekundenrad mitgenommen. Man spricht deshalb auch vom → Schleppzeiger.

Der Doppelzeiger-Chronograph von Blancpain. Bei dieser Uhr wird der Schleppzeiger-Mechanismus durch einen dritten Drücker am linken Gehäuserand betätigt.

Reglage

→ Regulierung.

Regulierscheibchen

Für den Fall, daß das weitestmögliche Herausschrauben der → Regulierschrauben aus dem → Unruhreif nicht ausreicht, um eine Uhr in den Minusbereich zu regulieren, verwendet der Uhrmacher kleine Scheibchen aus → Messing oder → Gold, die er mit den Regulierschrauben befestigt. Dadurch erhöht sich dann nicht nur die Trägheit der → Unruh, sondern auch deren Gewicht.

Regulierschrauben

→ Abgleichschrauben.

Regulierung

Mit der Regulierung versucht der Uhrmacher eine Uhr so einzustellen, daß ihr täglicher → Gang möglichst klein ist. Man spricht auch von Feinstellung. Wenn eine Uhr genau geht, sagt man auch irreführend, daß sie gut „reguliert". Siehe auch → Feinregulierung 2.

Regulier-Vorrichtung

Auch Regulier-Einrichtung. Mit ihr wird der → Gang einer Uhr verändert. Bei Pendeluhren wird durch Verdrehen einer Rändelmutter am unteren Ende der Pendelstange die wirksame Pendellänge verändert. Bei Kleinuhren sind die Regulier-Vorrichtungen der → Rücker mit dem Spiralschlüssel sowie die → Abgleichschrauben.

Remontage

Zusammenbau des → Ebauche (→ Rohwerk).

Remontoir

Diesen Ausdruck findet man häufig als Prägung auf den → Platinen oder → Brücken alter Taschenuhrwerke. Er besagt, daß die Uhr von außen mit der → Krone aufgezogen werden kann.

R

Remontoir sans clef
Franz.: etwa aufziehen ohne Schlüssel. Bis zur Erfindung des → Kronenaufzugs durch → Philippe mußten Taschenuhren mit kleinen Schlüsseln aufgezogen werden. Durch die Einführung des „remontoir sans clef" wurde die Handhabung einer Taschenuhr wesentlich vereinfacht.

Repetieruhr
Uhr mit → Repetitions-Schlagwerk.

Repetition
Wiederholung des letzten Stundenschlages durch das Schlagwerk, meist nach Auslösung von außen (repetieren – wiederholen). Bei Großuhren geschieht dies, indem man an einem Faden zieht, der an der Seite des Uhrwerkes aus diesem heraushängt. Dadurch wird ein Hebelwerk betätigt, mit dem das Schlagwerk ausgelöst wird, siehe → Minuten-Repetition.

Repetitions-Schlagwerk
Schlagwerkuhr mit der technischen Möglichkeit der → Repetition.

Repetitions-Schlagwerk einer IWC-Taschenuhr. Links und rechts erkennt man die kleinen Hämmerchen des Schlagwerkes, die auf die Tonfedern schlagen. Diese sind in einem Sockel auf der Grundplatine verschraubt und winden sich fast um das ganze Uhrwerk. Um das Schlagwerk aufzuziehen, muß man einen Schieber am Gehäuse der Uhr betätigen. ▷

Réserve de Marche
Französischer Ausdruck für Gangreserve-Anzeige, siehe auch → Auf-und-Ab-Werk und → Gangdauer.

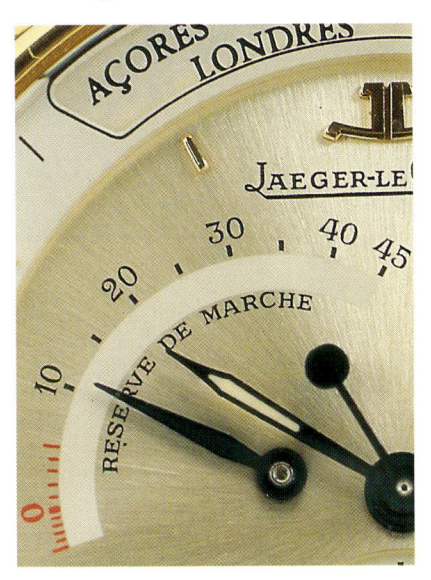

Gangreserve-Anzeige „Réserve de Marche", hier bei einer „Géographique" von Jaeger-LeCoultre.

Blick in das Werk eines Armbandweckers (AS 5008). Gut erkennt man den Weckerhammer über der Unruh.

Reveil
Franz. – Erwachen, → Wecker.

Armbandwecker von Maurice Lacroix.

Revolutionsuhr
Während der Französischen Revolution gab es kurzzeitige Versuche, auch bei Uhren das Dezimalsystem einzuführen. Die sogenannten Revolutionsuhren teilten einen Tag in 10 Stunden von jeweils 100 Minuten.

Rhodinieren
Galvanischer Metallüberzug. Rhodium ist ein Metall aus der Gruppe des → Platin. Die → Werkplatten, → Kloben und → Brücken hochwertiger Uhrwerke werden wegen besseren Aussehens, aber auch zum Oberflächenschutz rhodiniert. Auch Uhrgehäuse aus → Weißgold werden häufig rhodiniert.

Rieussec
Dem französischen Uhrmacher Rieussec (Vorname unbekannt) wird die Erfindung des → Chronographen zugeschrieben. Rieussec entwickelte eine Uhr, die an ihrer Zeigerspitze eine Art Tintenstift trug. Dieser wurde mit einem besonderen Mechanismus abgesenkt, wobei der Zeiger eine Tintenspur auf dem Zifferblatt hinterließ.

Rohwerk
→ Ebauche.

Rosé-Gold
→ Rotgold.

Roskopfuhr

Nach ihrem Erfinder Georg Friedrich Roskopf (1813–1899) benannte einfache Taschenuhr. Das Werk der seit 1868 hergestellten Uhren hat kein → Minutenrad, das → Zeigerwerk steht in direktem → Eingriff mit einem Zahnkranz auf dem → Federhaus. Weitere Merkmale der in unserem Jahrhundert auch in Armbanduhren verwendeten Werke: → Stiftanker-Hemmung, Verzicht auf → Lagersteine, auch bei der → Unruh.

Rotgold

→ Legierung aus → Gold, → Kupfer und → Silber. Die rötliche Färbung erhält das Rotgold durch einen Kupferanteil, der je nach Legierung zwischen 150/000 und 317/000 liegt.

Der Rotor aus dem Schrittschaltmotor einer Quarzarmbanduhr. Der Größenvergleich mit dem Streichholz macht die Winzigkeit dieses Bauteils deutlich.

Rotor 1

Teil des → Schrittschaltmotors in → Quarzuhren, siehe auch → Impuls.

Rotor 2

→ Schwungmasse bei → automatischen Uhren.

Rücker

Der Rücker bildet zusammen mit dem → Spiralschlüssel die → Regulier-Vorrichtung bei Uhrwerken mit → Unruh. Der Rücker besteht aus einem an einer Seite aufgeschnittenen Ring aus → Stahl, der verdrehbar auf dem → Unruhkloben sitzt.

Dem Einschnitt gegenüber sitzt, wie ein Pfannenstiel, ein kleiner Ausleger, der eigentliche Rücker. Er trägt den → Spiralschlüssel, mit dem die wirksame Länge der → Unruh-Spirale ver-

Rücker klassisch: Bei dieser alten Zenith wird der Rücker durch das mit zwei Schrauben befestigte Deckplättchen auf dem Unruhkloben gehalten.

ändert wird. Durch Verdrehen („Ver-rücken") des Rückers wird die Uhr reguliert.

Rücker modern: Bei diesem Seiko-Werk sitzt der Rücker im Ring des Spiralklötzchenträgers (rechts im Bild), der ebenfalls drehbar auf dem Unruhkloben sitzt. Mit dieser Konstruktion erreicht man, daß der Spiralklötzchenträger nur zusammen mit dem Rücker verstellt werden kann (um die Regulierung zu erhalten). Der Rücker kann allein verstellt werden.

Rückerzeiger

An der dem → Spiralschlüssel gegenüberliegenden Seite des → Rückers ist bei manchen Uhrwerken ein zeigerförmiger Hebel angebracht, dessen Spitze auf eine Skala weist. Manchmal sind auch entweder Plus- und Minuszeichen oder die Buchstaben → A und → R angebracht. Diese zeigen dem Uhrmacher, in welcher Richtung er den Rükkerzeiger und damit den Rücker verstellen muß, um die Uhr zu regulieren.

Der eigentliche Sinn des Rückers liegt aber darin, dem Uhrmacher die → Reglage in kleinen Schritten zu ermöglichen. Dazu dient der lange Rückerzeiger, der mit dem Rücker einen zweiseitigen Hebel bildet und bei manchen Uhren weit über den Unruhkloben hinausragt. Um besonders feine → Regulierung zu ermöglichen, kann der Rückerzeiger bei manchen Uhren nur mit einer Schraube oder einem → Exzenter bewegt werden.

Lagersteine aus Rubin, zum Teil in Messingfassung, zur Verwendung in Stoßsicherungen.

Dieses Bild zeigt einen Unruhkloben mit Rückerzeiger. Auf beiden Seiten des Klobens sind die S und R sowie F und A eingeprägt. Sie kürzen die englischen und französischen Begriffe für schnell und langsam ab und geben dem Uhrmacher damit Hinweise, in welche Richtung er den Rückerzeiger beim Regulieren verschieben muß.

Rubin
Roter Edelstein der Korundgruppe, Härte 9. In Uhrwerken wird Rubin als Material für → Lagerstein und → Decksteine sowie für → Paletten und → Hebelsteine verwendet. Während man früher echte Rubine verwendete, nimmt man heute ausschließlich synthetische Steine.

Ruhende Hemmung
→ Graham-Hemmung, → Zylinder-Hemmung, aber auch → freie Ankerhemmung und → Steinanker-Hemmung.

Rutschkupplung
→ Minutenrohr.

S
Der Buchstabe S findet sich manchmal auf → Unruhkloben. Er steht als Abkürzung für das englische Wort „slow" (langsam) und zeigt dem Uhrmacher, in welche Richtung er den → Rückerzeiger bei der Regulierung der → Uhr verschieben muß. Also in Richtung des Buchstabens S, wenn die Uhr vorgeht. Siehe auch → A, → F und → R.

Sanduhr
Die Sanduhr ist vielen Menschen von der Eieruhr bekannt, die man früher in vielen Küchen finden konnte. Auch in der Sauna werden sie gebraucht. Zwei birnenförmige Glashohlkörper sind bei einer Sanduhr zusammengeschmolzen, wodurch ein dünnes Röhrchen entsteht.

Einer der beiden Glaskörper ist mit sehr feinem Sand gefüllt, der langsam durch die Röhre in den anderen Glaskörper rinnt, wenn die Sanduhr senkrecht gestellt wird. Der Durchfluß des Sandes von der einen zur anderen Seite ist das Zeitmaß. Bei der Eieruhr sind es meist fünf Minuten, bei der Saunauhr dauert ein Durchlauf meistens 20 Minuten.

S

Saphir
Blauer Edelstein der Korundgruppe, Härte 9. Der Saphir tritt auch in anderen Farben auf, beispielsweise in Grün, Gelb oder farblos. Der Saphir wird (wurde) in Uhrwerken sehr selten verwendet, zum Beispiel als → Deckstein. Gebräuchlicher ist er bei Schmuckuhren mit Edelsteinbesatz. Hier wird er bisweilen in der farblosen Variante als Diamantersatz verwendet, häufiger aber in „Saphirblau" zusammen mit Brillanten gebraucht.

Saphirglas
Uhrenglas aus synthetischem Saphir. Ein Saphirglas ist wegen der großen Härte des → Saphirs nicht zerkratzbar.

Satinieren
Manche Uhrgehäuse und Schmuckstücke werden mit einem sehr feinen, meist kreuzweise aufgebrachten Strichschliff versehen. Dieses Verfahren nennt man satinieren. Das Wort hat seinen Ursprung in „Satin", einem sehr feinen, leicht glänzenden Baumwollgewebe.

Savonnette
Französisch: Sprungdeckel.

Savonnette-Uhr
Meist Taschenuhren mit Sprungdeckel. Im Gegensatz zur → Lepine, bei der die → Krone bei der Zwölf sitzt, stehen bei der Savonnette-Uhr Krone und → Zifferblatt zueinander wie bei einer Armbanduhr. Man öffnet den Sprungdeckel durch Druck auf die Krone oder einen Knopf, der in der Krone sitzt. Der Deckel klappt dann zur gegenüberliegenden Seite auf. Sinn des Savonnette-Gehäuses ist der Schutz des Glases.

Savonnette-Taschenuhr mit Skelettwerk. Hier wird der Sprungdeckel durch Druck auf den Knopf in der Krone geöffnet. ▽

Schellack

In der Uhrmacherei wird Schellack zur Befestigung von → Paletten und → Hebelsteinen verwendet. Schellack wird aus Ablagerungen der Lackschildlaus gewonnen, von der es etwa 60 Arten im südost-asiatischen Raum gibt. Die Laus bedeckt ihre Wirtspflanzen (Büsche und Bäume) zum Schutz ihrer Brut mit einer Sekretschicht, die an der Luft aushärtet und in kleinen Plättchen abgekratzt werden kann.

Durch Erwärmung läßt sich Schellack verflüssigen, wird beim Erkalten hart und recht spröde. Die Uhrmacher verwenden Schellack, um Paletten zu fixieren und den Hebelstein in der → Doppelscheibe zu befestigen. In der Werkstatt wird Schellack auch gebraucht, um Drehteile, die nicht eingespannt werden können, auf der sogenannten Lackscheibe der Uhrmacher-Drehbank zu befestigen.

Schiffschronometer

→ Marine-Chronometer.

Schlagwerk

Vorrichtung in Uhren, mit der die angezeigte Uhr mit einem akustischen Signal hörbar gemacht wird. Ihren Ursprung haben Schlagwerke in der Zeit, in der Turmuhren die Tageszeit verkündeten und Uhren im Privatbereich noch weitgehend unbekannt waren.

Der Sinn des Schlagwerkes lag darin, die Menschen auch bei völliger Dunkelheit, wenn also die Turmuhr nicht zu sehen war, mit einer Zeitinformation zu versorgen. Später baute man dann auch Schlagwerke in Uhren ein, die im Haus gebraucht wurden. Denn auch dort war es sinnvoll, erfahren zu können, „was die Stunde geschlagen hat", ohne umständlich erst Kerze oder Lampe anzünden zu müssen.

Die Krönung der Schlagwerkuhr ist zweifellos die tragbare Uhr (Armband- oder Taschenuhr) mit Schlagwerk, hier als → Repetieruhr.

Das Werk eines Schiffschronometers: In der Bildmitte sieht man die schwere Guillaume-Unruh mit ihrer zylindrisch aufsteigenden Spirale. Rechts unten ist die Schnecke mit Kette zu sehen, die dazu dient, die unterschiedliche Federspannung von Vollaufzug bis zur Entspannung auszugleichen. Das Uhrwerk ist auf diesem Bild ausgebaut und liegt mit dem Zifferblatt nach unten.

S

Schlagwerkuhr
Uhr mit mindestens zwei Werken, nämlich Gehwerk und → Schlagwerk.

Schlagzahl
→ Amplitude, → Halbschwingung.

Schleppfeder
Bei → automatischen Uhren hat das → Federhaus keinen → Federhaushaken und die → Zugfeder keinen → Endhaken. Statt dessen ist das Ende der Zugfeder entweder verstärkt ausgearbeitet und der → Federzaum zieht ein Stück aus besonders starkem Federstahl im Federhaus hinter sich her, wenn die Zugfeder voll gespannt ist. Diese speziellen Federenden nennt man

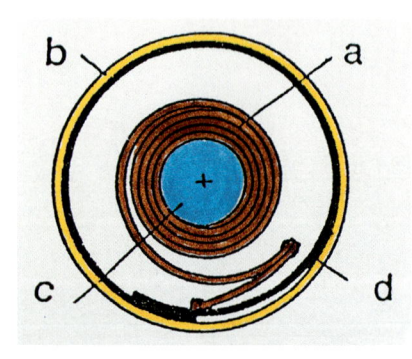

Skizze einer Zugfeder mit Schleppfeder im Federhaus. Die Zugfeder (a) wird durch den Federkern (c) aufgewunden, der sich im Uhrzeigersinn dreht. Ist die Feder, wie im Bild, voll gespannt, rutscht die Schleppfeder (d) nach und gleitet dabei an der Federhauswandung (b) entlang. Richtige Schmierung der Schleppfeder ist sehr wichtig, damit sie nicht zu früh, und vor allem, nicht ruckartig nachrutscht.

Offenes Federhaus mit Schleppfeder aus einer Taschenuhr mit Acht-Tage-Werk. Bei Vollspannung der Zugfeder kann die Feder in kleinen Rucken jeweils von einer Einkerbung in der Federhauswand bis zur nächsten gleiten.

Schleppfeder, weil die Zugfeder sie im Federhaus hinter sich herschleppt.

Bei alten Automatikuhren sieht die Zugfeder genauso aus wie die einer Uhr mit Handaufzug, hat also einen Endhaken an einem und ein gestanztes Loch zum Einhängen des Federkernhakens am anderen Ende. Mit ihrem Endhaken zieht sie ein zweites Federstück hinter sich her, das mit großer Spannung an der Federhauswand entlangrutscht, wenn die Zugfeder voll aufgezogen ist. Das Ganze ist also eine Art Rutschkupplung.

Um ein kontinuierliches Nachrutschen der Schleppfeder zu gewährleisten, muß deren Spannung sorgfältig eingestellt und mit einem Spezialfett gefettet sein. Sinn der Schleppfeder ist, zu verhindern, daß die Zugfeder durch das ständige Aufziehen durch die Automatik überspannt wird.

Bei modernen Automatikwerken bestehen Zugfeder und Schleppfeder aus einem Stück. Bei genauer Einstellung und Schmierung mit Spezialfetten muß die Schleppfeder so eingerichtet werden, daß sie einerseits erst nachrutscht, wenn die Zugfeder voll aufgezogen ist. Andererseits muß sie bei Vollaufzug der Feder aber sanft und vor allem ruckfrei nachgleiten, weil sonst die Zugfeder schlagartig wieder ihre Spannung verliert.

Schleppzeiger
→ Rattrapante.

Chronograph mit Schleppzeiger.

Schnecke
Die Schnecke ist, neben der → Malteserkreuzstellung, eine verbreitete Konstruktion zur Ausnutzung der mittleren Kraft der → Zugfeder einer Uhr.

Der Schneckengang (eine aufsteigende konische Spirale) wird beim Aufziehen der Uhr

S

Schnecke im Werk einer alten englischen Wanduhr. Die Zugfeder ist etwa halb entspannt. Fast fünf Umgänge der Darmsaite, mit der die Verbindung zwischen dem Federhaus (rechts) und der Schnecke hergestellt wird, sind noch um die Schneckengänge gewunden. Wenn die Feder fast entspannt ist, wirkt die größte Hebelwirkung der Schnecke. Dadurch wird die nachlassende Federspannung kompensiert.

mit einem Vierkant gedreht. Dabei wird eine Darmsaite oder Kette, die bei entspannter Feder um das → Federhaus gewickelt ist, um die Schneckengänge gewunden, beginnend auf dem größten Spiralumgang des auf dem Antriebsrad der Uhr sitzenden Schneckenganges. Das Prinzip ist schnell erklärt: Vollaufzug – kleinster Schneckengang, kleiner Hebel; entspannte Feder – größter Schneckengang, großer Hebel.

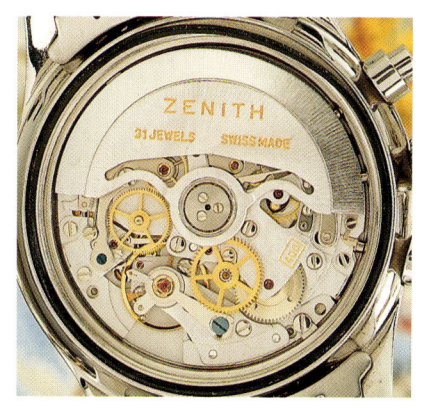

Zwei Schnellschwinger: das Glashütte-Kaliber 10-30, dessen Unruh 28 800 Halbschwingungen pro Stunde macht (links). Daneben das Zenith-Kaliber 400, das mit 36 000 A/h arbeitet.

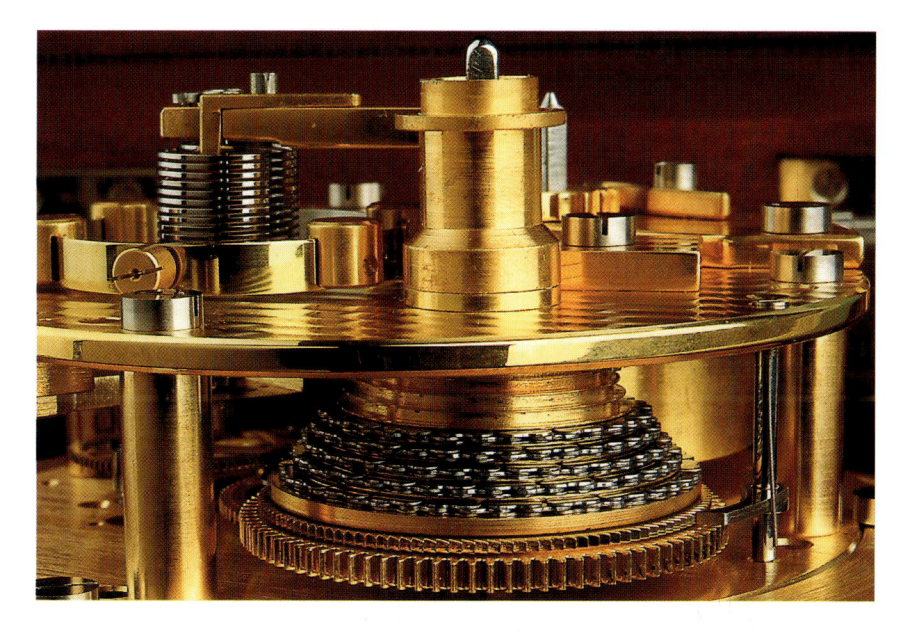

Schnecke im Werk eines Schiffschronometers. Am rechten Bildrand erkennt man die Sperrklinke des sogenannten Gegengesperrs. Dieses hat die Aufgabe, das Uhrwerk während des Aufziehens mit Kraft zu versorgen, wenn die Aufzugskraftrichtung der Antriebskraftrichtung entgegenwirkt. Der Zahnkranz am unteren Bildrand ist das Antriebsrad des Uhrwerkes. Oben ist der Aufzugvierkant zu sehen.

Schnellschwinger

Bis in die fünfziger Jahre war die meistverbreitete Schlagzahl bei Uhren 18 000 → Halbschwingungen in der Stunde. Weil schnellere → Schwingungen der → Unruh nicht so leicht durch Erschütterungen zu stören sind, die Unruh also nicht so leicht aus dem „Takt" zu bringen ist, bemühte man sich in der Uhrenentwicklung um Uhrwerke, deren → Schwingsysteme mit höherer Frequenz arbeiten.

Die nächste Stufe der Entwicklung waren Uhren mit 19 800 und 21 600 Halbschwingungen pro Stunde. In den sechziger und siebziger Jahren wurden die Unruhfrequenzen immer mehr gesteigert, auf 28 800 und sogar 36 000 Halbschwingungen pro Stunde. Bei diesen Uhren spricht man von Schnellschwingern.

143

S

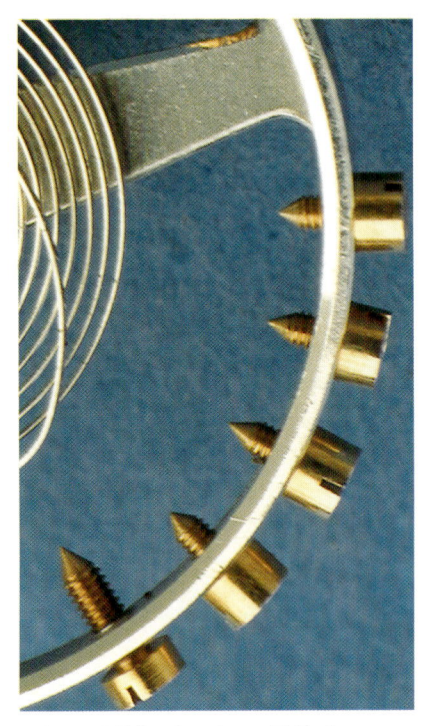

Dieses Bild zeigt einen Teil einer Unruh, die mit Abgleichschrauben zur Regulierung ausgestattet ist. Die Köpfe der Abgleichschrauben sind stets nur halb so hoch wie die der Gewichtsschrauben.

Schraubenunruh
Es gibt mehrere Arten von → Unruhen, von denen die sogenannte Schraubenunruh eine ist. Sie hat ihren Namen von den Schrauben, die in den → Unruhreif geschraubt werden, um die Masse und damit das Trägheitsmoment der Unruh zu beeinflussen.

Neben den reinen Gewichtsschrauben, die bei der Produktion eingesetzt und anschließend nicht mehr verändert werden, gibt es noch → Abgleichschrauben, mit denen die Uhr reguliert werden kann. Schraubenunruhen werden heute nicht mehr produziert, Unruhen mit Abgleichschrauben finden noch in Präzisionsuhrwerken Verwendung.

Armbanduhr-Unruh mit Schrauben.

Schrittschaltmotor
Der Schrittschaltmotor ist ein entscheidendes Bauteil bei → Quarzuhren. Der Schrittschaltmotor treibt das Räderwerk einer Quarzuhr mit → Analoganzeige. Er besteht aus einem sogenannten → Rotor, einem mehrpoligen Dauermagneten, der mit einem → Trieb auf seiner Welle die Räder des Quarzwerkes treibt.

Der Rotor wird durch → Impulse unterschiedlicher Polarität angeregt und beginnt dabei, sich in kleinen „Schritten" (Teilumdrehungen) zu drehen. Zum Schrittschaltmotor gehören auch eine Spule aus feinem Kupferdraht zur Erzeugung eines genügend starken elektromagnetischen Feldes sowie der → Stator.

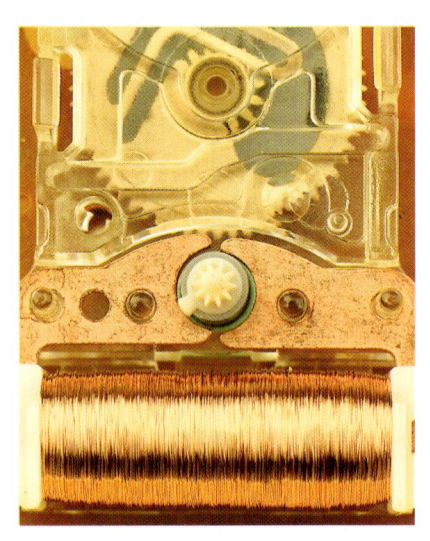

Schrittschaltmotor eines Großuhr-Quarzwerkes. Trieb und Welle bestehen hier aus Kunststoff, die obere Werkplatte und die Räder sind abgenommen.

Schweizer Ankerhemmung
Heute allgemein gebräuchliche → Hemmung in → Kleinuhren. Die Schweizer Ankerhemmung ist eine Weiterentwicklung der Spitzzahn-Ankerhemmung, die in englischen Uhren verwendet wurde. Der wesentliche Unterschied zu dieser liegt darin, daß die → Hebung bei der Schweizer Ankerhemmung sowohl an der → Hebefläche als auch am kol-

benförmigen Zahn des → Ankerrades stattfindet. Siehe auch → Kolbenzahnrad, → Steinanker und → Steinankerhemmung.

Schwerpunktfehler

Der Schwerpunkt einer → Unruh sollte in ihrer Mitte, der → Unruhwelle, liegen. Ist dies nicht der Fall, liegt der Schwerpunkt also an einer Stelle des → Unruhreifes, spricht der Uhrmacher von einem „außermittigen Schwerpunkt". Dieser hat negativen Einfluß auf den → Gang der Uhr, denn er vergrößert den Einfluß der Erdanziehung (Schwerkraft), die bei einem → Schwingsystem in einer tragbaren Uhr weitgehend ausgeschaltet sein sollte. Je nach Lage auf dem Unruhreif führt eine Unwucht zum Vor- oder Nachgang der Uhr in der Seitenlage und verursacht so den Schwerpunktfehler. Siehe auch → Lagenfehler.

Schwingsystem

→ Pendel, → Unruh.

Schwingung

Eine Schwingung besteht aus zwei → Amplituden. Uhrentechnisch ist eine Schwingung die Bewegung einer → Unruh oder eines → Pendels von einem → Umkehrpunkt zum anderen und zurück.

Schwingungsdauer

Die Schwingungsdauer ist die Zeit, die ein → Pendel (oder eine → Unruh) für eine → Schwingung benötigt.

Schwingungszahl

Kennt man die → Schwingungsdauer eines → Schwingsystems, kann man auch die Schwingungszahl bezogen auf einen Zeitraum errechnen. Bei Uhren wird traditionell die Zahl der → Amplituden (Halbschwingungen) pro Stunde angegeben. Eine → Unruh, die beispielsweise 21 600 Halbschwingungen ausführt, schwingt also pro Stunde 10 800 mal. In den letzten Jahren wird die Schwingungszahl zunehmend, wie in anderen Technikbereichen, in → Hertz angegeben. Eine Uhr mit einer → Halbschwingungszahl von 28 800 (pro Stunde) hat eine → Frequenz von 4 Hz (Hertz).

Modell einer Schweizer Ankerhemmung. Gut zu erkennen sind die eckigen Zähne des Ankerrades.

S

Schwungmasse

Entscheidendes Bauteil der → automatischen Uhr. Eine meistens als Kreisausschnitt gearbeitete Messingplatte, die an ihrem Außenrand ein Schwermetallgewicht trägt, dreht sich mit einer Welle, auf einer Achse oder einem Kugellager.

Mit einem unter der Platte sitzenden Zahnkranz (selten auch Exzenter, Schaltklinken) wird ein Zahnradgetriebe bewegt, das die Verbindung zum → Sperrad und damit zur → Zugfeder herstellt.

Die physikalische Grundlage für die Funktion eines automatischen Aufzugs ist die der Erdanziehung. Die Schwungmasse wird durch ihren ganz am Außenrand liegenden Schwerpunkt, dem Gravitationsgesetz folgend, immer in die tiefstmögliche Position gezogen. Sie beginnt dabei, sich zu drehen und setzt so das Aufzuggetriebe in Bewegung.

Frühe Schwungmassen konnten keine vollen Kreisbewegungen ausführen, sondern wurden durch kleine Pufferfedern in ihrer Drehung begrenzt und konnten nur hin- und herpendeln. Seit Einführung der umlaufenden Schwungmasse Anfang der dreißiger Jahre spricht man auch von → Rotor.

Bei diesem Automatikwerk dreht sich die Schwungmasse auf einer feststehenden Achse, die auf der Automatikbrücke mit kleinen Schrauben befestigt ist. Die Schwungmasse wird durch einen kleinen Stahlriegel gesichert (links im Bild).

Ein sogenannter Mikro- oder Planetenrotor: Bei Uhrwerken dieser Art dreht sich die Schwungmasse auf einem winzigen Kugellager, das direkt auf der Grundplatine verschraubt ist, um Höhe zu sparen.

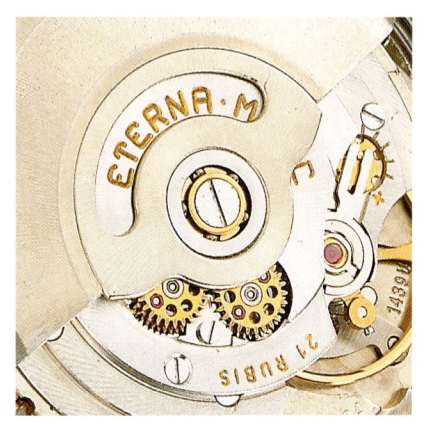

Bei dieser alten Eterna wird das Kugellager der Schwungmasse mit einer Schraube von oben befestigt.

Omega-Automatik mit Pendel-Schwungmasse (auch Hammer genannt). Die Schwungmasse „dreht" sich mit einer Welle in zwei Steinlagern und beschreibt einen Kreisbogen von etwa 300 Grad. Die Bewegungsübertragung zum Automatikgetriebe erfolgt mit einer Schaltklinke, die ein Rad mit Sägeverzahnung schrittweise dreht.

Sekunde

86 400. Teil des → Tages. Als physikalische Zeit-Maßeinheit entspricht eine Sekunde dem Wert 9 192,631 MHz (Mega-Hertz) der Übergangsfrequenz einer Cäsiumuhr. Die Funktion einer solchen → Atomuhr ist unter anderem in Deutschland Grundlage der Zeitmessung.

Sekunde aus der Mitte

Alter Ausdruck für → Zentralsekunde.

Sekundenrad

Das dritte Rad des → Räderwerkes einer normalen Uhr nennt man Sekundenrad, unabhängig davon, ob es einen → Sekundenzeiger trägt oder nicht.

Die Räder eines normalen Taschenuhrwerkes. Von links: Minutenrad, Kleinbodenrad, Sekundenrad mit langem Zapfen zur Aufnahme des Sekundenzeigers, Ankerrad.

Sekundenradtrieb

→ Trieb des → Sekundenrades.

Sekundentrieb

→ Zeigerwelle mit → Trieb zur Aufnahme des → Zentralsekunden-Zeigers bei Uhren mit indirekter → Zentralsekunde.

„Kleine Sekunde" einer alten Armbanduhr.

Sekundenzählrad

→ Zentralsekundenrad in einem → Chronographen.

Sekundenzeiger

→ Zeiger zur Anzeige der Sekunden auf einem → Zifferblatt. Man unterscheidet bei Armbanduhren zwischen dem → Zentralsekundenzeiger und der sogenannten „kleinen Sekunde". Bei dieser werden die Sekunden in einem kleinen Ausschnitt des Zifferblattes (meistens bei „9 Uhr" oder „6 Uhr") von einem kleinen Zeiger angezeigt.

Eine alte Herrenuhr mit sogenannter indirekter Zentralsekunde: Bei dieser Uhrwerksart trägt die Welle des Kleinbodenrades zwei Räder, eines im Werk und eines oberhalb der Räderwerksbrücke. Das obere Rad dreht das Sekundentrieb, dessen Welle durch das durchbohrte Minutenrad ragt und den Sekundenzeiger trägt. Nach hinten ist es mit einer kleinen Blattfeder aus Stahl gesichert (Bildmitte).

S

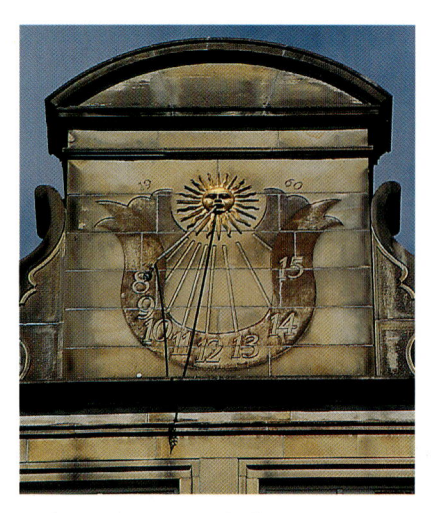

Sonnenuhr am Giebel eines Hauses.

Silber
Früher für die Gehäuseherstellung häufig gebrauchtes weißes Metall. Heute findet Silber (chem. Ag von lat. Argentum) bei der Produktion von Uhren nur noch geringe Verwendung. → Zifferblätter werden versilbert, hochwertige Uhren tragen manchmal Zifferblätter aus Massivsilber. Die physikalischen Besonderheiten von Silber sind seine extreme Wärmeleitfähigkeit sowie die gute Leitfähigkeit für elektrischen Strom. Sein Schmelzpunkt ist mit 960 Grad Celsius recht niedrig, das spezifische Gewicht ist 10,5.

Skelettuhr
Uhr, bei der die → Platinen, → Brücken und Kloben bis an die Grenze der funktionellen Stabilität ausgesägt oder ausgefräst werden, damit die Wirkungsweise der einzelnen Uhrwerksteile sichtbar wird.

Sonnenuhr
Mit einer Sonnenuhr wird die Zeit mit dem Schatten eines Stabes bestimmt, der, abhängig vom Sonnenstand, auf einer Skala die Zeit anzeigt.

Sperrfeder
Funktionsfeder der → Sperrklinke.

Sperrkegel
→ Sperrklinke.

Sperrklinke
Die mit der → Sperrklinkenschraube gesicherte Sperrklinke ist ein Teil des → Gesperrs. Ihre Aufgabe ist es, während des Aufzugvorgangs bei einer Uhr und danach dafür zu sorgen, daß die gespannte → Zugfeder sich nicht schlagartig entspannen kann. Die Sperrklinke wird von der → Sperrfeder gegen das → Sperrad gedrückt, zwischen dessen Zähnen sie einrastet. Wird die Uhr aufgezogen, dreht sich das Sperrad, und die Sperrklinke wird von der Sperrfeder in jede Lücke zwischen den Zähnen gedrückt. Hierbei entsteht auch das charakteristische Aufzuggeräusch.

Sperrad
Das Sperrad bildet zusammen mit der → Sperrklinke und der → Sperrfeder das → Gesperr. Das Sperrad sitzt auf einem Vierkant des → Federkerns und dreht diesen mit, wenn es selbst beim Aufziehen der Uhr vom → Kronrad bewegt wird. Dabei wird die → Zugfeder gespannt.

Dieses alte Zenith-Werk hat eine halbkreisförmige Sperrfeder und eine krallenförmige Sperrklinke, die in die Zähne des Sperrades greift.

Die Sperrklinke eines Armbanduhrwerkes. Die Uhr wird gerade aufgezogen, die Zähne sind deshalb nicht zwischen den Zähnen des Sperrades, sondern rutschen an diesen entlang. Zwischen zwei Zähnen erkennt man das eine Ende der Sperrfeder, mit der die Sperrklinke zwischen die Sperradzähne gedrückt wird.

Spindelhemmung

Vorläufer der Ankerhemmung, die sowohl in Großuhren als auch in Taschenuhren verwendet wurde. Bei Taschenuhren bildet die Spindel mit der → Unruhwelle ein Bauteil, bei Großuhren ist sie mit dem → Pendel verbunden oder trägt die sogenannte Waag (Foliot).

Die Waag ist eine quer an der Spindelwelle sitzende Stange, auf der Gewichte zur → Regulierung der Uhr verschoben werden können. Eine Spindelhemmung besteht aus Spindel und → Kronrad.

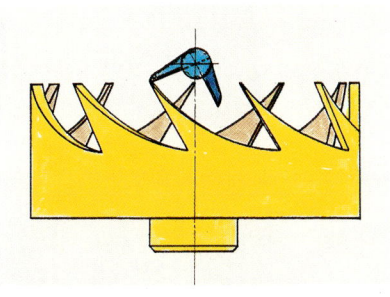

Skizze einer Spindelhemmung in Seitenansicht: Die Hebung am vorderen Spindellappen ist fast abgeschlossen, gleich wird der Zahn abfallen. Anschließend wird ein Zahn des Kronrades gegen den rückwärtigen Spindellappen (in der Skizze dunkelblau) fallen und diesen wegdrücken (heben).

Skizze einer Spindelhemmung in der Draufsicht: Das Kronrad (Spindelrad) dreht sich im Uhrzeigersinn. Dabei werden wechselseitig die sogenannten Spindellappen (zwei Stahlblechstücke, die entweder aus der Welle herausgearbeitet oder [selten] angelötet sind), weggedrückt.

Spindelrad

Rad der → Spindelhemmung (→ Kronrad).

Spindeluhr

Uhr mit → Spindelhemmung.

Spiralfeder (Spirale)

Die Spiralfeder bildet zusammen mit der → Unruh das → Schwingsystem einer tragbaren Uhr. Die Spiralfeder besteht aus einem dünnen Flachdraht aus → Stahl, → Nivarox oder (selten) → Messing. Das innere Spiralende ist in der → Spiralrolle verstiftet (bei modernen Unruhen verklebt). Das äußere Ende wird im → Spiralklötzchen verstiftet oder verklebt. Äußerer und innerer Ansteckpunkt liegen bei der sogenannten Flachspirale auf einer Ebene.

Um ein besseres Schwingungsverhalten (Atmen) der Spiralfeder zu erreichen, wird bei der nach ihrem Erfinder → Abraham Louis Breguet benannten → Breguet-Spirale der letzte (äußere) Umgang in einer besonders berechneten → Endkurve hochgebogen. Ist im Uhrwerk genügend Platz vorhanden, zum Beispiel in → Marinechronometern, werden auch zylindrische (aufsteigende) Spiralen verwendet.

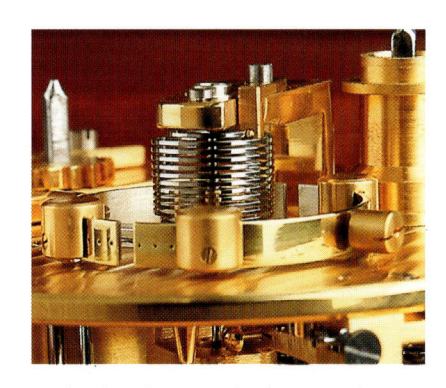

Zylindrische Spirale der Unruh eines Marinechronometers.

Unruh mit Breguet-Spirale mit aufgebogener Endkurve, die über den übrigen Spiralwindungen verläuft.

Spiralklötzchen

Befestigungs-Vorrichtung für das äußere Ende der → Spiralfeder. Die Bezeichnung Spiralklötzchen ist eigentlich irreführend, denn das Bauteil hat entweder die Form eines Zylinders oder ist (bei feinen Uhren) dreieckig. Die Dreiecksform wurde gewählt, um ein Verdrehen des Spiralklötzchens bei der Befestigung im → Spiralklötzchenträger oder → Unruhkloben zu verhindern.

Das Spiralklötzchen wird mit seinem oberen Ende am Unruhkloben verschraubt. An seinem unteren Ende ist es seitlich gebohrt. In diese sehr feine Bohrung wird das Ende der Spiralfeder gesteckt und mit einem konischen Stift verkeilt. Bei modernen Uhrwerken wird die Spirale am Klötzchen festgeklebt.

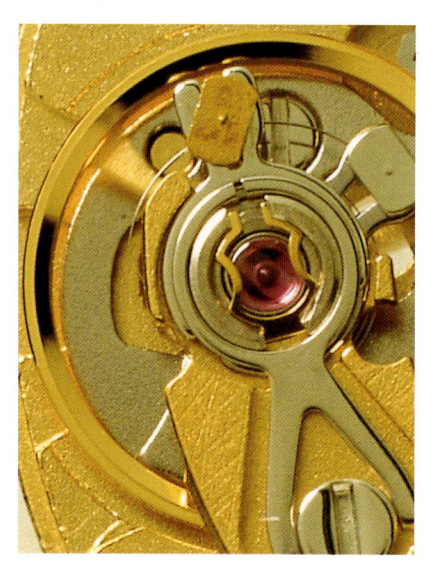

In diesem modernen Uhrwerk wird das Spiralklötzchen in einer Art Gabel eingeklemmt.

Spiralklötzchenschraube

Schraube zur Befestigung des → Spiralklötzchens am → Unruhkloben.

Spiralklötzchenträger

Der technisch korrekte Sitz der → Spiralrolle und damit der → Spiralfeder auf der → Unruhwelle, der für die Stellung von → Unruh und → Anker zueinander entscheidend ist, konnte früher nur durch Verdrehen der Spiralrolle auf der Unruhwelle erreicht werden.

Bestrebungen, diese aufwendige und für die Spirale riskante Arbeit zu vermeiden, führten zur Entwicklung des (beweglichen) Spiralklötzchenträgers, in dem das → Spiralklötzchen verschraubt oder verklemmt wird. Der Spiralklötzchenträger besteht aus einem Klemmring, an dem der eigentliche Klötzchenträger sitzt. Dieser ist senkrecht und seitlich zur Aufnahme des

In diesem Spiralklötzchenträger wird das Spiralklötzchen noch traditionell verschraubt.

Diese beiden Bilder zeigen zwei traditionelle Arten, Spiralklötzchen zu befestigen: Links ein dreieckiges Spiralklötzchen, das seitlich von einer Schraube gehalten wird. Das Spiralklötzchen im rechten Bild wird seitlich in eine Ausfräsung am Unruhkloben geschoben und von oben mit einer kleinen Stahlplatte fixiert, die mit zwei Schräubchen befestigt wird.

Spiralklötzchens und der → Spiralklötzchenschraube gebohrt.

Der Klemmring ist auf dem Unruhkloben drehbar, wodurch das äußere Ende der Spirale verschoben werden kann, ohne daß sich die einzelnen Spiralwindungen verändern.

Verschiebt man aber das äußere Spiralende, verändert sich

auch die Stellung der Unruh, denn diese macht ja, in ihren → Lagern leicht beweglich, jede Spiralbewegung mit. Man erzielt also die gleiche Wirkung wie beim Verdrehen der Spiralrolle, ohne daß die Unruh ausgebaut werden muß. Bei modernen Spiralklötzchenträgern wird das Spiralklötzchen nicht mehr verschraubt, sondern in einer gabelförmigen Vorrichtung eingeklemmt.

Spiralrolle

Ring, meistens aus → Messing, der mit leichtem Klemmsitz auf der → Unruhwelle befestigt wird und zur Befestigung des inneren

Spiralrolle, hier aus einem einfachen Wecker.

Endes der → Spiralfeder dient. Die Spiralrolle ist seitlich geschlitzt, um einen besseren Klemmsitz zu erreichen und besser auf der Unruhwelle verdreht werden zu können. Das Spiralende wird in der Rolle verstiftet oder verklemmt.

Spiralschlüssel

Der Spiralschlüssel ist ein Teil der → Regulier-Vorrichtung, sitzt am → Rücker und wird meistens mit dem → Rückerzeiger betätigt.

Der Spiralschlüssel besteht entweder aus zwei feinen Messingstiften, die im Rücker vernietet sind, oder einem Stift und einer Art Verschlußvorrichtung, die mit einem Schraubendreher betätigt werden kann. Die Aufgabe des Spiralschlüssels besteht

Spiralschlüssel eines Gangmodells mit Breguet-Spirale.

darin, die wirksame Länge der → Spiralfeder und damit die → Schwingungsdauer zu bestimmen beziehungsweise zu verändern.

Sprungdeckel

Taschenuhrdeckel, der beim Druck auf den Knopf in der → Krone aufspringt: Siehe auch → Savonnette.

Sprungdeckelfeder

Halbkreisförmige Stahlfeder, die im Gehäuse einer → Savonnette-Uhr im Rand des Gehäuses liegt und durch Druck auf den Knopf in der → Krone zusammengedrückt wird. Dabei wird einerseits der Verschluß des → Sprungdeckels geöffnet, anderseits drückt die Feder gegen den Deckel und läßt diesen aufspringen.

Sprungdeckeluhr

→ Savonnette-Uhr.

Alte Sprungdeckel-Taschenuhr von Lange und Sohne.

S

Stahl
Schmiedbares Eisen (chem. Fe für lat. ferrum). Stahl kommt in Uhren nur als sogenannter vergüteter Stahl (mit geringem Kohlenstoffgehalt) und fast immer als → Legierung vor. Für Uhrengehäuse werden Legierungen von Stahl mit → Nickel, → Chrom und weiteren Beimischungen verwendet.

Stand
Als Stand bezeichnet man in der Uhrentechnik die jeweils abgelesene Zeit, die von einer Uhr angezeigt wird. Geht eine Uhr nicht ganz genau, ergibt sich ein „Unterschied zwischen zwei Ständen", wenn die Uhr an zwei Tagen zur gleichen Zeit abgelesen wird. Diesen Unterschied nennt man → Gang.

Stator
Bei → Quarzuhren erfolgt die Umwandlung der vom → IC erzeugten → Impulse in mechanisch nutzbare Kräfte durch den → Schrittschaltmotor. Dieser besteht aus dem → Rotor, dem Stator, der aus leicht magnetisierbaren Platten aus Weicheisen be-

Ein Stator in ausgebautem Zustand mit dem Rotor des Schrittschaltmotors, der von seinem Magneten einseitig gegen den Stator gezogen wird.

steht, sowie einer Spule aus sehr dünnem Kupferdraht.

Die Spule wird vom IC mit elektrischen Impulsen angesteuert, die im Sekundentakt ihre Polarität wechseln (bei Quarzuhren ohne Sekundenzeiger in größeren Abständen).

Damit ändert sich auch die Polarität des elektromagnetischen Feldes. Da sich gleichnamige Magnetpole abstoßen, ungleiche dagegen anziehen, wird der Rotor, dessen Permanentmagnet-Pole unverändert bleiben, abgestoßen oder angezogen und beginnt sich und damit das → Räderwerk zu drehen.

Steinanker
→ Anker mit → Paletten aus synthetischem Rubin im Gegensatz zum (minderwertigen) → Stiftanker.

Steinankerhemmung
→ Hemmung mit Steinanker. Siehe auch → Hemmung, → Schweizer Ankerhemmung.

Steinankeruhr
→ Uhr mit → Steinanker-Hem-

Dieses Bild zeigt Stator und Spule eines Damenuhr-Quarzwerkes.

mung. Siehe auch → Hemmung, → Schweizer Ankerhemmung.

Steine
→ Lagerstein, → Deckstein.

Steinfutter
→ Chaton.

Stellstift
→ Paßstift.

Stellung
→ Malteserkreuz-Stellung.

Stiftanker
Einfacher → Anker, der statt Paletten aus → Rubin einfache Stahlstifte trägt.

Stiftankerhemmung
→ Hemmung mit → Stiftanker. Die Stiftankerhemmung wurde früher bei einfachen Weckern, Armband- und Taschenuhren verwendet. Sie besteht aus dem Stiftanker, der für die → Hebung durch das → Ankerrad statt → Paletten aus → Rubin einfache Stahlstifte trägt, sowie einem → Ankerrad aus → Messing. Heute wird die Stiftankerhem-

mung nur noch bei Armbanduhren der untersten Preislage verwendet.

Stiftankeruhr
Uhr mit → Stiftankerhemmung.

Modell einer Stiftankerhemmung.

Stimmgabeluhr
Uhr, die von einer elektromagnetisch zum Schwingen gebrachten Stimmgabel betrieben wird. Siehe → Accutron.

Stoppuhr
Uhr zum Messen von kurzen Zeiträumen, beispielsweise Wettrennen. Die Stoppuhr ist ein reines Zeitmeßgerät, sie zeigt keine Uhrzeit an. Mechanische Stoppuhren werden heute weitgehend durch quarzgesteuerte Meßgeräte mit → LCD abgelöst. Normale Uhren, die auch eine Stoppeinrichtung haben, nennt man → Chronographen.

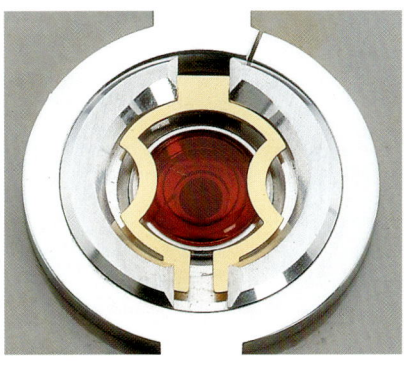

Modell einer Incabloc-Stoßsicherung. Die Lyrafeder fängt ruckartige Bewegungen der Unruh auf und verhindert, daß dabei deren Zapfen beschädigt werden.

Stoßsicherung
→ Unruhzapfen sind sehr dünn, um eine möglichst geringe Lagerreibung zu erzeugen. Da eine → Unruh aber im Verhältnis zu ihren Zapfen sehr schwer ist, sind diese auch bei Erschütterungen der Uhr sehr bruchgefährdet. Deshalb dreht sich die Unruh bei modernen Werken in → Lagern, bei denen → Lochstein und → Deckstein

Hier ist die Stoßsicherungsfeder aufgeklappt, Lochstein und Deckstein können zum Reinigen und Ölen entnommen werden.

beweglich sind und so Stöße absorbieren können.
Dies geschieht hauptsächlich durch eine Feder, die Lochstein und Deckstein in eine Lagerschale drückt, nach einem Stoß wieder richtig positioniert und so Stöße auffängt. Das gesamte Bauteil heißt Stoßsicherung.
Es gibt zahllose verschiedene Arten von Stoßsicherungen, von denen heute KIF und INCABLOC die meistgebrauchten sind.

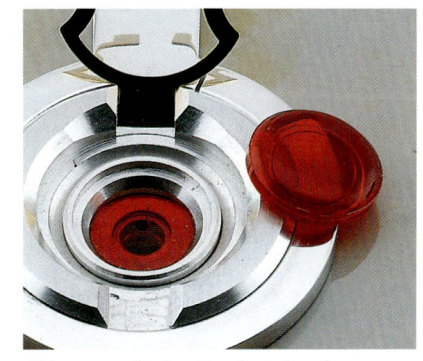

Hier wurde der Deckstein abgenommen. Der Lochstein liegt noch in der Stoßsicherungsschale, kann aber auch noch herausgenommen werden.

S

Stoßsicherungsfeder
Feder der → Stoßsicherung.

Stunde
24. Teil des → Tages. Die Stunde ist eine willkürlich gewählte Zeiteinheit. Ursprünglich wurde nur die Tageszeit (also die Helligkeitsphase) in zwölf Abschnitte unterteilt. Wegen der unterschiedlichen Helligkeitsdauer im Sommer und Winter waren auch diese Stunden verschieden lang. Während der Französischen Revolution gab es auch Versuche, bei der Zeitmessung das Dezimalsystem einzuführen (→ Revolutionsuhr). Im christlichen Abendland spielten die Gebetszeiten (Gebetsstunden) eine große Rolle bei der Zeiteinteilung und der daraus folgenden → Zeitmessung. Die (Gebets-)Stunden wurden durch Kirchturmuhren verkündet, die mit → Schlagwerken ausgestattet waren. Dieses „Zeitmonopol" diente unter anderem auch der Machterhaltung des Klerus.

Stundenglas
→ Sanduhr.

Stundenrad
Teil des → Zeigerwerkes. Das Stundenrad besteht aus einem Rohr (Stundenrohr), das sich auf dem → Minutentrieb dreht, und einem Rad, das mit dem → Trieb des → Wechselrades im → Eingriff steht. Das Stundenrad dreht sich in 12 Stunden einmal (bei Uhren mit 24-Stunden-Anzeige pro Tag einmal) und trägt den → Stundenzeiger.

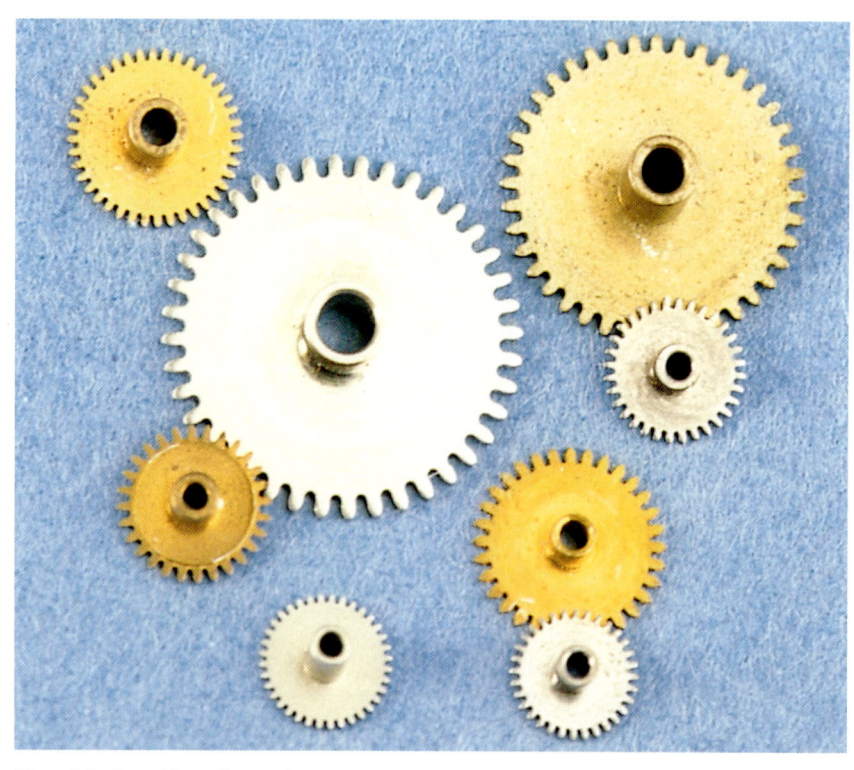

Verschiedene Stundenräder.

Stundenrad im eingebauten Zustand. Am oberen Bildrand erkennt man das Trieb des unter einer Abdeckplatte liegenden Wechselrades. Am unteren Rand zeigt das Bild den Eingriff mit einem Kalenderschaltrad.

Stundenrohr
→ Stundenrad.

Stundenstaffel
Bei Uhren mit → Schlagwerk wird die Zahl der Schläge durch die Stundenstaffel bestimmt. Die Stundenstaffel ist eine Stufenscheibe, die auf dem → Stundenrad oder einem gesonderten

Stundenstaffel einer Schlagwerkuhr.

Rad sitzt, das vom → Zeigerwerk geschaltet wird. Die Steuerung des Schlagwerkes erfolgt mit einem Hebel (Rechen), der mit einem Ende auf die Stundenstaffel fällt. Bei 12 Uhr fällt er auf die niedrigste Stufe und muß während des Schlagvorgangs vom Schlagwerk schrittweise wieder angehoben werden. Die Anzahl der nötigen Hebevorgänge bestimmt auch die Zahl der Schläge. Die Stufe für den „Ein-Uhr-Schlag" ist die höchste, wodurch nur ein Schlag ausgelöst wird.

Stundenzähler
Anzeige auf dem → Zifferblatt von → Chronographen für die Messung von Intervallen bis zu 12 Stunden.

Stundenzeiger
→ Zeiger zur Anzeige der Stunden auf einem → Zifferblatt. Der Stundenzeiger sitzt auf dem Rohr des → Stundenrades (→ Stundenrohr). Der Stundenzeiger ist der „ursprüngliche" Zeiger, denn frühe mechanische Uhren trugen weder → Minuten- noch → Sekunden-Zeiger.

Der Stundenzeiger ist stets kürzer und häufig auch dicker als der Minutenzeiger und wird deshalb auch häufig der „kleine Zeiger" genannt.

Tachymeterskala
Zusatzskala bei → Chronographen auf dem Rand des → Zifferblattes oder auf einem → Einstellring zur Ermittlung von Geschwindigkeiten. Die Tachymeterskala wird zusammen mit dem → Zentralsekundenzeiger des Chronographenwerkes benutzt.

Die Messung erfolgt, indem man die Durchfahrtzeit stoppt, die für eine bekannte Strecke (beispielsweise zwischen zwei Kilometerpfählen auf der Auto-

Stundenzähler auf dem Zifferblatt eines Chronographen.

bahn) benötigt wird. Beim Passieren des einen Kilometerpfahles wird der Chrono-Mechanismus eingeschaltet, bei der Vorbeifahrt am zweiten Pfahl wird die Zeit gestoppt. Nun kann auf der Tachymeterskala, an dem Punkt, an dem der Sekundenzeiger steht, die Geschwindigkeit pro Stunde abgelesen werden.

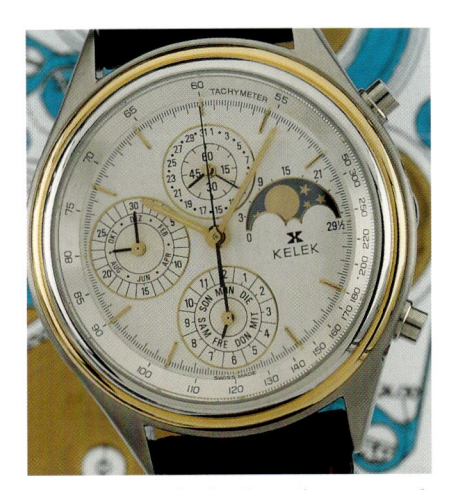

Tachymeterskalen bei Chronographen, links als Zifferblatt-Aufdruck, rechts auf einem Einstellring.

T

Tag
Für unsere → Zeitmessung ist der sogenannte mittlere Sonnentag maßgebend. Ein Tag, der willkürlich in 24 → Stunden eingeteilt ist, umfaßt daher den Zeitraum von zwischen zwei Durchläufen der Sonne am selben Punkt des Himmels.

Taucheruhr
Speziell ausgestattete Armbanduhr zum Tragen in großen Wassertiefen. Um als Taucheruhr bezeichnet werden zu können, muß die Uhr bestimmte Mindestanforderungen erfüllen. Obligatorisch sind geprüfte Wasserdichte bis zu einer Tiefe von 200 m, eine verschraubbare → Krone und ein → Einstellring.

Titan
Sehr leichtes (spezifisches Gewicht 4,49) hartes Metall von grauer Farbe. Titan hat einen hohen Schmelzpunkt von 1800 Grad Celsius. Seine typisch graue Farbe erhält Titan durch eine Oxydschicht, die das sehr reaktive Metall sofort beim Kontakt mit Sauerstoff bildet.

Die große Reaktivität, also die Neigung, sich schnell mit anderen Stoffen zu verbinden, macht die Gewinnung des in großen Mengen in der Erdkruste vorhandenen Titans aufwendig und teuer. Im Uhrenbau wird Titan zur Herstellung von Gehäusen und Armbändern verwendet.

Tompion, Thomas
Einer der bedeutendsten englischen Uhrmacher (1639–1713). Tompion baute die ersten Taschenuhren mit → Unruhspirale und zahlreiche ungewöhnliche und komplizierte Uhren. So beispielsweise diverse Uhren mit Einjahreswerk, von denen sich noch heute zwei im Londoner Buckingham-Palast befinden. Kurz vor seinem Tod begann Tompions Zusammenarbeit mit → George Graham, der viele von Tompions Ideen weiterentwickelte.

Tourbillon
Auf der Suche nach Möglichkeiten, den → Schwerpunktfehler zu vermeiden, erfand → Breguet um 1800 das Tourbillon. Bei dieser Vorrichtung arbeiten → Ankerrad, → Anker und → Unruh

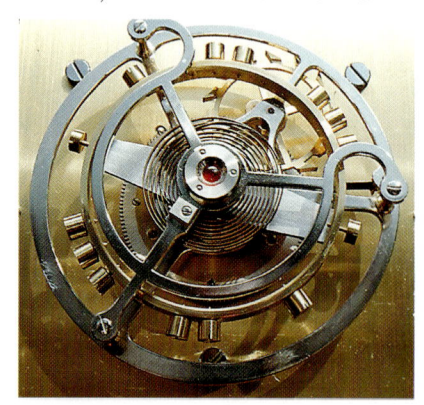

Modell eines Tourbillons.

im sogenannten Käfig, einem auf der Welle des → Sekundenrades sitzenden Gestell. Das Sekundenrad ist auf der → Grundplatine festgeschraubt. Das Drehgestell, in dessen Mitte die → Unruh genau über der Welle des Sekundenrades schwingt, dreht sich um das festgeschraubte Sekundenrad, wobei das Trieb des Ankerrades auf diesem abläuft. Da sich das Sekundenrad bekanntlich einmal pro Minute dreht, macht auch das Tourbillon diese Drehung mit. Dadurch können → Lagenfehler in Seitenpositionen nicht mehr auftreten oder werden einmal in der Minute ausgeglichen.

Bei der Karussell-Uhr ist die Wirkungsweise sehr ähnlich wie beim Tourbillon. Die Drehung erfolgt hier einmal pro Stunde, weil sich das Drehgestell mit dem → Minutenrad dreht.

Trieb
Als Trieb (sächl.) werden in der Uhrentechnik → Zahnräder mit maximal 15 Zähnen bezeichnet. Die Grenzen sind hier, besonders bei Zahnrädern ohne eigene Welle, fließend. Ein Trieb ist üblicherweise der Zahnkranz auf der Welle eines Zahnrades und stellt die Verbindung zwischen zwei Zahnrädern her. Dabei entsprechen die Maße der Triebzähne im → Räderwerk einer Uhr immer denen des vorherigen Rades (im Sinne des Kraftflusses). Beispiel: Die Triebzähne einer Sekundenradwelle entsprechen den Zähnen des → Kleinbodenrades, von dem es seine Kraft erhält. Im Räderwerk erfolgt der → Eingriff stets vom Zahnrad ins Trieb, wobei sich die Drehzahl erhöht, die Kraft verringert und die Drehrichtung ändert. Beim Aufzug-Mechanismus in der → automa-

tischen Uhr, im → Zeigerwerk und in → Kalenderschaltungen kommen auch Eingriffe „Trieb in Rad" vor.

Triebfeder
→ Zugfeder.

Tritium
Radioaktiver Stoff, der für die Bestrahlung von nachleuchtenden Zifferblatt-Markierungen verwendet wird. Diese Leuchtpunkte oder -ziffern sind anschließend auch radioaktiv, die abgegebene Strahlung ist aber so gering, daß bei Uhren mit Metallgehäusen keine Gesundheitsschäden zu befürchten sind. Tritium-behandelte Zifferblätter müssen gekennzeichnet werden und tragen deshalb am Zifferblattrand, meistens bei der Ziffer 6, ein großes „T".

Trompetenzapfen
→ Zapfen der → Unruhwelle, deren Form an einen Trompetentrichter erinnert.

Tubus
Auch Gehäuse- oder Kronen-Tubus. Der Tubus ist ein kurzes Rohr aus → Messing, → Stahl, → Gold oder anderen Materialien (meistens aus dem Gehäusematerial), das seitlich, meistens bei der „Drei-Uhr-Position", in das Gehäuse von Armbanduhren eingesetzt wird oder bei der Gehäusefertigung als Stutzen stehenbleibt. Es gibt eingeschraubte, eingelötete, eingepreßte oder eben ausgedrehte Tuben. Der Tubus dient bei wasserdichten oder wassergeschützten Uhren zur Aufnahme der → Krone und sorgt zusammen mit deren Dichtungen oder speziellen → Dichtungsringen, die in den Tubus eingesetzt werden, für das Verhindern des Eindringens von Feuchtigkeit in das → Uhrwerk. Es gibt Tuben, auf die die Krone nur aufgesteckt wird, aber auch Tuben mit Innen- oder Außen-Gewinde, auf denen die Krone festgeschraubt werden kann.

Zwei Wellen mit Trieben aus einer Wanduhr. Triebe werden als lange Stangen hergestellt, aus denen die Wellen dann gedreht werden, wobei ein Teil der Verzahnung stehenbleibt. ▷

Tubus ohne Krone (links) und mit aufgesetzter Krone.

Tula
Künstlich geschwärztes → Silber, bei der Herstellung von Taschenuhrgehäusen zur Verzierung angebracht. In der sogenannten Niello-Technik wird ein Gemisch aus Schwefel, Silber, Blei und → Kupfer auf Silber-Untergrund geschmolzen. Diese schon im Altertum und in Italien im Mittelalter gebräuchliche Technik wurde zu Beginn des 20. Jahrhunderts in der russischen Stadt Tula wieder angewandt.

Uhr
→ Zeitmeßgeräte.

U

Uhrglas
Zum Schutz von → Zifferblatt und → Zeigern, der insbesondere bei tragbaren Uhren unerläßlich ist, werden Platten oder flachgewölbte Kuppeln aus durchsichtigem Material verwendet. Ursprünglich wurde hierfür Glas gebraucht. Deshalb spricht man heute generell von Uhr-„Glas". Aus Glas bestehen heute nur noch die sogenannten → Mineralgläser. Außerdem finden heute → Acrylglas und weißer → Saphir (→ Saphirglas) Verwendung.

Uhrsteine
→ Decksteine, → Lagersteine, → Paletten.

Uhrwerk
Ein Uhrwerk besteht aus → Grundplatine, → Brücken, → Kloben, dem Antriebsorgan (→ Zugfeder oder Gewicht), dem → Räderwerk, der → Hemmung, dem → Schwingsystem (→ Unruh oder → Pendel), einem → Gesperr für die Kraftspeicherung sowie dem → Zeigerwerk.

Sinn eines Uhrwerkes ist es, Zeit in willkürlich vom Menschen gewählten Einheiten (Stunden) zu messen. Hierbei liegen die Drehzahlen vom → Minutenrad (oder → Minutenrohr) mit einer Umdrehung pro Maßeinheit (Stunde) sowie vom → Stundenrad mit einer Zwölftel-Umdrehung pro Maßeinheit fest. Die Drehzahlen der übrigen Räder können unterschiedlich gewählt werden.

Ausnahme: Bei Uhrwerken für Uhren mit → Sekundenzeiger liegt auch die Drehzahl des → Sekundenrades (60 Umdrehungen pro Maßeinheit) fest.

Umkehrpunkt
Äußerste Entfernung eines → Schwingsystems von seinem Ruhepunkt. Bei → Unruhen ist der Umkehrpunkt der Zeitpunkt während einer → Schwingung, an dem sich der Schwung, den die Unruh vom → Anker erhalten hat, und die diesem Schwung entgegenwirkende Spannung der → Spiralfeder aufheben.

Bei einem → Pendel ist der Umkehrpunkt erreicht, wenn sich die vom Anker bewirkte Auslenkung vom Pendelruhepunkt und die dieser Kraft entgegenwirkende Erdanziehung (Schwerkraft) aufheben.

Umschaltrad
Teil der → automatischen Uhr.

Unruh
→ Schwingsystem in → Uhrwerken für tragbare Uhren, auch in kleinen stationären Uhren (Stiluhren, Wanduhren) verwendet. Die Unruh besteht aus → Unruhreif (Ring), → Unruhschenkeln, → Unruhwelle und der → Doppelscheibe mit dem → Hebelstift.

Unruhbrücke
Selten verwendete → Brücke zur Aufnahme des oberen → Unruhlagers.

Unruhfeder
→ Spiralfeder.

Unruhkloben
→ Kloben zur Aufnahme des oberen → Unruhlagers.

Unruhlager
Eine → Unruh dreht sich in zwei → Lagern, die heute meist mit → Stoßsicherung ausgestattet sind und aus → Lochstein und → Deckstein bestehen. Das obere Unruhlager sitzt im → Unruhkloben, das untere Lager ist in die → Grundplatine eingesetzt.

Unruhreif
Schwungring der → Unruh. Der Unruhreif ist heute meistens ein glatter Ring aus einem Metall oder einer → Legierung. Früher wurde er häufig als → Schraubenunruh ausgeführt.

Unruhschenkel
„Speichen" der → Unruh. Die Unruhschenkel stellen die Verbindung zwischen dem → Unruhreif und der auf der → Unruhwelle sitzenden Nabe her. Früher hatten Unruhen häufig nur zwei Schenkel. Auch Unruhen mit vier Schenkeln wurden verwendet. Heute sind dreischenkelige Unruhen sehr gebräuchlich.

Unruhschrauben
Schrauben der → Schraubenunruh.

Unruhspirale
→ Spiralfeder.

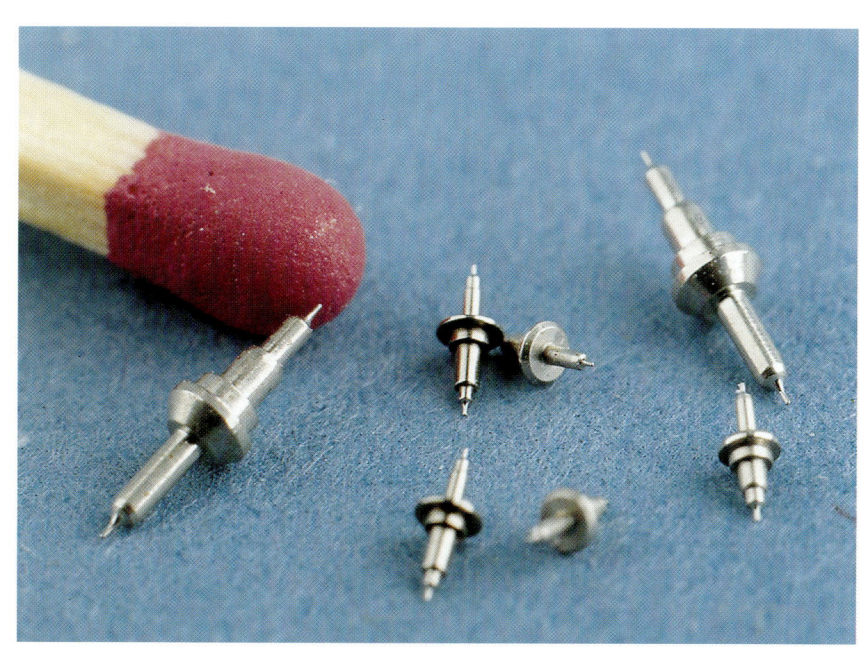

Verschiedene Unruhwellen, das Streichholz macht die Größe deutlich. Am Beispiel der ganz links liegenden Welle sollen die unterschiedlichen Ansätze erklärt werden: Der lange schlanke Ansatz dient zur Aufnahme der Doppelscheibe. Auf dem größten Ansatz, dem sogenannten Auflageteller, wird die Unruh vernietet. Darüber sieht man den Wellenteil, auf dem einmal die Spiralrolle verklemmt werden soll.

Unruhwelle
Welle der Unruh. Die Unruhwelle hat verschiedene Ansätze zur Aufnahme der Nabe der → Unruh, der → Doppelscheibe sowie der → Spiralrolle.

Unruhzapfen
Zapfen der → Unruhwelle, die als → Trompetenzapfen gearbeitet sind. Die Unruhzapfen sind zur Verminderung der Lagerreibung sehr dünn und dementsprechend bruchgefährdet. Sie haben deshalb keinen rechtwinkligen Ansatz zur Unruhwelle, sondern verjüngen sich in einem Konus vom sogenannten Wellenbaum bis zum Zapfenende. Durch diese Form, die an die Form eines Trompetentrichters erinnert, reduziert sich die Bruchanfälligkeit.

Die Zapfenenden werden mit einer → Arrondierung versehen, um die Reibung auf dem → Deckstein möglichst klein zu halten.

Unwucht
Siehe → Schwerpunktfehler, → Lagenfehler.

Viertelrohr
→ Minutentrieb.

Vierteltrieb
→ Minutentrieb.

Vollkalender
Von Vollkalender spricht man in der Uhrentechnik bei einer Uhr mit Anzeige von Datum, Wochentag, Monat und Jahr. Der Vollkalender darf nicht mit dem → Ewigen Kalender verwechselt werden.

Wärme-Ausdehnungs-koeffizient
→ Ausdehnungskoeffizient.

Walzgold
→ Doublé.

Wasserdichtheit
In Deutschland dürfen nur Uhren als „wasserdicht" bezeichnet werden, die genau definierte Vorgaben des Deutschen Instituts für Normung (DIN) erfüllen.

Diese sind unter anderem in den Normblättern DIN 8310 (Wasserdichtheit von Kleinuhren) und DIN 8306 (Taucheruhren) festgelegt. In DIN 8310 heißt es: „Uhren, die als ‚wasserdicht' bezeichnet werden, müssen widerstandsfähig ... gegen Eintauchen in Wasser über 30 min und bei einer Wassertiefe von 1 m sein."

In der Uhrenindustrie bedient man sich häufig eines sprachlichen Tricks und beschriftet Zifferblätter mit „30 m", wodurch der Eindruck erweckt wird, die Uhr sei bis zu einer Tiefe von 30 Metern dicht.

Uhren mit einer Dichtheit nach DIN 8310 sind keine Uhren zum Schwimmen und schon gar nicht zum Tauchen!

→ Taucheruhren behandelt DIN 8306.

Waterproof
Englischer Aufdruck auf Uhren mit → Wasserdichtheit.

W

Wechselrad

Teil des → Zeigerwerkes. Das Wechselrad stellt die Verbindung zwischen dem → Minutentrieb und dem → Stundenrad her. Dabei steht das Minutentrieb im → Eingriff mit dem Wechselrad, das Wechselradtrieb greift in das Stundenrad.

Die Zahl der Zähne des Minutentriebes und des Wechselradtriebes sind gleich, ebenso die Zahnzahlen von Stundenrad und Wechselrad. Aus diesem Grunde wird die Drehrichtung zweimal gewechselt, ist also beim Stundenrad wieder im Uhrzeigersinn. Die Drehzahl wird einmal verringert, so daß der gleiche Effekt erreicht wird, als wenn das Minutenrohr mit dem Stundenrad in Eingriff stünde.

Wechsler

Teil der → automatischen Uhr. Der Wechsler dient dazu, die beiden Drehrichtungen der → Schwungmasse in eine für den Aufzug der → Zugfeder nutzbare Drehrichtung umzuwandeln (wechseln).

Wecker

Uhr mit zusätzlichem Mechanismus, der zu einer einstellbaren Uhrzeit, vom → Uhrwerk gesteuert, einen Alarmton erzeugt. Bei Armbanduhren gibt es Wecker mit mechanischem Weckerwerk, das von einer → Zugfeder betrieben wird, sowie Uhren, meistens mit → Digital-Anzeige, die elektronisch oder elektromechanisch einen Weckton erzeugen.

◁ *Armbandwecker mit mechanischem Werk.*

Das Uhrwerk einer Armbanduhr mit mechanischem Weckerwerk. ▽

W

Weißgold
→ Legierung mit kalter silbrig-weißer Farbe aus → Gold, → Kupfer, → Nickel und → Zink. In der Uhrentechnik wird Weißgold zur Herstellung von Gehäusen verwendet.

Weltzeituhr
Uhr, die mit Hilfszifferblättern oder auf einer Skala auf dem Rand des → Zifferblattes gleichzeitig die Uhrzeit für alle → Zeitzonen anzeigt.

Werkform
Bei → Uhrwerken gibt es zahlreiche verschiedene äußere Formen. Als grobe Unterscheidung spricht man von runden Uhrwerken und → Formwerken.

Werkgestell
Den Grundaufbau eines → Uhrwerkes bezeichnet man als Werkgestell. Das Werkgestell besteht aus → Grundplatine, → Brücken und → Kloben.

Werkplatte
→ Grundplatine.

Winkelhebel
Teil des → Kupplungsaufzugs und des → Wippenaufzugs. Der Winkelhebel drückt die → Wippe oder das → Kupplungstrieb gegen das → Zeigerstellrad, wenn die → Aufzugwelle in die Position „Zeiger stellen" gezogen wird. Der Winkelhebel ragt mit einem kleinen Stift an einem Ende in eine Nute der Aufzugwelle. Sein anderes Ende drückt gegen den → Zeigerstellhebel und wird durch die → Winkelhebelfeder in seiner jeweiligen Position fixiert.

Weltzeituhr von Svend Andersen. Die verschiedenen Zonenzeiten werden auf einem Ring am Zifferblattrand angezeigt, der vom Uhrwerk gedreht wird. Auf dem Gehäuserand kann man ablesen, in welcher Stadt es wie spät ist.

Winkelhebelfeder
Flache Feder aus → Stahl. Die Winkelhebelfeder dient zur Betätigung und Arretierung des → Winkelhebels sowie zur Abdeckung des → Kupplungsaufzugs.

Winkelhebelschraube
Schraube zur Befestigung des → Winkelhebels.

Wippe
Wichtiges Bauteil in Uhren mit → Wippenaufzug.

Wippenaufzug
Vorrichtung in preiswerten Uhren zur Einstellung der beiden Positionen „Zeiger stellen" und „aufziehen" mit der → Aufzugwelle.

W

Wochentags-Anzeige
Zusätzliche Anzeige bei Uhren, immer in Verbindung mit der → Datums-Anzeige. Die Wochentagsanzeige bei Armbanduhren erfolgt mit einer Scheibe, die unter dem → Zifferblatt vom → Datumsschaltwerk betätigt wird. Bei Uhren mit → Digital-Anzeige wird der Wochentag mit → LCD im → Display angezeigt.

Zahlenanzeige
→ Digital-Anzeige.

Zahnluft
Beim → Eingriff von zwei Zahnrädern oder eines Zahnrades in ein → Trieb muß ein gewisses Spiel vorhanden sein, damit es nicht zu Klemmungen kommt. Dieses Spiel bezeichnet man als Zahnluft.

Zapfen
Lagerteile einer Welle. Mit ihren Zapfen drehen sich Räder, → Anker und → Unruh in ihren → Lagern. Man unterscheidet in

Zylindrischer Zapfen eines Zahnrades.

Unruhwellen mit Trompetenzapfen.

der Uhrentechnik vier Zapfenarten: den zylindrischen Zapfen, den → Trompetenzapfen, den konischen Zapfen und den an die Form eines Fasses erinnernden Tonnen- oder Faß-Zapfen. Letzterer kommt nur in Groß-Uhren mit → Platinen aus Holz (Schwarzwalduhren) vor. Konische Zapfen werden nur bei Armbanduhren der untersten Preisklasse bei der → Unruh verwendet.

Zeiger
Erst Zeiger und → Zifferblatt machen aus einem → Uhrwerk ein → Zeitmeßgerät. Siehe auch → Minutenzeiger, → Sekundenzeiger und → Stundenzeiger.

Zeigerreibung
Um das → Zeigerwerk unabhängig vom → Uhrwerk verstellen zu können, wird bei einer Uhr meistens das Minutentrieb so montiert, daß es separat verstellt werden kann, wenn die → Aufzugwelle in die Position „Zeiger stellen" gezogen wird. Das Minutentrieb sitzt bei → Uhrwer-

Diese Art der Zeigerreibung wird zum Beispiel bei den meisten ETA-Werken verwendet: Das Minutenrohr ist mit Klemmsitz in ein Mitnehmerrad aus Messing eingesetzt, das vom Trieb des Großbodenrades gedreht wird.

ken mit klassischem Aufbau auf der Welle des → Minutenrades. Bei Uhren ohne Minutenrad im Uhrwerk dreht sich das Minutentrieb mit einem sogenannten Mitnehmerrad auf einem Stift zwischen → Grundplatine und

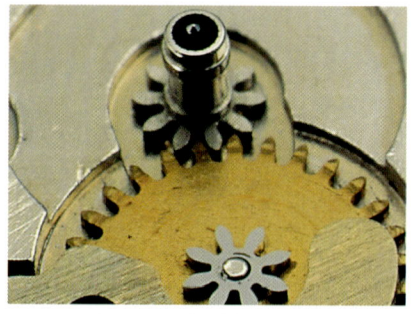

Hier sieht man die klassische Funktion des Minutenrohres, das auf der Minutenradwelle leichtgängig drehbar „verklemmt" ist, wodurch die Zeigerreibung entsteht. Es handelt sich hier um ein Uhrwerk mit Zentralsekunde, die Sekundenradwelle ragt aus der durchbohrten Welle des Minutenrades.

→ Zifferblatt. Die Kraftübertragung erfolgt bei dieser Konstruktion mit einem zusätzlichen → Trieb des → Großbodenrades.

Die Reibung des → Minutenrohres (→ Minutentriebes), eben die Zeigerreibung, muß bei der Montage der Uhr so eingestellt werden, daß es das Zeigerwerk zuverlässig dreht, aber andererseits so leichtgängig ist, daß Uhrwerk und Zeigerwerk nicht zu stark belastet werden, wenn man die Uhrzeit einstellt.

Zeigerspiel 1
Alter Uhrmacherausdruck für sämtliche Zeiger einer Uhr, also meistens → Minutenzeiger, → Sekundenzeiger und → Stundenzeiger.

Zeigerspiel 2
Bedingt durch die → Zahnluft zwischen den Rädern des → Zeigerwerkes entsteht an den → Zeigern eine (ungewollte, aber unvermeidbare) Eigenbewegung, die sich besonders an den Zeigerspitzen, also am Rand des → Zifferblattes, bemerkbar macht. Diese Eigenbewegung hängt von der Größe der Zahnluft und von der Länge der Zeiger ab und wird vom Uhrmacher Zeigerspiel genannt.

Das Zeigerspiel kann beim genauen Einstellen der Uhr Schwierigkeiten bereiten und äußert sich dahingehend, daß eine Uhr zwar genau läuft (am Sekundenzeiger abzulesen), der Minutenzeiger aber zu einer Vergleichszeit nicht genau auf die Zifferblatt-Markierung zeigt, auf die er am Tag vorher eingestellt worden war.

Zeigerstellhebel
Hebel zur Verschiebung des → Kupplungstriebes auf dem Vierkant der → Aufzugwelle. Der Zeigerstellhebel wird vom → Winkelhebel betätigt und hat die Aufgabe, das Kupplungstrieb gegen das → Zeigerstellrad oder das → Kupplungsrad zu drücken (je nach Stellung des Winkelhebels). Der Zeigerstellhebel wird auch → Kupplungshebel genannt.

Zeigerstellhebelfeder
→ Kupplungshebelfeder.

Zeigerstellrad
Das Zeigerstellrad stellt die Verbindung zwischen dem Aufzugsgetriebe (→ Kupplungsaufzug) und dem → Zeigerwerk her. Es steht im → Eingriff mit dem → Wechselrad und dem → Kupplungsrad.

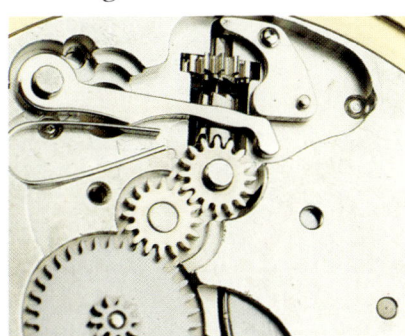

Manche Uhrwerke, wie dieses Taschenuhrwerk, haben zwei Zeigerstellräder.

Zeigerwerk
Das Zeigerwerk ist ein langsam drehendes Getriebe, das auf der rückwärtigen Seite der → Grundplatine unter dem → Zifferblatt arbeitet und aus dem → Minutentrieb, dem → Wechselrad und dem → Stundenrad besteht. Aufgabe des Zeigerwerkes ist es, die Arbeit des → Uhrwerkes mit Hilfe des → Minutenzeigers, des → Stundenzeigers und des → Zifferblattes sichtbar und damit erst die Uhr zu einem Zeitmeßgerät zu machen.

Das Zeigerwerk wird vom → Minutenrad (bei manchen Uhrwerken vom → Großbodenrad) getrieben und kann seinerseits ein → Datumsschaltwerk antreiben. Das Minutentrieb trägt den Minutenzeiger und steht mit dem → Wechselrad im → Eingriff. Das → Trieb des Wechselrades greift in das Stundenrad, das den Stundenzeiger trägt.

Zeit
Eine einheitliche Definition des Begriffes Zeit gibt es in der Fachliteratur nicht. Vereinfachend kann man sagen, daß Zeit die Aufeinanderfolge von Ereignissen ist.

Zeitmeßgerät
Geräte, mit deren Hilfe Zeit in Abschnitte geteilt wird. Man unterscheidet zwischen Zeitmeßgeräten, die natürliche Abläufe als Grundlage für ihren Gebrauch haben, zum Beispiel Sonnenuhren, und Zeitmeßgeräten, die die Dauer willkürlich gewählter Zeitabschnitte messen. Hierzu gehören Wasser-, Öl- und Sand-Uhren und unsere heutigen mechanischen oder elektronischen Uhren. Deren Zeiteinteilung hat ihren Ursprung zum Teil aber auch in natürlichen Abläufen, deren Gesetzmäßigkeit durch die Astronomie erforscht wurde.

Z

Zeitmessung

Schon im Altertum gab es Bemühungen, Zeit zu messen. Dazu beobachtete man periodisch wiederkehrende astronomische Ereignisse, wie beispielsweise den Mondumlauf oder Sonnenauf- und -untergang. Hinzu kamen → Zeitmeßgeräte, mit denen willkürlich gewählte Zeitabschnitte gemessen wurden. Unsere heutige Zeitmessung basiert auf der Beobachtung der Gestirne und auf willkürlich gewählten Zeiteinteilungen, zum Beispiel Gebetsstunden, die aus Schilderungen des Neuen Testaments hergeleitet wurden.

Zeitzonen

Die Erde ist in 24 Zeitzonen unterteilt, die jeweils 15 Längengrade umfassen. Die → Zonenzeiten in den einzelnen Zeitzonen richten sich nach der Uhrzeit auf dem → Nullmeridian. Sekunden und Minuten sind weltweit gleich. Die Stunden verschieben

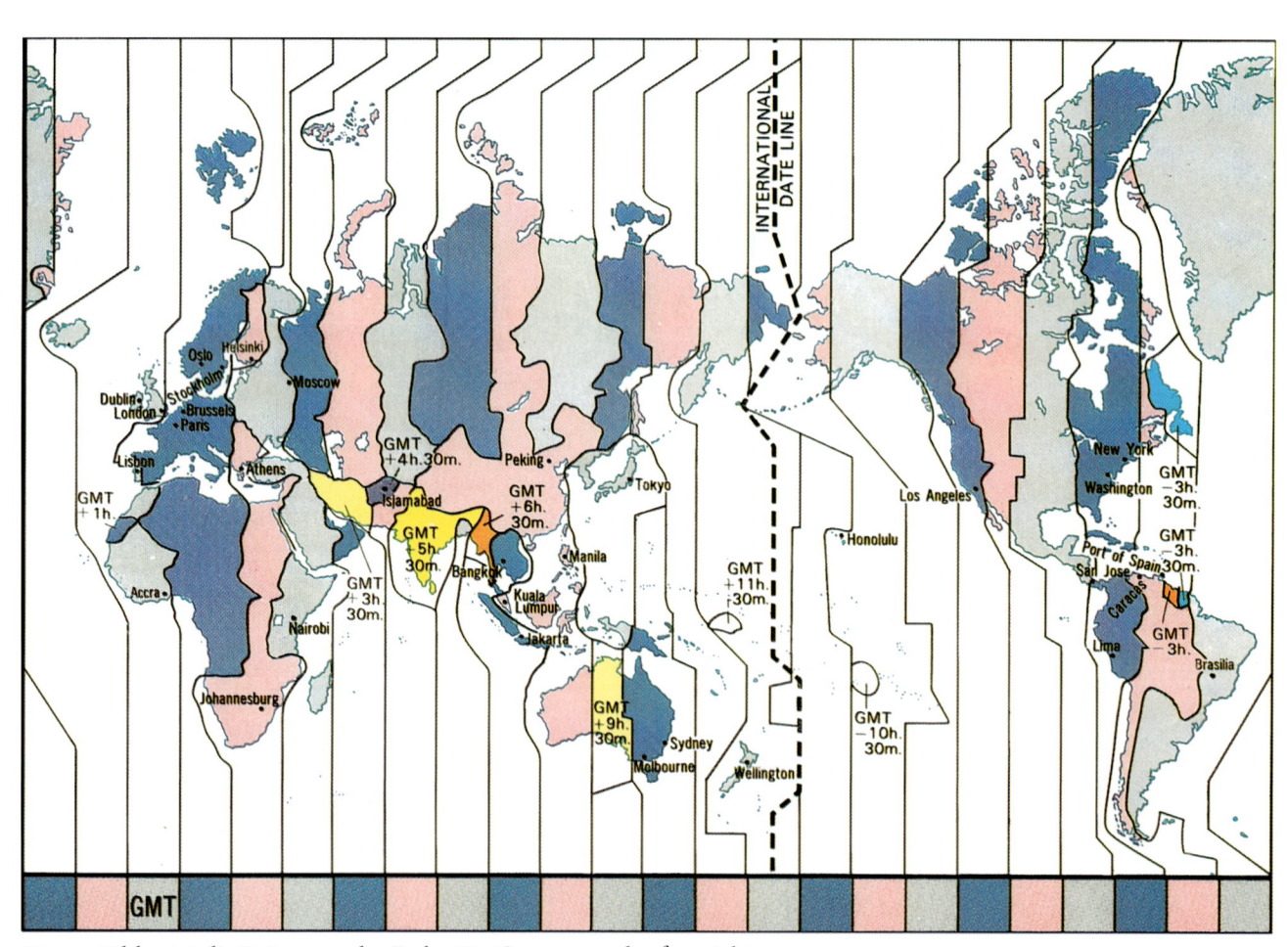

Dieses Bild zeigt die Zeitzonen der Erde. Die Grenzen verlaufen nicht immer ganz gradlinig, weil man vermeiden möchte, daß, beispielsweise in der Nähe der Datumsgrenze im Pazifik, in einem Land zwei Daten gültig sind.

sich von einer Zeitzone zur anderen um jeweils eine Stunde.

Da sich die Erde von Westen nach Osten dreht, ist es östlich des Nullmeridians stets später, westlich des Nullmeridians stets früher als auf dem Nullmeridian. Siehe auch → GMT und → Datumsgrenze.

Zentralsekunde

Sekundenanzeige aus der Mitte des → Zifferblattes mit einem langen → Sekundenzeiger, der sich vor (über) dem → Stunden- und dem → Minutenzeiger dreht.

Im Gegensatz zu einer Uhr mit → kleiner Sekunde bedarf eine Uhr mit Zentralsekunde einer besonderen Konstruktion des → Uhrwerkes. Dieses ist in zwei Ebenen aufgebaut. Die Welle des → Minutenrades ist durchbohrt und dient als → Lager des → Zentralsekundenrades.

Zentrumssekunde

→ Zentralsekunde.

Zifferblatt

Ein Zifferblatt wird auch „das Gesicht der Uhr" genannt und prägt tatsächlich entscheidend das Aussehen einer Uhr. Auf dem Zifferblatt wird bei Uhren mit → Analog-Anzeige mit Hilfe der → Zeiger die Uhrzeit ablesbar gemacht. Die Zeit-Information findet zunächst statt, indem man die Stellung der Zeiger (→ Minutenzeiger und → Stun-

Moderne Zifferblätter haben häufig nur noch stilistische Funktion durch Form und Farbe.

denzeiger) zueinander betrachtet. Erst zur genaueren Zeitabfrage ist die Einteilung auf dem Zifferblatt nötig.

Beispiel: Um zu erkennen, daß es „kurz vor eins" ist, braucht der an eine Zeigeruhr gewöhnte Mensch noch kein Zifferblatt. Möchte er aber wissen, wieviele Minuten oder Sekunden ihm noch bis um „ein Uhr" verbleiben, benötigt er die Einteilung des Zifferblattes.

Zifferblätter sind stets flache Scheiben, die heute aus nahezu allen festen Materialien hergestellt werden.

Blick in das Uhrwerk für eine Uhr mit Zentralsekunde. Sekundenrad und Minutenrad drehen sich auf zwei Ebenen. Die lange Welle des Sekundenrades (oben) ist in der durchbohrten Welle des Minutenrades gelagert. Unter dem Sekundenrad kann man die Brücke des Minutenrades erkennen. Rechts sieht man das Kleinbodenrad, das mit dem Sekundenradtrieb in Verbindung steht und in dessen Trieb das Minutenrad eingreift. Dadurch wird die Verbindung zwischen den beiden Ebenen hergestellt.

Zonenzeit

Ortszeit in einer der 24 → Zeitzonen, zum Beispiel → mitteleuropäische Zeit.

Zugfeder

Flaches Band aus gehärtetem → Stahl, → Nivaflex oder anderen → Legierungen, das im → Federhaus arbeitet. Man kann eine Zugfeder auch als beliebig häufig wiederaufladbaren Energiespeicher bezeichnen.

Bei modernen Zugfedern wird die Material-Eigenspannung, die durch Kaltwalzen entsteht, noch dadurch erhöht, daß die Feder in eine S-Form gebogen wird. Federn in S-Form haben eine günstige Kraft-Entladungskurve, so daß bei modernen → Uhrwerken konstruktive Hilfsmittel zur Ausnutzung der gleichmäßigsten Federkraft (→ Schnecke, → Malteserkreuzstellung) überflüssig sind.

Die Zugfeder ist an ihrem inneren Umgang gelocht, am Außenende mit einer → Schleppfeder oder einem → Endhaken versehen. Mit ihrem Loch wird sie am Haken des → Federkerns eingehängt.

Wird die Uhr nun aufgezogen, dreht sich der Federkern mit dem → Sperrad, die Feder wird um den Federkern gewunden, wobei sich entweder ihr Endhaken am → Federhaushaken einhakt oder (bei → automatischen Uhren) die Schleppfeder bei Vollaufzug im Federhaus nachrutscht.

Bei ihrem Bestreben, sich weitestmöglich zu entspannen, zieht die Feder ihr Ende nach und dreht dabei das Federhaus, das seinerseits das → Räderwerk in Bewegung setzt.

Zylinder-Hemmung

Die früher in Taschenuhren häufig verwendete Zylinder-Hemmung wurde von → George Graham entwickelt. Ein Teil der → Unruhwelle besteht bei dieser → Hemmung aus einem aufgeschnittenen Rohr (Zylinder), in den die speziell geformten Zähne des → Zylinderrades hineinrutschen und die → Unruh aus ihrer Ruhestellung drücken (nicht mit dem uhrentechnischen Begriff „Ruhe" zu verwechseln). Die Unruh gibt bei ihrer Schwingung den Zylinderradzahn frei.

Zylinder-Hemmungen erlauben kein volles Ausschwingen der Unruh. Die Genauigkeit von Uhren mit Zylinder-Hemmung ist daher nicht sehr groß. Heute werden keine Uhren mit Zylinder-Hemmung mehr hergestellt.

Zylinder-Rad

Rad der Zylinder-Hemmung.

Zylinder-Uhr

Uhr mit Zylinder-Hemmung.

Gangmodell einer Zylinder-Hemmung: Gut erkennt man die Zähne des Zylinder-Rades, das normalerweise aus Stahl gefertigt wird.

Uhren-Magazin Videothek

Videos mit atemberaubenden Nahaufnahmen und Einblicken in die Uhren-Herstellung. Videos, die in keiner Sammlung fehlen dürfen!

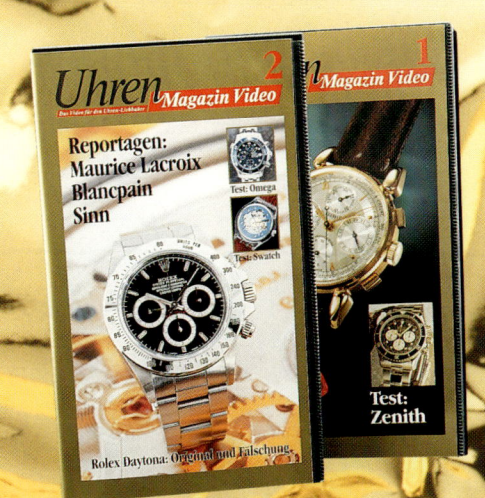

Themen der Folge 1:
Chronoswiss und Kaufmann-Armbänder,
Test Zenith,
Wir über uns.

Themen der Folge 2:
Reportagen Maurice Lacroix, Blancpain, Sinn
Test Omega Seamaster Chrono, Swatch Automatik, Zenith Chrono
Rolex Daytona – Original und Fälschung

Themen Folge 3:
Reportagen Ebel, Oris.
Test AP Royal Oak, Chopard 100 Stunden Gangreserve.
Zenith, Kurt Schaffo, Glashütte, Sattler, Nomos, Silberstein, Ferrari.

Uhren-Magazin · 28323 Bremen · Postfach 410161

ES WIRD
EIN PRIVILEG
SEIN, DIESES
KUNSTWERK AUS PLATIN
ZU BESITZEN!

AP
AUDEMARS PIGUET
Le maître de l'horlogerie.

AUDEMARS PIGUET
UHREN GmbH
Postfach 1149
65796 Bad Soden
Telefon 06196/25061

Wie ein Automatikwerk funktioniert

Wie eine Automatik funktioniert

Wie bei dem alten Rock'n Roll-Titel „Around and around" geht es auch im automatischen Aufzug von Armbanduhren zu: Durch ständiges „Herum und herum" der Schwungmasse erhält die Zugfeder ihre Spannung.

Millionenfach gebaut und oft gezeigt: ETA 2892-2, Durchmesser 28 mm, Höhe 3,60 mm, 28 800 Halbschwingungen in der Stunde (Frequenz 4 Hz).

Was aber ist überhaupt eine Schwungmasse? Was bringt die Masse in Schwung?

Eine Armband- oder Taschenuhr, die sich selbst mit Energie versorgt, während sie benutzt wird, kommt der Erfüllung des uralten Traumes vom Perpetuum Mobile sehr nahe. Deshalb gab es auch schon lange vor der ersten Armbanduhr Versuche, solche „Eigenversorger" zu konstruieren.

Bereits im Jahre 1788 baute Abraham-Louis Perrelet, ein un-

Dies sind die „Uhr-Ahnen" des Kalibers 2892: links das Eterna-Kaliber 1247 aus dem Jahre 1948, daneben das Eterna-Kaliber 1456 aus dem Jahre 1962.

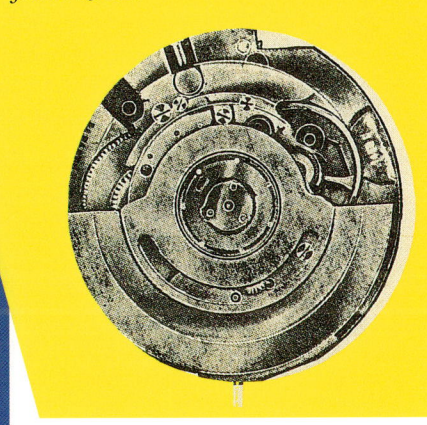

glaublich begabter Techniker, der nie eine Uhrmacherausbildung gemacht hatte, eine Taschenuhr mit Selbstaufzug.

Die Uhr funktionierte nach einem ähnlichen Prinzip wie ein Pendometer. Ein pendelartiges Gewicht führte über einen Me-

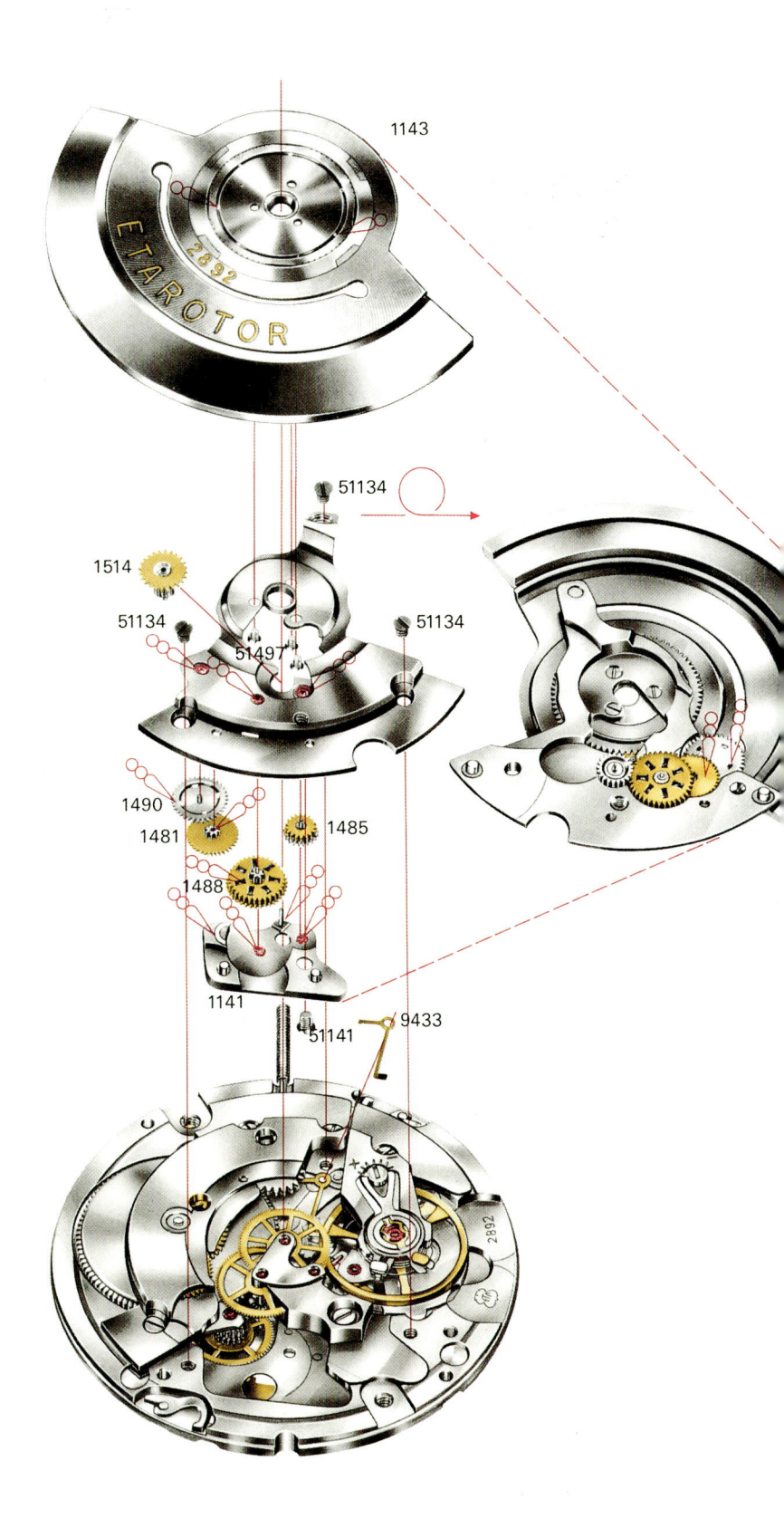

Zusammenstellung des Automatikmechanismus des ETA-Kalibers 2892-2
9433 Stopphebel – 1134 Gestell für Automatikvorrichtung – 1490 Zwischenorgan des Reduktionsrades – 1481 Reduktionsrad – 1488 Klinkenrad (mit Trieb) – 1485 Wechsler – 1141 Untere Brücke für Automatvorrichtung – 51141 Schraube für untere Automat-Brücke – 1514 Zusatz-Wechsler – 1143 Schwingmasse mit Kugellagerrad – 51497 Schraube für Schwingmassenlagerrad – 51134 Gestell-Schraube für Automatvorrichtung.
Die kleinen roten Pfeile mit dem Doppelkreis sind Anweisungen zum Ölen für den Uhrmacher.

Wie eine Automatik funktioniert

chanismus der Zugfeder Kraft zu, wenn die Uhr bewegt wurde.

Und genau das erwies sich als Schwierigkeit. Eine Taschenuhr, in Westen- oder Rocktasche getragen, wird nicht genügend bewegt, um einen zuverlässigen Aufzug zu gewährleisten. Die Automatik von Perrelet war also eine Art Segelboot ohne Wind – eine an sich sinnvolle Konstruktion war nicht gebrauchstauglich.

Erst rund 150 Jahre später, im Jahre 1923, entwickelte der englische Uhrmacher John Harwood ein Armbanduhrwerk mit automatischem Aufzug, das in Zusammenarbeit mit den Schweizer Uhrenfirmen zur Serienreife geführt wurde. Auch die Automatik von Harwood hatte eine Aufzugschwungmasse, die sich nicht drehte, sondern zwischen zwei kleinen Dämpfungspuffern hin- und herpendelte.

Die erste automatische Armbanduhr mit umlaufender,

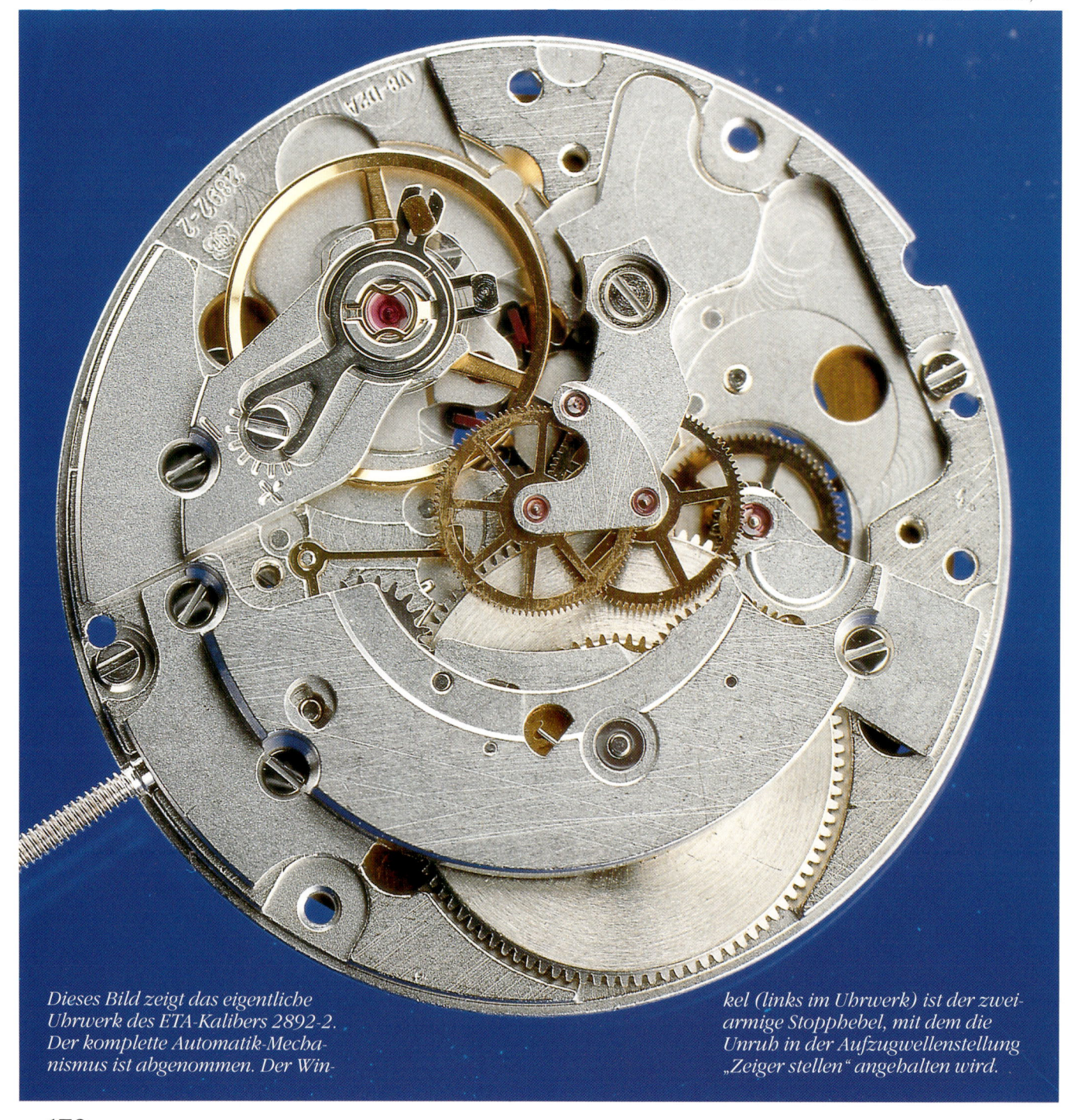

Dieses Bild zeigt das eigentliche Uhrwerk des ETA-Kalibers 2892-2. Der komplette Automatik-Mechanismus ist abgenommen. Der Winkel (links im Uhrwerk) ist der zweiarmige Stopphebel, mit dem die Unruh in der Aufzugwellenstellung „Zeiger stellen" angehalten wird.

Wie eine Automatik funktioniert

also um 360 Grad drehbarer Schwungmasse wurde 1931 von Rolex-Gründer Hans Wilsdorf eingeführt. Man spricht deshalb seither sowohl von Schwungmasse als auch von Rotor.

In bezug auf die moderne Automatik gibt es einen immer noch nicht abgeschlossenen Expertenstreit darüber, ob der Rotor in seinen beiden Drehrichtungen die Zugfeder aufziehen soll oder ob der Aufzug in nur eine Richtung sinnvoller ist.

So hieß es beispielsweise in einem Bericht der Rohwerkefabrik Adolf Schild SA, in den siebziger Jahren einer der größten Werkehersteller überhaupt: „Es ist noch anzufügen, daß die Zuverlässigkeit des einseitig wirkenden Aufzugssystems größer ist (als das des doppelseitigen). Im weiteren bietet dieses System der Konstruktion beim Entwickeln flacher Kaliber große Vorteile, wobei Robustheit und vorzügliche Aufzugleistungen erhalten bleiben."

Das heute bei Qualitätsuhren wohl meistverwendete Automatikwerk, das Kaliber 2892-2 der ETA SA, an dem wir die Wirkungsweise der Automatik erklären wollen, hat einen in beide Richtungen wirkenden Rotor. Die Konstruktion des ETA 2892 basiert auf den alten Eterna-Werken 1247 und 1456 aus den Jahren 1948 beziehungsweise 1962, deren Rotor sich auch schon auf einem Kugellager drehte.

Das Miniatur-Kugellager mit fünf winzigen Stahlkügelchen wurde 1948 von den Eterna-Ingenieuren eingeführt. Die Kugeln des Lagers haben einen Durchmesser von nur 0,65 Millimetern und wiegen ein Tausendstel Gramm.

Das ETA 2892-2 ist mit seinen 3,60 Millimetern Höhe erheblich flacher als frühe Automatikwerke. Das Kugellager der Schwungmasse wurde dagegen im Vergleich zu früher auf einen Durchmesser von knapp acht Millimetern vergrößert. Auch die Zahl der Kugeln hat zugenommen. Es sind jetzt sieben Stahlkügelchen,

So sieht der abgenommene Automatik-Mechanismus von unten aus. Die kleine Räderwerksbrücke und die Schwungmasse sind von unten verschraubt. Deutlich sieht man den Eingriff des Rotor-Zahnkranzes in den sogenannten Hilfswechsler.

die dafür sorgen, daß der Rotor schon bei der kleinsten Bewegung des Uhrwerkes (der Uhr) zu drehen beginnt. Dabei wird die Zugfeder, unabhängig von der Drehrichtung der Schwungmasse, immer ein wenig aufgezogen.

Wird eine Uhr 24 Stunden am Tag getragen, ist die Zugfeder also immer voll aufgezogen. Das Uhrwerk wird dadurch stets mit der größtmöglichen und vor allem mit einer sehr konstanten Energie versorgt.

Die physikalische Grundlage für die Funktion eines automatischen Aufzugs ist nicht die Zentrifugalkraft, wie man leicht annehmen könnten, sondern die Erdanziehung. Die Schwungmasse wird nämlich nicht aufgrund einer Drehbewegung herumgeschleudert. Vielmehr zieht sie ihr ganz am Außenrand liegender Schwerpunkt, dem Gravitations-Gesetz folgend, immer in die tiefstmögliche Position. Oder einfacher ausgedrückt: Der Rotor möchte immer nach unten fallen, wird nur durch seine Befestigung im Schwungmassenlager daran gehindert und muß sich deshalb drehen.

Bei modernen Schwungmassen, die auf leichtgängigen Kugellagern auch in den Flachlagen der Uhr bei kleinen Armbewegungen zu drehen beginnen, kommt allerdings zur Schwerkraft doch noch die Zentrifugalkraft als „Arbeitsgrundlage" ins Spiel. Für das Uhrwerk ist das

173

Wie eine Automatik funktioniert

völlig gleichgültig, Hauptsache, der Rotor dreht sich.

Beim ETA 2892-2 gerät dabei einiges in Bewegung. Das große Kugellager wird von einem Zahnkranz umgeben, der aus 76 Zähnen besteht. Das erste Rad des Automatik-Räderwerkes (von der Schwungmasse ausgehend), in das also der Rotor-Zahnkranz eingreift, hat 24 Zähne. Dieses Rad dreht sich also bei einer Umdrehung der Schwungmasse mehr als dreimal.

Dieses günstige Übersetzungs-Verhältnis fördert das schnelle Aufziehen der Uhr bei wenig gespannter oder entspannter Zugfeder. Die Hebelwirkung der Schwungmasse wird allerdings bei einem großen Kugellager etwas schlechter, als dies bei einem kleinen Kugellager oder einem Rotor mit Achse der Fall wäre. Dies macht sich bei aufgezogener Zugfeder negativ bemerkbar, wenn die Automatik einen größeren Widerstand zu überwinden hat.

Getriebe mit Drehzahlveränderung arbeiten immer nach dem Prinzip „Drehzahlerhöhung – Kraftverkleinerung" und „Krafterhöhung – Drehzahlverkleinerung".

Konstrukteure einer Uhr mit automatischem Aufzug stehen deshalb vor der Gratwanderung, ein Automatikgetriebe entwerfen zu müssen, mit dem einerseits eine starke Zugfeder voll aufgezogen werden kann, das dafür aber auch nicht allzu lange braucht. Die Faustregel hierfür lautet, daß eine Uhr nach acht Stunden Tragezeit voll aufgezogen sein soll.

Deshalb muß die Schwungmasse das erste Rad des Automatikgetriebes, den Hilfswechsler, auf eine möglichst hohe Drehzahl bringen. Diese hohe Drehzahl wird über mehrere Räder und Triebe, die zwischen Rotor und Zugfeder liegen, wieder „heruntergeschaltet".

Sie dient also anfangs dazu, für schnellen Aufzug der Zugfeder zu sorgen und wird dann reduziert, um auch mit großer Kraft das Sperrad drehen zu können, mit dem die Feder aufgezogen wird.

Der Hilfswechsler (Rad mit Trieb, das sich auf einer feststehenden Achse dreht) wird so genannt, weil er mit der Schwungmasse die Drehrichtung ändert. Das macht auch der Wechsler, der zwischen dem Trieb des Hilfswechslers und dem Klinkenrad sitzt und die Verbindung zwischen beiden herstellt. Der Wechsler besteht aus zwei kleinen Zahnrädern, die aufeinandergenietet sind und sich mit einer Welle drehen.

Aus zwei Rädern auf einer Welle besteht auch das Klinkenrad, das eigentliche Herzstück bei einer Automatik, deren Schwungmasse beidseitig wirkt.

Beim Klinkenrad sind aber beide Räder nicht fest mit der Welle verbunden, sondern auf dieser in entgegengesetzte Richtung drehbar. Zwischen den beiden Rädern sind kleine Hebelchen (Klinken) angebracht (daher Klinkenrad). Sie rasten, je

Dies ist eine Abbildung des viersprachigen Datenblattes, daß die ETA SA für das Grundkaliber 2890 herausgegeben hat.

Das Kugellager der Schwungmasse von unten gesehen. Es hat einen größeren Durchmesser als frühe Kugellager und ist mit sieben Kugeln ausgestattet. Das Lager dreht sich extrem leichtgängig.

Wie eine Automatik funktioniert

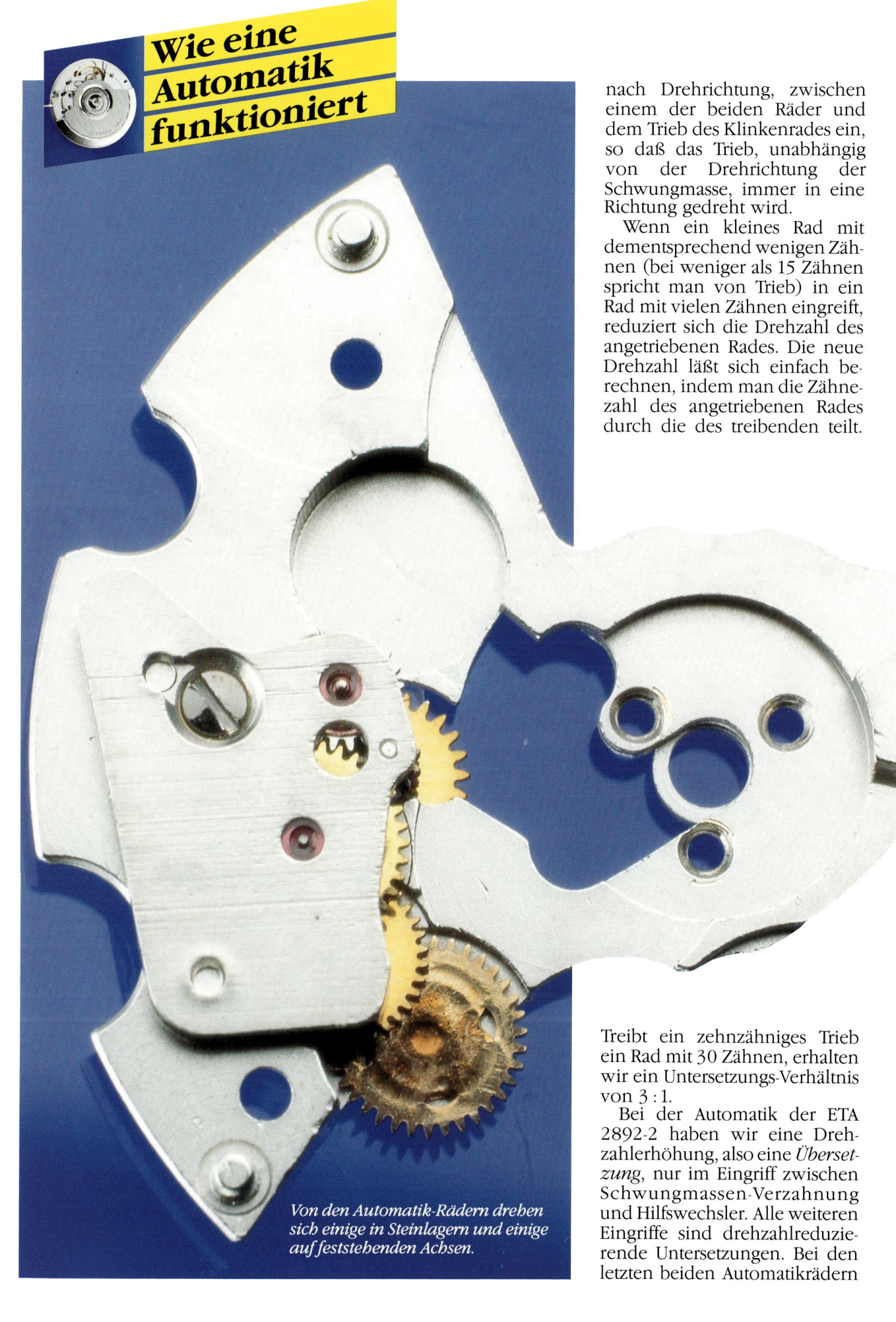

Von den Automatik-Rädern drehen sich einige in Steinlagern und einige auf feststehenden Achsen.

nach Drehrichtung, zwischen einem der beiden Räder und dem Trieb des Klinkenrades ein, so daß das Trieb, unabhängig von der Drehrichtung der Schwungmasse, immer in eine Richtung gedreht wird.

Wenn ein kleines Rad mit dementsprechend wenigen Zähnen (bei weniger als 15 Zähnen spricht man von Trieb) in ein Rad mit vielen Zähnen eingreift, reduziert sich die Drehzahl des angetriebenen Rades. Die neue Drehzahl läßt sich einfach berechnen, indem man die Zähnezahl des angetriebenen Rades durch die des treibenden teilt.

Treibt ein zehnzähniges Trieb ein Rad mit 30 Zähnen, erhalten wir ein Untersetzungs-Verhältnis von 3 : 1.

Bei der Automatik der ETA 2892-2 haben wir eine Drehzahlerhöhung, also eine *Übersetzung*, nur im Eingriff zwischen Schwungmassen-Verzahnung und Hilfswechsler. Alle weiteren Eingriffe sind drehzahlreduzierende Untersetzungen. Bei den letzten beiden Automatikrädern

175

Wie eine Automatik funktioniert

Hier ist die Räderwerksbrücke abgenommen. Man sieht (von oben nach unten) den Wechsler, das Klinkenrad und zwei Reduktionsräder. Diese drehen sich immer nur in eine Richtung, während Klinkenrad und Wechsler noch die Richtungsänderungen der Schwungmasse mitmachen.

spricht man deshalb auch von Reduktionsrädern. Diese Reduktion führt dazu, daß sich die Schwungmasse 45mal drehen muß, bevor das federspannende Sperrad eine Umdrehung hinter sich gebracht hat.

Bis zum Klinkenrad gestattet der Mechanismus noch wechselnde Drehrichtungen der Räder. Das Trieb des Klinkenrades dreht sich stets nur in eine Richtung.

Ihm folgen auf dem Weg zum Sperrad noch die beiden Reduktionsräder, von denen das eine schließlich mit seinem Trieb in die Verzahnung des Sperrades eingreift. Das Sperrad, das also zwar sehr langsam, aber ständig gedreht wird, ist mit einer quadratischen Ausfräsung in seiner Mitte auf einem Vierkant der Federhauswelle befestigt. Diese nennt man auch Federwelle oder Federkern.

Sperrad und Federkern sind Teile, die in jeder federgetriebenen Uhr gebraucht werden. Sie unterscheiden sich bei einer Automatik nicht von diesen Teilen in anderen Uhren. Federhaus und Zugfeder sind dagegen schon wieder völlig anders konstruiert.

Bei einer Handaufzuguhr „verhakt" sich der Endhaken der Zugfeder an einem Haken oder hinter einer stufenförmigen Ausfräsung in der Federhaustrom-

Hier sind alle Räder (bis auf den Wechsler) ausgebaut.

Wie eine Automatik funktioniert

Die Automatikbrücke ohne Schwungmasse. Das einzige Rad auf dieser Seite der Brücke ist der Hilfswechsler, der sich auf einer von unten heraufragenden Achse dreht.

Die Oberseite des Klinkenrades aus dem Automatikwerk ETA 2892-2. Durch die kleinen Einschnitte erkennt man die Klinken.

Die Unterseite des Klinkenrades mit dem Trieb, das in das erste der Reduktionsräder eingreift und sich immer in eine Richtung dreht.

mel, wenn die Uhr aufgezogen wird. Mancher Uhrenfreund hat vielleicht schon erlebt, daß bei seiner Handaufzuguhr die Zugfeder gebrochen war. Man zieht dann endlos auf, dreht die Krone, ohne daß man eine Spannung der Feder bemerkt. Kein Wunder, denn wenn das flache Stahlband Zugfeder zwischen den Haken des Federhauses und des Federkernes gespannt werden soll, dreht sich der am Federkern hängende Teil mit diesem und rutscht an der Bruchstelle der Feder entlang.

Genau dieser Effekt ist bei der Automatikuhr gewollt. Natürlich hat man es hier nicht mit einer

177

Wie eine Automatik funktioniert

Modell eines Klinkenrades, bei dem der obere Teil zur besseren Veranschaulichung aus Acrylglas hergestellt wurde.

gebrochenen Feder zu tun, sondern mit einer sogenannten Schleppfeder.

Eine Schleppfeder heißt so, weil sie von der Zugfeder geschleppt wird. Bei alten Automatikuhren sieht die Zugfeder genauso aus wie die einer Uhr mit Handaufzug, hat also einen Endhaken an einem und ein gestanztes Loch zum Einhängen des Federkernhakens am anderen Ende. Mit ihrem Endhaken zieht sie ein zweites Federstück hinter sich her, das mit großer Spannung an der Federhauswand entlangrutscht, wenn die Zugfeder voll aufgezogen ist. Das Ganze ist also eine Art Rutschkupplung.

Bei modernen Automatikwerken bestehen Zugfeder und Schleppfeder aus einem Stück. Bei genauer Einstellung und Schmierung mit Spezialfetten muß die Schleppfeder so eingerichtet werden, daß sie einerseits erst nachrutscht, wenn die Zugfeder voll aufgezogen ist. Andererseits muß sie bei Vollaufzug der Feder aber sanft und vor allem ruckfrei nachgleiten, weil sonst die Zugfeder schlagartig wieder ihre Spannung verliert. Dies würde, wegen der ungleich auf das Räderwerk übertragenen Kraft, zu ungenauem Gang der Uhr führen. Außerdem könnte die schlagartige Kraftentladung auf Dauer auch zu Beschädigungen oder übermäßigem Verschleiß führen.

Verschleißmindernd wirkt sich dagegen aus, wenn man seiner Automatik während der Nacht auch ein wenig Ruhe gönnt und sie ablegt. Das hat natürlich Einfluß auf die Genauigkeit der Uhr, der aber mehr auf der Abkühlung der Uhr als auf der während der Nacht nachlassenden Federspannung beruht. Man sollte diesen Einfluß aber nicht überschätzen.

Aber immerhin geht es ja am nächsten Morgen, wenn die Uhr nach der Dusche wieder umgebunden wird, mit „kuscheligen 37 Grad" für 16 Stunden wieder „around and around".

Automatikwerke

Kaliber AP 2121/1

Audemars Piguet 2121/1

Produzent: Rohwerk LeCoultre. Reserviertes Kaliber für Audemars Piguet, Le Brassus (Schweiz).

Werk-Varianten: Kaliber 2120 und 2120/1.

Produziert: seit 1967.

Automatik-Aufzug: Rotor mit Drehring verbunden, der über vier Rubinlager auf der Grundplatine gleitet. Achsengelagerter Rotor mit Aufzug in beiden Drehrichtungen. Gangreserve ca. 50 Stunden.

Besonderheiten: Ringrotor-Automatik. Einer der flachsten Automaten. Außensegment des Rotors aus 21 K Gold. Rotorhöhe außen 1,2 mm, innen 0,2 mm.

Technische Daten:
Unruh 21 600 Halbschwingungen/Std. (vor 1970 mit 19 800 A/h).
Werkdurchmesser 28,00 mm,
Höhe 2,45 mm,
36 Steine,
in fünf Lagen reguliert.

Wird von folgenden Marken verwendet:
Audemars Piguet, Vacheron Constantin, bis 1980 Patek Philippe.

Die Mehrzahl der mechanischen Uhren hat gegenwärtig ein Werk mit Automatik-Aufzug.

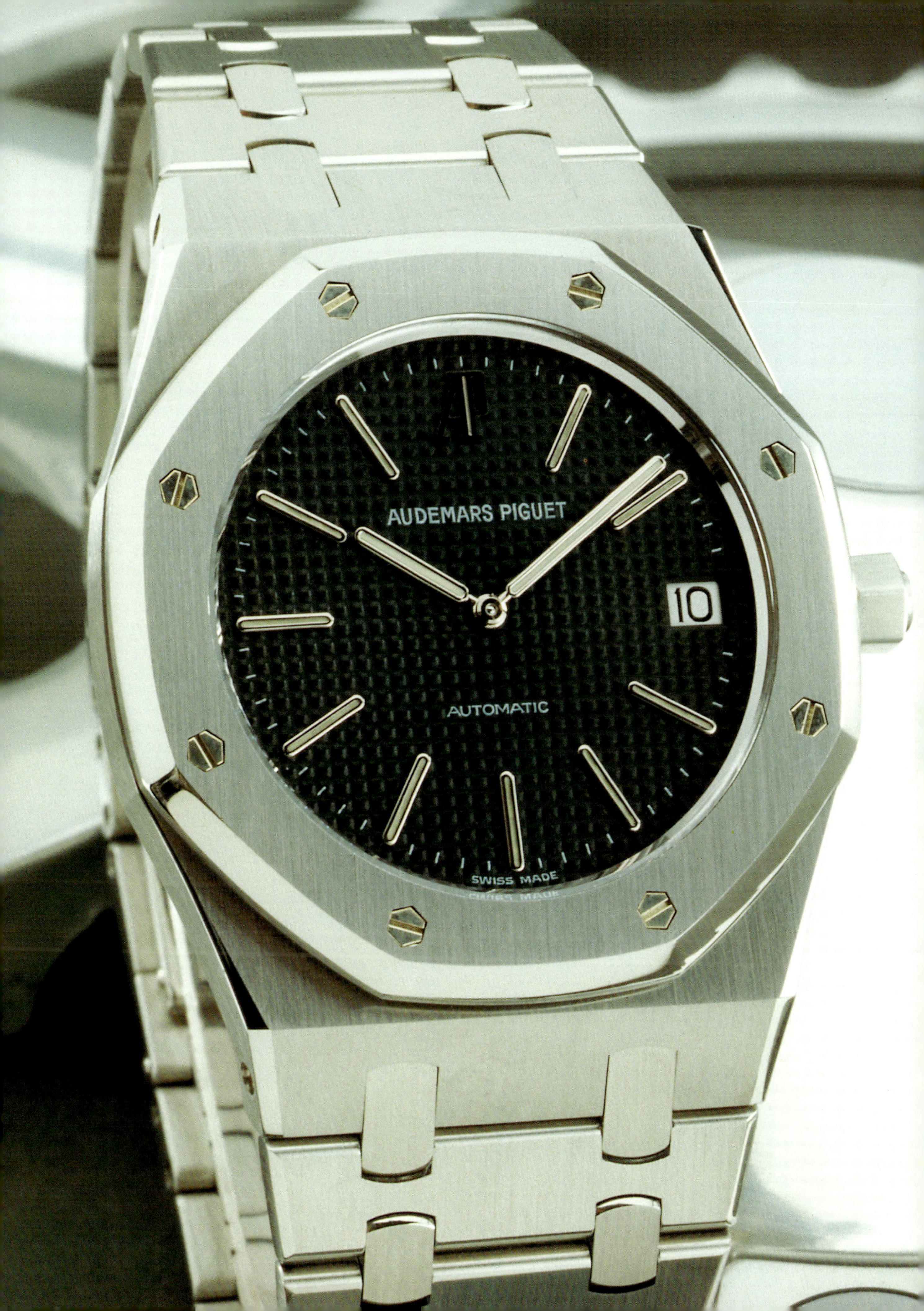
AUDEMARS PIGUET
10
AUTOMATIC
SWISS MADE

Kaliber AS 5008

AS 5008

Produzent: A. Schild, Grenchen. Die Firma existiert nicht mehr, das Werk wird nicht mehr hergestellt.

Werk-Varianten/Anzeigen: Zeit, Weckzeit (Zentralzeiger), Datum und Wochentag (Fenster).

Produziert: um 1965.

Besonderheiten: automatisches Weckerwerk, zwei Federhäuser (eines für das Gehwerk, eines für das Weckerwerk). Weckgenauigkeit: ±10 Minuten.

Automatik-Aufzug: Zentralrotor mit beidseitigem Aufzug (eine Richtung für Gehwerk, die andere Drehrichtung für Weckerwerk). Achse als Rotorlager. Gangreserve 36–40 Stunden.

Technische Daten:
Unruh 28 800 Halbschwingungen/Std.
Durchmesser 30,00 mm
Höhe 7,25 mm
17 Steine.

Wird von folgenden Marken noch verwendet:

Forget, Maurice Lacroix, Pequignet, Ulysse Nardin, van Cleef & Arpels.

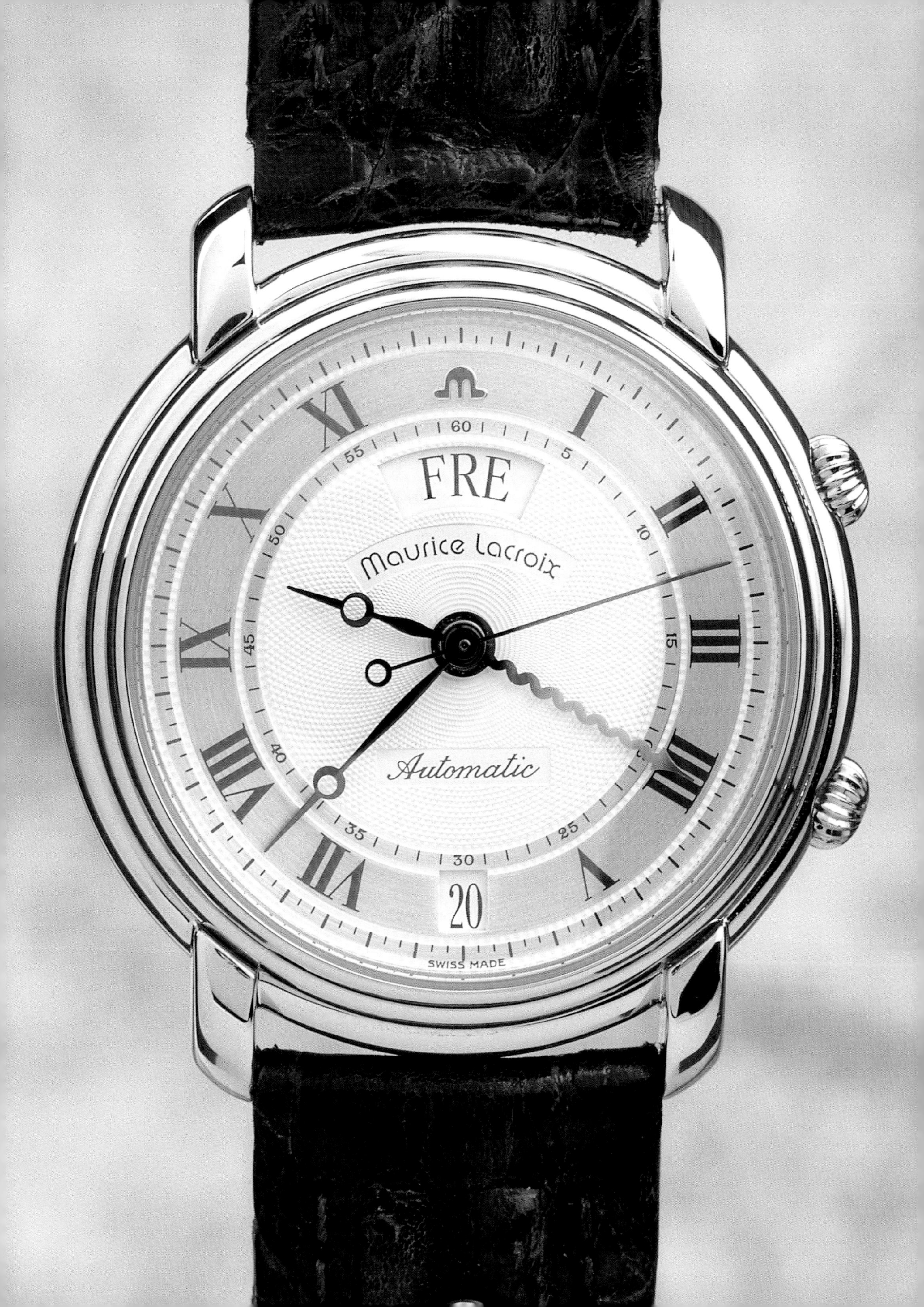
FRE
Maurice Lacroix
Automatic
20
SWISS MADE

Kaliber Blancpain/Piguet 1185

Blancpain/Piguet 1185

Produzent: Frédéric Piguet SA, Le Brassus (Schweiz), ein Unternehmen der SMH-Gruppe.

Produziert seit 1988.

Automatik-Aufzug: kugelgelagerter Zentralrotor. Aufzug in eine Drehrichtung. Gangreserve 42 Stunden.

Besonderheiten: Chronographenwerk, reserviert zunächst für Blancpain. Zur Zeit niedrigstes Chrono-Werk.

Technische Daten:
Unruh 21 600 Halbschwingungen/Std., Werkdurchmesser 27,40 mm, Höhe 5,40 mm, 37 Steine.

Wird von folgenden Firmen verwendet:
Blancpain, Breguet.

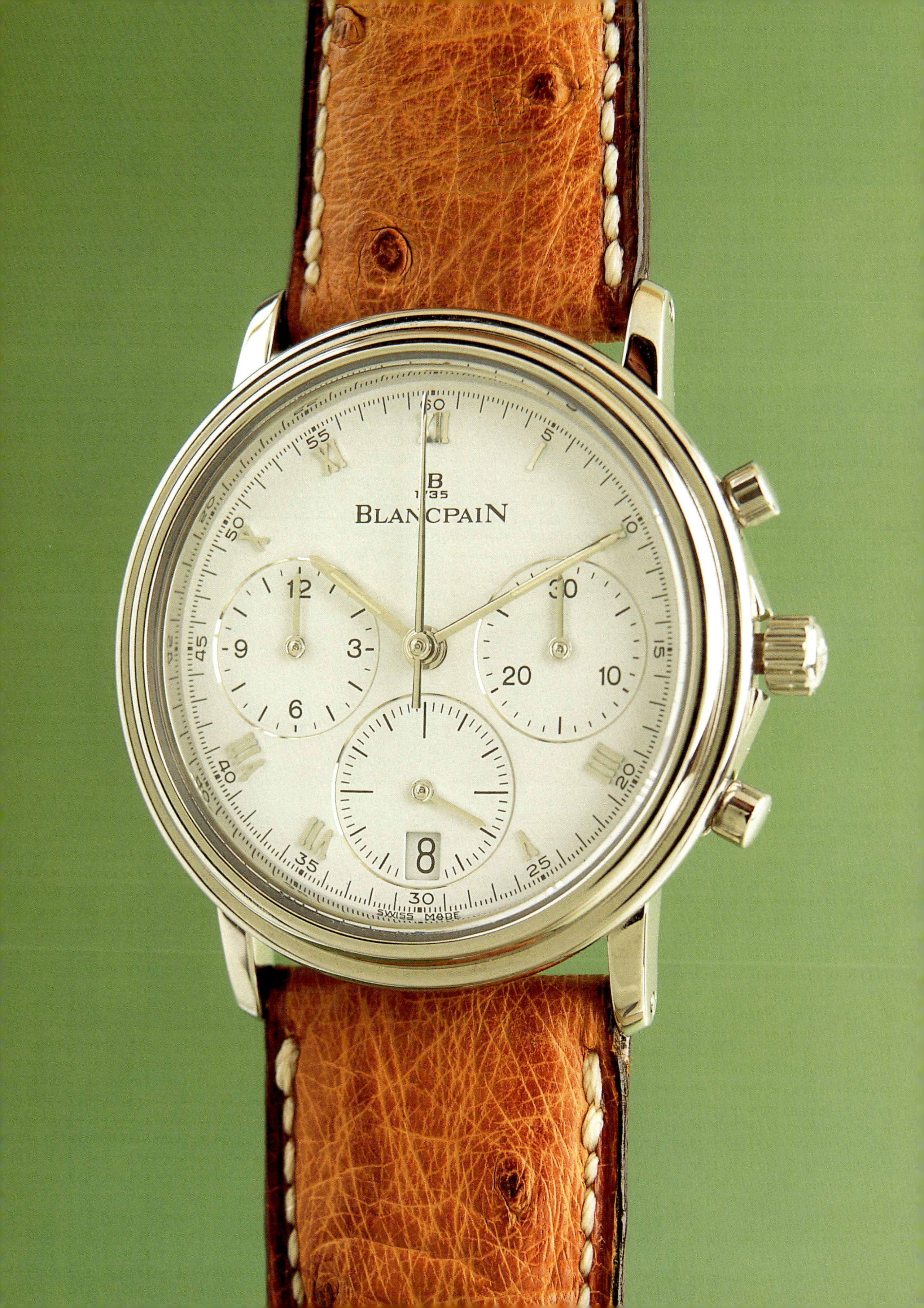
BLANCPAIN
1735
SWISS MADE

Kaliber Blancpain/Piguet 1195

Blancpain/Piguet 1195

Produzent: Frédéric Piguet SA, Le Brassus/(Schweiz), ein Unternehmen der SMH-Gruppe.

Produziert seit 1988.

Automatik-Aufzug: kugelgelagerter Zentralrotor. Aufzug in eine Drehrichtung. Gangreserve 42 Stunden.

Besonderheiten: reserviertes Werk für Blancpain. Als Chronometer reguliert.

Technische Daten:
Unruh 21 600 Halbschwingungen/Std., Werkdurchmesser 25,60 mm, Höhe 4,50 mm, 27 Steine.

Wird von folgender Marke verwendet:
Blancpain.

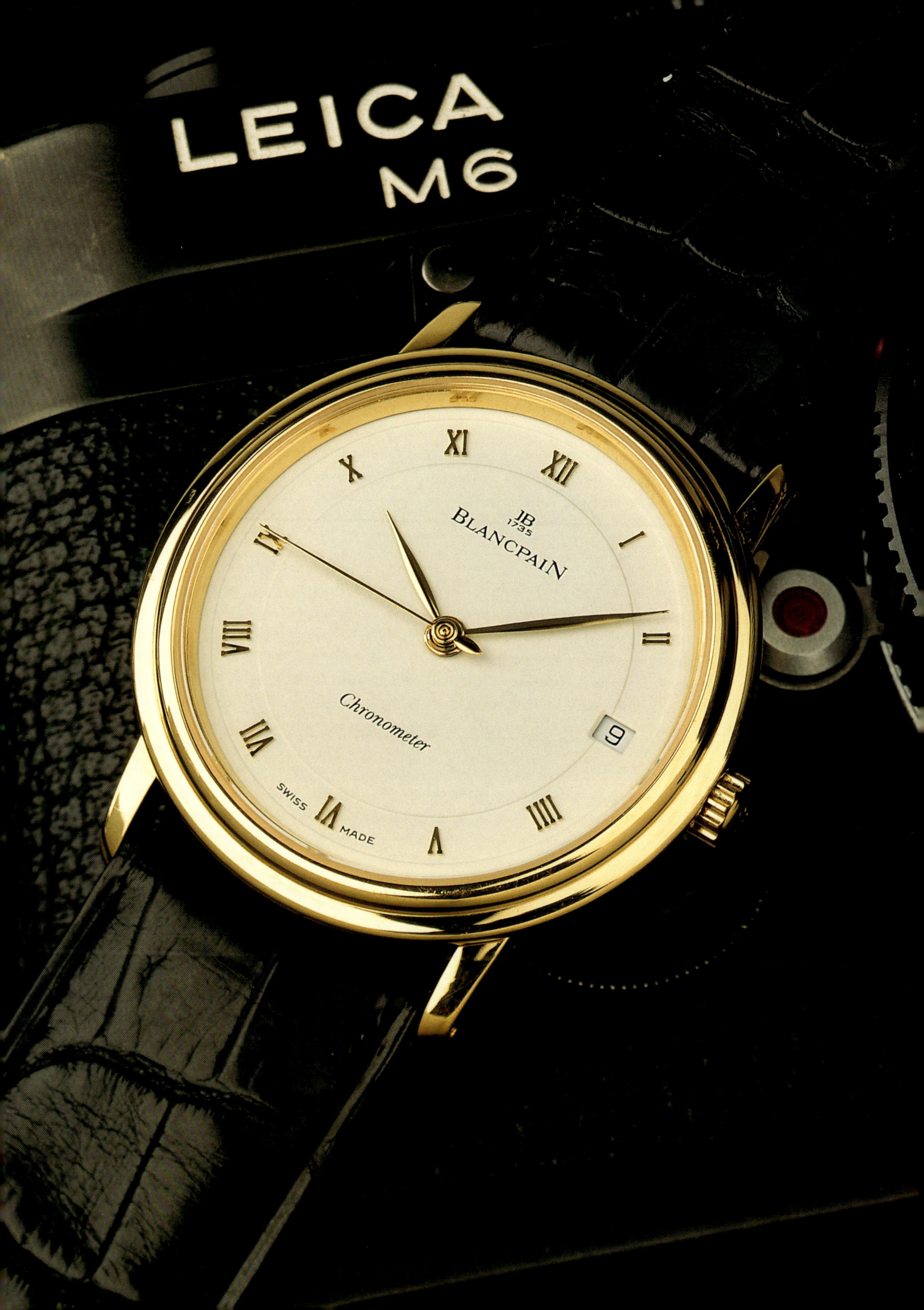
LEICA
M6
BLANCPAIN
1735
Chronometer
SWISS
MADE

Kaliber Chronoswiss C 122

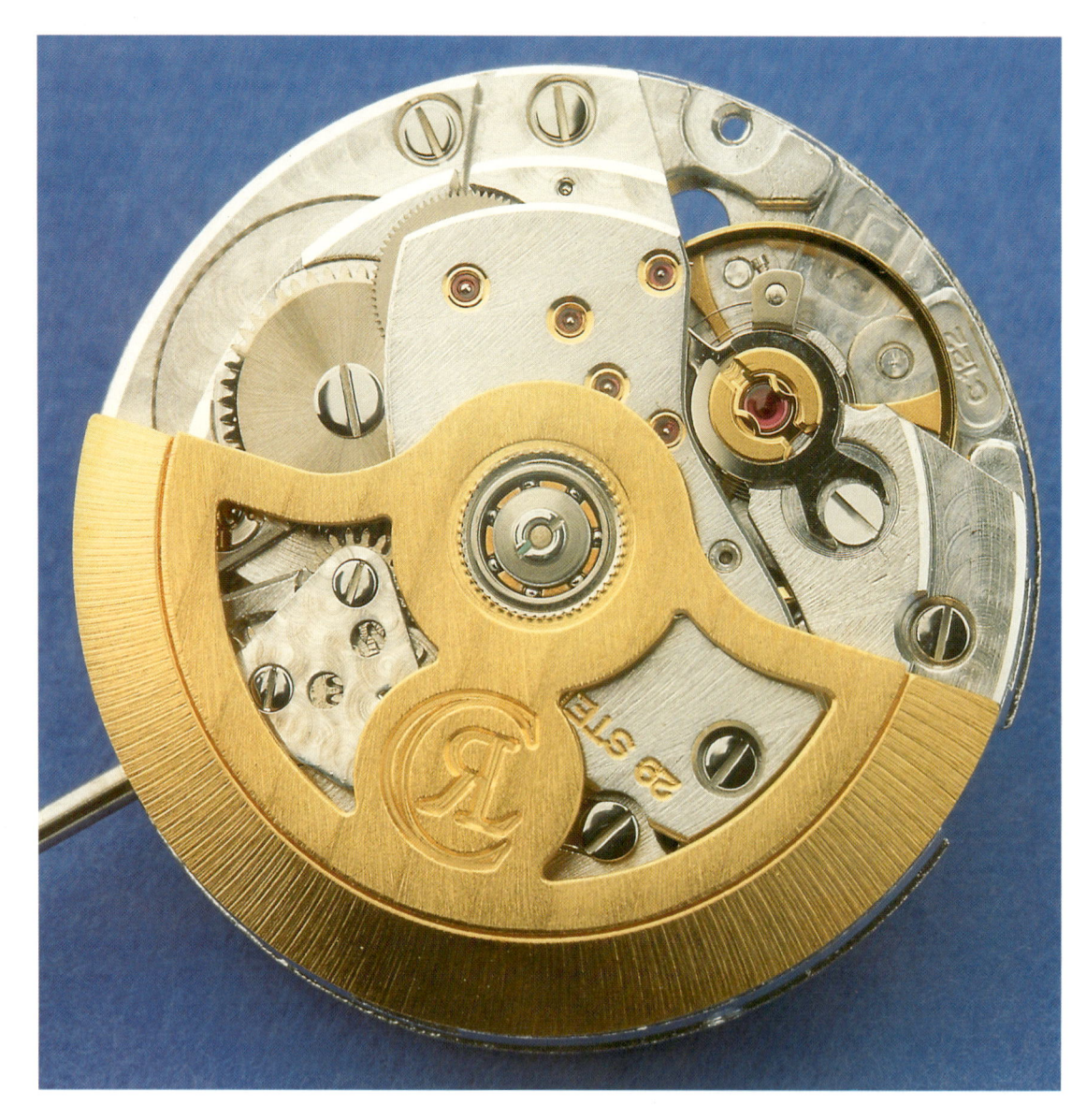

Chronoswiss C 122

Produzent: Enicar/AR (Ariste Racine), Lengnau/Biel (Schweiz).

Produziert: 1967–1980.

Werk-Varianten: mit und ohne Kalender, zentraler und dezentraler Sekunde. Auch mit Mondphasen, zweiter Zeitzone, Kalender und Zentralsekunde möglich.

Besonderheiten: Chronoswiss veredelt und verwendet die Restbestände des Kalibers. Ausgangsbasis ist das Kaliber Enicar/AR 165. Zur Verfügung stehen nur noch einige zigtausend Werke.

Automatik-Aufzug: kugelgelagerter Zentralrotor mit Aufzug in eine Drehrichtung. Gangreserve 44 Stunden.

Technische Daten:
Unruh 21 600 Halbschwingungen/Std.,
Werkdurchmesser 26,77 mm,
Höhe 5,50 mm,
29 Steine.

Wird von folgenden Marken verwendet:
Chronoswiss, Genée, Du Bois (für Schweizer Uhren-Edition). Die letzten beiden Firmen nur in kleinen Stückzahlen.

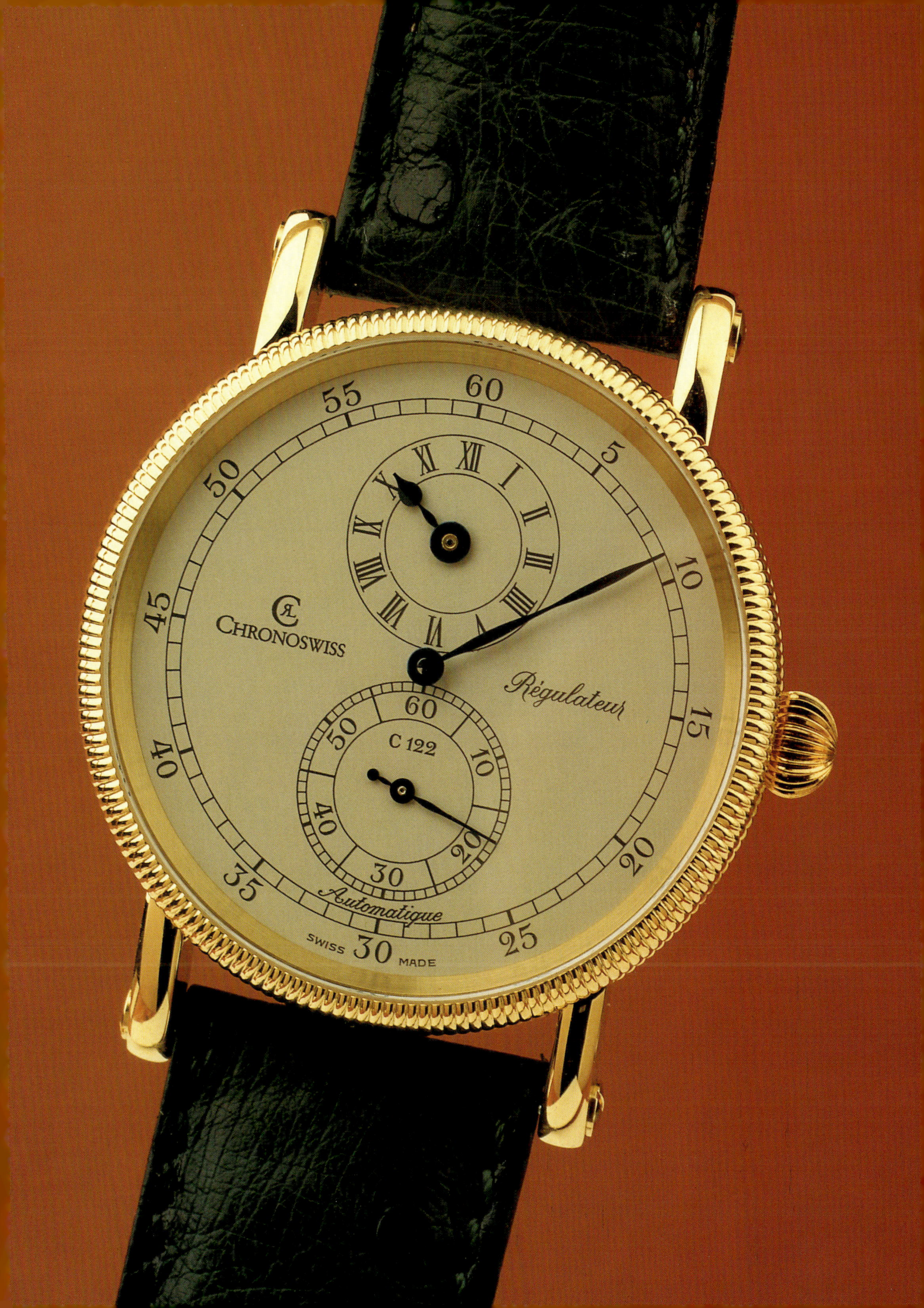
CHRONOSWISS
Régulateur
C 122
Automatique
SWISS 30 MADE

Kaliber ETA 2000

ETA 2000

Produzent: ETA SA in Grenchen (Schweiz), ein Unternehmen des SMH-Konzerns.

Produziert seit 1992.

Automatik-Aufzug: kugelgelagerter Zentralrotor. Aufzug in eine Drehrichtung. Gangreserve 45 Stunden.

Besonderheiten: Sekundenstopp, Datum-Schnellkorrektur. Flache Bauweise. Für Damen- und Herrenuhren einsetzbar.

Technische Daten:
Unruh 28 800 Halbschwingungen/Std.,
Werkdurchmesser 19,40 mm,
Höhe 3,60 mm,
20 Steine.

Wird u. a. von folgender Marke verwendet:
Eterna.

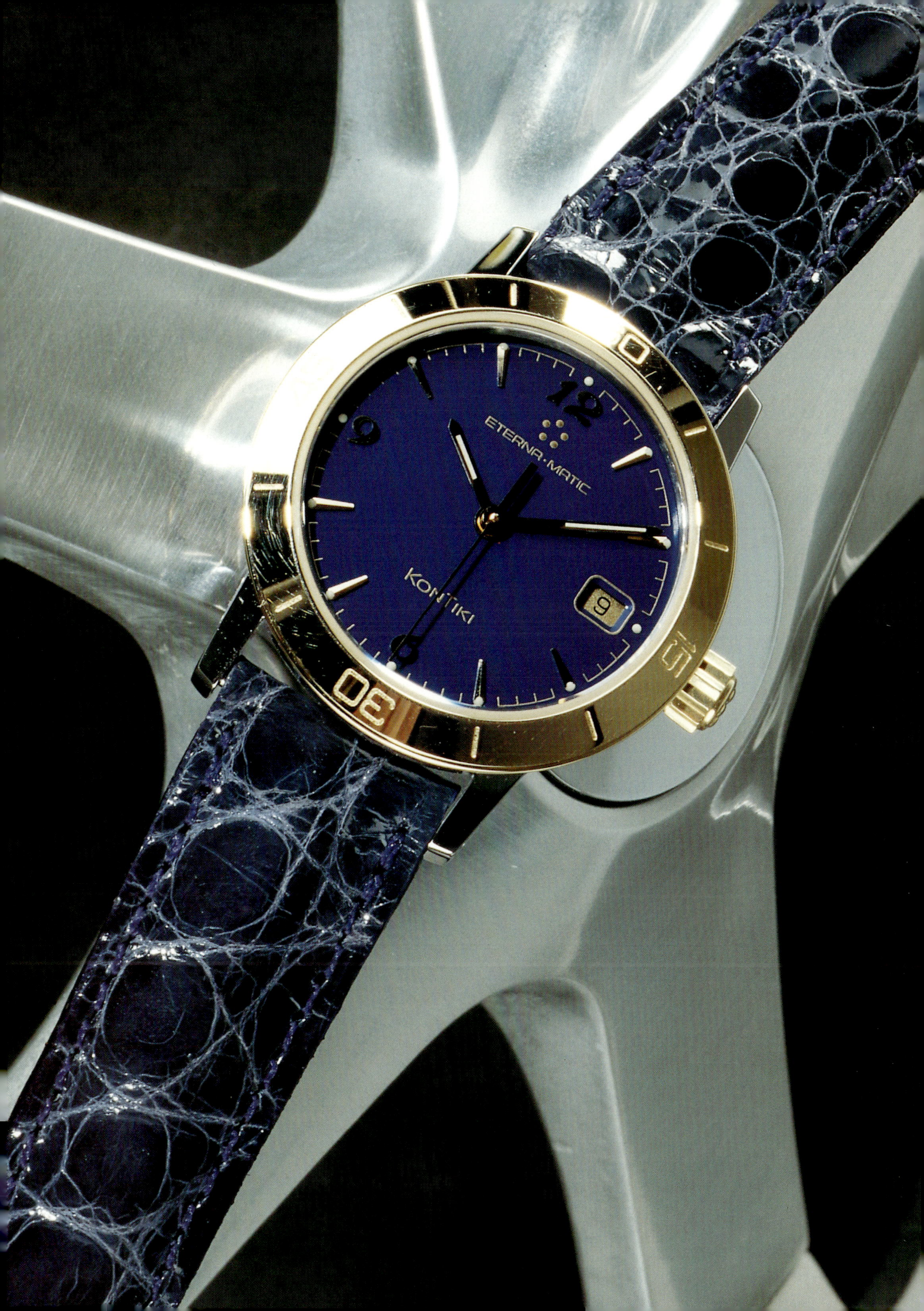
ETERNA·MATIC
KonTiki

Kaliber ETA 2670

ETA 2670

Produzent: ETA SA in Grenchen (Schweiz), ein Unternehmen des SMH-Konzerns.

Produziert: seit 1971.

Werk-Varianten: Kaliber 2670 mit Zentralsekunde. Kaliber 2671 mit Datumanzeige. In der höchsten Qualitätsstufe mit Stopp- und Feinregulierungsvorrichtung. Neben Datum ist auch Wochentaganzeige möglich.

Automatik-Aufzug: Kugelgelagerter Zentralrotor mit Aufzug in beiden Drehrichtungen. Gangreserve ca. 40 Stunden.

Besonderheiten: Am weitesten verbreitetes Automatikwerk für Damenuhren.

Technische Daten:
Unruh 28 800 Halbschwingungen/Std., Werkdurchmesser 17,20 mm, Höhe 4,80 mm (2670), 4,90 mm (2671), mit Datum und Wochentag 5,35 mm, 25 Steine.

Wird u. a. von folgenden Marken verwendet:
Alpina, Cartier (in Herren-Santos), Chronoswiss, Eterna, Maurice Lacroix, Oris, Tudor, Auguste Reymond (meistverbreitetes Damen-Automatikwerk).

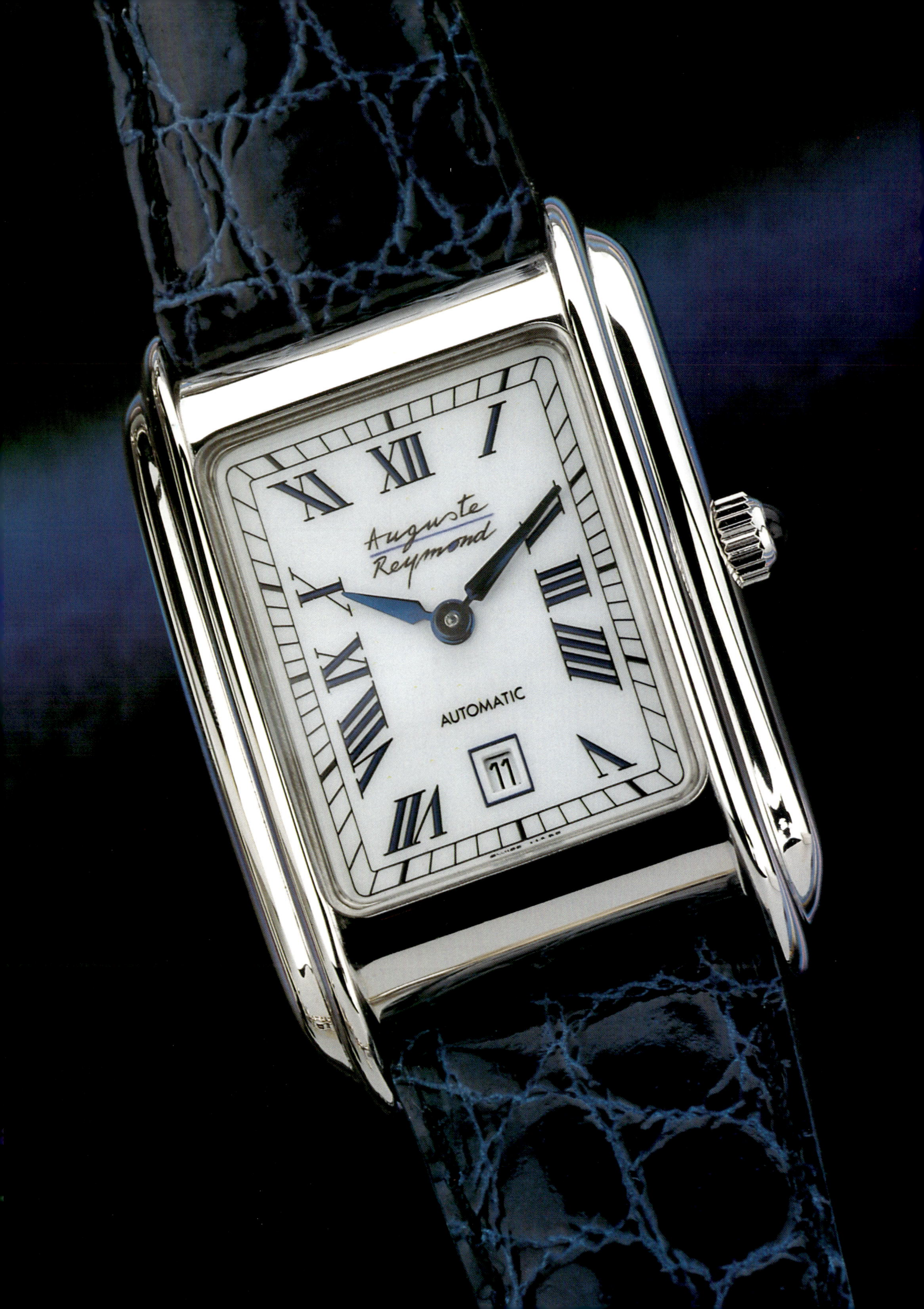

Auguste Reymond
AUTOMATIC
11

Kaliber ETA 2688

ETA 2688

Produzent: ETA SA in Grenchen, ein Unternehmen des SMH-Konzerns

Produziert seit 1985

Automatik-Aufzug: Kugelgelagerter Zentralrotor mit beidseitigem Aufzug. Gangreserve ca. 40 Stunden.

Besonderheiten: Werk für Damenuhren, Zentralsekunde, Schnellschaltung für Datum und Wochentag. Das Kaliber 2688 wird sogar in Herrenuhren eingesetzt. Bei Oris treibt es in einem Modell zusätzlich eine zweite Zeitzone sowie die Mondphasen-Anzeige an.

Technische Daten: Unruh 21 600 Halbschwingungen/Std., Werkdurchmesser 19,40 mm, Höhe 5,35 mm, 17 Steine.

Wird u. a. von folgender Marke verwendet:
Oris

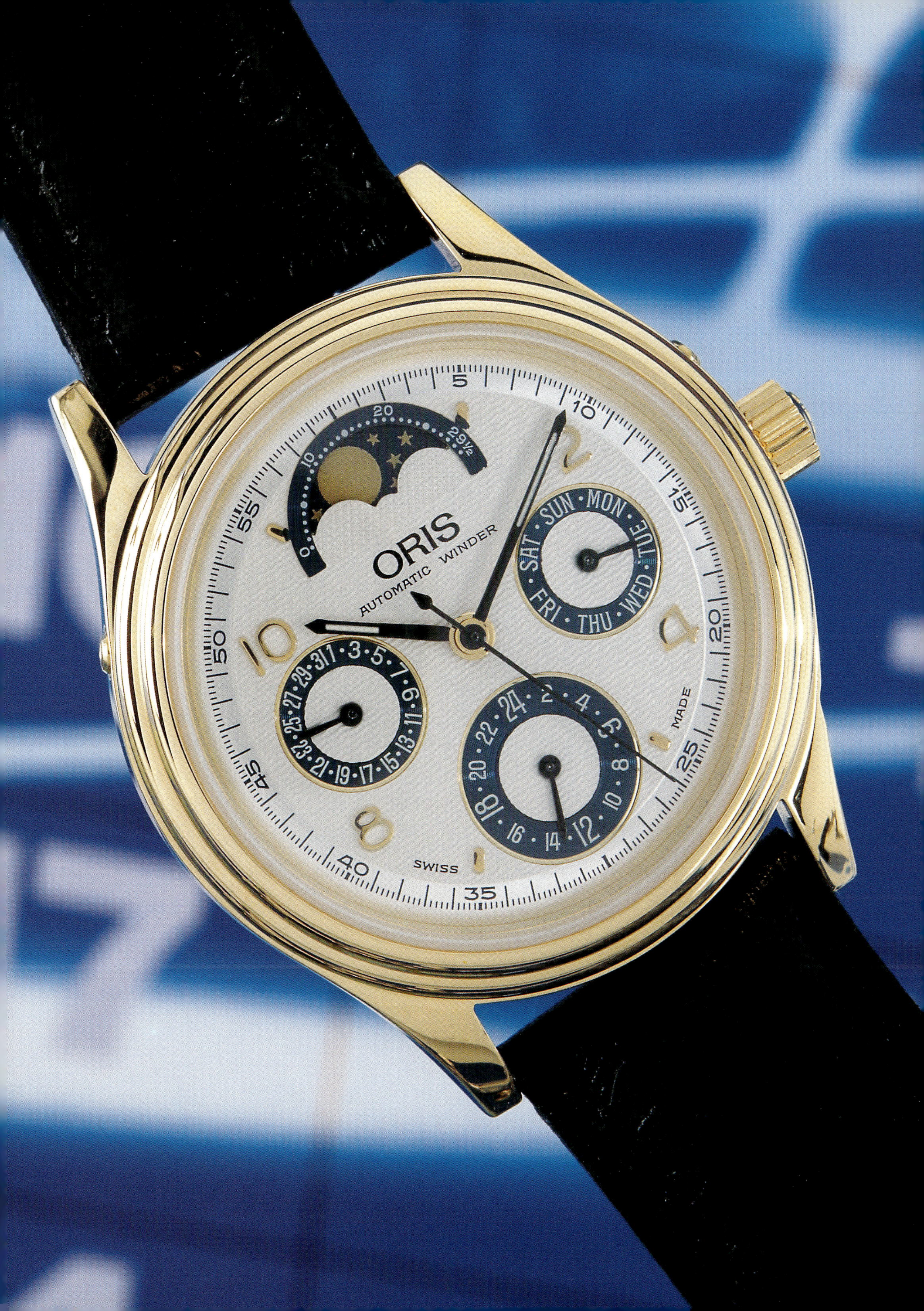
ORIS
AUTOMATIC WINDER
SAT SUN MON TUE WED THU FRI
SWISS
MADE

Kaliber ETA 2824-2

ETA 2824-2

Produzent: ETA (Schweiz), gehört zum SMH-Konzern.

Werk-Varianten (Qualitäten)**:** Werk mit und ohne Feinregulierungseinrichtung, mit oder ohne Sekundenstop.

Produziert seit 1970.

Automatik-Aufzug: Kugelgelagerter Zentralrotor. Gangreserve 40 Stunden.

Technische Daten:
Unruh 28 800 Halbschwingungen/Std.
Durchmesser 25,60 mm
Höhe 4,60 mm, als „Daydate" 5,05 mm
25 Steine (es gibt auch eine 17steinige Ausführung).

Von folgenden Marken u. a. verwendet:

Oris, Heuer, Eterna, Tissot, Gaddy's, MHR, Festina, Fortis, Cartier, Ernest Borel.

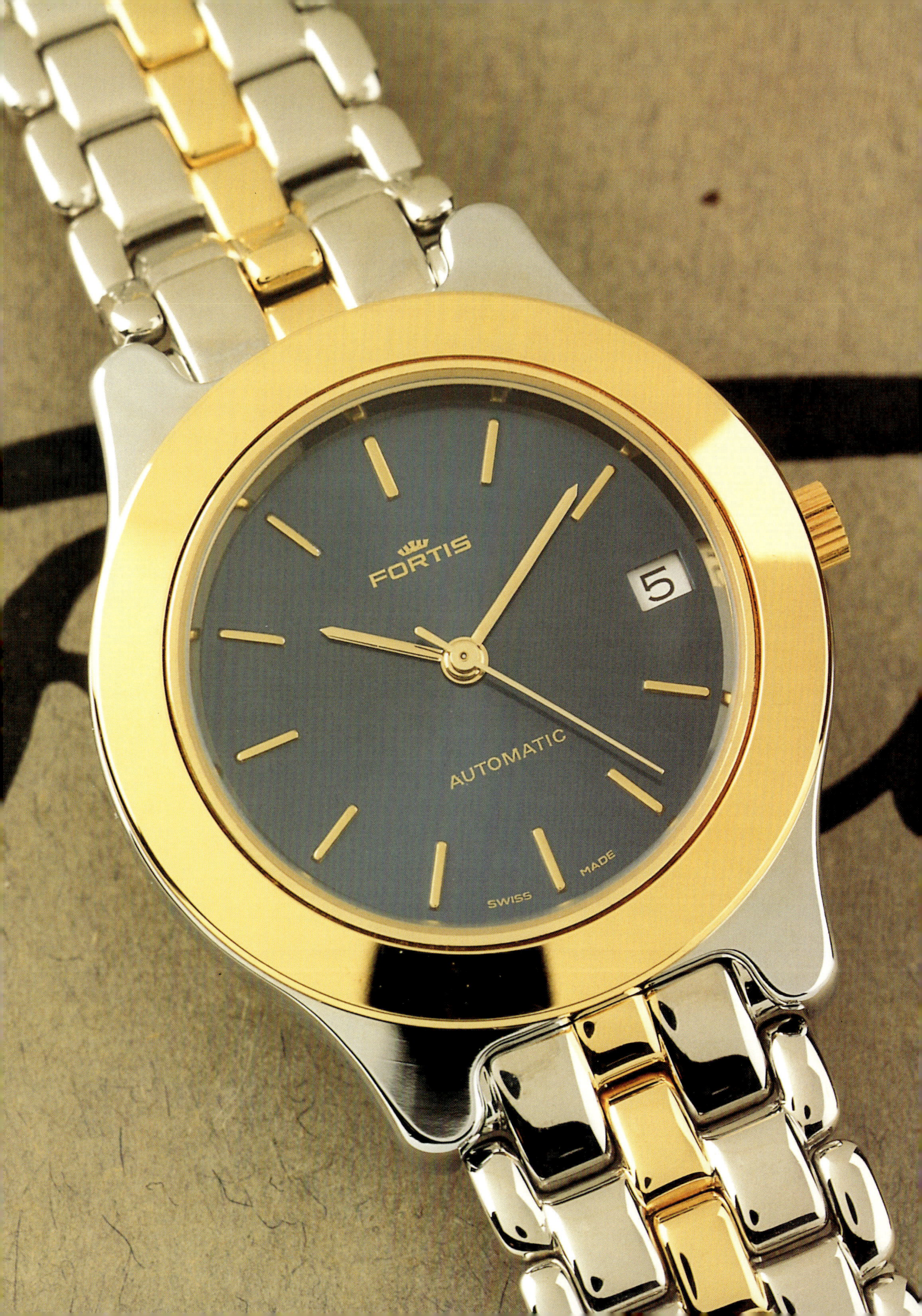
FORTIS
5
AUTOMATIC
SWISS
MADE

Kaliber ETA 2836-2

ETA 2836-2

Produzent: ETA SA in Grenchen (Schweiz), ein Unternehmen des SMH-Konzerns.

Produziert: seit 1972.

Besonderheiten: Werk nicht mehr weit verbreitet.

Werk-Varianten: mit Datum bzw. Datum und Tag („Daydate"). Gehört zur Kaliberfamilie „28". Als Handaufzug Kaliber 2800–2818 jeweils mit Zentralsekunde ohne Datum bis hin zu Daydate. In der Automatik-Linie lauten die Kaliber 2820–2838. Unterschiede ergeben sich auch bei Schwingungszahlen zwischen 21 600 und 36 000 A/h (nicht mehr produziert).

Automatik-Aufzug: kugelgelagerter Zentralrotor, Aufzug in beide Drehrichtungen, Gangreserve ca. 40 Stunden.

Technische Daten:
Unruh 28 800 Halbschwingungen/Std.,
Werkdurchmesser 25,60 mm,
Höhe 5,05 mm,
25 Steine.

Wird von folgenden Marken verwendet:
Maurice Lacroix, Mido, Tutima.

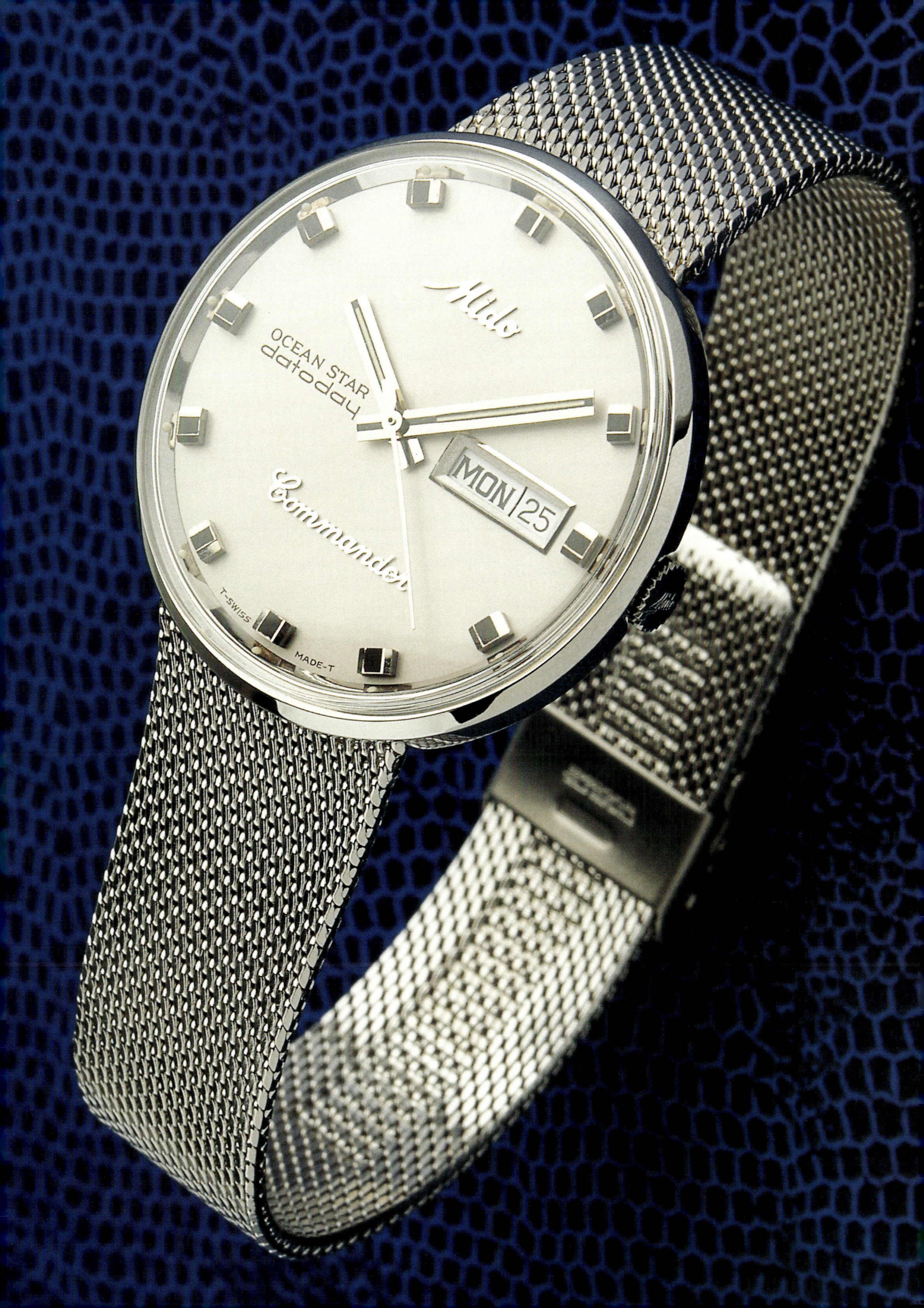
Mido
OCEAN STAR
datoday
Commander
MON
25
T-SWISS
MADE-T

Kaliber ETA 2840

ETA 2840

Produzent: ETA SA in Grenchen (Schweiz), ein Unternehmen des SMH-Konzerns.

Produziert seit 1991.

Automatik-Aufzug: kugelgelagerter Zentralrotor. Aufzug in beide Drehrichtungen. Gangreserve 49 Stunden.

Besonderheiten: für die Swatch reserviertes Automatikwerk. Für Reparaturen ab Hersteller nicht vorgesehen. Kein Sekundenstopp.

Technische Daten:
Unruh 21 600 Halbschwingungen/Std., Werkdurchmesser 25,90 mm, Höhe 5,20 mm, 23 Steine.

Wird von folgender Marke verwendet:
Swatch.

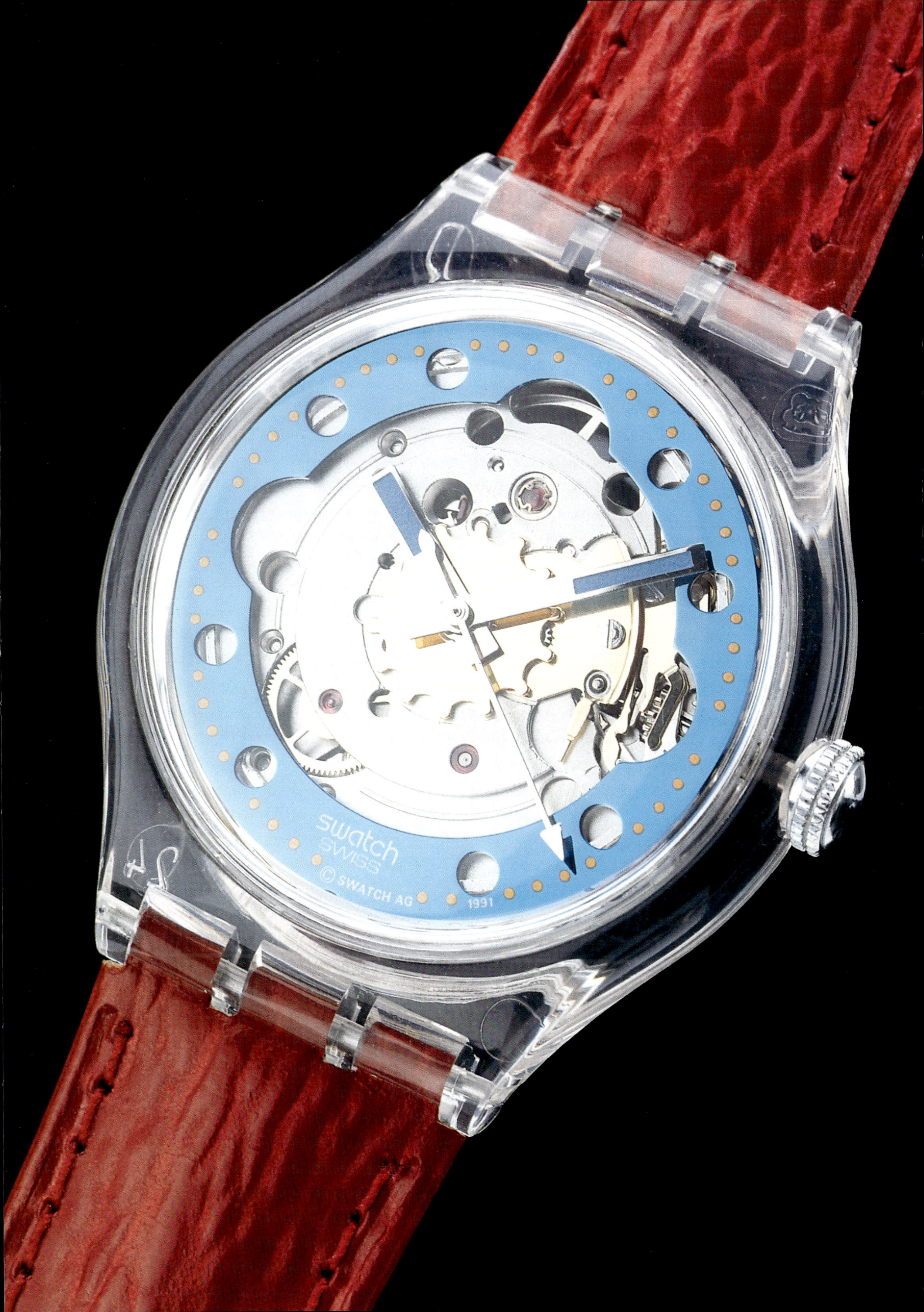
swatch
SWISS
© SWATCH AG
1991

Kaliber ETA 2892-2

ETA 2892-2

Produzent: ETA, Grenchen (Schweiz), gehört zum SMH-Konzern.

Werk-Varianten: verschiedene Qualitätsausführungen bis hin zur Chronometer-Qualität. Werk kann auch als Basis für Chronographen-Module dienen und ist auch für ewige Kalender geeignet.

Produziert ab 1976 als Kaliber 2892, in der Form 2892-2 ab 1984. Nach ständigen Verbesserungen (u. a. Rotor) ab 1992 Kaliber 2892 A 2.

Automatik-Aufzug: kugelgelagerter Zentralrotor, Aufzug in beiden Drehrichtungen, Gangreserve 40–45 Stunden.

Technische Daten:

Unruh 28 800 Halbschwingungen/Std.
Durchmesser 25,60 mm
Höhe 3,60 mm
21 Steine.

Wird von folgenden Marken verwendet:

Baume & Mercier, Breitling, Bulgari, Dugena, Ebel, Eberhard, Eterna, Fortis, Girard-Perregaux, Hublot, IWC, Jaguar, Kelek, Longines, Maurice Lacroix, Mido, Omega, Sinn, Ulysse Nardin, Raymond Weil, Zenith – (meistverbreiteter Standard-Automat).

EICA
M6
OMEGA
16
Constellation
CHRONOMETER
AUTOMATIC
SWISS MADE

Kaliber GP 3100

Girard-Perregaux GP 3100

Produzent: Girard-Perregaux, La Chaux-de-Fonds, Schweiz.

Produziert seit 1994.

Besonderheiten: Automat mit sehr geringer Baugröße, Sekundenstopp, Datumsschnellschaltung, Zentral- oder kleine Sekunde (bei 9 Uhr). Modulaufbau mit ewigem Kalender möglich.

Werk-Varianten: Kaliber GP 3000 mit 23,90 mm Durchmesser, 2,98 mm Höhe, 42 Stunden Gangreserve.

Automatik-Aufzug: kugelgelagerter Zentralrotor. Aufzug in eine Drehrichtung, Gangreserve 50 Stunden (Kaliber GP 3100).

Technische Daten:
Unruh 28 800 Halbschwingungen/Std., Werkdurchmesser 26,20 mm (GP 3100), Höhe 2,98 mm, 27 Steine.

Wird von folgenden Marken verwendet:
Girard-Perregaux, Bulgari.

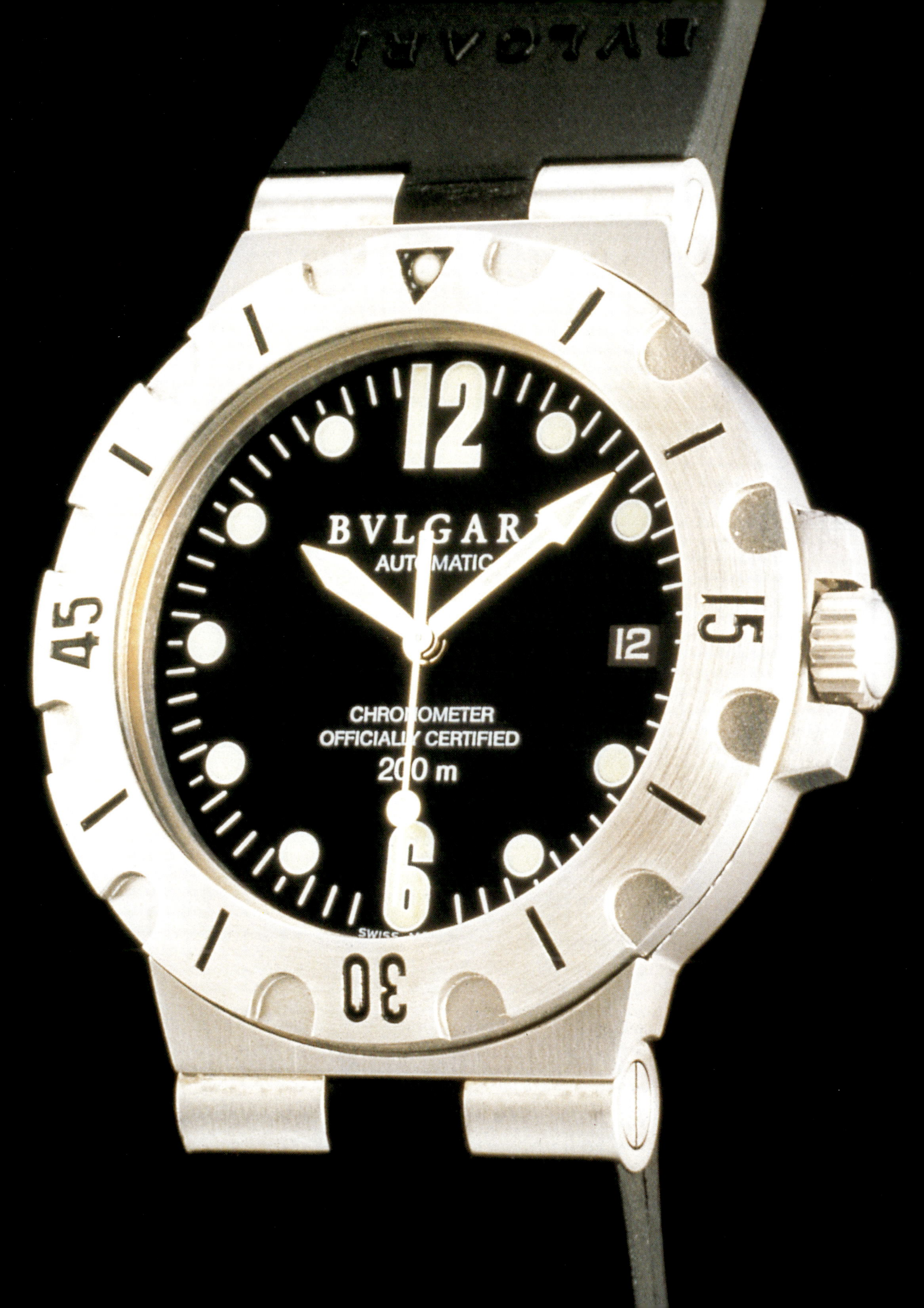
BVLGARI
200 m
15
30
45

Kaliber GUB 10-30

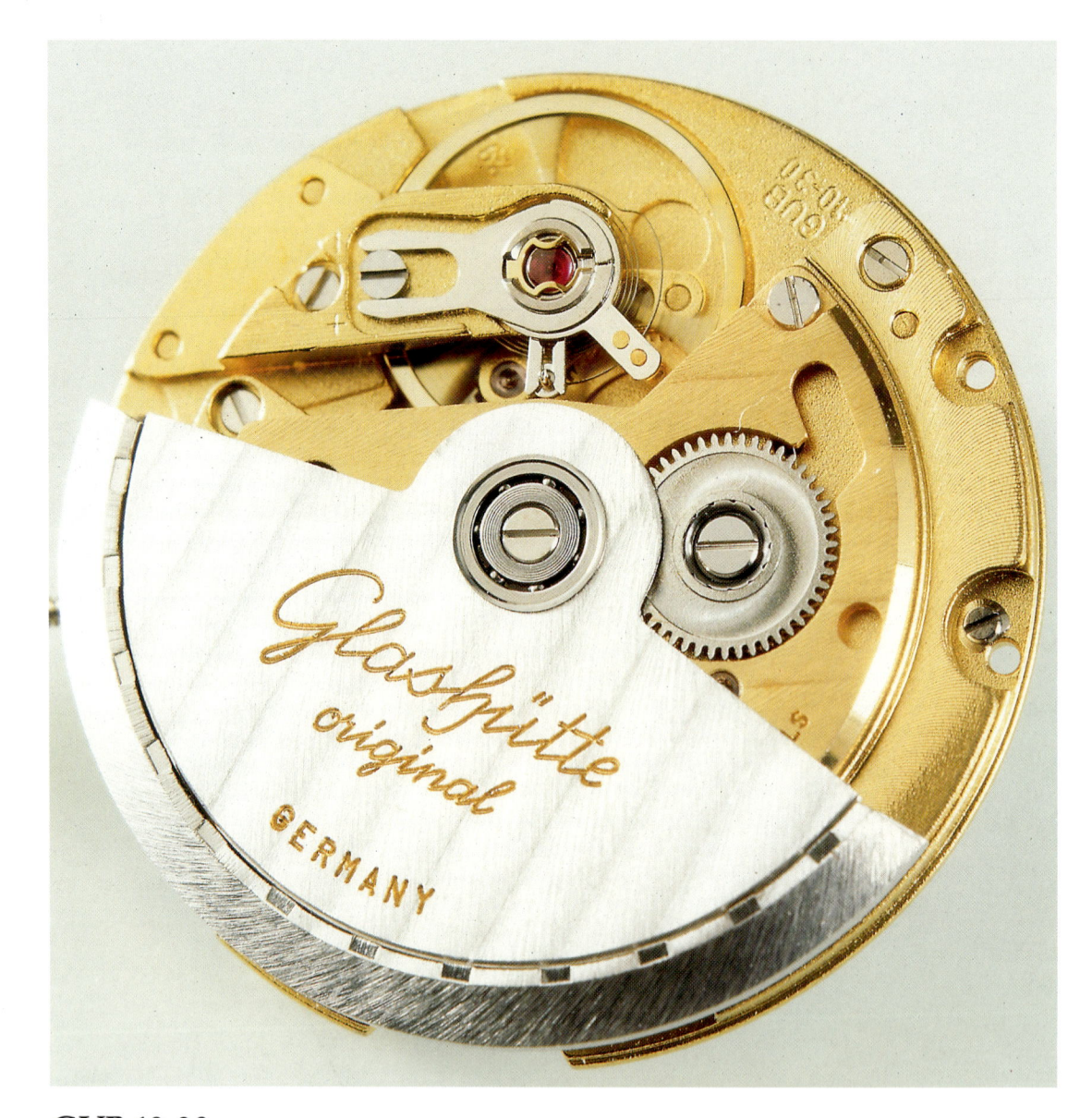

GUB 10-30

Produzent: Glashütter Uhrenbetrieb, Glashütte/Sachsen (Deutschland).

Produziert seit 1993.

Automatik-Aufzug: kugelgelagerter Zentralrotor. Aufzug in eine Drehrichtung. Gangreserve mehr als 40 Stunden.

Besonderheiten: Neukonstruktion. Mit Ausnahme von Feder, Lagersteinen, Stoßsicherung und Hemmung deutsche Produktion.

Technische Daten:
Unruh 28 800 Halbschwingungen/Std., Werkdurchmesser 25,60 mm, Höhe 4,2 mm, 22 Steine.

Wird von folgender Marke verwendet:
GUB Glashütte.

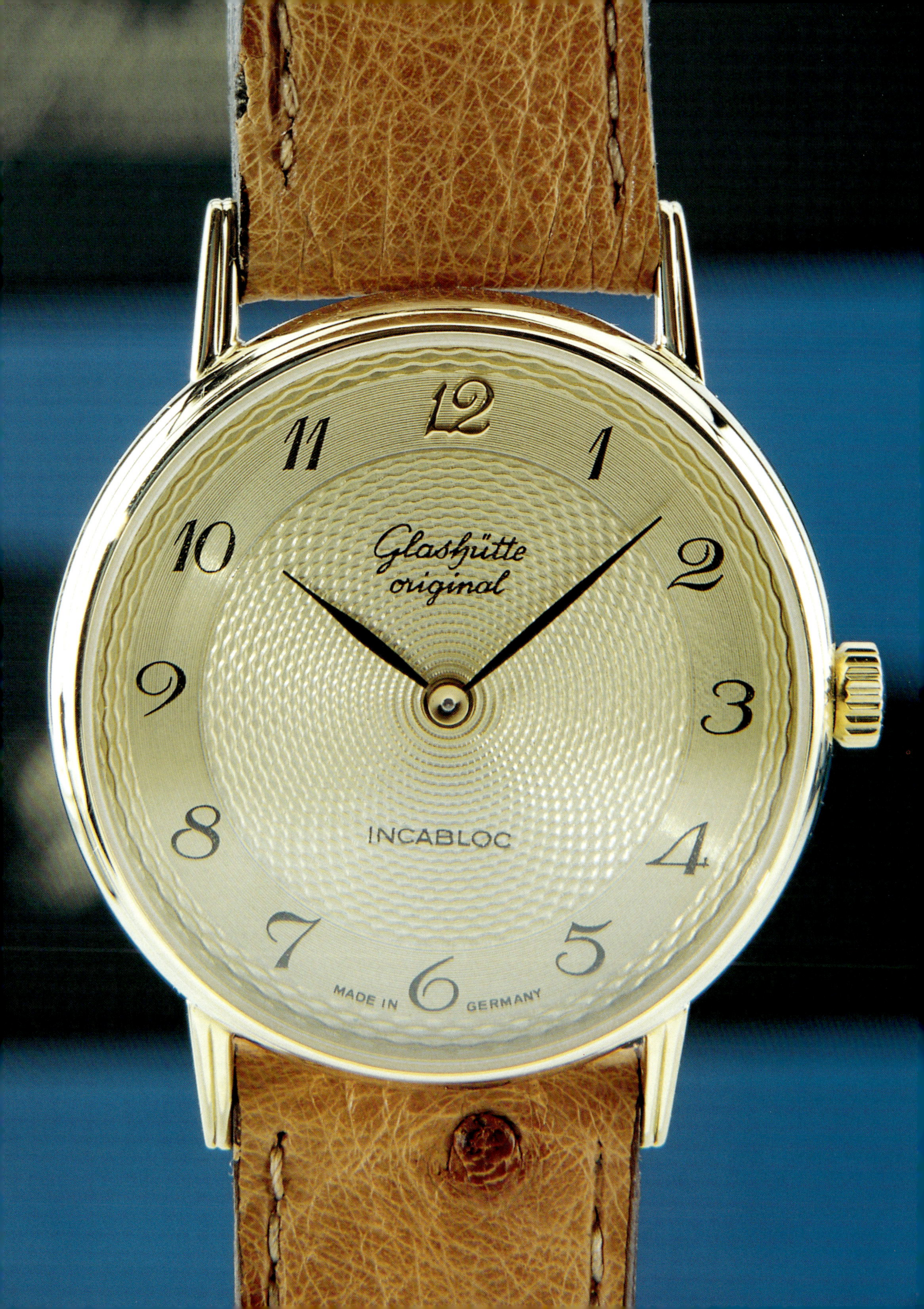
Glashütte
original
INCABLOC
MADE IN
GERMANY

Kaliber IWC 8541/1

IWC 8541

Produzent: IWC, Schaffhausen, Schweiz.

Produziert: Grundkaliber 85 ab 1950, Kaliber 8541 ab 1964 bis heute. Von der Kaliberfamilie 85 wurden weit mehr als 250 000 Werke hergestellt.

Besonderheit: IWC-eigene Wechsler-Konstruktion für den Automatikaufzug. Feinregulierung mit drei Gewichten auf den Unruharmen. Breguetspirale.

Automatik-Aufzug: Auf Rubinen achsengelagerter Zentralrotor. Aufzug in beide Drehrichtungen. Gangreserve mehr als 40 Stunden.

Technische Daten:
Unruh 19 800 Halbschwingungen/Std., Durchmesser 28,00 mm, Höhe 5,90 mm, 25 Steine.

Wird von folgender Marke verwendet:
IWC Schaffhausen (allerdings in ganz wenigen Modellen).

IWC
International Watch Co
Schaffhausen
7
Automatic
SWISS

Kaliber Jaeger-LeCoultre 889

Jaeger-LeCoultre 889

Produzent: Jaeger-LeCoultre, Le Sentier, Schweiz.

Werk-Varianten: mit oder ohne Sofortkalender; Mittelsekunde oder indirekte Sekunde. Ewiger Kalender, Gangreserve.

Produziert seit 1967.

Automatik-Aufzug: Kugelgelagerter Zentralrotor, Aufzug in beiden Drehrichtungen. Gangreserve 45–50 Stunden.

Technische Daten:
Unruh 21 600 Halbschwingungen pro Stunde (ab 1990 erhöht auf 28 800, Kaliber 889/1).
Durchmesser 26 mm.
Höhe 3,25 mm.
33 Steine.

Von folgenden Marken u. a. verwendet:
Jaeger-LeCoultre, Audemars Piguet, Vacheron Constantin, Chopard, IWC.

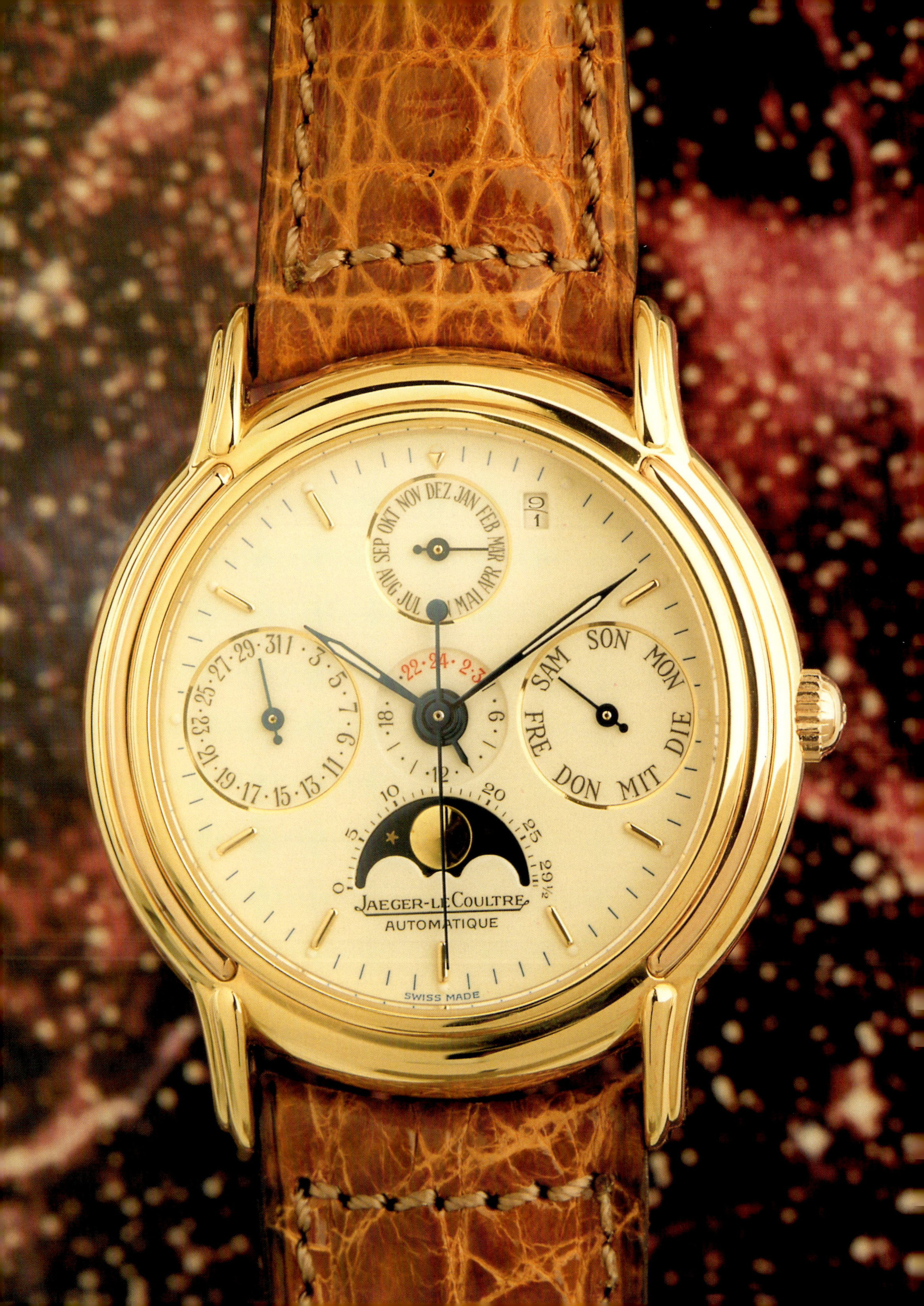
JAEGER-LECOULTRE
AUTOMATIQUE
SWISS MADE

Kaliber Jaeger-LeCoultre 919

Jaeger-LeCoultre 919

Produzent: Jaeger-LeCoultre, Le Sentier, Schweiz.

Produziert: seit 1989. Restbestände für Wecker mit ewigem Kalender bis 1993. Werk wird nicht mehr produziert.

Werk-Variante: Ohne die Funktionen des ewigen Kalenders und die Bronzeglocke wurde das Werk mit Kalender- und Weckfunktion bereits zwischen 1970 und 1977 produziert. Bei dem in der „Grand Reveil" verwendeten Basiswerk handelt es sich um einen Restbestand.

Automatik-Aufzug: kugelgelagerter Zentralrotor mit Aufzug in beide Drehrichtungen. Gangreserve 44 Stunden.

Besonderheiten: Das Kaliber 919 ist das einzige Weckerwerk mit ewigem Kalender, inkl. Jahresanzeige in Zahlen.

Technische Daten:
Unruh 28 800 Halbschwingungen/Std.,
Werkdurchmesser 30,00 mm,
Höhe 8,30 mm (ohne ewigen Kalender früher 7,40 mm),
31 Steine.

Wird von folgender Marke verwendet:
Jaeger-LeCoultre.

SEP OKT NOV DEZ JAN FEB MAR
AUG JUL JUN MAI APR
SAM SON MON
FRE DIE
DON MIT
JAEGER-LECOULTRE
AUTOMATIC
SWISS
MADE

Kaliber Lemania 1341

Lemania 1341 (Chronograph)

Produzent: Lemania (Schweiz), L'Orient.

Produziert: 1973–1978.

Automatik-Aufzug: Kugelgelagerter Zentralrotor mit Aufzug in beiden Drehrichtungen. Gangreserve ca. 50 Stunden.

Besonderheiten: Neben der Chrono-Sekunde auch Chrono-Minute aus der Mitte. Verwendung von Plastikteilen im Werk. Begründet durch angebliche Vorteile bei Verschleiß und Reibung gegenüber Metall.

Technische Daten:
Unruh 28 800 Halbschwingungen/Std.,
Werkdurchmesser 31,00 mm,
Höhe 8,00 mm,
17 Steine.
Robust, sehr gut zu regulieren.

U. a. bei folgenden Marken zu finden:
Omega, Sinn, Lemania (in Stückzahlen findet das Werk zur Zeit bei keiner Uhrenmarke Verwendung).

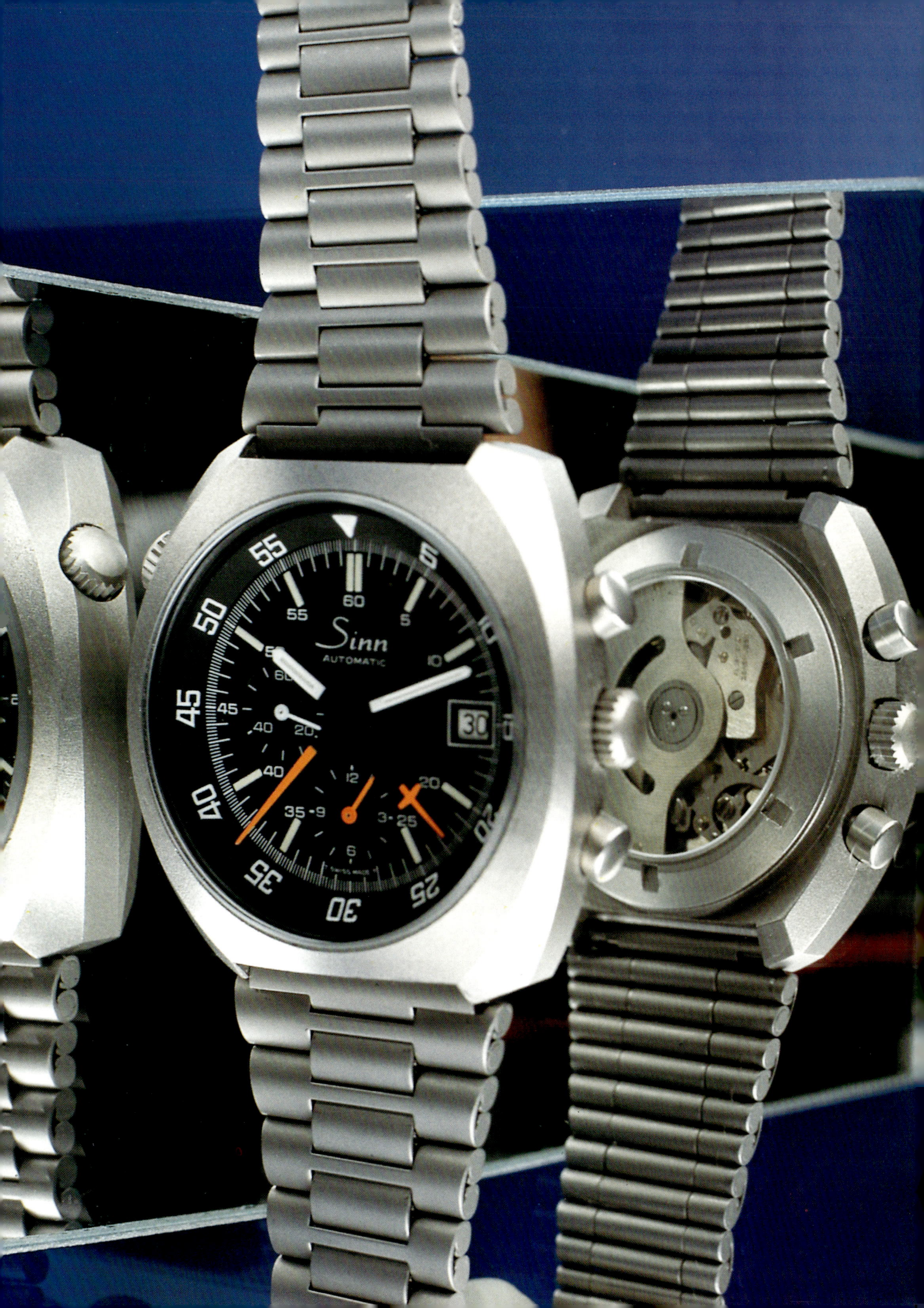
Sinn
AUTOMATIC

Lemania 1354

Produzent: Nouvelle Lemania SA, L'Orient, Schweiz.

Produziert seit 1994.

Besonderheiten: Nachfolger des automatischen Chronographen-Kalibers 1341 von 1973.

Werk-Varianten: Gangreserve, zentraler Minutenzeiger, Minutenzeiger bei 9 Uhr, ewiger Kalender, Kalender bei 3 Uhr, Kalenderfenster bei 6 Uhr. Kaliber-Familie: 1344 ewiger Kalender, 1350 kleines Kalender-Zifferblatt bei drei Uhr, 1351 höchste Luxusausführung des 1350, 1353 Gangreserve-Anzeige, 1354 Luxusausführung, 1355 höchste Luxusausführung des 1354, 1357 Normalwerk in Luxusausführung, 1358 höchste Luxusausführung des 1357, 1360 Luxusausführung mit Kalenderfenster bei 6 Uhr, 1361 höchste Luxusausführung des 1360.

Automatik-Aufzug: kugelgelagerter Zentralrotor mit Aufzug in beide Drehrichtungen, Gangreserve mindestens 45 Stunden.

Technische Daten:
Unruh 28 800 Halbschwingungen/Std.,
Werkdurchmesser 31,00 mm
Höhe je nach Ausführung zwischen 6,40 und 6,95 mm
je nach Ausstattung 31 bis 33 Steine.

Das Werk steht verschiedenen Marken zur Verfügung.

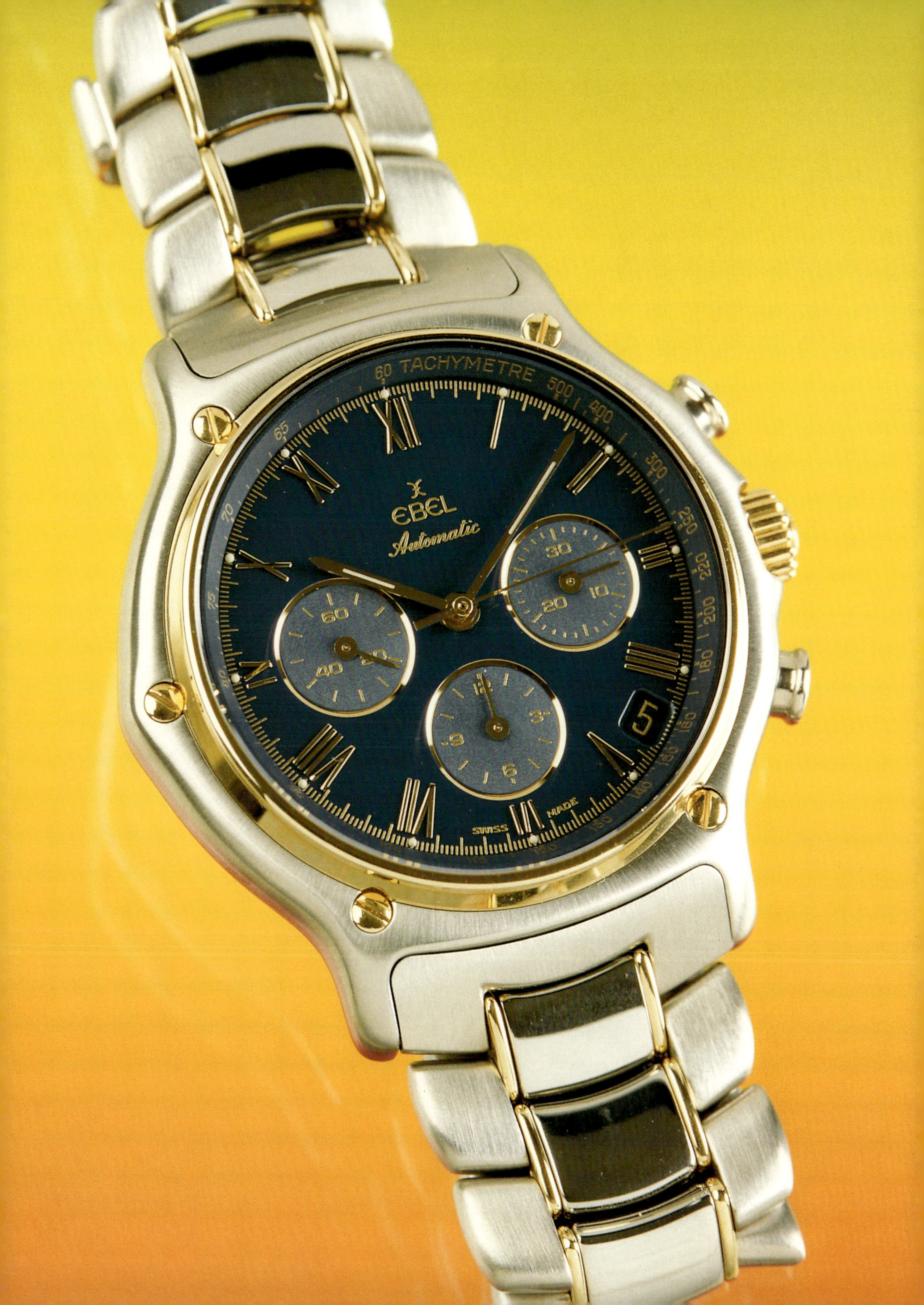
TACHYMETRE
EBEL
Automatic
SWISS MADE

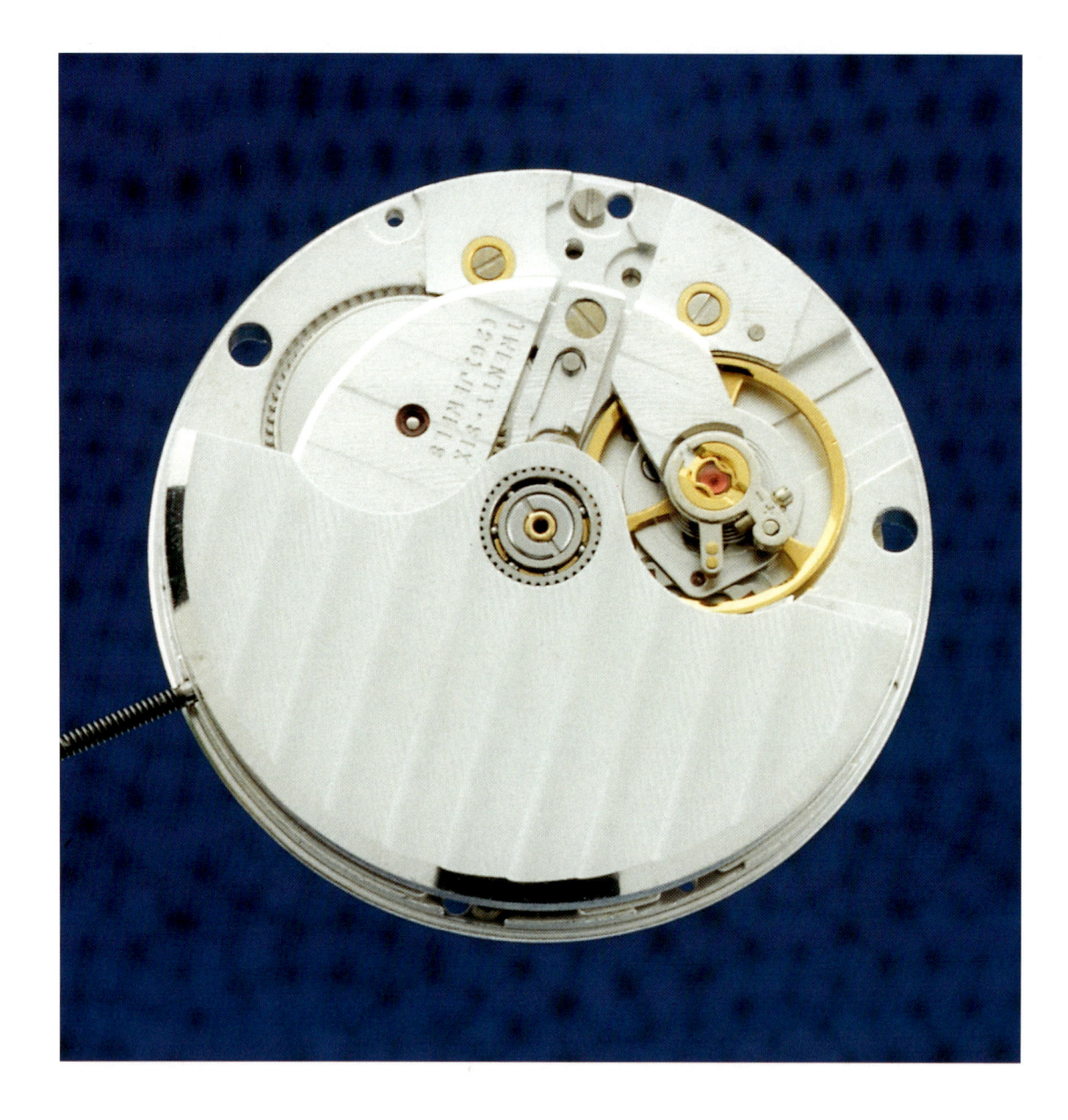

Kaliber Lemania 1918

Lemania 1918

Produzent: Nouvelle Lemania SA, L'Orient, Schweiz.

Produziert seit 1993.

Werk-Varianten: verschiedene Ausführungen, wie z. B. Zentralsekunde, kleine Sekunde, Kalender. Zur Kaliber-Familie gehören folgende Bezeichnungen: 1910, 1912, 1913, 1915, 1916, 1918, 1960, 1962, 1963, 1965, 1966, 1968.

Automatik-Aufzug: kugelgelagerter Zentralrotor. Aufzug in beide Drehrichtungen. Gangreserve mindestens 40 Stunden.

Technische Daten:
Unruh 21 600 Halbschwingungen/Std., Werkdurchmesser 23,90 mm
Höhe 3,30 mm,
26 Steine.

Das Werk steht verschiedenen Marken zur Verfügung.

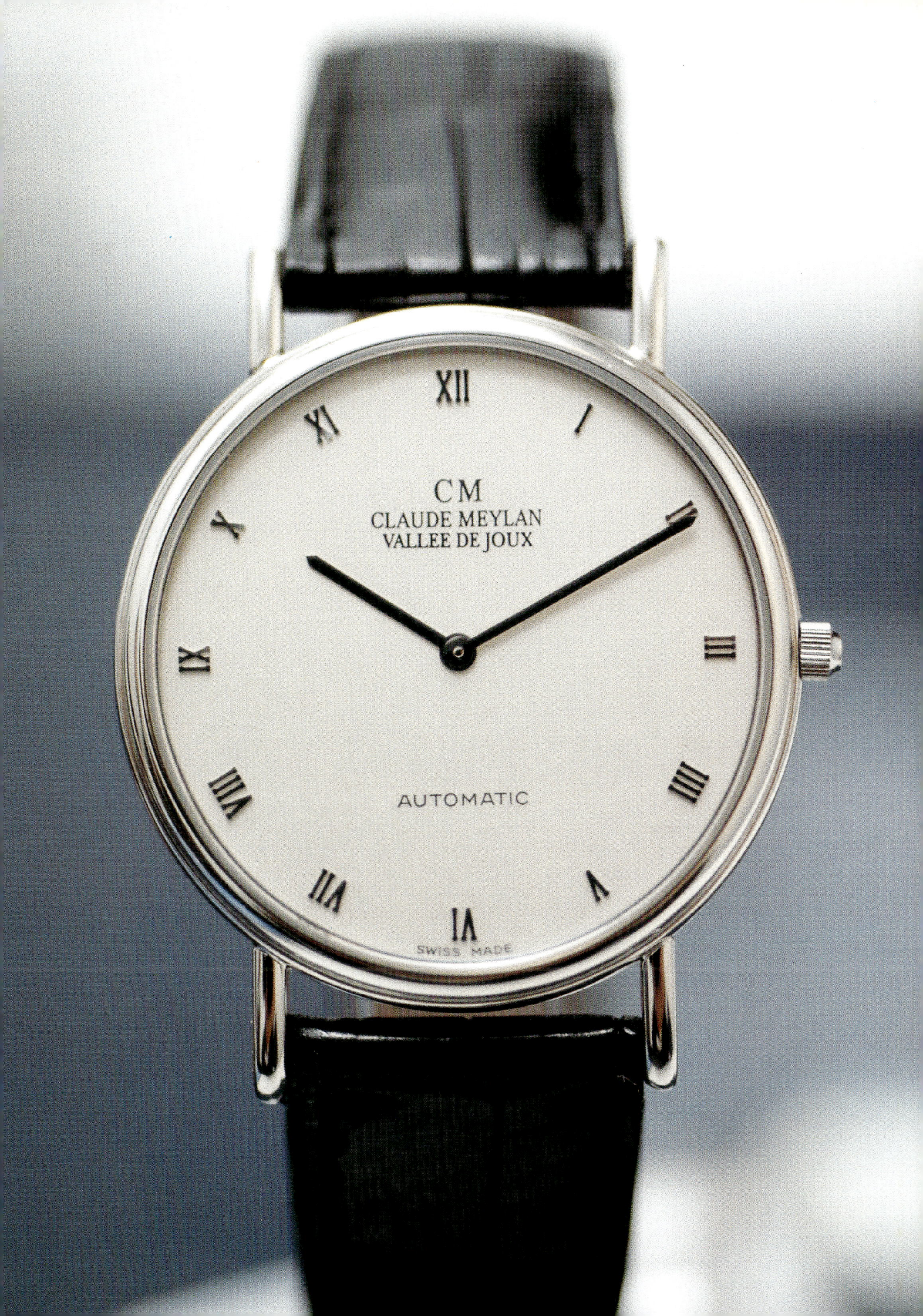
CM
CLAUDE MEYLAN
VALLEE DE JOUX
AUTOMATIC
SWISS MADE

Lemania 2010

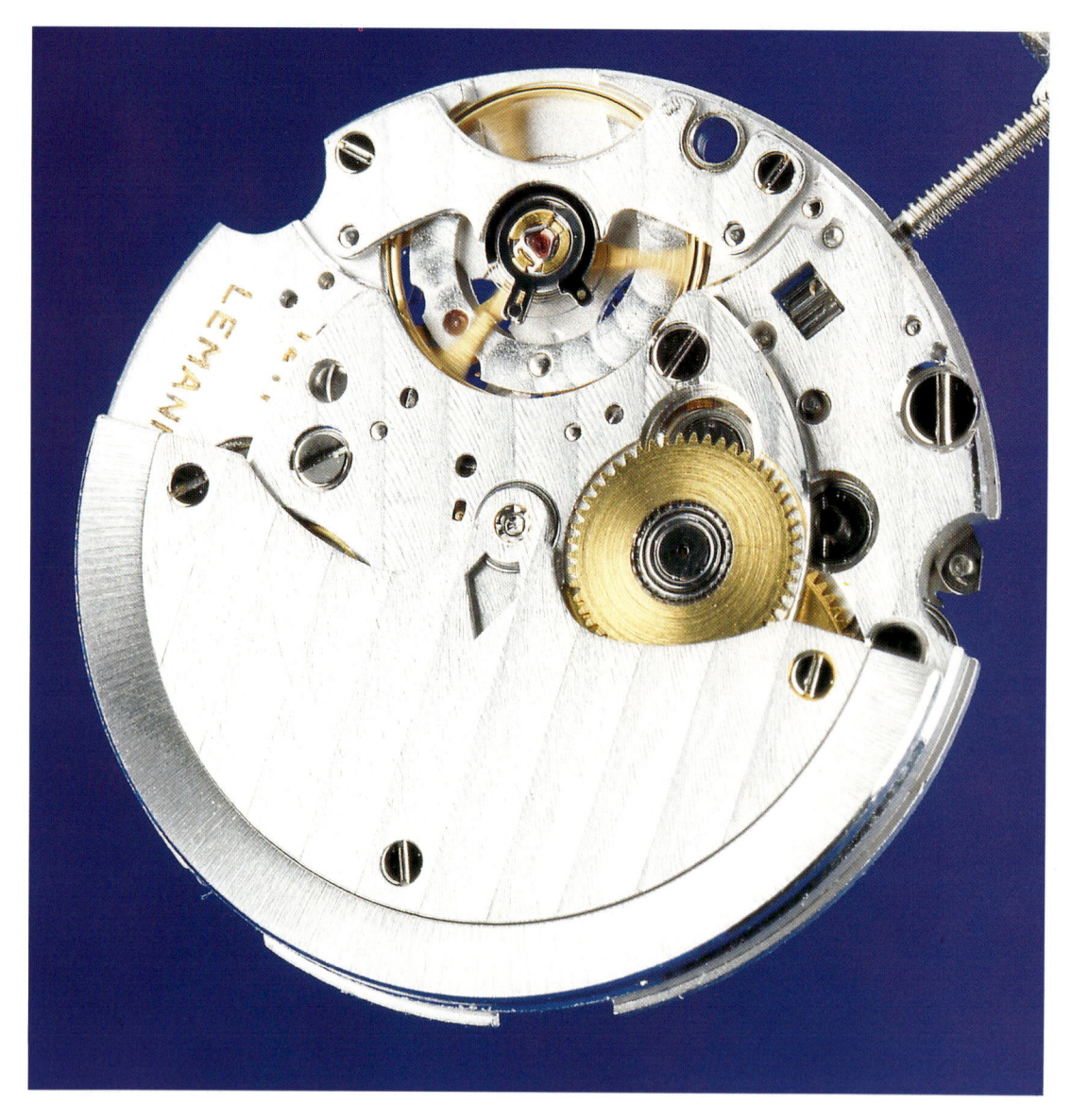

Produzent: Nouvelle Lemania, L'Orient, Schweiz (ein Unternehmen der Breguet-Gruppe).

Produziert seit 1978 von Lassale als Kaliber 2000, seit 1993 von Lemania.

Besonderheiten: flachstes Automatikwerk der Welt, Zahnradlagerung einseitig mit Hilfe von Kugellagern, ebenso das Federhaus. Brückenhalterung nur für Anker und Unruh.

Werk-Varianten: Handaufzug-Kaliber 1210 (früher Lassale 1200), Bauhöhe 1,20 mm.

Automatik-Aufzug: kugelgelagerter Zentralrotor. Aufzug in eine Drehrichtung. Gangreserve 40 Stunden.

Technische Daten:
Unruh 21 600 Halbschwingungen/Std.,
Werkdurchmesser 20,80 mm,
Höhe 2,08 mm,
11 Steine, 18 Kugellager.

Wird u. a. von folgenden Firmen verwendet:
Chopard, Piaget, Claude Meylan.

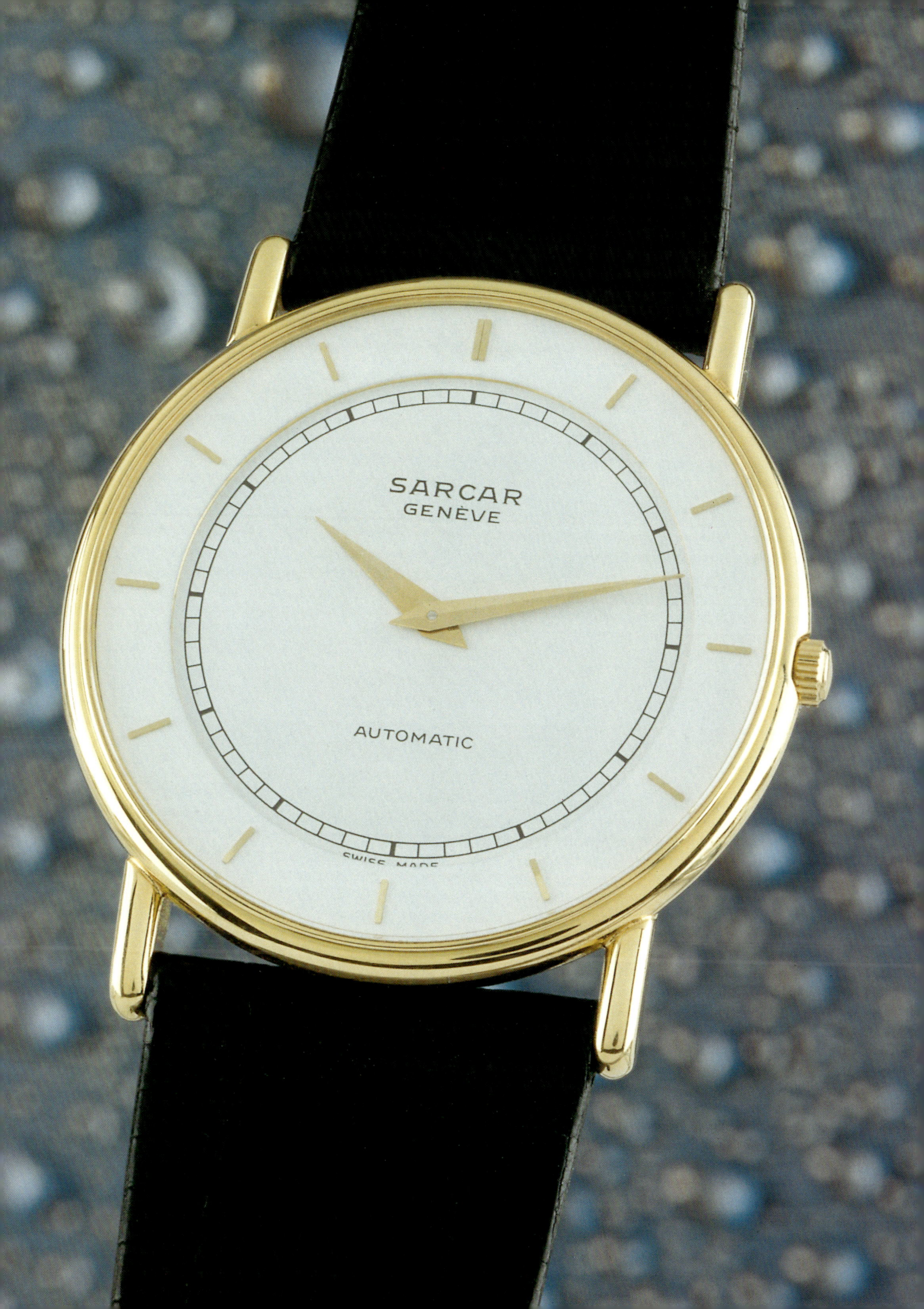
SARCAR
GENÈVE
AUTOMATIC
SWISS MADE

Kaliber Lemania 5100

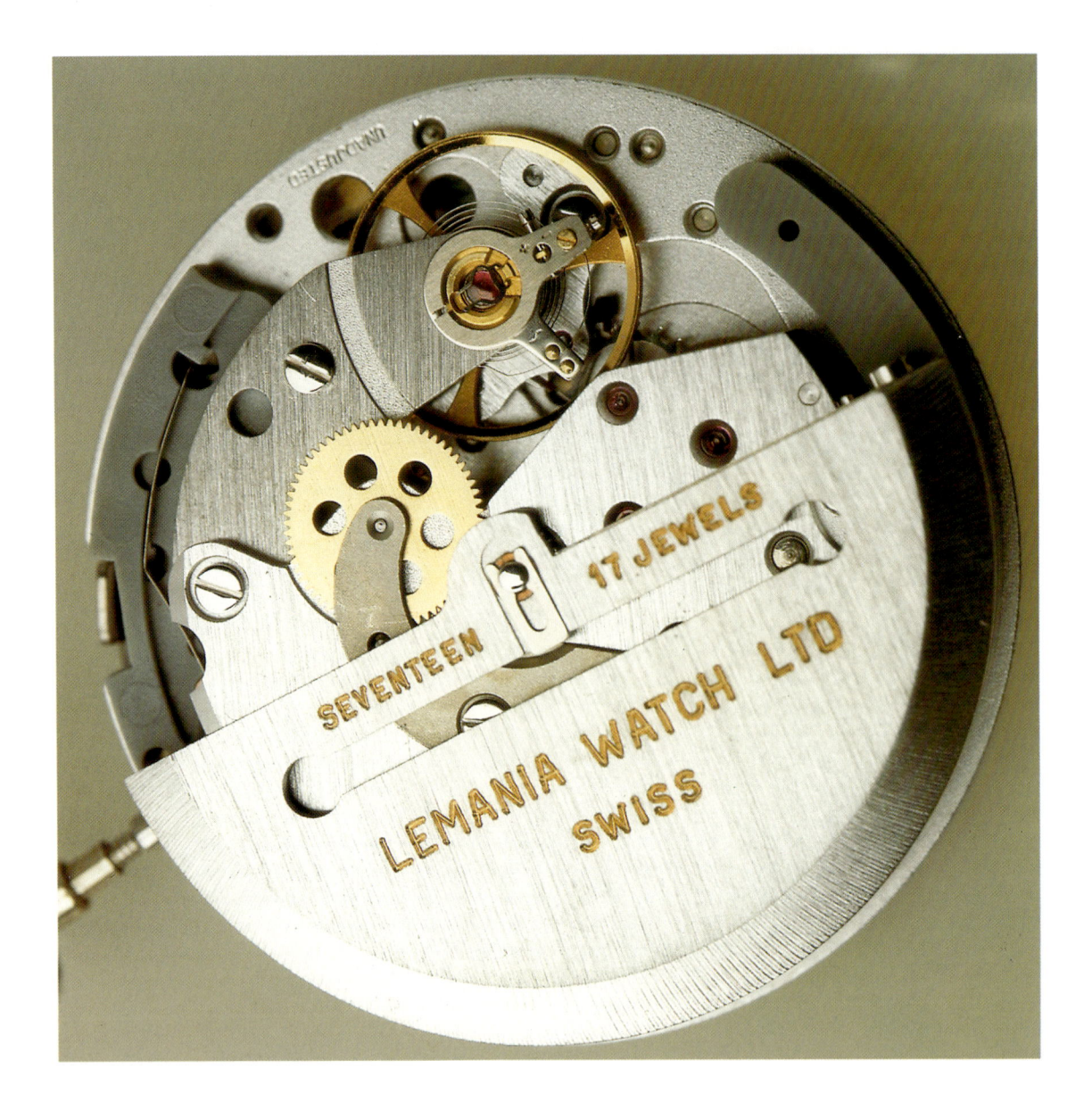

Lemania 5100

Produzent: Lemania, L'Orient, Schweiz.

Produziert: ab 1974, Nachfolgewerk vom Kaliber 1341.

Besonderheiten: In Herstellung und Konstruktion einfach, aber robust. Verwendet werden innerhalb des Werkes viele Plastikteile. Einziges Chronographen-Werk mit 24-Stundenanzeige, Chrono-Sekunde und Chrono-Minute aus der Mitte, Tag- und Datumsanzeige.

Automatik-Aufzug: Zentralrotor für Aufzug in eine Drehrichtung, achsengelagert. Trotz einfacher Bauweise bieten die Werke in der Regel sehr gute Gangwerte. Gangreserve 50 Stunden.

Technische Daten:
Unruh 28 800 Halbschwingungen/Std.
Durchmesser 31,00 mm
Höhe 8,20 mm
17 Steine.

Wird von folgenden Marken u. a. verwendet:

Sinn, Fortis, Tutima, Key West, Omega (bei einigen Speedmaster Aut.)

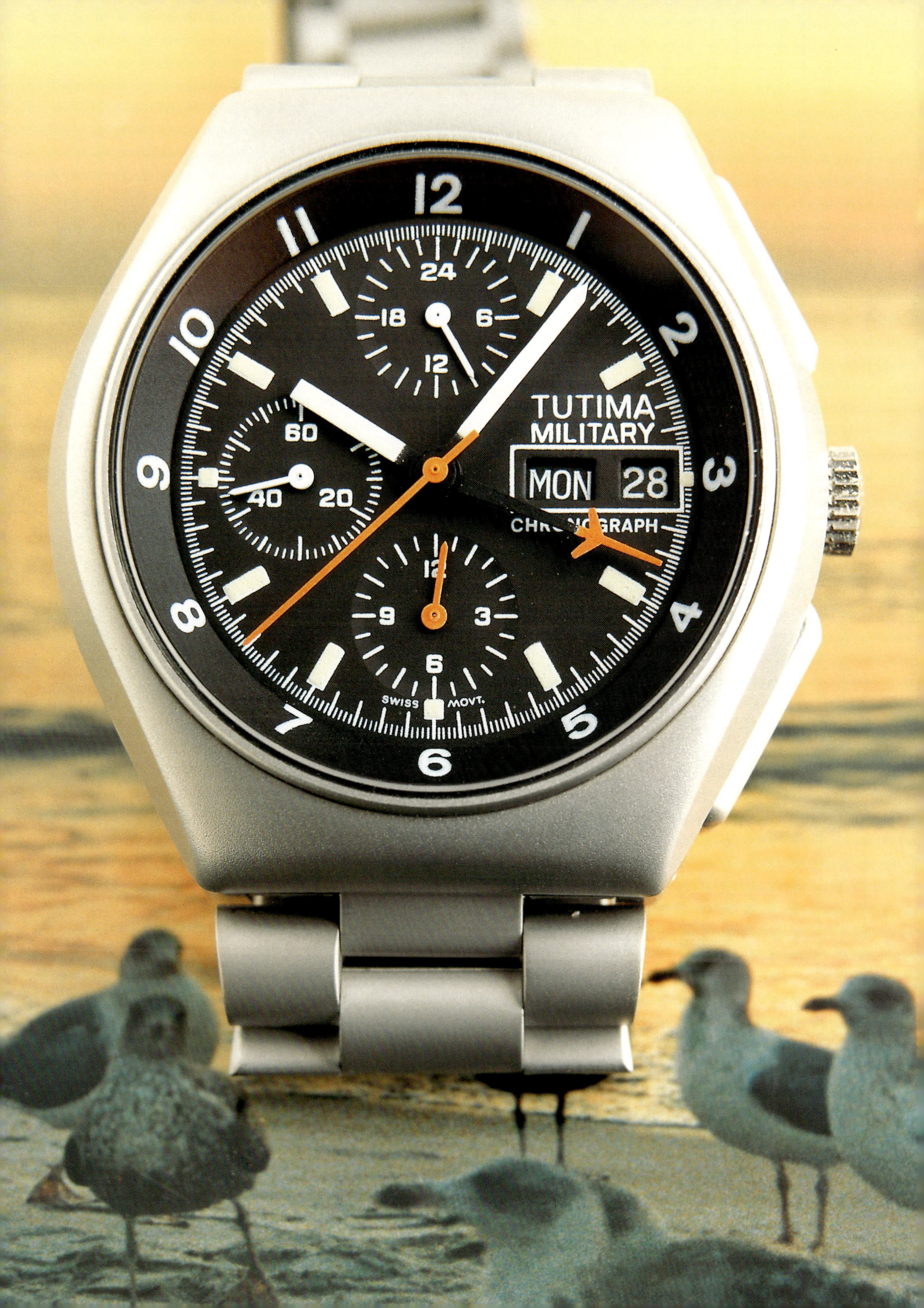
TUTIMA
MILITARY
MON 28
CHRONOGRAPH
SWISS MOVT.

Kaliber Lemania 8864

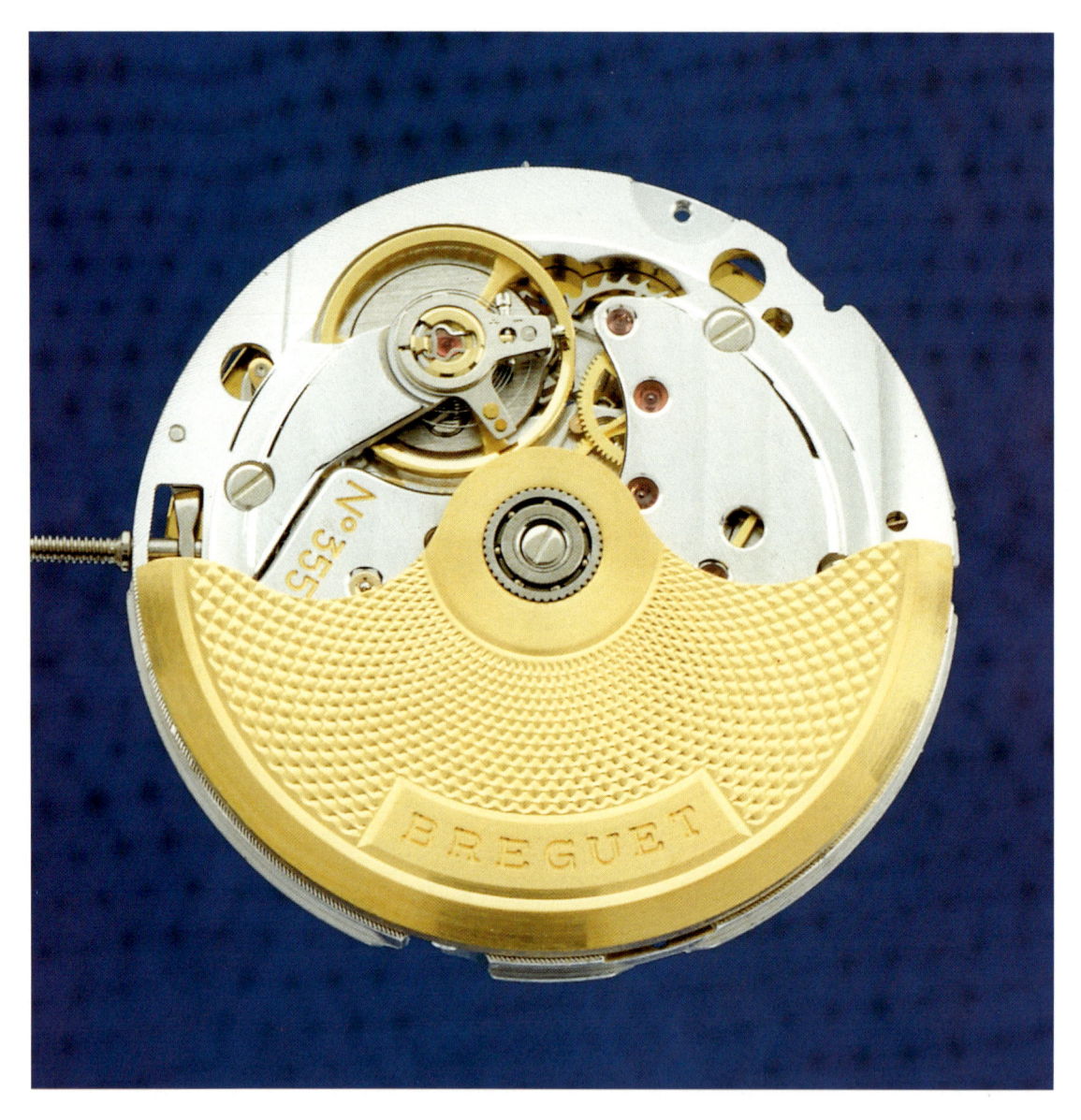

Lemania 8864

Produzent: Nouvelle Lemania SA, L'Orient, Schweiz.

Produziert seit 1993.

Besonderheiten: zwei Federhäuser, vormals (1977) Longines-Kaliber 989.2.

Werk-Varianten: verschiedene Ausführungen, wie z. B. ewiger Kalender, Repetition, Gangreserve-Anzeige, zweite Zeitzone. Zur Kaliber-Familie gehören folgende Bezeichnungen: 8810, 8811, 8812, 8813, 8815, 8816, 8817, 8818, 8831, 8840, 8841, 8844, 8845, 8860, 8864, 8865, 8875, 8881, 8890.

Automatik-Aufzug: kugelgelagerter Zentralrotor, Aufzug in eine Drehrichtung, Gangreserve mindestens 38,5 Stunden.

Technische Daten:
Unruh 28 800 Halbschwingungen/Std., Werkdurchmesser 26,00 mm
Bauhöhe je nach Ausführung zwischen 2,95 und 5,45 mm
25 Steine.

Das Werk steht neben Breguet verschiedenen Marken zur Verfügung.

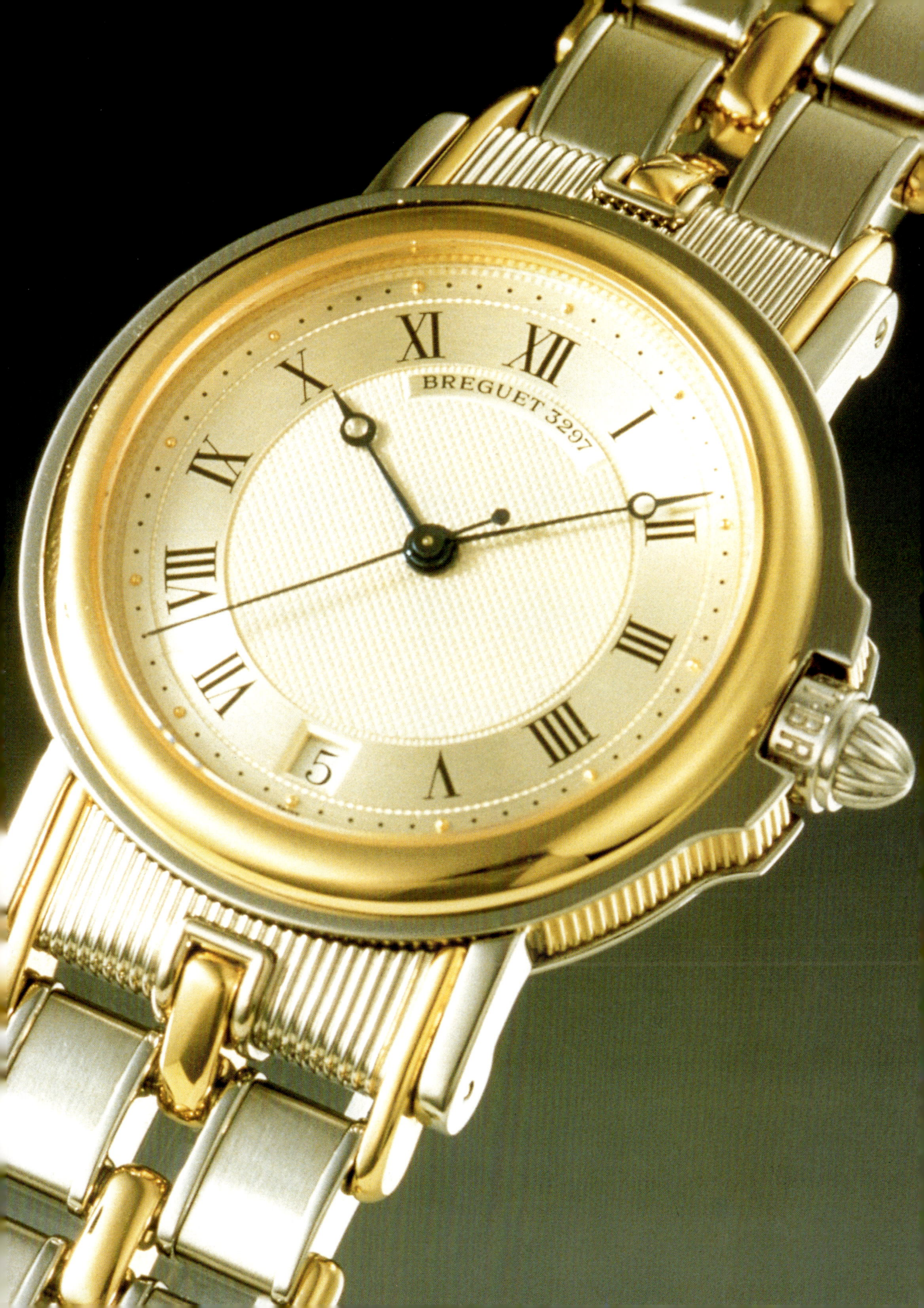
BREGUET 3297

Kaliber Longines 989.2

Longines 989.2

Produzent: Longines (wird nicht mehr hergestellt). Ab 1993 von der „Nouvelle Lemania" in L'Orient (Schweiz) weiterproduziert als Kaliber 8810.

Werk-Varianten: Verschiedene Komplikationen möglich.

Produziert: ab 1977.

Automatik-Aufzug: zentraler kugelgelagerter Rotor. Aufzug in einer Richtung. Gangreserve mehr als 40 Stunden.

Besonderheiten: automatischer Aufzug in das Werk integriert, mit dem Räderwerk auf einer Ebene. Zwei in Serie geschaltete Federhäuser.

Technische Daten:
Unruh 28 800 Halbschwingungen/Std.
Werkdurchmesser 25,60 mm
Bauhöhe 2,95 mm
Ankerhemmung, 25 Steine.

Von u. a. folgenden Marken verwendet:
Longines, kurzfristig Girard-Perregaux (als Kal. 1791), Claude Meylan.

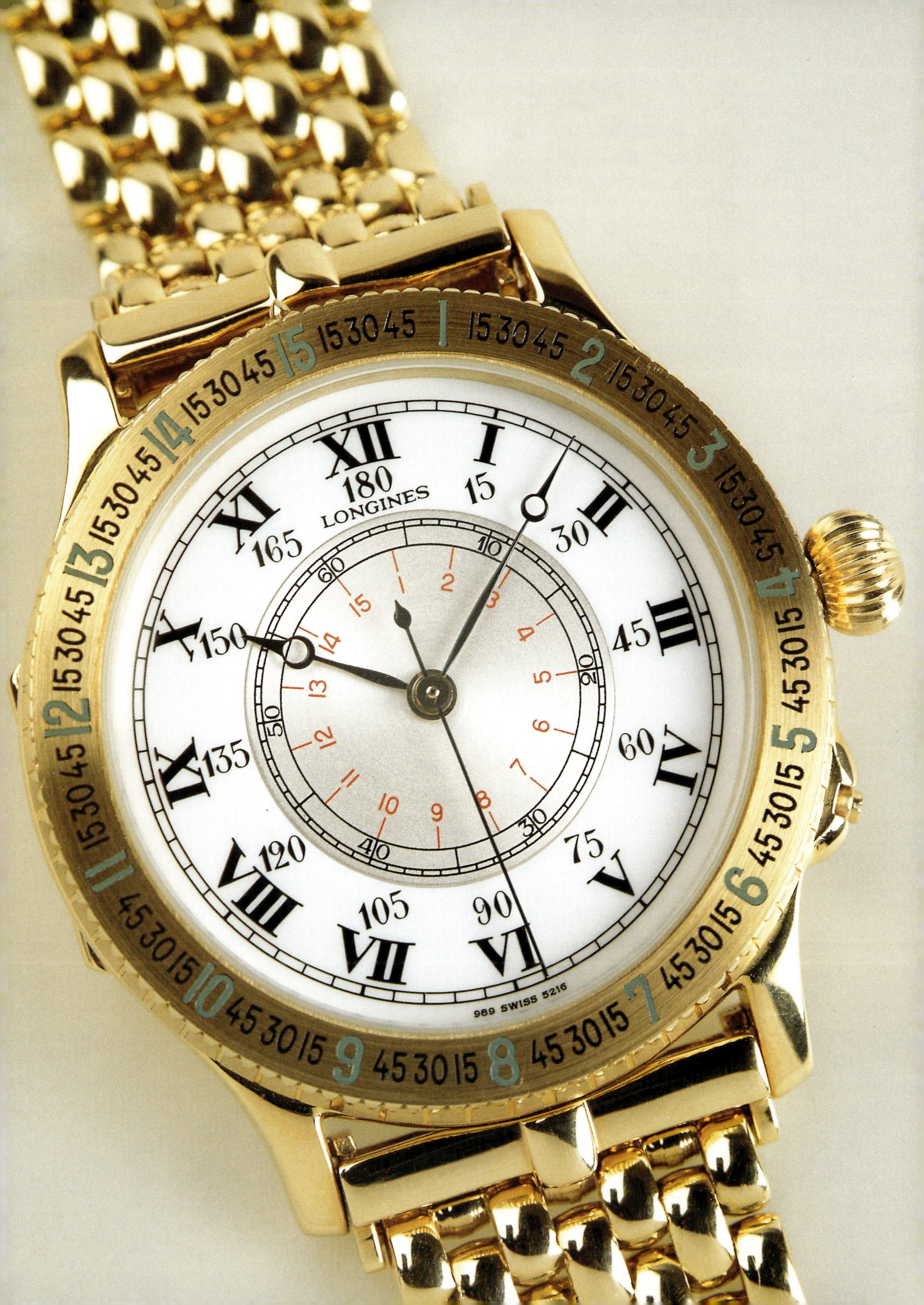
LONGINES
989 SWISS 5216

Kaliber Miyota 8215

Miyota (Citizen) 8215

Produzent: Miyota-Citizen, Tokio (Japan).

Werk-Varianten: Kaliber 8205 mit zusätzlicher Wochentagsanzeige.

Produziert: seit 1977.

Automatik-Aufzug: Rotor kugelgelagert. Aufzug in eine Drehrichtung. Gangreserve ca. 45 Stunden.

Besonderheiten: Miyota garantiert eine Ganggenauigkeit ab Werk von – 5 bis + 25 Sekunden pro Tag. Tatsächlich sind die Gangwerte in der Regel besser.

Technische Daten:
Unruh 21 600 Halbschwingungen/Std., Werkdurchmesser 25,60 mm, Höhe 5,32 mm, 21 Steine.

Wird u. a. von folgenden Marken verwendet:
Citizen, Festina, Camel.

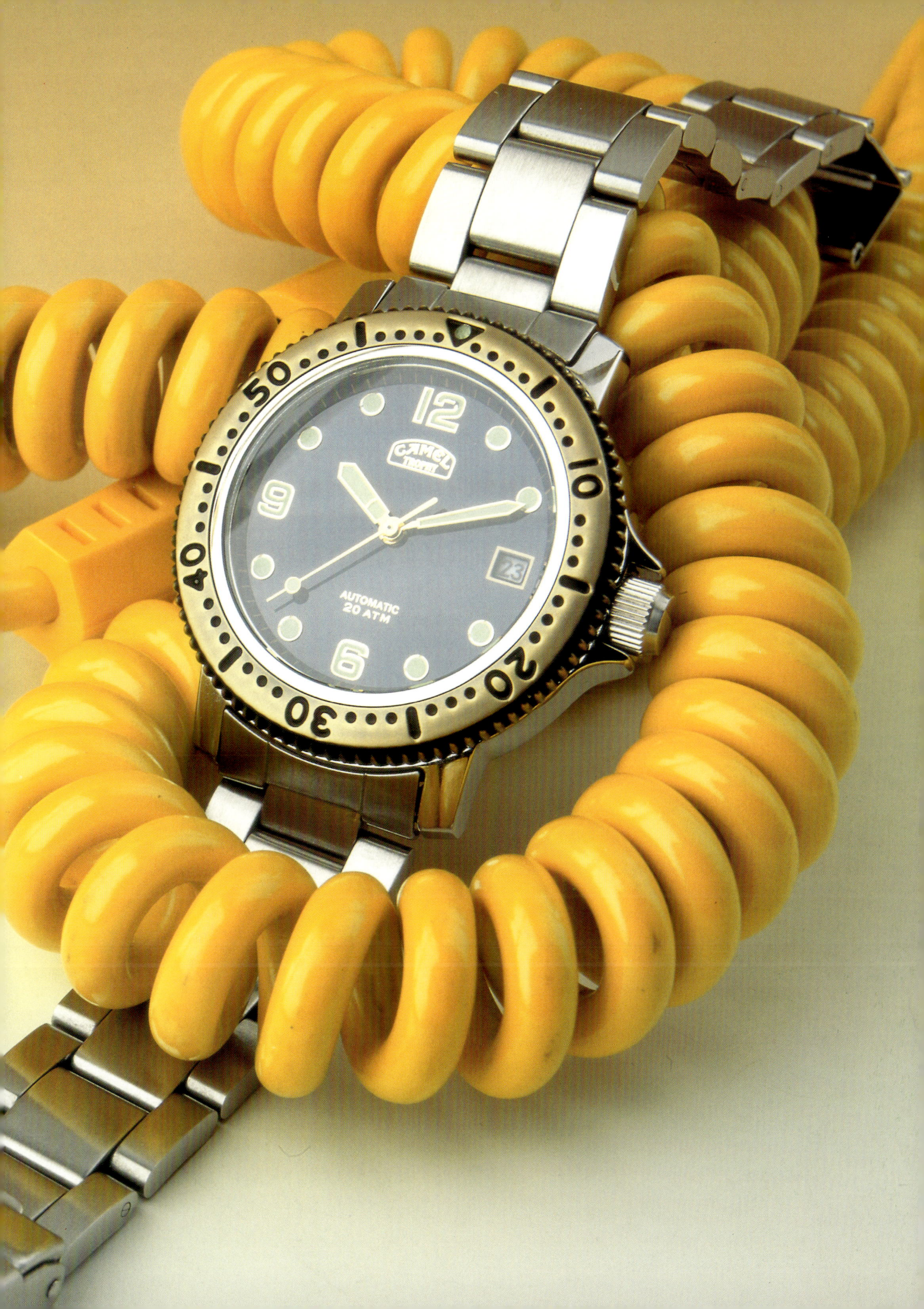
50
40
30
20
10
12
9
6
CAMEL
TROPHY
AUTOMATIC
20 ATM
23

Kaliber MSR 54

MSR 54 (Revue Thommen)

Produzent: MSR, Manufactures d'Horlogerie Suisse Réunieres (Vereinigte Schweizer Uhren-Manufakturen). In den 60er Jahren ein Firmenzusammenschluß von Buser, Phenix, Revue, Vulcain und Marvin. Heutiger Firmenname Revue Thommen.

Produziert ab ca. 1960. Restbestände werden heute noch verwendet.

Automatik-Aufzug: kugelgelagerter Zentralrotor. Aufzug in beide Drehrichtungen. Gangreserve ca. 40 Stunden.

Technische Daten:
Unruh 19 800 Halbschwingungen/Std.,
Werkdurchmesser 25,60 mm,
Höhe 5,00 mm,
22 Steine.

Wird von folgender Marke verwendet:
Revue Thommen.

REVUE THOMMEN

N.005

SWISS MADE

Kaliber Patek Philippe 240 Q

Patek Philippe 240 Q

Produzent: Patek Philippe, Genf, Schweiz.

Produziert seit 1985.

Automatik-Aufzug: kugelgelagerter Mikrorotor aus 18 K Gold, dezentral gelagert, in eine Drehrichtung aufziehend. Gangreserve 45 Stunden.

Besonderheiten: Eine der wenigen Automatik-Konstruktionen mit Mikro- bzw. Planetenrotor. Ziel: Bauhöhe des Werkes verringern.

Technische Daten:
Unruh 21 600 Halbschwingungen/Std., Werkdurchmesser 27,00 mm, Höhe (je nach Aufbau) 2,40 mm bis 3,75 mm (mit Kalender).
27 Steine.

Wird von folgender Firma verwendet:
Patek Philippe.

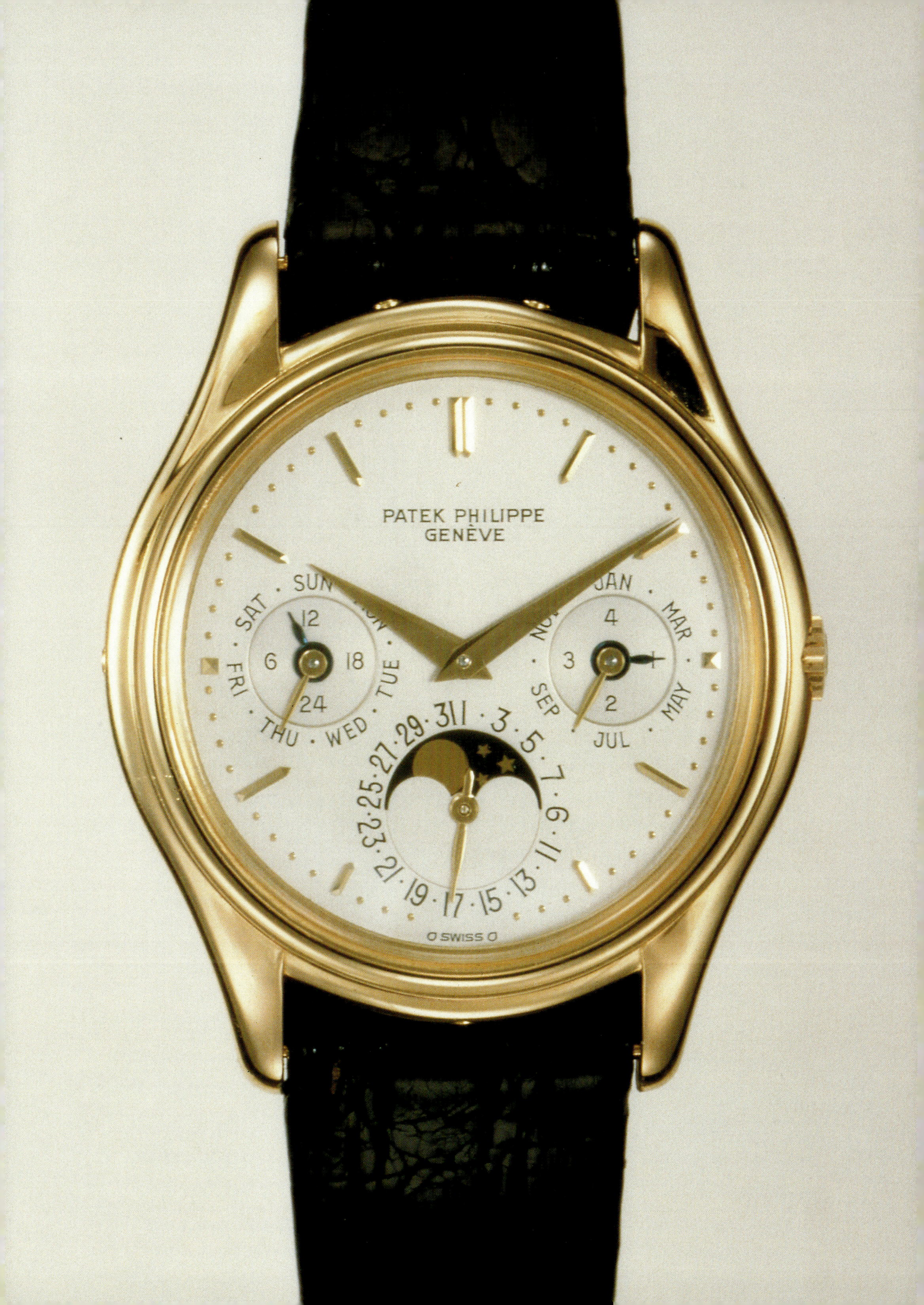
PATEK PHILIPPE
GENÈVE
SWISS

Kaliber Patek Philippe 310-335 SC

Patek Philippe 310-335 SC

Produzent: Patek Philippe, Genf (Schweiz).

Werk-Varianten: Sekundenzeiger, Datum.

Produziert: seit 1983.

Automatik-Aufzug: zentraler kugelgelagerter Goldrotor. Aufzug in eine Drehrichtung. Gangreserve mehr als 40 Stunden.

Technische Daten:

Unruh 28 800 Halbschwingungen/Std.
Werkdurchmesser 26 mm
Bauhöhe 3,15 mm (310 SC), 3,45 mm (335 SC)
Ankerhemmung, 29 Steine, monometallische Ringunruh, autokompensierende Flachspirale, beweglicher Spiralklötzchenträger, Triovis-Feinregulierungs-Vorrichtung.

Von folgender Marke verwendet:

Patek Philippe.

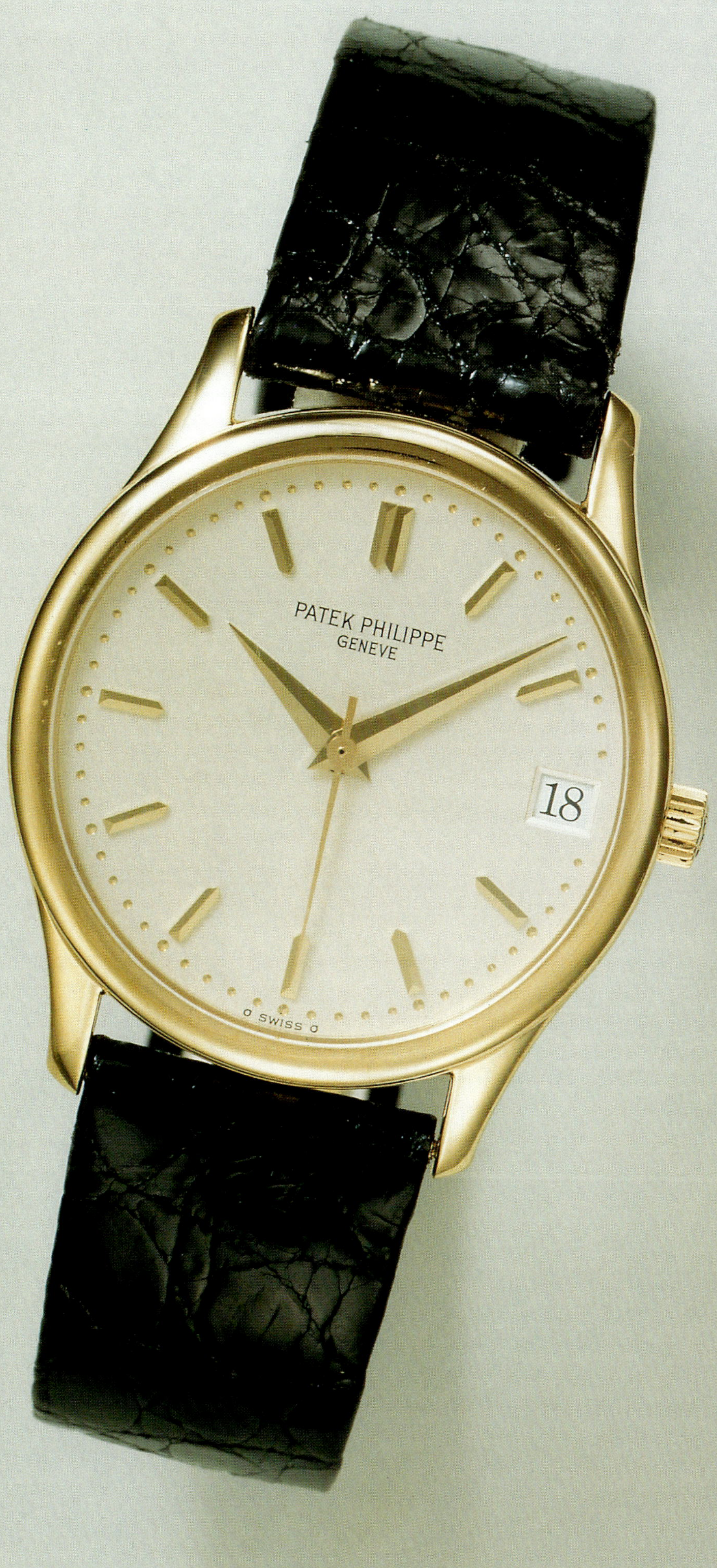
PATEK PHILIPPE
GENEVE
18
SWISS

Kaliber Piguet 9'''

Piguet Kaliber 9'''

Produzent: Frédéric Piguet SA, Le Brassus (Schweiz).

Produziert seit 1986.

Besonderheiten: Die geringen Ausmaße des Werkes ermöglichen den Einsatz in Damen- und Herren-Armbanduhren. Es eignet sich außerdem für Komplikationen verschiedener Art.

Automatik-Aufzug: Kugelgelagerter Zentralrotor mit einseitigem Aufzug. Gangreserve 40 Stunden.

Technische Daten:

Unruh 21 600 Halbschwingungen pro Stunde.

Werkdurchmesser 20,2 mm

Höhe 3,20 mm

19 Steine

Von folgenden Marken u. a. verwendet:

Blancpain, Chopard, Corum, Kelek/Chronoswiss, Hublot, Audemars Piguet, IWC, Ulysse Nardin, Wempe.

Chopard
GENÈVE
AUTOMATIC
SWISS MADE
SUN MON TUE WED THU FRI SAT
Chopard
GENÈVE
AUTOMATIC
SAT SUN MON TUE WED THU FRI

Kaliber Piguet 11.50

Piguet 11.50

Produzent: Frédéric Piguet SA, Le Brassus (Schweiz), ein Unternehmen der SMH-Gruppe.

Produziert seit 1988.

Besonderheiten: 100 Stunden Gangreserve mit zwei identischen hintereinandergeschalteten Federhäusern.

Werkvarianten: Basiskaliber 11.50, je nach zusätzlichen Anzeigen wie z. B. Datum oder kleine Sekunde 11.53, 11.60, 11.63.

Automatik-Aufzug: kugelgelagerter Zentralrotor. Aufzug in eine Drehrichtung, Gangreserve 100 Stunden.

Technische Daten:
Unruh 21 600 Halbschwingungen/Std.,
Werkdurchmesser 25,60 mm,
Bauhöhe 3,25 mm,
31 Steine.

Wird u. a. von folgenden Marken verwendet:
Blancpain, Chopard, Corum.

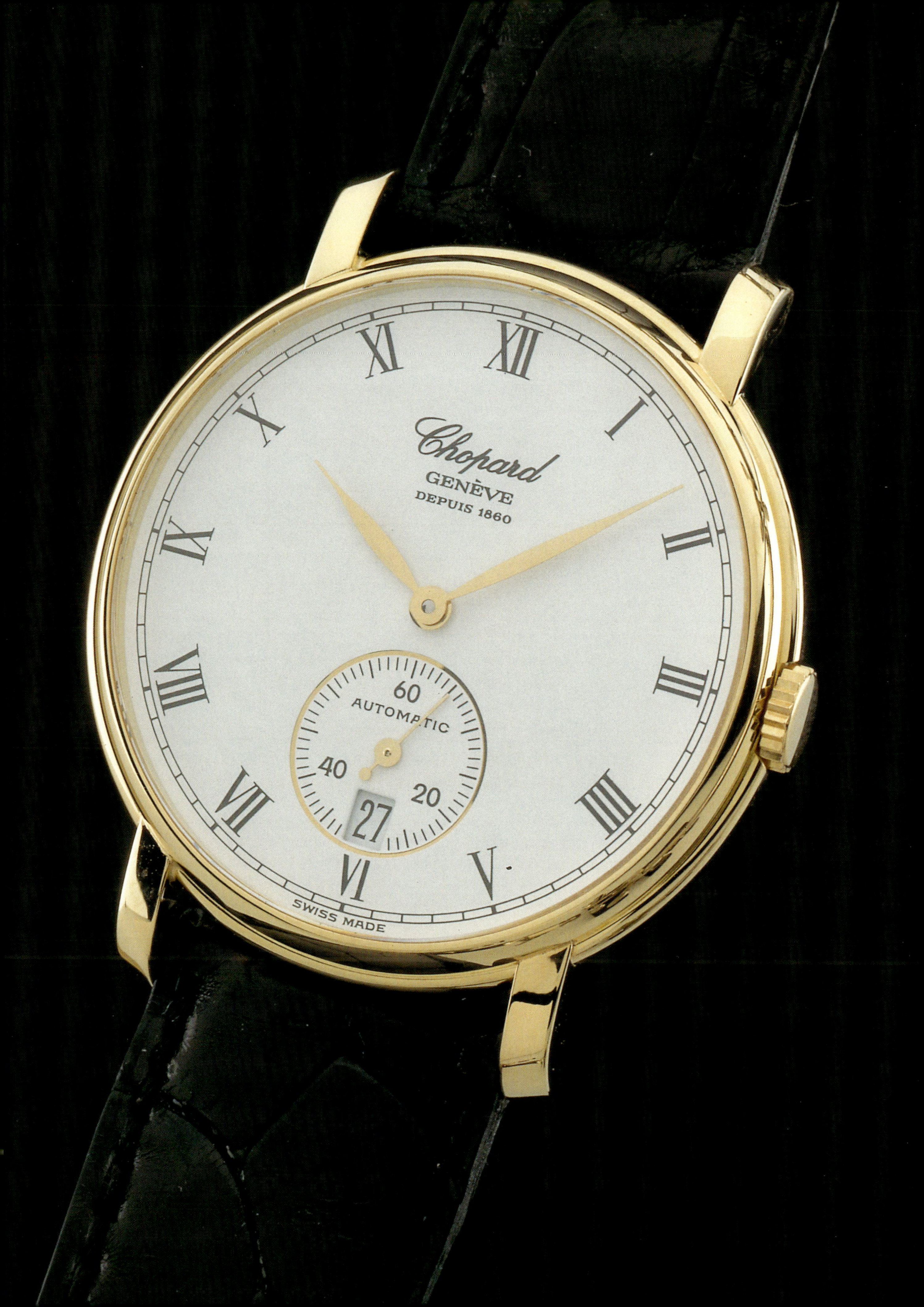
Chopard
GENÈVE
DEPUIS 1860
60
AUTOMATIC
40
20
27
SWISS MADE

Kaliber Piguet 71 P

Piguet 71 P

Produzent: Frédéric Piguet SA, Le Brassus (Schweiz), ein Unternehmen der SMH-Gruppe.

Werk-Varianten: Bis 1985 Kaliber-Bezeichnung „P 70".

Produziert: seit 1970.

Automatik-Aufzug: dezentraler Rotor, der auf einer Stahlachse gelagert ist. Aufzug in eine Drehrichtung (rechts). Gangreserve ca. 50 Stunden.

Besonderheiten: offenes Federhaus, Rotorachse aus der Mitte versetzt. Eines der flachsten Automatikwerke.

Technische Daten:
Unruh 18 000 Halbschwingungen/Std., Werkdurchmesser 26,00 mm (P 70), 27,4 mm (71 P), Höhe 2,40 mm, 35 Steine.

Wird u. a. von folgenden Marken verwendet:
Breguet, Cartier, Chopard, Gerald Genta, IWC, Urban Jürgensen, Ulysse Nardin und Kurt Schaffo.

Kurt Schaffo
LE LOCLE
SEP OCT NOV DEC JAN FEB MAR APR MAY JUN JUL AUG
SAT SUN MON TUE WED THU FRI

Kaliber Rolex 2130

Rolex 2130

Produzent: Rolex SA, Genf und Biel.

Produziert: seit 1975.

Werk-Varianten: Basiskaliber 2130 sowie 2135 mit Datum. Damenuhrwerk, automatischer Aufzug.

Besonderheiten: Freischwingende Unruh mit zwei „Microstella"-Muttern zur Feinregulierung (daher kein Rükker). Sekundenstopp. Offizielles Chronometer-Zeugnis für die meisten Werke dieser Baureihe.

Automatik-Aufzug: Rotor mit Welle, steingelagert, Aufzug beidseitig. Gangreserve ca. 44 Stunden.

Technische Daten:
Unruh 28 800 Halbschwingungen/Std.,
Werkdurchmesser 20,00 mm,
Höhe 5,40 mm,
29 Steine.

Wird von folgender Marke verwendet:
Rolex.

ROLEX
OYSTER PERPETUAL
DATEJUST
SUPERLATIVE CHRONOMETER
OFFICIALLY CERTIFIED
T SWISS MADE T

Kaliber Rolex 3135

Rolex 3135

Produzent: Rolex SA, Genf und Biel (Schweiz).

Werk-Varianten: Die Kaliber 3155, 3175, 3185, die weitgehend baugleich sind und in anderen Modellen eingesetzt werden, z. B. 3135 in der Oyster „Datejust" oder 3185 im „GMT-Master II". Unterschiede im Bereich der Kalender (z. B. „Day-Date", Kaliber 3155). Basis ist immer das Kaliber 3135.

Produziert wird die Kaliber-Familie 31 seit 1988. Die äußerliche Bauform (mit Ausnahme der Unruhbrücke) ähnelt früheren Kalibern wie Vorgänger 3055 oder 1570, das bis 1975 gebaut wurde. In der Art der Konstruktion sind die Rolex-Kaliber über Jahrzehnte gleich geblieben. Sie wurden in kaum sichtbaren Details verbessert.

Automatik-Aufzug: Zentralrotor, beidseitig aufziehend, Welle in Rubin gelagert (kein Kugellager!). Gangreserve: ca. 44 bis 48 Stunden.

Besonderheiten: Rotorlagerung (leisester Automatikaufzug!), freischwingende Unruh mit Regulierschrauben, Unruhbrücke, Breguetspirale. Offizielles Chronometerzeugnis für alle Werke dieser Baureihe!

Technische Daten:
Unruh 28 800 Halbschwingungen/Std., Werkdurchmesser 28,50 mm, Höhe 6,00 mm, Day-Date 6,45 mm, GMT-Master II (siehe Abbildung) 6,40 mm. 31 Steine.

Wird von folgender Marke verwendet: Rolex.

ROLEX
SUBMARINER
1000ft = 300m
SUPERLATIVE CHRONOMETER
OFFICIALLY CERTIFIED
ROLEX
SEA-DWELLER
4000ft = 1220m
SUPERLATIVE CHRONOMETER
OFFICIALLY CERTIFIED

Kaliber Rolex 4030

Rolex 4030

Produzent: Zenith, Le Locle (Schweiz) für Rolex SA, Genf und Biel (Schweiz).

Produziert seit 1989.

Automatik-Aufzug: kugelgelagerter Zentralrotor. Aufzug in beide Drehrichtungen. Gangreserve 50 Stunden.

Besonderheiten: Rohwerk Zenith, Kaliber 400 (El Primero). Von Rolex umkonstruiert. Chronographenwerk mit Rolex-Rotor. Unruh-Regulierung mit Stellmuttern auf den Unruhschenkeln (Microstella-Muttern). Kein Rückerzeiger. Werk in 5 Lagen als Chronometer reguliert.

Technische Daten:
Unruh 28 800 Halbschwingungen/Std.,
Werkdurchmesser 31,00 mm,
Höhe 6,5 mm,
31 Steine.

Wird von folgender Marke verwendet:
Rolex.

ROLEX
OYSTER PERPETUAL
SUPERLATIVE CHRONOMETER
OFFICIALLY CERTIFIED
COSMOGRAPH
DAYTONA
T SWISS MADE T
UNITS PER HOUR

Kaliber Ronda/Harley 2538

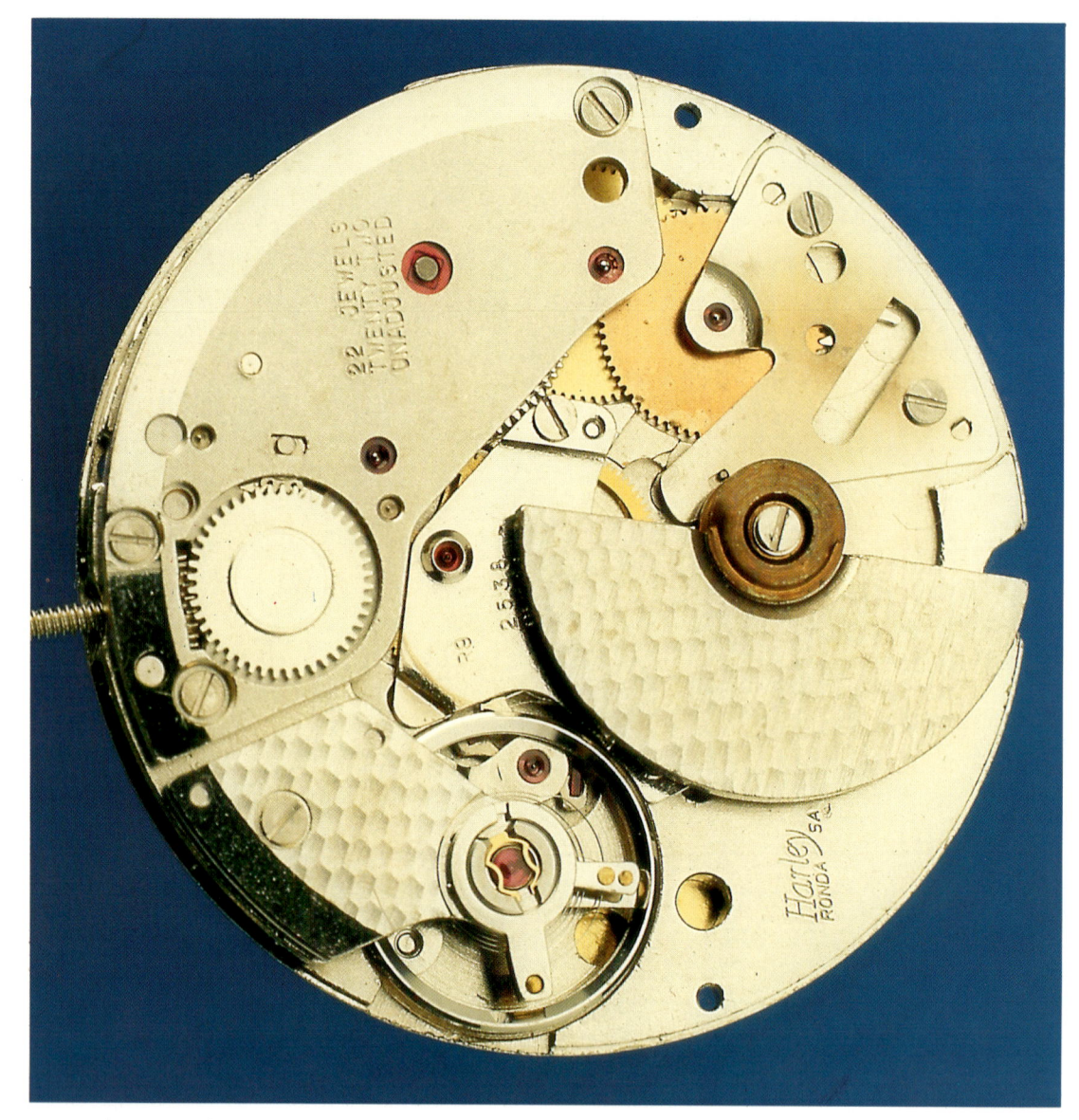

Ronda/Harley 2538

Produzent: Ronda SA, Lausen (Schweiz).

Produziert seit 1986.

Werk-Varianten: Kaliber 2539 mit Day-Date-Anzeige (Höhe 4,25 mm).

Automatik-Aufzug: achsengelagerter Mikro-Rotor. Aufzug in eine Drehrichtung. Gangreserve 40 Stunden.

Besonderheiten: durch in das Werk integrierten Rotor flache Bauweise möglich. Das Werk wird seit 1989 nicht mehr hergestellt. Restbestände sind noch bei „Private-Label"-Produzenten vorhanden.

Technische Daten:
Unruh 21 600 Halbschwingungen/Std., Werkdurchmesser 25,60 mm, Höhe 3,75 mm, 22 Steine.

Wird u. a. von folgenden Marken verwendet:
Genée, Sinn.

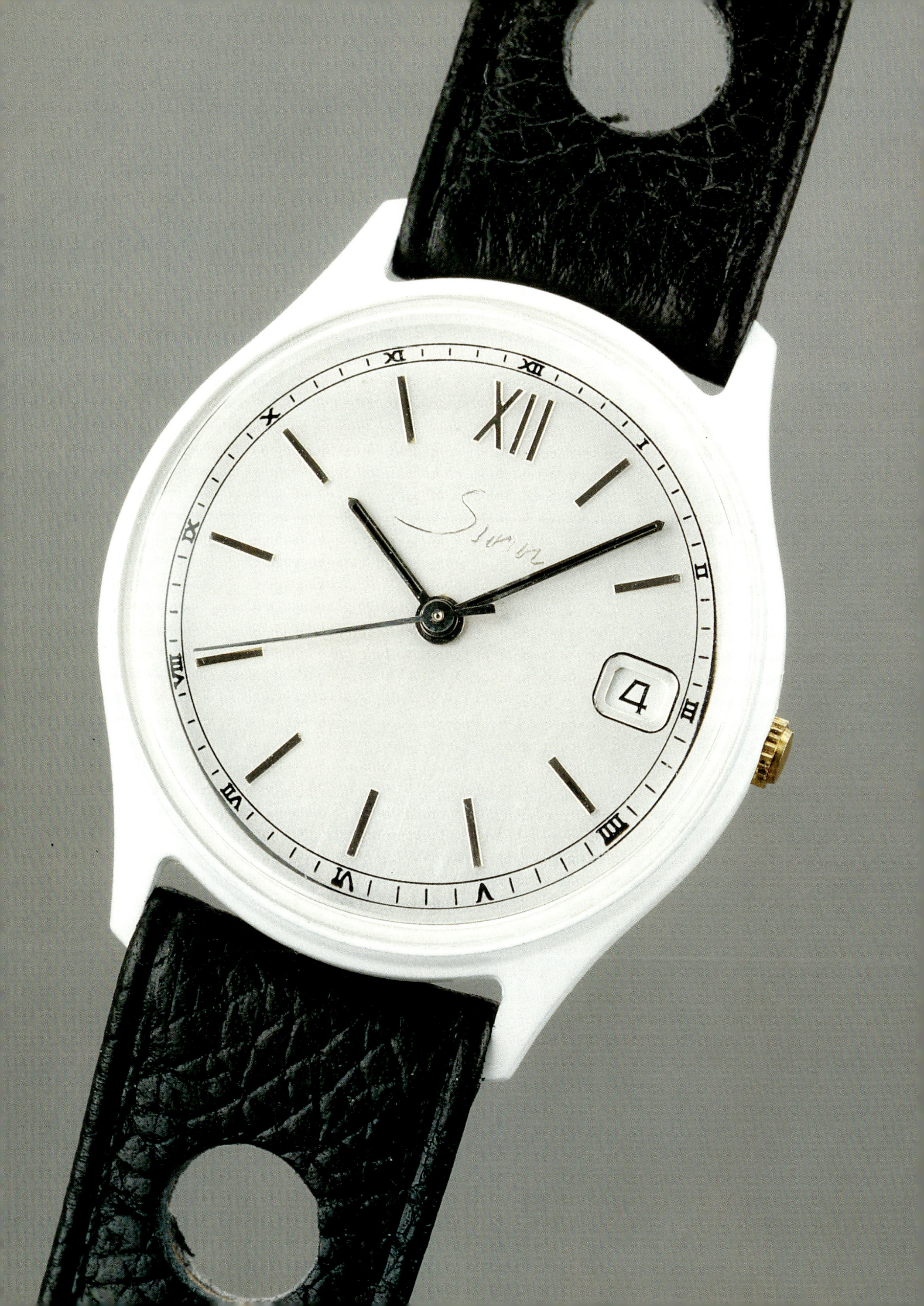
Sinn

Kaliber Seiko 7009 A

Seiko 7009 A

Produzent: Seiko, Japan.

Produziert seit Anfang 1970.

Automatik-Aufzug: kugelgelagerter Zentralrotor. Aufzug in beide Drehrichtungen. Gangreserve 47 Stunden.

Besonderheiten: Kein manueller Aufzug möglich, nur über die AutomatikSchwungmasse.

Technische Daten:
Unruh 21 600 Halbschwingungen/Std., Werkdurchmesser 26,20 mm, Höhe 5,5 mm, 17 Steine.

Wird von folgender Marke verwendet:
Seiko.

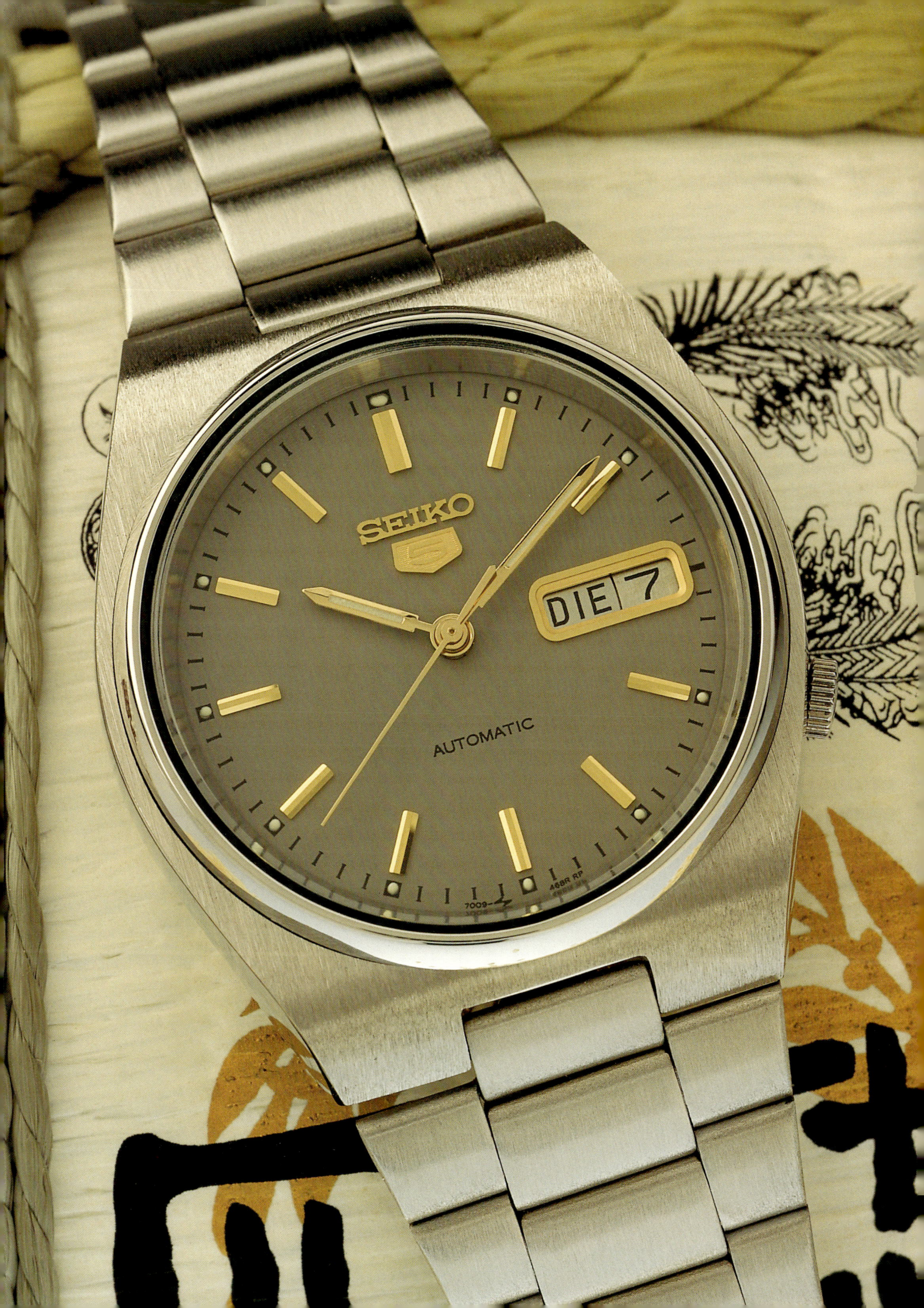
SEIKO
5
DIE 7
AUTOMATIC

Kaliber Universal 2-66

Universal 2-66

Produzent: Universal, Genf (Schweiz).

Produziert seit 1965.

Automatik-Aufzug: kugelgelagerter Mikro-Rotor. Aufzug in beide Drehrichtungen. Gangreserve 51 Stunden.

Besonderheiten: der kleine in das Werk integrierte Mikro-Rotor aus Schwermetall. Diese Konstruktion sorgt für eine sehr flache Bauweise. Das Werk wird nicht mehr produziert. Letzte Werke in Universal Sonderserie ab 1992.

Technische Daten:
Unruh 19 800 Halbschwingungen/Std., Werkdurchmesser 27,50 mm, Höhe 2,30 mm, 25 Steine.

Wird von folgender Marke verwendet:
Universal Geneve.

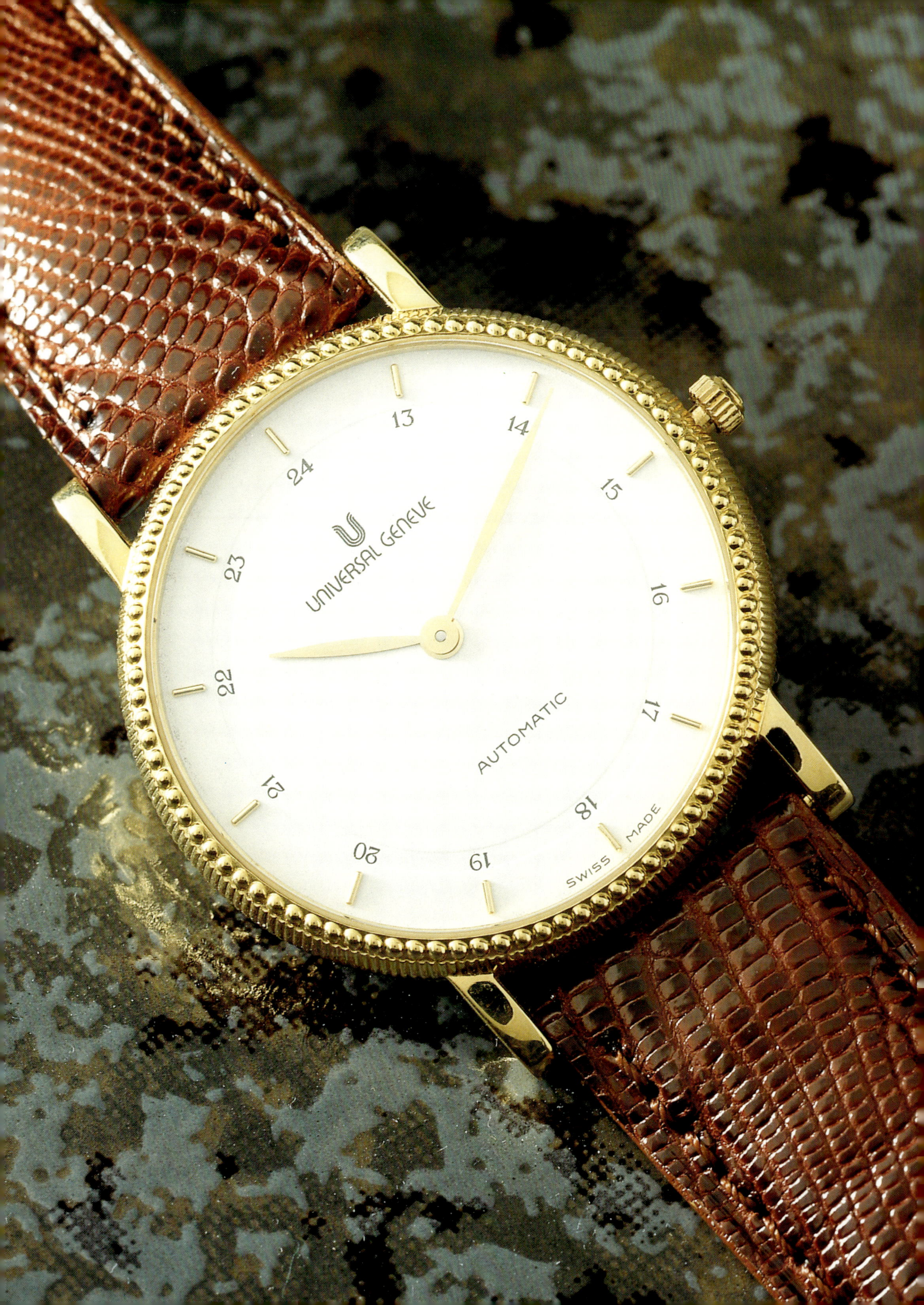
UNIVERSAL GENEVE
AUTOMATIC
SWISS MADE

Kaliber Valjoux 7750

Valjoux 7750 (VAL 7750)

Produzent: ETA (Schweiz), gehört zum SMH-Konzern.

Werk-Varianten: VAL 7751 mit Tag, Monat und Mondphase. VAL 7765 Handaufzug-Kaliber.

Erscheinungsjahr: Das VAL 7750 wird seit 1973 gebaut.

Besonderheiten: Chronographen-Werk.

Automatik-Aufzug: Kugelgelagerter Zentralrotor, Aufzug in einer Richtung. Gangreserve 48 Stunden.

Technische Daten:
Durchmesser 30 mm;
Höhe 7,90 mm;
17 Steine;
Unruh 28 800 Halbschwingungen/Std.;
Chrono-Mechanismus mit Nocken, 2 Drücker, Stopp- und Feinreguliervorrichtungen;
Optionen: Kleine Sekunde, 30-Minuten- und 12-Stunden-Zähler, 24-Stunden-Zeiger, Datum schnellschaltend, Datum und Tage, Mondphase, 15-Minuten-Zähler (nautische Ausführung).

Von folgenden Marken verwendet (u.a.):

IWC, Kelek, Heuer, Longines, Eterna, Maurice Lacroix, Breitling, Sinn, Chronoswiss, Ferrari, Jaguar, Tissot, Oris, M & M, Silberstein, Forget, Minerva, Raymond Weil, Paul Picot, Omega, Sector.
Zur Zeit das meistverwendete und -verbreitete automatische Chronographenwerk. Es eignet sich auch als Antrieb für einen ewigen Kalender (IWC).

TACHY
MON SON SAM FRE DON MIT DIE
Paul Picot
GENEVE
CHRONOMETER
№113
SWISS
MADE

Zenith „Serie 6"

Produzent: Zenith, Le Locle (Schweiz).

Produziert seit 1994.

Werk-Varianten: Kaliber 661, 670, 672, 680, 682. Für unterschiedliche Komplikationen, z. B. große/kleine Sekunde, Kalender, zweite Zeitzone.

Automatik-Aufzug: kugelgelagerter Zentralrotor. Aufzug in beide Drehrichtungen. Gangreserve 55 Stunden.

Besonderheiten: Sekundenstopp, als Handaufzugwerk mit einer Bauhöhe von 2,83 mm möglich.

Technische Daten:
Unruh 28 800 Halbschwingungen/Std., Werkdurchmesser 25,60 mm, Höhe 3,28 mm, 26 Steine, mit Zentralsekunde 27 Steine.

Wird von folgender Marke verwendet:
Zenith.

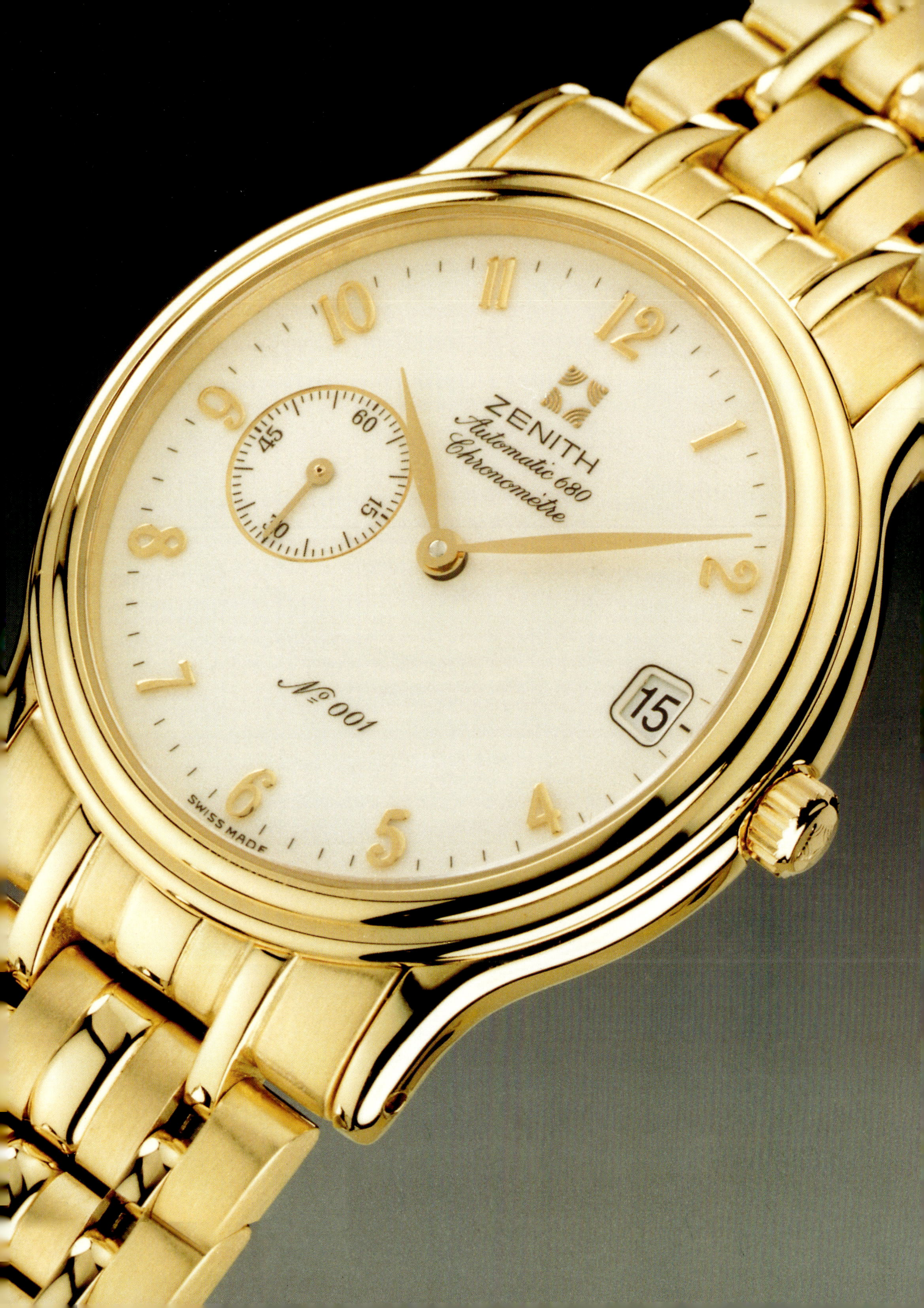
ZENITH
Automatic 680
Chronomètre
№ 001
SWISS MADE

Zenith 40.0-41.0

Produzent: Zenith, Le Locle (Schweiz).

Werk-Varianten: Kaliber 40.0 (280 Bauteile) und Kaliber 41.0 (354 Bauteile) mit erweitertem Kalendarium und Mondphasen. Die Kaliber weisen die gleichen technischen Daten wie die Kaliber 3019 PHC (El Primero) bzw. 3019 PHF auf. Es gibt minimale Änderungen, z. B. Stoßsicherungen Kif statt Incabloc.

Produziert mit kurzen Unterbrechungen seit 1969.

Automatik-Aufzug: Kugelgelagerter beidseitig aufziehender Zentralrotor. Gangreserve rund 50 Stunden.

Besonderheiten: Erstes automatisches Chronographenwerk mit Zentralrotor. Einziges Armband-Chronowerk für $1/10$-Sekunden-Messung. Achtung: im Gegensatz zu anderen Werken Zeigerstellung, wenn Krone in die erste Kerbe gezogen ist.

Technische Daten:
Unruh 36 000 Halbschwingungen/Std., Werkdurchmesser 31,00 mm, Höhe 6,50 mm, 31 Steine.

Wird von folgenden Marken u. a. verwendet:
Zenith, Ebel, Dunhill sowie einige Chronos Ulysse Nardin. Werk ist Grundlage für Rolex Daytona Cosmograph.

ZENITH
CHRONOGRAPH
AUTOMATIC
BASE 1000
JAN
DON
29
SWISS MADE

ZENITH
El Primero

Ref. 02.1312.400, mit dem legendären, eigenen Manufakturwerk „El Primero". Das erste automatische Chronographen-Werk der Welt und das einzige seiner Kategorie mit Kurzzeitmessung 1/10 Sec. Gehäuse und Band in Edelstahl. Krone und Boden verschraubt. Arretierbarer Drehring. Mineralglas. Wasserdicht bis 100 m. Unverbindliche Preisempfehlung DM 3.600,–.

Eine Kollektion von Zenith, der für ihre Präzision am häufigsten mit ersten Observatoriums-Preisen ausgezeichneten Schweizer Uhrenmanufaktur.

ZENITH TIME GMBH
Stuttgarter Straße 13
D-75179 Pforzheim
Telefon 07231/3503-0
Telefax 07231/3503-90

LE TEMPS, RÊVE ET TECHNOLOGIE

Wer welche Werke benutzt

Wer warum welche Werke benutzt

In der „Glanzzeit" der mechanischen Uhrmacherei vor 1970 gab es tausende von sehr aktiven Firmen. Die meisten von ihnen hatten ihre eigenen Uhrwerke (Kaliber).

Vielfältigkeit im Werkebereich gibt es schon lange nicht mehr. Zur Zeit haben aber wieder einige Hersteller von Uhren Mut gefaßt und beschäftigen sich mit der Entwicklung eigener Werke. Mit dem zunehmenden Interesse an mechanischen Uhren, die zumindest wertmäßig heute wieder eine bedeutende Rolle spielen, nahm auch die technische Neugierde der Käufer und Interessenten dieser Uhren zu.

Wer eine gute mechanische Uhr kauft, achtet heute nicht nur auf den Markennamen und das Design, sondern will einen reellen Gegenwert erstehen. Nach Meinung vieler Uhrenkäufer spielt hier nicht ganz zu Unrecht auch das Innenleben einer Uhr eine große Rolle.

Nun ließe sich dieses Thema sehr schnell mit einer kleinen Aufzählung von Uhrenmarken beenden, die zu Recht die Bezeichnung Manufaktur tragen und eigene Rohwerke produzieren. Die Problematik eigener Werke ist aber so einfach nicht darzustellen.

Nach der Eroberung des Marktes durch die Quarzuhr, halbierte sich das Personal der Schweizer Uhrenindustrie fast schlagartig von 60 000 auf rund 30 000 Beschäftigte. Viele Uhrenmarken verschwanden vom Markt, ebenso Werke-Hersteller, die diese Marken beliefert haben.

Wer welche Werke benutzte, war vor einigen Jahren das Geheimnis vieler Marken. Kein Wunder, denn meistens wurden ETA-Werke verwendet. Das ist heute immer noch der Fall, doch die Werke-Vielfalt hat zugenommen.

Konzentration war das Überlebensthema. Daraus entstand der größte Uhrenkonzern, die SMH, zu der viele bekannte Uhrenmarken wie Omega, Swatch, Tissot, Blancpain sowie Werke-Fabriken wie ETA und Piguet gehören. So stellt die ETA nicht nur Großteile wie Platinen oder Brücken her, sondern auch so entscheidende Teile wie Stoßsicherung, Anker oder Unruh.

Automatik aus Deutschland: Das Glashütte-Kaliber 10-30 gibt es seit zwei Jahren. Vorteil: Exklusivität, Nachteil für Glashütte: an Schweizer Uhrenhersteller schwer verkäuflich.

Was drauf steht, ist auch drin: Rolex stellt eigene Werke her – hier das „Einheits"-Kaliber 3135, das sich mit Ausnahme des Chronos in allen Herren-Oyster-Modellen befindet. ▷

Von ganz wenigen Ausnahmen (Rußland/Japan) abgesehen, gibt es heute keine Uhrenfirma, die an der ETA als Teile-Lieferant für mechanische Armbanduhren vorbeikommt. Selbst Marken wie Rolex, Patek Philippe oder Jaeger-LeCoultre können und machen nicht alles selbst.

Die absolute Vormachtstellung der ETA in der Produktion mechanischer Werke war Ende der achtziger Jahre sehr hilfreich, dem Öffentlichkeitsverlangen nachzukommen. Wenigstens die ETA konnte große Stückzahlen liefern. Es waren die Kaliber 2892-2 und 2824 in allen nur denkbaren Varianten.

Als dann die Chronographenwelle über Italien anrollte, gab es Engpässe in der Schweiz. Das Valjoux-Kaliber 7750 als ETA-Produkt war plötzlich stark gefragt, daß nicht alle Möchtegern-Kunden sofort bedient werden konnten. Als Kompromiß bot sich an, das herkömmliche Automatenwerk ETA 2892-2 mit einem Chronographenmodul zu versehen, das von der Firma Dubois-Dépras einst für Heuer/Breitling entwickelt wurde.

Das Modul arbeitet übrigens auch auf einem Jaeger-LeCoultre Automatikwerk. Chopard bietet einen Automatik-Chrono in dieser Kombination an. Zu erkennen immer an dem vertieften Datum, weil das Modul unter dem Zifferblatt liegt.

Abgesehen von Restbeständen vergangener Zeiten gibt es ohnehin nur „dreieinhalb" Hersteller von automatischen Chronographenwerken: Valjoux-ETA, Lemania, Zenith und Piguet (mit einem auf Chrono umgearbeitetem Werk). Lemania produzierte jahrelang das wenig geliebte „Plastik"-Kaliber 5100, das für Luxushersteller ohnehin nicht in Betracht gezogen wurde, obwohl es ab Fabrik teurer ist als das Valjoux 7750, das nur ein Plastikteil beinhaltet.

Das Zenith-Kaliber 400/410 (El Primero) wurde zur rechten Zeit – nämlich zur Chrono-„Welle" gerade wieder aufgelegt. Abgesehen von geringen Stücken, die für Fremdfirmen kaum einige tausend überschreiten (Dunhill, Ebel) ist dieses klassische Schaltradwerk nur Zenith selbst und in einer umgearbeiteten Version Rolex zugänglich. Das Piguet-Werk ist ab Hersteller extrem teuer und kommt nur für einige Luxusmarken in Frage.

Viele „Edel"-Produkte arbeiten außerdem mit alten Valjoux- und Lemania-Werken. Neben Valjoux gilt Lemania ohnehin als Chronospezialist.

Im Bereich der normalen Automatikwerke ist zumindest etwas Vielfalt angesagt. Hier muß unterschieden werden zwischen Uhrenmarken, die ein eigenes Werk von hierfür spezialisierten Fabriken beziehen.

Es gibt sehr wenig Uhrenmarken mit eigenen Mechanik-Werken. Es sind zur Zeit Rolex, Patek Philippe, Zenith, Jaeger-LeCoultre, Girard-Perregaux, Citizen, Seiko und auf deutscher Seite der ehemalige DDR-Betrieb Glashütte. Aber auch für diese Marken gilt, daß sie nicht alle Teile bis hin zur letzten Schraube selbst herstellen. Als Manufaktur gilt schon, Platinen und Brücken zu produzieren.

Es ergeben sich aber auch Mischformen mit Uhrenmarken, die an Werkehersteller angebunden waren oder es sind. Als Beispiel mögen folgende Kombinationen dienen: Blancpain-Piguet (heute beide SMH/ETA), Breguet-Lemania (seit zwei Jahren offiziell zusammen, vorher enge Zusammenarbeit), Vacheron Constantin-LeCoultre und Audemars Piguet-LeCoultre (aufgrund familiärer oder Teilhaber-Verbindungen).

Wer nicht wie beispielsweise Chopard von LeCoultre beliefert wird, muß zur ETA gehen oder sich des Fernostmarktes bedienen.

Glashütte ist zwar bereit, das 1992 entwickelte Automatikwerk 10-30 an bestimmte Uhrenmarken zu verkaufen, doch wird sich wohl kaum eine

Wer warum welche Werke benutzt

Schweizer Uhrenfirma finden, die aus Deutschland ein Mechanikwerk bezieht.

Die vom Konsumenten gewünschte Vielfalt bei Werken ist aus heutiger Sicht nicht unbedingt sinnvoll. Zunächst aus der Sicht einer Uhrenmarke. Die Entwicklung, Konstruktion und Produktion eines neuen Uhrwerkes kostet rund vier Millionen Mark und nimmt einen Zeitraum von mindestens drei Jahren in Anspruch. Welche Uhrenmarke geht gerne ein solches Risiko ein, wenn nicht die nötigen Stückzahlen für den Eigenbedarf vorliegen?

Die Uhrenmarken, die mit einem eigenen Werk ihr Image nachhaltig festigen könnten, produzieren in der Regel kaum mehr als 20 000 Uhren im Jahr, meistens viel weniger.

Mechanikwerke in kleinen Stückzahlen und Neukonstruktionen kosten eindeutig mehr als jedes vergleichbare ETA-Kaliber, das in Großserie hergestellt wird.

Eine Marke mit eigenem Werk hat den Anspruch auf Exklusivität. Ein Verkauf des Werkes an Großabnehmer kommt also nicht in Frage.

Nach Jahrzehnten relativer Ruhe im Mechanikbereich ist es zudem schwer, Konstruktions-Ingenieure zu finden, die im Uhrenbereich Spitzenleistungen bringen. Die wenigen Spezialisten arbeiten überwiegend für die großen Werke-Fabriken.

Die Mehrzahl der Uhrenfirmen greifen also auf die noch recht preiswerten ETA-Werke zurück. Diese haben zudem den Vorteil, daß sie sich inzwischen millionenfach bewährt haben, sehr robust und im Service einfach zu handhaben sind.

Das nagelneue Zenith Automatikwerk „Serie 6" – flach, vielseitig einsetzbar und auch als Handaufzug geeignet. ▷

Viele Uhrenfreunde sind zwar enttäuscht, bei tollen Marken diese Werke zu finden, werden aber durchweg mit ordentlichen Produkten beliefert.

Den Firmen, die den Anschein vermitteln möchten, technisch etwas mehr zu sein, kann nur geraten werden, werkseitig etwas weniger dick aufzutragen. Positives Beispiel: Daß Raymond-Weil-Uhren mit ETA-Werken ausgerüstet sind, regt niemand auf. Maurice Lacroix macht den Mangel an eigener Technik mit „ausgegrabenen" Schätzen nicht mehr produzierter Werke wett und fährt in der Öffentlichkeit dabei sehr gut.

Die kleine Münchner Marke Chronoswiss hat sich mit erheblichen Restmengen des alten Enicar-Automaten einen Hauch von Exklusivität geschaffen.

Für die Mehrzahl der Firmen kommt jedoch der Einheitsmotor von ETA, auf persönliche Bedürfnisse höchstens bei der Dekoration verändert – also optische Verschönerungen durch Schliff oder Textgravuren – in Frage.

Eine Vielzahl von unterschiedlichen Mechanikwerken auf dem derzeitigen Markt, hätte durchaus auch Nachteile für den Uhrenkäufer. Uhren mit neu entwickelten Werken wären etwas (Zenith) bis sehr viel teurer als ETA.

Uhrengeschäfte mit eigener Werkstatt würden vor neue Aufgaben gestellt, die sicher umfangreicher wären als jetzt mit den ETA-Werken. Die Situation im Service mechanischer Uhren ist nach wie vor aufgrund des fehlenden Fachpersonals nicht erfreulich. Wer viele Mechanikuhren im Markt hat, muß auch mit vielen Reparaturen rechnen.

Der Käuferwunsch nach Glasböden in den Uhren ließ in jüngster Vergangenheit so manchen

Uhrenmarken und ihre Mechanikwerke

Alain Silberstein	ETA, Valjoux, Lemania
Alpina	ETA
Audemars Piguet	AP/LeCoultre, Piguet
Baume & Mercier	ETA, Valjoux
Blancpain	Piguet
Breguet	Lemania, Piguet
Breitling	ETA, Valjoux, Lemania
Cartier	ETA, Piguet, Lemania
Chopard	LeCoultre, Piguet, Lemania
Chronoswiss	ETA, Valjoux, Enicar, Minerva Chronoswiss
Claude Meylan	Lemania
Corum	ETA, Piguet
Dugena	ETA, Valjoux
Ebel	ETA, Zenith (Chrono)
Eterna	ETA, Valjoux
Ernest Borel	ETA, Valjoux
Festina	ETA, Valjoux, Citizen
Forget	ETA, Valjoux
Fortis	ETA, Valjoux, Lemania
Girard-Perregaux	ETA, Valjoux, Girard-Perregaux
Glashütte	ETA, Glashütte
Hublot	ETA, Valjoux, Piguet
IWC	ETA, Valjoux, LeCoultre, IWC
Jaeger-LeCoultre	Jaeger-LeCoultre
Longines	ETA, Valjoux
Louis Erard	ETA
Maurice Lacroix	ETA, Valjoux, AS
Mido	ETA
Movado	ETA, Valjoux
Omega	ETA, Valjoux, Lemania
Oris	ETA, Valjoux
Patek Philippe	Patek Philippe
Paul Picot	ETA, Valjoux
Piaget	Piaget, Lemania
Raymond Weil	ETA, Valjoux
Rolex	Rolex
Schwarz Etienne	ETA, Valjoux
Sinn	ETA, Valjoux, Lemania
TAG Heuer	ETA, Valjoux
Tissot	ETA, Valjoux
Ulysse Nardin	ETA, Valjoux, Piguet
Universal	ETA, Valjoux, Lemania, Universal
Vacheron Constantin	LeCoultre, Lemania
Zenith	ETA, Zenith

Mythos verblassen. Marken, die bis dato auf ihre ungeheure Exklusivität und Kompetenz im Bau mechanischer Uhren hingewiesen hatten, machten plötzlich „durchsichtig", daß dieses Lob einzig und allein der ETA gebührt. Denn lediglich ein eigenes Design zu entwickeln, reicht bei engagierten Uhrensammlern heute nicht mehr aus. Aber gerade so werden die meisten Uhren hergestellt.

Buchstäblich alle Teile (vom Gehäuse bis zum Armband) stammen von spezialisierten Zulieferern. Allenfalls werden noch die (ETA)-Werke bei den Uhrenfirmen eingeschalt, die Uhren auf Dichtheit geprüft und dann mit Armbändern versehen. Dieser Produktionsablauf ist nicht zu kritisieren. Denn so lief das eigentlich immer in der Schweiz. Selbständig und komplett hergestellte Uhren sind kaum zu bezahlen. Das kann nicht im Interesse einer Industrie liegen.

Die meisten Uhrenfirmen beschränken sich auf das Einschalen der Werke in Gehäuse, Armbandmontage und Kontrollen. Einige Uhrenfirmen haben Fabriken aufgekauft und stellen Bänder, Gehäuse und sogar Zifferblätter her.

Viele Marken verwenden zunehmend geringe Stückzahlen von nicht mehr produzierten alten Werken, darunter Venus, AS, Unitas. Reine Rohwerke-Fabriken sind heute nur noch ETA/Valjoux (SMH-Konzern), Piguet (SMH-Konzern) und Lemania (Breguet-Gruppe). Eigene Rohwerke stellen als Schweizer Marke nur Rolex, Patek Philippe, Jaeger-LeCoultre, Girard-Perregaux und Zenith her.

Wer warum welche Werke benutzt

Leider werden den Verbrauchern in bunten Prospekten häufig Geschichten erzählt, die nicht so ganz der Realität entsprechen. Erfährt dann dieser Verbraucher etwas über die tatsächliche Arbeit dieser Firmen, ist die Enttäuschung groß. In jedem Fall ist es aber ein falscher Weg, den Verbraucher „dumm" zu halten, sondern es wäre besser, auf vielleicht andere, durchaus vorhandene Vorzüge der Uhren hinzuweisen.

Von Panikmache kann auf beiden Seiten schon gar nicht die Rede sein, wie die jüngste Leserumfrage des Uhren-Magazins ergeben hat. Immerhin haben wir es mit einer sehr wißbegierigen und hochmotivierten Zielgruppe zu tun. Durchweg sind die Leser zwar an allem interessiert, was mechanisch tickt, bei der Zuordnung von Marken zum „Uhren-Oberhaus" verwischen sich dann aber die Konsumenten-Vorstellungen von Eigenständigkeit, Klasse und technischer Kompetenz.

In den Vordergrund treten dann wieder suggerierte Begriffe wie Markenkompetenz und Design – auch der Bekanntheitsgrad durch gute Werbung spielt eine nicht unwesentliche Rolle.

So werden dann Uhrenmarken in das Spitzenfeld gehievt, die neben den schon bekannten ETA-Werken alles das in ihre Uhren packen, was Fremd-Zulieferer so anzubieten haben. Zugegeben tolle Leistungen. Wer allerdings diesen qualitativ hochwertigen Mischmasch unter dem „Manufakturbegriff" verkauft, der muß damit rechnen, daß seine bisherige Kundschaft sich bei anderen Marken umschaut und dort auch fündig wird, denn die technische Belebung des Marktes mechanischer Uhren ist nicht zu bremsen!

Seit 1845

Glashütter Uhren, *[Ein Mythos* **kehrt zurück** *]*

Ein Zeichen des neuen Selbstverständnisses ist die Rückbesinnung auf die traditionellen Werte der Glashütter Uhren.

Der *Glashütter Uhrenbetrieb* stellt - neben den Schweizer Herstellern - den einzigen europäischen Anbieter klassischer mechanischer Kleinuhren auf der Basis eigener mechanischer Uhrwerkfertigung dar.

Automatikuhr **Kaliber GUB** 10-30

Die aktuelle Kollektion klassischer mechanischer Armbanduhren für Damen und Herren ist ausschließlich im Facheinzelhandel erhältlich.

Glashütter Uhrenbetrieb GmbH
Altenberger Straße 1
D-01768 Glashütte/Sachsen
Tel. [03 50 53] 46-0
Fax [03 50 53] 46 222

Glashütte
~1845~

Chronometer

CHRONOMETER

Vorgang, Nachgang, Nullgang

Die offiziellen Gangtoleranzen für Chronometer	
Mittlerer tägl. Gang in den Lagen	–4 +6
Mittlere Gangabweichung	2
Größte Abweichung	5
Differenz liegend/hängend	–6 +8
Größte Abweich. zw. mittl. tägl. und einem der Gänge	10
Gangabweichung pro Grad Celsius	±0,6
Wiederaufnahme des Ganges	±5

Mit der Genauigkeit ist das so eine Sache. Was für den einen Uhrenträger präzise ist, erscheint dem anderen als höchst ungenau. Kein Uhrenhersteller – und erst recht kein Uhrmacher – kann die Gesetze der Physik außer Kraft setzen, auch wenn manche Genauigkeits-Fanatiker dies erwarten.

Ein Tag (24 Stunden) hat 86 400 Sekunden. Eine Uhr mit einer täglichen Abweichung von 10 Sekunden zeigt die Zeit etwa so „ungenau" an wie der Höhenmesser eines Flugzeuges, der in 10 000 Meter Flughöhe 1,15 Meter mehr oder weniger mißt, oder wie der Kilometerzähler eines Autos, der statt 86,4 Kilometer gefahrener Strecke 86,41 km (also 10 m mehr) anzeigt. Der Inhalt eines Schnapsglases im Verhältnis zu einer vollen Badewanne, das ist die Relation, um die es hier geht.

Die in früheren Jahrzehnten geforderte Genauigkeit für die Erlangung eines Chronometer-Zeugnisses wird heute von den meisten Serienuhren mühelos erreicht. Aber leider reicht das vielen Uhrenfreunden nicht, weil sie die durch die Quarzuhr* geweckten Ansprüche auch an ihre mechanische Uhr stellen wollen.

Mechanikuhr und Quarz-Zeitmesser unterscheiden sich aber stärker voneinander als das Segelflugzeug vom Jumbo. Beide Flugzeuge fliegen, ein Segelflieger bedient sich aber natürlicher Luftströmungen, die durch Temperatur-Unterschiede erzeugt werden. Der Jet dagegen nutzt den durch Beschleunigung erzeugten Auftrieb. Genauso kommt bei Quarzuhr und Mechanikuhr auf völlig verschiedene Weise der mehr oder weniger genaue **Gang** zustande.

Womit wir bei einem Fachbegriff wären, der immer wieder der Erklärung bedarf. Bei einer Uhr, die auf Dauer ohne jede Abweichung liefe, der Traum jedes Uhrentechnikers, wäre der sogenannte Gang* gleich Null. Oder um es an einem konkreten Beispiel zu erklären: Eine Uhr wird heute um 11 Uhr und 5 Minuten genau gestellt. Morgen um 11 Uhr 5, also genau 24 Stunden später, zeigt sie beim Vergleich mit einer genau gehenden Uhr (beispielsweise Funk-Quarz-Uhr) 11 Uhr und 6 Minuten. Diese Differenz nennt der Uhrmacher den Gang.

Der Gang wird immer in Sekunden pro Tag angegeben, beträgt also in diesem Fall, da die Uhr eine Minute vorgelaufen ist, 60 Sekunden.

Die abgelesene Zeit, heute 11 Uhr 5 und morgen 11 Uhr 6, nennt man den **Stand**. Der Gang ist also die Differenz zwischen „zwei Ständen". Eine Uhr, die jeden Tag um eine Minute vor- oder nachgeht, läuft ja eigentlich genau, sie müßte nur reguliert werden.

Hier beginnt der Test: Beide Uhren zeigen genau 11 Uhr, 5 Minuten und 0 Sekunden.

CHRONOMETER

Hier gilt es mit einem weit verbreiteten Mißverständnis aufzuräumen. „Meine Uhr läuft so ungenau" sagt man, wenn die kleine Maschine am Handgelenk vielleicht zwei Minuten in der Woche vorgeht. In Wahrheit kann es aber sein, daß eben diese Uhr äußerst präzise arbeitet.

Erst die sogenannte **Differenz der Gänge** macht die Ungenauigkeit einer Uhr aus. Vor allem diese Differenz der Gänge hat ihre Ursachen in den eingangs angesprochenen physikalischen Gesetzen, als da sind Reibung, Temperatur, Schwerkraft, Fliehkraft, Adhäsion und Kohäsion, um nur einige zu nennen.

Wenn die Zeiger unserer „Beispiels-Uhr" morgen um 11 Uhr 5 schon auf 11 Uhr und 6 Minuten zeigen, ist das der Gang. Zeigen sie übermorgen um die gleiche Zeit 11 Uhr 7 Minuten und 10 Sekunden an, beträgt die Differenz der Gänge 10 Sekunden. Am ersten Tag ist unsere Uhr nämlich um eine Minute, am zweiten Tag aber eine Minute und 10 Sekunden vorgegangen.

Während der Uhrmacher einen gleichmäßigen Vor- oder Nach-„Gang" mühelos durch Regulierung der Uhr beseitigen kann, bereitet die

Lagen Positions	Tage Days	Tägliche Gänge Daily Rates	Differenz der Gänge Variations of the Rates	Ergebnisse Summary	
Krone links	1.	+60s	10	Mittlerer täglicher Gang in den verschiedenen Lagen Mean daily rate in the different positions	+61s
	2.	+70s			
Krone oben	1.	+60s	10	Mittlere Gangabweichung Mean variation	10s
	2.	+70s			
Krone unten	1.	+60s	10	Größte Gangabweichung Maximum variation	10s
	2.	+70s			
Zifferblatt unten	1.	+50s	10	Differenz zwischen liegend und hängend Difference between flat and hanging positions	10s
	2.	+60s			
Zifferblatt oben	1.	+50s	10	Größte Differenz zwischen dem mittleren täglichen Gang und einem der Gänge Greatest difference between the mean daily rate and any individual rate	11s
	2.	+60s			

Dies ist der Ausriß aus einem Gangschein, wie er beim Uhren-Magazin verwendet wird. Die Prüfpunkte entsprechen denen der Schweizer Prüfinstitute. Die eingetragenen Werte sind völlig unrealistisch und wurden nur so gewählt, um das Beispiel zu verdeutlichen.

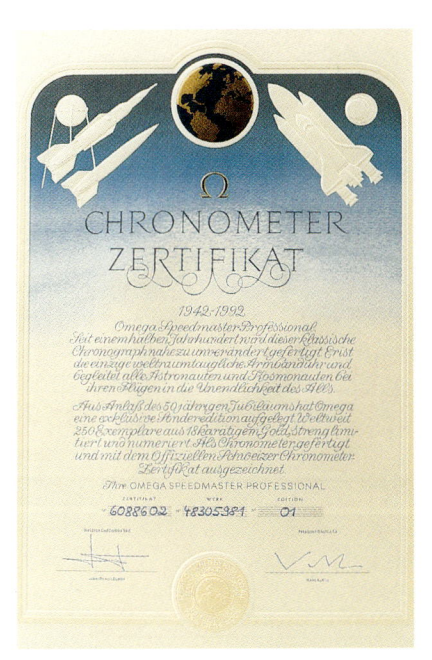

Die Gestaltung der Chronometer-Zertifikate bleibt den Uhrenfirmen überlassen. Die einheitlichen amtlichen Gangscheine verbleiben dagegen meistens im Firmenarchiv. Dieses Zertifikat wurde von Omega für eine limitierte Serie von skelettierten Speedmaster Professional-Werken gestaltet.

Differenz der Gänge erhebliche Schwierigkeiten, denn sie ist nicht einfach durch Verschieben des Rückerzeigers auf dem Unruhkloben aus der Welt zu schaffen. Der Unterschied zwischen mehreren Gängen kann sowohl auf äußeren Einflüssen, also den Tragegewohnheiten des Uhrenträgers beruhen als auch auf unterschiedlichen Bedingungen im Uhrwerk.

Es bedarf auch für uhrentechnische Laien kaum der Erklärung, daß die Uhr am Arm eines Straßenbauarbeiters, der einen Preßluftbohrer bedient, anderen Belastungen ausgesetzt ist, als der Zeitmesser eines Bankangestellten.

Aufgrund ausgereifter Technik, die starke Erschütterungen des Uhrwerks durch spezielle Lagerung der Unruhwelle* absorbiert und hoher Schwingungszahl* der Unruh*, die das Schwingsystem* als solches unempfindlicher gegen Stöße machen, ist die Anfälligkeit der Uhr gegen mechanische Beanspruchung von außen heute viel geringer als bei früheren mechanischen Uhrwerken.

Auch der Einfluß von Temperaturschwankungen und Magnetismus ist wegen der heute verwendeten Materialien nicht mehr vorhanden oder zumindest sehr viel geringer, als noch vor 40 oder 50 Jahren.

Trotz der Vervollkommnung auch der Uhrenöle bleibt aber die Lagerreibung, und hier vor allem die Reibung der Uhrenzapfen in ihren Lagern ein nicht zu unterschätzender Störfaktor für die Präzision der Uhr.

In den Positionen „Zifferblatt unten" und „Zifferblatt oben" dreht sich die Unruh nur auf den Enden der Unruhwellenzapfen, die zur Reibungsverminderung stark abgerundet (arrondiert) und poliert sind. Der Reibungswiderstand ist in diesen Lagen naturgemäß viel geringer als in den Seitenlagen der Uhr („Krone unten", „Krone links und oben"), in denen die Reibung des ganzen, sich im Lagerstein drehenden, Zapfens überwunden werden muß.

Daß eine Uhr in den Flachlagen anders läuft als in den Seitenlagen, kann daher nicht verwundern.

Deshalb findet auch die **Differenz zwischen hängend und liegend,** also den Flach- und Seitenlagen der Uhr, auf den Gangscheinen besondere Beachtung und liefert dem regulierenden Uhrmacher entscheidende Hinweise auf die Tragegewohnheiten des Uhrenbesitzers und darauf, in welchen Positionen er die Uhr wie regulieren muß.

Genau wie der **Mittlere tägliche Gang** (ein errechneter Durchschnittswert aus mehreren Gängen) ist auch die Differenz zwischen hängend und liegend das Ergebnis einer Berechnung.

Ein Tag (24 Stunden) ist seit der genauen Einstellung der Armbanduhr vergangen. Sie ist seither um 60 Sekunden vorgegangen. Auf dem Gangschein wird dieser Wert im Kästchen „1. Tag" eingetragen.

Die **Größte Gangabweichung** dagegen ergibt sich aus dem Vergleich der unterschiedlichen Gänge der Uhr in einer Lage und kann den Uhrmacher auf lagenspezifische Fehler im Uhrwerk aufmerksam machen. Normalerweise werden aber Gangscheine (Chronometer-Prüfscheine) in der Uhrmacherwerkstatt weder erstellt noch benötigt, da der Uhrmacher heute mit elektronischen Meßgeräten in wenigen Sekunden das Gangverhalten einer Uhr überprüfen kann.

Chronometer-Prüfungen und -Certifikate stellen sowieso einen gewissen Anachronismus dar. Die Genauigkeits-Prüfung geht heute auf elektronischem Wege schneller, besser und weniger aufwendig. Aber es ist natürlich für einen Uhrenhersteller sehr verkaufsfördernd, von einer Uhr mit „amtlichem Zertifikat" sprechen zu können.

Die Chronometer-Prüfung* erfolgt heute (wie früher) über einen Zeitraum von 15 Tagen in verschiedenen Lagen und Temperaturen. Getestet werden Uhrwerke (die logischerweise mit Zeigern versehen werden müssen), keine Uhren. In der Schweiz gibt es heute noch fünf amtliche Prüfstellen, in Deutschland keine mehr.

Hier waren sie früher bei Sternwarten und dem Deutschen Hydrographischen Institut angesiedelt, was durch dessen Verbindung zur Schiffahrt und wegen des Bedarfs der Seeschiffahrt an genau gehenden Uhren zu erklären ist.

In diesem Zusammenhang muß man auf die Unterschiede zwischen Schiffs- (oder Marine-) Chronometern und „normalen" Chronometern hinweisen. Der Schiffs-Chronometer* ist eine Uhr, die auf Schiffen als wichtiges Instrument zur Navigation diente, einen besonderen Werkaufbau mit Chronometer-Hemmung, Schnecke* und Gangreserve-Anzeige hat und zur Vermeidung von Lagenfehlern* kardanisch aufgehängt wird.

Nach zwei Tagen ist die Differenz zwischen der zur Kontrolle dienenden Funk-Quarzuhr und der Armbanduhr auf 2 Minuten und 10 Sekunden angewachsen. Weil aber immer die Gänge pro 24 Stunden eingetragen werden, ist der „tägliche Gang" jetzt 70 Sekunden. Die nun erstmal zu errechnende „Differenz der Gänge" beträgt 10 Sekunden.

Chronometer, die heute in den Handel kommen, sind zumeist Armbanduhren mit klassischem Werkaufbau und Schweizer Ankerhemmung*, die völlig anders arbeitet als eine Chronometer-Hemmung.

Armband-Chronometer sind heute fast immer mit ganz normalen Serienwerken ausgestattet, die allerdings genauer reguliert sind und meistens mit einer besonders hochwertigen Unruh ausgestattet werden.

Zusammenfassend läßt sich sagen, daß heute verkaufte Chronometer Uhren sind, deren Werke in festgelegten Grenzen genau laufen, daß es aber auch viele Uhren gibt, die mit Chronometer-Genauigkeit arbeiten, ohne je einer Prüfung unterzogen worden zu sein.

Die mit * versehenen Begriffe werden im Uhren-ABC ausführlich erklärt.

Wie ein Quarzwerk funktioniert

Wie ein Quarzwerk funktioniert

Millionen Menschen tragen Quarzuhren und freuen sich über deren Genauigkeit. Wir erklären, warum eine Quarzuhr geht, wie sie geht und warum man sie nicht mit mechanischen Uhren vergleichen kann. Einzige Gemeinsamkeit: Beide haben Zifferblatt und Zeiger, soweit es sich um eine sogenannte Analog-Quarzuhr handelt.

Quarzwerke, wie das hier gezeigte ESA-Kaliber 561.101, werden, obwohl sie von der Größe typische Damenuhrwerke sind, oft auch in Herrenuhren eingebaut. Das Quarzwerk mißt 18,10 × 15,20 × 2,80 mm.

Die Idee

Je schneller das Schwingsystem (z. B. Unruh) einer Uhr schwingt, desto unempfindlicher ist es gegen äußere Einflüsse, wie Stöße.

Deshalb war man in der Uhrentechnik während der zurückliegenden Jahrzehnte bemüht, Schwingsysteme mit hoher Frequenz (Zahl der Schwingungen pro Sekunde, Maßeinheit Hertz, Hz) zu entwickeln. Denn unter jeder Schwingungs-Störung leidet die Genauigkeit der Uhr, weil sich das Schwingsystem erst wieder auf seine Normalfrequenz „einschwingen" muß.

Bei rein mechanischen Uhrwerken waren der Frequenzerhöhung technische Grenzen gesetzt. So hat sich beispielsweise die mit 36 000 Halbschwingungen pro Stunde arbeitende Unruh nicht durchsetzen können, weil bei dieser „hohen" Schwingungszahl Reibungs- und Schmierungsprobleme an Anker und Ankerrad auftreten.

In den sechziger Jahren entwickelte man Uhren, die von einer Stimmgabel gesteuert, von einer Transistorschaltung betrieben wurden und eine Frequenz von 300 Hz hatten. Stimmgabeluhren hatten eine Gangabweichung von etwa 30 Sekunden maximal pro Monat.

Sie hätten sich sicher am Markt durchgesetzt, wenn sie nicht wegen der in ihnen enthaltenen Mikromechanik so empfindlich gewesen und letztendlich durch die noch genauer gehenden Quarzuhren abgelöst worden wären.

Anders als bei Unruh- und Stimmgabeluhren hat das „Schwingsystem" einer Quarzuhr keine Verbindung mit dem mechanischen Teil des Uhrwerkes.

Überhaupt wurde mit der Entwicklung von Quarzuhren ein Prinzip verlassen, das allen vorherigen Uhrwerken eigen war: Die logische Aufeinanderfolge mechanischer Vorgänge, die einander bedingen.

Ein Stimmgabelquarz aus einem Quarzwecker. Das röhrenförmige Gehäuse wurde abgesägt. Am unteren Ende des Sockels sieht man die Drahtenden, an denen der Quarz in der Leiterplatte verlötet wird.

Quarzwerk

Diese sehr gleichmäßige Schwingung macht man sich in der Quarzuhr zunutze.

Bei den heute gebauten Quarzuhren schwingt der Quarz mit 32 768 Hz, das heißt, 32 768 Schwingungen in der Sekunde.

Der Quarz

Die in Uhren verwendeten Quarze sind natürlich nicht das Produkt besonders feiner Steinmetzarbeit, sondern synthetisch hergestellt.

Chemisch ist der Quarz schlichtes Silizium-Dioxid (chemische Formel SiO_2). Dieses wird in Platten hergestellt, aus denen man dann die Uhrenquarze herausarbeitet.

Nachdem man längere Zeit mit verschiedenen Formen der ausgeschnittenen Quarze experimentiert hatte, stellte sich eine Quarzform als die beste heraus, die an eine Stimmgabel erinnert und deshalb auch Stimmgabelquarz genannt wird.

Die Quarz-Stimmgabel wird an mehreren Stellen mit einer feinen Goldschicht überzogen. An der sogenannten Basis, also dem Teil, mit dem der Quarz an seinem Sockel befestigt ist, wird Gold aufgedampft, um die elektrischen Kontakte befestigen zu können.

Auch die Stimmgabel-Enden tragen eine Goldschicht. Von dieser Schicht werden Teile wieder entfernt, wenn der Quarz „abgeglichen", das heißt, auf seine Sollfrequenz von 32 768 Hz gebracht, wird. Dazu wird ein

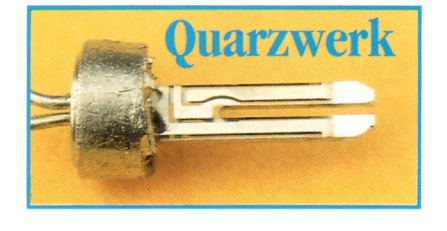

Der Effekt

Alle Quarzuhren (digital ebenso wie analog) funktionieren nach dem gleichen Prinzip, das auf dem Piezoelektrischen Effekt beruht. Mit diesem Zungenbrecher bezeichnet man folgenden, von Curie entdeckten physikalischen Vorgang: Bestimmte Mineralien, so zum Beispiel Quarz, geben eine elektrische Spannung ab, wenn sie mechanisch beansprucht werden (durch Schlag oder Druck). Das macht man sich beispielsweise bei der Abtastnadel eines Plattenspielers oder bei einem Feuerzeug ohne Feuerstein zunutze.

Umgekehrt beginnen Quarze zu schwingen, wenn sie unter elektrische Spannung gesetzt werden.

Damen-Quarzwerke treiben häufig auch Herrenuhren an.

ETA-Quarzwerke

ETA-Kaliber 201.201, Damenuhrwerk, Durchmesser 9,90 mm, Höhe 2,25 mm.

ETA-Kaliber 281.002, Medium-Größe für Damen- und Herrenuhren, 13 mal 15,15 mm, Höhe 1,4 mm (mit Batterie).

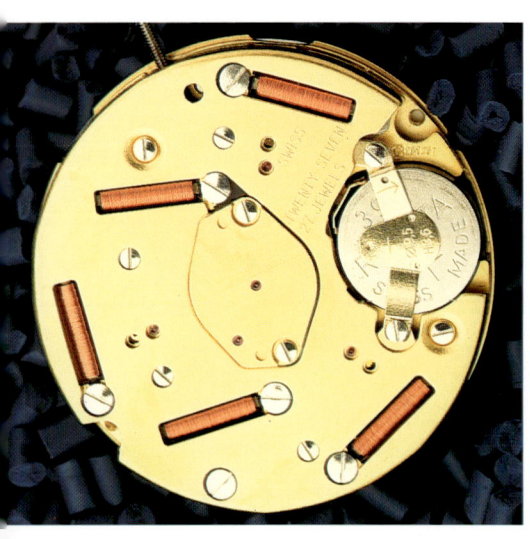

ETA-Kaliber 251.251, Chronographenwerk, Durchmesser 30 mm, Höhe 5 mm.

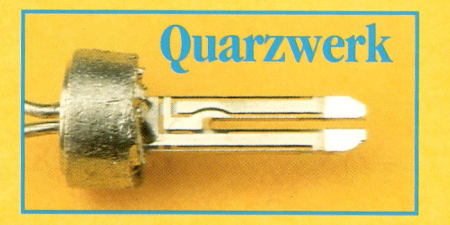

Quarzwerk

Teil des Goldes mit Hilfe eines Lasers verdampft, wodurch die Stimmgabel-Enden an Masse verlieren und deshalb schneller schwingen.

Der Quarz ist in einem röhrenförmigen Gehäuse untergebracht. In diesem herrscht ein Vakuum, so daß der Quarz unbeeinflußt von der Umgebungsluft seinen Dienst tun kann.

Die Elektronik

Das „Herz" einer Quarzuhr ist eine sogenannte integrierte Schaltung (IC, siehe auch Uhren-ABC).

Diese Schaltung, bei der auf winzigem Raum eine Unzahl elektrischer Bauteile „aufgedruckt" sind, sorgt einerseits dafür, den Quarz zu regelmäßigen Schwingungen anzuregen.

Bei vielen Quarzwerken sind der elektronische Teil, ein Batterie-Kontakt und die Spule des Schrittschaltmotors in einem Bauteil untergebracht. Dies erleichtert Aus- und Einbau im Uhrwerk, hat aber den Nachteil, das zum Beispiel bei einem Defekt der Spule auch die gesamte Elektronik ausgetauscht werden muß.

Ronda-Quarzwerke

Die Spule aus einer Swatch-Herrenuhr. Der Kupferdraht ist etwa 0,025 mm dick. Bei Spulen für Damenuhrwerke wird noch dünnerer Draht verwendet. Das hier gezeigte Teil ist in Original 22,5 mm lang.

Ronda-Kaliber 732, Damenuhrwerk, 13,20 mal 8,90 mm, Höhe 1,95 mm.

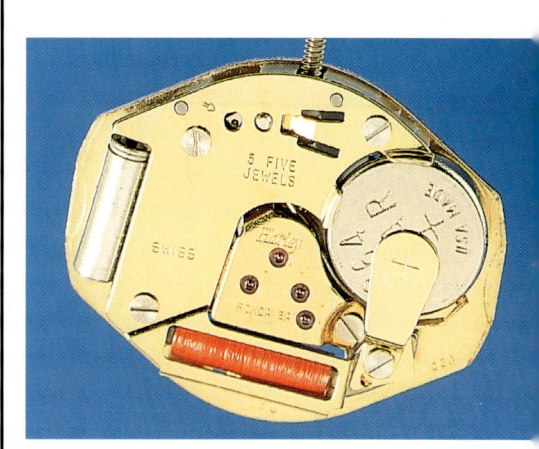

Alles Quarztsch…!

1 multipliziert mit 2 ergibt 2. Fährt man fort, mit 2 malzunehmen, erhält man beim 15. Mal 32 768. Das ist genau die Frequenz, mit der ein Uhrenquarz schwingt.

Was für eine Freude wäre es, die Autobahnstrecke vom Ende eines Staus bis zum Anfang des nächsten mit einem Auto zurückzulegen, dessen Motor, statt lächerliche sechs- oder achttausend Umdrehungen pro Minute zu machen, ein wenig mehr von der Lebendigkeit eines Quarzes hätte.

Oder mit 32 768 Umdrehungen pro Sekunde beim Zahnarzt angebohrt zu werden…

Was bliebe uns bei „Tagesschau" und „Heute-Journal" erspart, wenn unsere Politiker 32 768 Wörter pro Sekunde sprechen würden, statt sich im Pfälzer oder in noch langsameren Dialekten zu äußern.

Leider sind die Produzenten von technischen Geräten bisher nur bei der Ankündigung geblieben, endlich Produkte mit „Quarz-Niveau" anzubieten.

Viele Männer würden sicher eine leichte Verbrennungen der Gesichtshaut infolge starker Reibung in Kauf nehmen, wenn der Scherkopf ihres Elektrorasierers 32 768 mal pro Sekunde schwingen und die lästige Rasierzeit dadurch verkürzt würde.

Was ist denn nun mit den schon für 1991 versprochenen Massage- und Vibrationsgeräten aus einem Flensburger Versandhaus für „Artikel zur Familienplanung"? Hochfrequenz im Schlafzimmer wäre doch turboge…!

Nachdem die Uhrenindustrie schon klammheimlich der Anglisierung der deutschen Sprache Vorschub leistet, indem sie Quarz mit „tz" auf die Zifferblätter druckt, geht sie jetzt noch weiter: Obwohl der „Deutsche Quarz", ausweislich Duden (Ausgabe 1992) nur mit „z" geschrieben wird, ist jetzt gar die Einführung einer Uhr mit der Bezeichnung „light" geplant.

Was hat man sich unter einer „Light-Quartz-Uhr" vorzustellen? Ist diese Uhr im Fettgehalt reduziert, wie manche Biersorten; ist sie zuckerfrei, wie der Rauch moderner Zigaretten; so nikotin- und teerarm, wie heutiger Käse; oder schwingt ihr Quarz etwa nur 32 767 mal pro Sekunde?

Welche technischen Möglichkeiten tun sich hier auf! Der Schrittschaltmotor, der das Uhrwerk antreibt, würde nicht mehr, wie jetzt üblich, einmal in der Sekunde angeregt werden. Statt dessen erhielte er schon alle 0,99 Sekunden einen Impuls.

Man stelle sich nur die Entwicklung eines „Light-Chronographen" vor, dessen Zeiger schon in 9,9 Sekunden die Zehn-Sekunden-Strecke auf dem Zifferblatt zurücklegt.

Alle Sport-Rekorde würden sofort zur Makulatur.

Auch die Konstruktion einer „Gewerkschaftsuhr" bietet sich an, denn rein rechnerisch gewinnt eine „Light-Quartz-Uhr" etwa alle eineinhalb Minuten eine Sekunde. Mit Hilfe dieser Uhr könnte mittelfristig die 35-Stunden-Woche, von den Arbeitgebern völlig unbemerkt, eingeführt werden.

Donald Duck würde angesichts so vieler ungenutzter Möglichkeiten in seine Sprechblase murmeln: Tz, tz, tz…"

(Zitat mit freundlicher Genehmigung der Walt Disney Corporation, Los Angeles, USA)

Und als Enterich mit Geschmack würde er seiner Freundin Daisy eine Uhr schenken, deren Werk mit Rosenquarz betrieben wird.

Ronda-Kaliber 733, Medium-Größe für Damen- und Herrenuhren, 15,20 mal 18 mm, Höhe 2,50 mm.

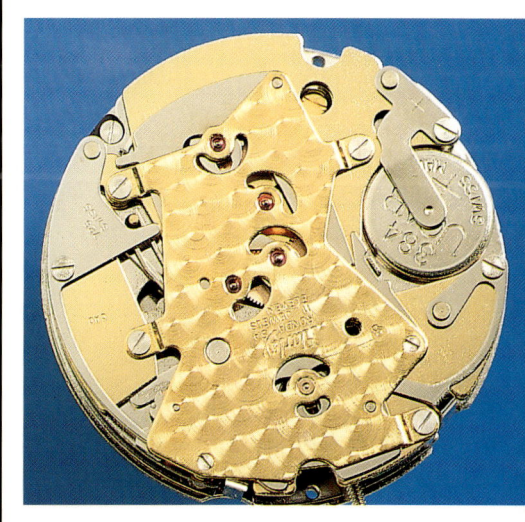

Ronda-Kaliber 726, Chronographenwerk, Durchmesser 27,60 mm, Höhe 4,95 mm.

Quarzwerk

Andererseits muß sie die hohe Quarzfrequenz reduzieren, damit man auf eine Schwingungszahl kommt, die für eine Anzeige mit Ziffern oder Zeigern genutzt werden kann.

Dazu wird die Frequenz des Quarzes von 32 768 Hz durch sogenannte Teilerstufen fünfzehnmal durch zwei geteilt, wodurch eine Frequenz von einer Schwingung pro Sekunde erreicht wird. Mit diesem Sekundenimpuls werden dann die Ziffern der Digitalanzeige oder der Schrittmotor bei Uhren mit Zeigeranzeige angeregt.

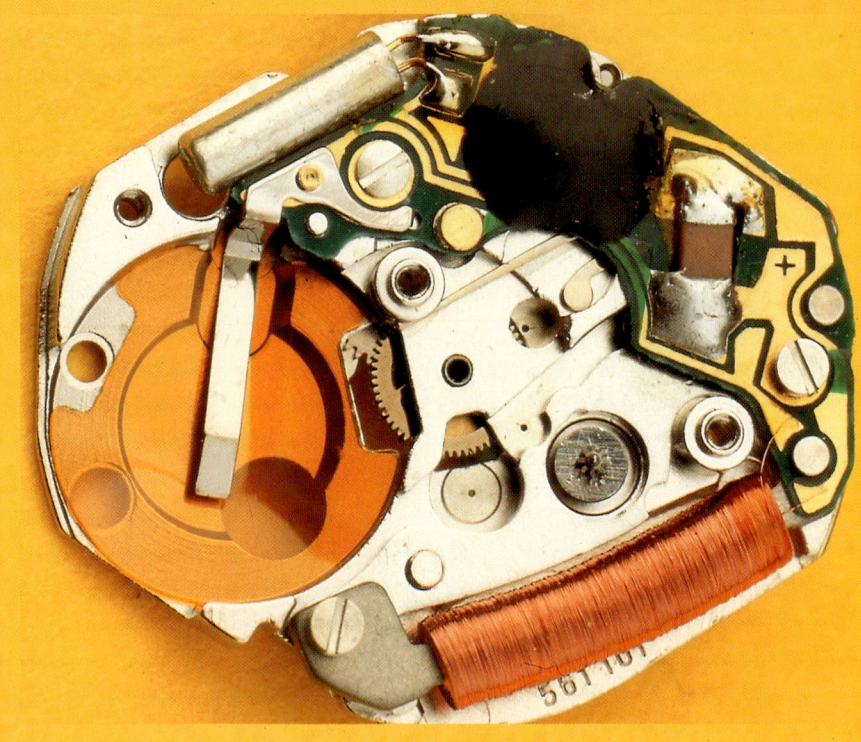

Die Grundplatine des ESA-Quarzwerkes 561.101 ohne Räderwerk und Batterie, aber mit eingebautem Rotor des Schrittschaltmotors und der gesamten Elektronik mit IC und Spule.

Der Motor

Schrittschalt-Motor nennt man das Teil der Analog-Quarzuhr, mit dem das „Uhrwerk" angetrieben wird. Der Motor besteht aus einer Welle mit einem Trieb und einem zylinderförmigen Permanent-Magneten, sowie dem sogenannten Stator aus Weicheisenplatten und einer Kupferdrahtspule.

Um die Funktionsweise des Schrittschaltmotors zu verstehen, muß man sich eine Grundkenntnis aus dem Physikunterricht in Erinnerung rufen: Gleichnamige magnetische Pole stoßen einander ab. Und: Bei Elektro-Magneten ist die Polarität von der Fließrichtung des Stromes abhängig.

Die Magnetpole des Rotors sind unveränderlich. Die Statorspule aus nur 0,025 mm starkem Kupferdraht erhält vom elektronischen Teil des Quarzuhrwerkes Stromimpulse, deren Polarität im Sekunden-Takt wechselt. Damit ändert sich auch die Pola-

Der Rotor des Schrittschaltmotors eines Damenuhrwerkes. Der Streichholzkopf macht die Größe (besser Winzigkeit) des Magneten deutlich.

Dies ist der Schrittschaltmotor eines Quarzweckers. Bei Großuhren dient die Gehäuserückwand oft auch als rückwärtige Platine. Hier ist sie, zur besseren Veranschaulichung, abgenommen.

Quarzwerk

rität des im Weicheisenkörper des Stators erzeugten Magnetfeldes. Der Rotor muß also immer eine halbe Umdrehung ausführen, damit sein Dauermagnet im Magnetfeld des ihn wie eine Zange umgebenden Enden des Stators bleibt. Die Statorenden sind, bezogen auf den Rotor, exzentrisch angebracht, wodurch die Rotordrehung in nur eine Richtung gewährleistet wird.

Das Übersetzungsverhältnis des Rotors zum Räderwerk, das er mit seinem Trieb dreht, hängt davon ab, ob die Uhr einen Sekundenzeiger tragen soll.

Bei Uhren ohne Sekundenzeiger ist der Abstand der Impulse des IC noch größer als eine Sekunde und kann bis zu einer Minute dauern. Meistens gibt der IC von Damenuhren, die ja sehr häufig keinen Sekundenzeiger haben, alle acht bis zwölf Sekunden einen Impuls ab.

Bei Uhren mit Sekundenzeiger entspricht ein Schritt des Motors einem Schritt des Sekundenzeigers, eine Motor-Umdrehung dauert also zwei Sekunden.

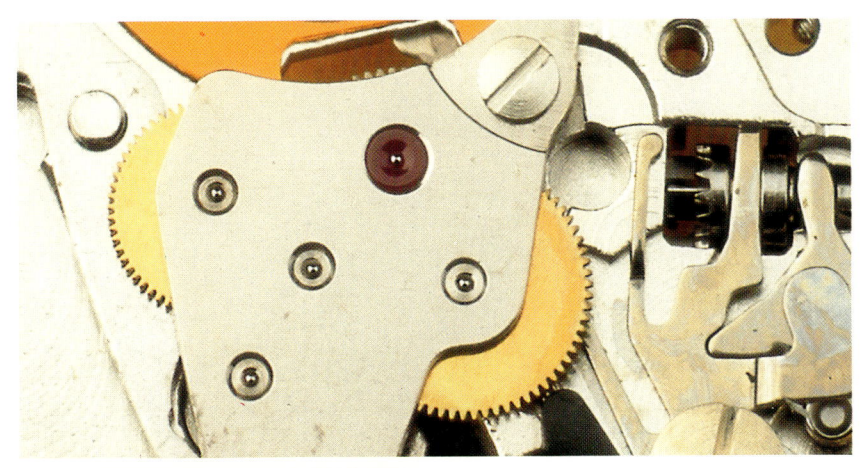

△
Das „Uhrwerk": Der mechanische Teil einer Quarzuhr mit Zeigern beschränkt sich auf vier bis fünf Rädchen. Als Lager der Räder dienen häufig schlichte Bohrungen in den Werkplatten.

◁
Bei der Swatch trägt der Schrittschaltmotor kein Trieb (ein kleines Zahnritzel), sondern nur zwei Stifte, die mit den Zähnen des Sekundenrades im Eingriff stehen.

Der Kraftstoff

Quarzwerke werden mit sogenannten Knopfzellen betrieben, die eine elektro-chemisch erzeugte Spannung von 1,5 Volt abgeben. Bei diesen Batterien geht der Trend zur Silber-Oxyd-Batterie, aber es sind auch immer noch viele Knopfzellen mit einem hohen Anteil von giftigem Quecksilber im Gebrauch.

Deshalb sollte man, auch wenn man die Batterie seiner Quarzuhr selbst wechselt, die verbrauchte Knopfzelle nicht einfach in den Hausmüll werfen, sondern zu einer Sammelstelle für verbrauchte Batterien bringen.

Das Räderwerk

Das Quarzuhr-Räderwerk ist ein sogenanntes „kraftloses Räderwerk". Im Gegensatz zum Räderwerk einer mechanischen Uhr, das ja durch die Kraft der Zugfeder ständig unter Spannung gehalten wird, erhält das Quarzuhrräderwerk nur bei Drehung des Schrittmotors einen Kraftimpuls und ist zwischen den Impulsen eben „kraftlos".

Die Räderwerke sind unterschiedlich aufgebaut, je nach Verwendung des Uhrwerkes. Feststehende Anforderungen sind nur, daß sich ein eventuell vorhandenes Sekundenrad einmal in der Minute drehen muß und daß das Minutenrohr eine Umdrehung pro Stunde ausführt.

Das Zeigerwerk ist bei Quarzuhren genauso aufgebaut, wie bei mechanischen Uhren.

KURT SCHAFFO

Artisan d'horlogerie fine

Handgefertigte Skelettuhren
Münz-Uhren
Juwelen-Uhren
in Einzelanfertigung

Monts 76
CH-2400 LE LOCLE
Telefon 00 41-39-31 42 32
Fax 00 41-39-31 54 93

Zeitsprung

Zeitsprung

Von liebenswerten Sammlerstücken und der digitalen Sensation. Von Uhren als Geldanlage und einem Ausflug in das Jahr 1975. Dieser noch immer aktuelle Artikel wurde im Jahre 1990 verfaßt. Deshalb stimmen einige Zeitbezüge nicht mehr.

Ob als kleiner Sparer oder Millionär – die Menschen bemühen sich, ihren Wohlstand zu mehren. So einfach ist das aber nicht. Mit Aktien, Gold oder Dollar sind auch Risiken verbunden. Trotz Ost-West-Entspannung gibt es ständig genug Krisenherde, auf die die internationalen Börsenplätze wie ein Seismograph reagieren. Noch nie war das Aktiengeschäft so schnell, so kompliziert, noch nie war der Dollar so empfindlich. Und Gold? Beständig langweilig!

Selbst wenn man genug davon im Banksafe hat. Einmal im Jahr hingehen, anschauen, anfassen und wieder wegschließen – das war's!

Gerade beim Geld handelt es sich um Anlageformen, bei der andere ständig mitverdienen, nämlich die Banken.

Neben vielleicht Immobilien dürften wohl Uhren zu den besten Anlagen gehören. Wie bei Aktien wird natürlich auch hier etwas Sachkenntnis vorausgesetzt.

Unabhängig von dem Markt-Thermometer, das Auktionshäuser darstellen, gibt es Marken und Modelle, die scheinbar sicherer als jede Bank sind. Selbst bei einem kritischeren Verhalten der Marke Patek Philippe gegenüber werden die Uhren aus diesem Hause recht unerschütterlich bleiben.

Auch der „Edelmassen"-Produzent Rolex läßt sich von Piraten und Neidern nicht aus der Ruhe bringen. Und über Image-Fragen ist man gänzlich erhaben. „Auch Zuhälter wissen, was gut ist", heißt es locker aus dem Hause. Schließlich fahren auch Zuhälter Mercedes. Das hat dem Stern-Produzenten noch nie geschadet.

Während vor rund 15 Jahren ein Opel Manta wie eine 18-Karat-Rolex „Day Date" unter 10 000 Mark kostete, hat sich der Kaufpreis der fast unverändert hergestellten Uhr inzwischen weit mehr als verdoppelt. Ein Beispiel dafür, wie eine aktuelle Uhr ihren Gebrauchswert mindestens hält und den Kaufwert beachtlich steigert.

Vom Opel Manta jener Jahre ist nicht mehr viel zu sehen. Die letzten verschwinden jetzt für immer in den Schrottpressen.

Der Geschäftsführer eines bedeutenden deutschen Juweliergeschäftes hatte jahrelang brav Geld zur Bank getragen, hier ein bißchen angelegt, dort ein paar Wertpapiere. Schwere Verluste brachten ihm Dollars ein, und die Zinsen für das übrige Geld fielen bescheiden aus.

„Erst ein Freund brachte mich auf die richtige Idee", sagte er. „Mensch, du bist doch in der Uhrenbranche, leg dein Geld in Uhren an!" Bevor der Dollar noch weiter in den Keller rutschte (was auch tatsächlich passierte), schichtete der Geschäftsführer um.

Waren das Preise: Opel Manta 1975 für 9 692 Mark.

280

Zeitsprung

Jetzt trägt er am Handgelenk einen „ewigen Kalender" von Patek Philippe.

„Tolle Geldanlage", sagt er, „ich hab' sie dabei, kann mich ständig daran erfreuen. Vielleicht werde ich die Uhr in fünf oder zehn Jahren verkaufen."

Eines dürfte jetzt schon sicher sein: In Zinsen umgerechnet wird der Geschäftsführer dann mehr erhalten, als ihm eine Bank bieten kann.

Ein Preissteigerungs-Beispiel aus jüngster Zeit ist die „Da Vinci" von IWC (Chronograph mit ewigem Kalender). Wer sich diese Uhr Anfang 1990 angeschafft hat, mußte lediglich den seit fünf Jahren unveränderten Preis von 19 800 Mark für die Ausführung in 18 K Gold zahlen. Im Mai kostete die „Da Vinci" 21 800 Mark und zwei Monate später ab Juli dann 23 600 Mark.

Im Eiltempo hat IWC jetzt nachgeholt, was von Anfang an vielleicht nötig gewesen wäre. Die „Da Vinci" galt nämlich unter den „ewigen Kalendern" als ausgesprochenes Sonderangebot. Bei IWC hat sich dies in den Verkaufsstückzahlen niedergeschlagen. Die „Da Vinci" entwickelte sich (ziemlich einmalig in der Branche) zum Leader-Modell.

Außer dem Preis hat sich an dieser Uhr nichts verändert. Und ob sie, bei welcher Preisgestaltung auch immer, einmal auf dem Uhren-„Olymp" landen wird, werden die nächsten 10 bis 20 Jahre zeigen.

In Japan wäre ein solches Vorgehen jedenfalls undenkbar. Eine Preiserhöhung ist dort erst dann gerechtfertigt, wenn sich an dem Modell etwas ändert bzw. ein Nachfolgemodell geboten wird.

Blick zurück in die 70er Jahre. Vor 15 Jahren waren aus der Schweiz sehr zaghafte Töne zu hören, umso plakativer traten die Japaner auf. Seiko sagte, was Sache ist, und irrte sich gewaltig. „Eines Tages werden alle Uhren so gebaut werden", hieß es auf ganzseitigen Anzeigen. Gemeint waren damit die Seiko Quarz Digital LC Chronographen.

Auch Pulsar pushte 1975 diese leuchtenden Digitaldinger, die heute zum Zeitschrott gehören. „Sie müssen nicht zur 5th Avenue fliegen. Die besten Juweliere der Stadt haben ihn. Den Pulsar Master Time Computer. Das Original." Damals waren das für Millionen Menschen überzeugende Werbesprüche.

Wie wenig doch solche Worte wie diese heute wiegen: „Die Leuchtdioden haben noch nach 100 Jahren ständigen Gebrauchs über 80% ihrer Helligkeit. Sie sind sensorgesteuert, damit die Digital-Anzeige auf dem Sichtschirm aus rubinrotem Panzerglas tags wie nachts unter jeweils bester Bedingung abgelesen werden kann." Und weiter: „Pulsar führt eine neue Generation von solid-state-Zeitmessern an. Seine

Seiko 1976: Damals der große Absahner mit hohem Image-Wert, heute tun sich die Japaner schon schwerer.

281

Zeitsprung

problemlose Perfektion macht jetzt aus vielen Uhren liebenswerte Sammlerstücke. Man sieht den Pulsar Master Time Computer an den Handgelenken von Präsidenten, Kaisern und Königen."

Fünfzehn Jahre später hängen dann an genau diesen Handgelenken wieder die „liebenswerten Sammlerstücke". Und der „Master Time Computer" geht den Weg des alten Opel Manta...

„Orient"-Uhren aus dem Hause Sharp propagierten vor 15 Jahren die ständig sichtbare Flüssig-Kristall-Anzeige mit zusätzlicher Beleuchtung. 388 Mark kostete solch ein Wunderwerk der Technik damals.

Citizen fuhr 1974/75 eine zweigleisige Werbestrategie. Zwar präsentierte man „die einzige Digital-Quarz-Armbanduhr mit Datum und Wochentag (Herren-Modell 580 Mark, Damen-Modell 480 Mark), bot aber nach wie vor mechanische Uhren an. Zum Beispiel Automatik-Chronographen aus „superhartem Leichtmetallgehäuse" für 348 Mark. Die Werke machten 28 800 Halbschwingungen. Viele von diesen japanischen Mechanikwerken versehen noch heute brav und recht genau ihren Dienst am Handgelenk.

Und viele Schweizer Uhrenhersteller verdrängen heute allzu gern ihren Ausflug in die digitale Vergangenheit, mag sie denn nach kurzer Leidenszeit auch noch so analog ausgefallen sein.

Viele Edelfirmen waren damals platt wie ein Quarz, mußten mitschwingen und haben erst in den letzten Jahren das Verhältnis Quarz/Mechanik imageträchtig umgekehrt. Analog zu den Quarzuhren gab es nur ganz wenig Schweizer Firmen, die die blinkenden Zeitzeichen ungerührt an sich abtropfen ließen – an der Spitze der Mechanik-Gigant Rolex.

„Out" waren beim „Playboy" 1974 Herzinfarkt und Autotelefon. „In" dagegen Dampflokomotiven und Barzahlen. Die Zeit deckt so manche Irrungen zu...

In waren bei den Trendbeobachtern des Playboy zu der Zeit aber auch Stimmgabel-Uhren von Bulova (725 Mark) und die leuchtende Omega Digital für

Digitale Sensationen, von denen heute keiner mehr spricht. Uhren dieser Art liegen heute selbst als Billig-Produkte in den Kaufhäusern wie Blei.

1974 ein schwerer Stand: die automatische und flache Herrenuhr.

◁ *„Qualität zum vernünftigen Preis" (388 Mark): Orient-Anzeige von 1975.*

Zeitsprung

1995 Mark. Und wenn Status-Symbole jener Zeit zur Auswahl standen, konnte es passieren, daß eine goldene mechanische Skelett-Armbanduhr von Audemars Piguet (13 800 Mark) neben einer Citizen Flüssigkristall-Digitaluhr für 1650 Mark in der schlichten Stahlausführung angepriesen wurde.

Natürlich erfordern Uhren als Geldanlage ein gewisses Feingefühl. Wer heute irgendeine Designeruhr für meist überzogene 1800 Mark ablagert, der wird eines Tages mit 300 Mark gut bedient sein.

Nein, nein, die anlageträchtige Luft da oben ist sehr dünn. Vielleicht kommen nur ein knappes Dutzend Marken dafür in Frage. Aber das Risiko ist relativ gering. Dafür sorgen die Firmen schon, die mit allen professionellen Mitteln daran werkeln, ihrem Ansehen eine gleichbleibende wertbeständige Qualität zu geben. Daran ändert dann auch nichts, wenn ein Namens-Gigant über irgendeine Holding in Südafrika oder in einem arabischen Land neu verwurzelt.

Aber mal sehen, was 2005 angesagt ist. Vielleicht funkgesteuerte Klebeplättchen, die nur 0,1 mm flach sind und sogar einen weiblichen Fingernagel zieren können. Sparen Sie mal schon, denn preislich wird bei solchen Sensationen ja meistens kräftig zugelangt. Vergessen Sie dabei aber nicht, die von Citizen 1975 beschriebenen „liebenswerten Sammlerstücke" zu pflegen. Die könnten sich für Sie nämlich als ein hervorragendes Altersruhegeld auszahlen!

Auf allen Märkten zu Hause: Teure Digital-Quarzuhren von Citizen 1975. Die Analog-Quarzmodelle waren dagegen rund 200 Mark billiger.

Trotz Quarzwelle: Citizen warb 1974 für mechanische Uhren.

" Le vrai bonheur est d'avoir sa passion pour métier ".
Stendhal

BERLIN, HÜLSE, LORENZ, BROSE, VON LINCKERSDORFF, GOLDSTUDIO • **Hamburg**, SÖNNICHSEN • **Lübeck**, KRAMER • **Kiel**, SCHMUCKSCHMIEDE • **Bremen**, GRÜTTERT, GOLD & UHREN ZEIT • **Hannover**, MAUCK, KÄMPER • **Neustadt**, BIELERT • **Hameln**, KÖNIG-HELD • **Bad Oeynhausen**, MECHLEM • **Paderborn**, RITTER • **Bielefeld**, BÖCKELMANN • **Kassel**, SCHMIDT • **Melsungen**, KÖHLER • **Korbach**, MARTIN OCHS • **Göttingen**, ORFEO-SCHMUCK • **Braunschweig**, JAUNS • **Düsseldorf**, BLOME • **Mönchengladbach**, SEIDICH • **Neuss**, BADORT • **Dormagen**, PUZIG • **Essen**, TEN BRINK • **Gelsenkirchen**, WEBER • **Duisburg**, TÜBBEN • **Kleve**, SANDERS • **Münster**, FREISFELD • **Osnabrück**, FRANKE+ MIDDELBERG • **Brühl**, GERSTENBERG • **Köln**, KLAUS KAUFHOLD • **Aachen**, ULRICH +KNORREN • **Trier**, FÜTING • **Mainz**, WAGNER-MADLER • **Bad Kreuznach**, GIESLER • **Koblenz**, AURIFEX • **Arnsberg-Neheim**, FELDMANN • **Frankfurt**, CHRONOMETRIE • **Darmstadt**, TECHEL • **Wiesbaden**, STOESS • **Homburg**, BONKHOFF • **Speyer**, HORZ • **Mannheim**, STADTMÜLLER • **Stuttgart**, JACOBI, KAUPER • **Oberstenfeld**, MEDER • **Heilbronn**, BEILHARZ • **Karlsruhe**, BERTSCH • **Malsch**, FISCHER • **Achern**, FRÜH • **Donaueschingen**, WEBER • **Singen**, STEIN • **Bad Krozingen**, RUCH • **München**, ANDREAS HUBER, NIESEN, HIEBER, C.C. DIAMONDS • **Augsburg**, MAYER • **Kempten**, MÜLLER • **Füssen**, WOLLNITZA • **Ulm**, KERNER, BIGBEN • **Nürnberg**, WALLNER • **Hof**, HOHENBERGER • **Würzburg**, FISCHER .

ÖSTERREICH
Wien, HÜBNER, SCHULLIN • **Salzburg**, KOPPENWALLNER • **Wels**, NADERHIRN.

Weitere Informationen :
H.TH. UNKHOFF
58708 MENDEN 1, Niederoesbern 156 A
TEL 02373 - 2237 Fax 02373 - 10374
Generalvertretung Deutschland und Österreich

LA FORME DU TEMPS

Der Uhrenarchitekt Alain Silberstein bringt eine neue Definition für die Uhr als Zeichen der Zeit. In seinen einzigartigen Objekten verschmilzt er Technik und Poesie, verbindet traditionelles Uhrmacherhandwerk mit künstlerischer Originalität und Kreativität. Alain Silberstein belebt mit seinem Design die Materie und gibt den komplizierten Konstruktionen neuen Sinn. In der Kollektion "La Forme du Temps" befreit er die Uhren von den Fesseln des Althergebrachten und führt sie zu einer bis heute nicht gekannten Freiheit. Wer mit seinen Uhren lebt, spürt das schöne, neue Zeitgefühl, freier zu leben und seine Zeit harmonisch zu nutzen.
KRONO C.O.S.C. : Dieser Chronograph-Chronometer ist das Leitmodel der Kollektion Alain Silberstein. Er ist mit einem offiziellen Gangzeugnis versehen (C.O.S.C - Contrôle Officiel Suisse des Chronomètres). Jede Uhr ist mit dem anspruchsvollen "Drei-Stern-Stempel" der technischen Zentralstelle der französischen Uhrenindustrie (CETEHOR) ausgezeichnet. **Der KRONO C.O.S.C.** mit veredeltem Automatik-Werk ETA-VALJOUX, Kaliber 7751, erfüllt die Chronometernormen. Der KRONO registriert in der Chronographenfunktion 60 Sekunden, 30 Minuten und 12 Stunden. Er zeigt auch Datum, Tag, Monat und Mondphase an. Ein 24 - Stundenzeiger erleichtert die Stundenregulierung. Das Gehäuse ist aus extrahartem Edelstahl (Qualität 316) poliert oder mit Carbone-Beschichtung. Wasserdicht bis 10 ATM (100 Meter). Durch ein beidseitig entspiegeltes Saphirglas ist ein besserer Widerstand gegen Stöße und eine optimale Lesbarkeit des Zifferblattes gegeben. Der Boden ist mit einem metallisierten Mineralglas versehen, welches das veredelte Werk sichtbar lässt. Die Krone und Drücker sind farbig lackiert und durch die Farben den Zeigern zugeordnet. Das Lederband wird in Besançon nach alter Methode von Hand genäht. Es ist je nach Wunsch mit einer einfachen Stahlschließe oder mit einer Faltschließe zu tragen. Ein Werkzeug wird mitgelegt, um die Schließe auszuwechseln. **Der KRONO C.O.S.C.** wird in einem Lederetuie mit Garantiekarte und entsprechender Urkunde geliefert. Alle Modelle Alain Silberstein werden in limitierter Serie produziert. Für eine Jahresserie werden weltweit 999 Stücke vertrieben, davon sind 250 Stücke für die Deutschen Alain Silberstein-Konzessionäre reserviert.

10 Gründe für Mechanik

10 Gründe

– warum die Mechanik so gut wie nie zuvor ist

Altbewährte Technik arbeitet heute mit Perfektion in Armbanduhren. Moderne Fertigungs-Technologien sorgen für die besten Mechanikuhren, die es je gab.

Einige Bearbeitungs-Stationen eines Gehäuses, das maschinell hergestellt wird. ▽

Materialien

Ganze Uhrmacher-Generationen haben hier ihre Erfahrungen eingebracht. Bewährtes wurde immer wieder verbessert. Als Ergebnis moderner Werkstoffkunde sind eine Reihe von Materialien für den Uhrenbau entdeckt worden, die ihren Ursprung in anderen Technologie-Bereichen haben. Beispiele: Titan und Keramik.

Gehäuse

Uhrengehäuse werden heute von modernsten computergesteuerten Automaten hergestellt. Sogenannte CNC-Maschinen fräsen auf $1/1000$ Millimeter genau. Früher mußten Gehäuse auf normalen Drehbänken gefertigt werden. Vorteil der heutigen Präzisionsarbeit: preisgünstige Herstellung in Großserien, absolute Paßgenauigkeit. Noch nie waren wasserdichte Uhren wirklich so dicht (und dabei noch elegant), wie es heute möglich ist.

Verarbeitung

Reine Handarbeit mag zwar ein wertvolles Gefühl vermitteln, ist aber preislich in größeren Serien schlecht darstellbar. Keine Uhrenfirma, kein Zulieferbetrieb kann heute auf Präzisionsmaschinen verzichten, deren gleichbleibendes Ergebnis nur noch stichprobenartige Qualitätskontrollen erfordert. Noch nie war die Verarbeitungsgüte bei Uhren – egal in welchem Preissegment – so gut wie heute. Auch Luxusmarken mit kleinen Fertigungszahlen arbeiten mit modernster Maschinenhilfe. Hochwertige Edelmetallgehäuse werden aber immer noch von Hand poliert.

10 Gründe

Komplikationen

Die Renaissance der komplizierten Mechanik gilt eher image- als umsatzfördernd. Das technisch Machbare birgt keine Sensationen; die Uhr wird diesbezüglich heute nicht neu erfunden. Komplizierte Werke sind zum Teil alte Werke. Neu produzierte Komplikationen werden häufig mit bewährten Werken wie ETA/Valjoux 7751 und ETA 2892-2 verkoppelt. Das mag nicht sehr exklusiv wirken, funktioniert aber so zuverlässig, wie es heute erwünscht ist.

Neuentwicklung: Automatikwerk ETA 2000. Durchmesser 19,40 mm, Höhe 3,60 mm, 28 800 A/h. ▽

Qualität

Ob Plastik, Metall, Quarz oder Mechanik: Die Uhrenqualität ist heute besser als je zuvor. Keine Firma, die mit dem Verkauf ihrer Produkte auch Emotionen wecken will, kann sich heute mindere Qualität leisten. Internationale Märkte sind zu durchsichtig, Kommunikationswege zu schnell und die Käufer kritisch und aufgeklärt.

Wer mechanische Uhren herstellt, steht heute technisch in Konkurrenz zur Quarzuhr, die von den Gangergebnissen her immer besser sein wird. Um so mehr müssen Mechanikuhren heute das technisch Machbare an Qualität in ihrer jeweiligen Preislage bieten. Da Mechanikuhren durchweg keine Billigprodukte sind, stellt der Endverbraucher hohe Ansprüche. Die werden heute mehr erfüllt denn je. Man vergleiche einmal aktuelle Uhren mit jahrzehntealten „Kollegen"...

Werke

Obwohl die gegenwärtig hergestellten Mechanikwerke vielfach auf bis zu 30 Jahre alten Konstruktionen basieren, ist ihre Qualität mit damals nicht zu vergleichen. Jedes ETA-Werk ist z. B. im Laufe der Produktionszeit im Detail verbessert worden. Nicht umsonst gelten die Großserien-Werke der ETA als ausgereift, robust und extrem zuverlässig. Außerdem können sie aufgrund der Fertigungsmenge preisgünstiger vertrieben werden als Werke kleinerer Hersteller.

Alte Mechanikwerke, die heute aus noch vorhandenen Teilen montiert werden, mögen zwar optische Leckerbissen sein, im Dauerbetrieb erweisen sie sich jedoch vielfach als anfällig. Außerdem entsprechen die Toleranzen, die früher üblich waren, lange nicht mehr den heutigen Qualitätsansprüchen. Basis für eine gute Werke-Qualität ist der präzise Werkzeugbau der Gegenwart.

10 Gründe

Service

Die Uhrmacher der Vergangenheit waren Feinmechaniker und Techniker. Nach dem Welterfolg der Quarzuhr wurden viele Uhrmacher-Fähigkeiten nicht mehr gefordert und gefördert. Aus Feinmechanikern wurden Mikroelektroniker. Die Haupttätigkeit der Uhrmacher beschränkt sich häufig auf das Wechseln von Armbändern und Batterien.

Viele Uhrmacher, die ihren Beruf im alten Sinne erlernt haben und diesen mit Mechanik-Erfahrungen anreichern konnten, sind heute gefragte Spezialisten. Uhrenhersteller mit einem hohen Mechanik-Anteil sind bemüht, einen guten und schnellen Service zu bieten. Nationale Niederlassungen haben eigene Werkstätten. Reparaturen verlagern sich immer mehr vom Juweliergeschäft zum zentralen Firmenservice.

Mechanik ist anfälliger und komplizierter als Quarztechnik. Aber, Mechanik, die nicht funktioniert, schadet dem Firmen-Image. Wer kann sich das leisten? Gewinner ist der Verbraucher, obwohl immer wieder große Reparaturpreise für einen kleinen Gegenstand seinen Unmut hervorrufen. Unter dem Einsatz perfekter Ersatzteile und moderner Meßtechnik kann der Service für Mechanikuhren heute besser sein als in der Vergangenheit.

Trotz vielfältigen Maschinen-Einsatzes in der Teilefertigung werden z. B. Goldgehäuse immer noch von Hand poliert.

Perfekte Werkzeuge werden heute computerberechnet hergestellt. Die Maschinen, die mit diesen Werkzeugen bestückt sind, stellen ebenfalls computergesteuert perfekte Uhrenteile in Großserie her. ▽

Großserien

Vergleichbar mit Quarzuhren fallen die Produktionszahlen von Mechanikuhren deutlich geringer aus. „Großserien" sind hier einige tausend bis zigtausend Stück. Gleichbleibende Fertigungs-Qualität und auf die Stückzahl hin kalkulierte Preise bieten Vorteile für den Verbraucher. Selbst bei sehr hohen Stückzahlen wird man das persönliche Uhrenmodell selten am Handgelenk eines anderen Menschen antreffen. Zu groß ist die Vielfalt innerhalb einer Serie an Armband- und Zifferblatt-Varianten. Dies trifft sogar auf die Nr. 1 der Großserie, die Swatch, zu. Die Großserien-Uhr im Luxus-Lager mit dem größten Bekanntheits- und Beachtungsgrad heißt Rolex.

Ganggenauigkeit

Quarz ist immer genauer als Mechanik. In der Regel erreicht aber heute selbst eine preisgünstige Mechanikuhr eine Ganggenauigkeit, für die vor Jahrzehnten ein Chronometer-Zertifikat vergeben wurde. Die Chronometer-Norm wurde im Laufe der Jahre immer enger gesteckt und gipfelt heute bei einem mittleren täglichen Gang von –4 bis +6 Sekunden pro Tag.

Aber selbst wenn eine mechanische Uhr 30 Sekunden pro Tag vorgeht, beträgt ihre Gangabweichung nur 0,03472 Prozent. Die hohe Fertigungspräzision der einzelnen Werkteile drückt sich heute nicht nur in momentaner, sondern vor allem in längerfristiger Gangstabilität aus. Fazit: Mechanische Uhren liefen noch nie so genau wie heute!

Preise

Die Luxusmarken, die mit dem Einheitsantrieb Quarz ihre Sonderstellung manchmal schwer verdeutlichen konnten, griffen den Mechanikboom der Neuzeit dankbar auf. Anders sein als andere war wieder möglich. Zeitweilig hatte dies aber zur Folge, daß die Preisentwicklung mechanischer Uhren eher image- als produktkalkuliert war. Erst die große jetzt entstehende Markenvielfalt, die hohe Qualität in der Mittelklasse präsentiert, bremst überzogene Preise aus.

Vorteil für Uhrenkäufer: Das Mechanik-Angebot ist wieder riesengroß. Viele Marken, die erst welche werden wollen, bieten erstaunlich gute Qualität zu erstaunlich günstigen Preisen. Fakt ist auch, daß vom Mechanik-Boom die gesamte Uhrenindustrie profitiert. Und sie wird dies auch in Zukunft tun, wenn der Kunde für sie König ist.

Einzelteile eines Uhrwerkes ohne Zusatzfunktionen

Antrieb
Federhaus-Brücke
Federhaus-Brücken-Schrauben
Federhaus-Deckel
Federhaus
Federkern (Federwelle)
Zugfeder

Aufzug
Aufzug-Welle
Aufzug-Krone
Kupplungs-Rad
Kupplungs-Trieb
Sperrad
Sperrad-Schraube
Sperr-Klinke (-Kegel)
Sperr-Klinken-Feder
Sperr-Klinken-Schraube
Kronrad
Kronrad-Ring
Kronrad-Schraube
Winkelheber
Winkelhebel-Feder
Winkelhebel-Feder-Schraube(n)
Winkelhebel-Schraube
Zeigerstell-Hebel
Zeigerstell-Hebel-Feder
Zeigerstell-Trieb

Räderwerk
Grundplatine
Räderwerks-Brücke
Räderwerks-Brücken-Schrauben
Minutenrad-Trieb
Minutenrad
Kleinbodenrad-Trieb
Kleinbodenrad
Sekundenrad-Trieb
Sekundenrad
Ankerrad-Trieb

Rad und Trieb bilden immer ein Bauteil

Hemmung
Ankerrad
Anker
Anker-Kloben
Anker-Kloben-Schraube

Unruh
Unruh-Kloben
Unruh-Kloben-Schraube
Stoßsicherungs-Schale, oben
Stoßsicherungs-Schale, unten
Stoßsicherungs-Feder, oben
Stoßsicherungs-Feder, unten
Lochstein, oben
Lochstein, unten
Deckstein, oben
Deckstein, unten
Spiralklötzchen-Schraube
Spiralklötzchen-Träger
Spiralschlüssel
Rücker

Unruh
Unruh-Reif
Unruh-Welle
Plateau (Doppelscheibe)
Ellipse (Hebelstein)
Spirale
Spiral-Klötzchen
Spiral-Rolle

Diese Auflistung umfaßt die von einem Uhrmacher problemlos zu demontierenden Teile eines Armbanduhrwerkes ohne Zentrumssekunde.

Bei der Herstellung eines Uhrwerkes müssen noch wesentlich mehr Teile zusammengebaut werden. Zum Beispiel sind dann noch die Lagersteine für Räderwerk und Hemmung und die sogenannten Stellstifte für die Fixierung der Brücken und Kloben auf der Grundplatine zu montieren.

Bei Automatikwerken mit Zusatzfunktionen kann die Zahl der Teile durchaus auf über 100, bei Chronographen auch auf über 300 steigen.

Zeigerwerk
Minutenrohr
Stundenrad
Wechselrad
Wechselrad-Platte (nicht obligatorisch)
Wechselrad-Platten-Schraube

Bewegung in der Stille.

Das Armband aus der Collection 10 atm . Liebt das Risiko. Läßt keinen Tropfen Wasser ein. Bleibt wie es ist: Geschmeidig, edel, stark, wie der, dessen Namen es trägt. Shark.

HIRSCH
Das Armband

HIRSCH Deutschland GmbH · Hausadresse: Manderbach, Dillenburgerstr. 47 · D-35685 Dillenburg · Tel · 02771/300 40 · Fax · 02771/300 444

Armband-
befestigungen

Bruchstücke: So oder ähnlich kann ein Federsteg nach besonders starker Beanspruchung aussehen.

Feste Verbindung gesucht

Die häufigste Verbindung zwischen Uhr und Armband ist der Federsteg. Er ist ein Schwachpunkt. Aber es gibt noch andere Möglichkeiten, Armbänder zu befestigen.

Die meisten Uhrenträger wissen gar nicht, mit welchem Risiko sie herumlaufen. Glücklicherweise droht keine Gefahr für Leib und Leben. Von einer Gefahr soll hier die Rede sein, von der auch kein Uhrenhersteller gern redet. – Kein Wunder, dann müßten nämlich auch die Hersteller von Nobeluhren zugeben, daß die Armbän-

Feste Verbindung

Breguet benutzt bei allen Modellen Schrauben zur Bandbefestigung. Der Schraubenkopf ist leicht versenkt.

der ihrer Produkte kaum besser befestigt werden als die einer Plastikuhr für 49 Mark.

Uhrenarmbänder werden fast immer mit sogenannten Federstegen am Gehäuse angebracht. Diese haben sich bei Millionen Uhren als geeignet erwiesen, die Verbindung zwischen Band und Uhr herzustellen. Nicht mehr und nicht weniger!

Die unscheinbaren Teile werden für Pfennigbeträge hergestellt, und die verschiedenen Sorten stehen in jeder Uhrmacherwerkstatt kistenweise herum.

Daran, daß in jedem Uhrengeschäft also häufig Federstege gebraucht werden, erkennt man schon, wie oft diese also brechen oder verlorengehen.

Und damit sind wir beim er-

Bandhalterung mit zwei Schrauben: Ähnlich wie bei Hublot (Foto) das Kautschukband, wird bei der Omega Art das Lederband angebracht.

Bei einem Rolex-Gehäuse ist ein Bandwechsel einfach durchzuführen. Die Federstifte können zu diesem Zweck leicht von außen eingedrückt werden.

wähnten Risiko. Man darf im Grunde nicht darüber nachdenken, daß das Schicksal einer wertvollen Armbanduhr von der Haltbarkeit eines dünnen Stiftes aus Messing oder Stahl abhängt...

Wobei „wertvoll" natürlich von der subjektiven Sichtweise und dem Portemonnaie des Uhrenbesitzers abhängt. Wertvoll kann eine Durchschnittsuhr für 300 Mark sein, aber auch eine goldene Uhr mit Komplikationen für 25 000 Mark.

Natürlich gibt es bei einzelnen Uhrenfirmen Bestrebungen, die „Schwachstelle" Federsteg auszuschalten.

Rolex versucht das durch Verwendung besonders dicker Stege aus Edelstahl mit extra langen Endstücken. Diese sitzen in durchgehenden Bohrungen in den Bandanstößen, so daß man jederzeit von „außen" den einwandfreien Sitz der Stege kontrollieren kann.

Bei **Breguet**-Uhren werden die Bänder mit einer langen Schraube angebracht, die durch die eine Seite eines Bandanstoßes gesteckt und in der anderen Seite verschraubt wird.

Omega verwendete für die „Omega Art"-Serie zur Bandbefestigung kleine Edelstahlplatten,

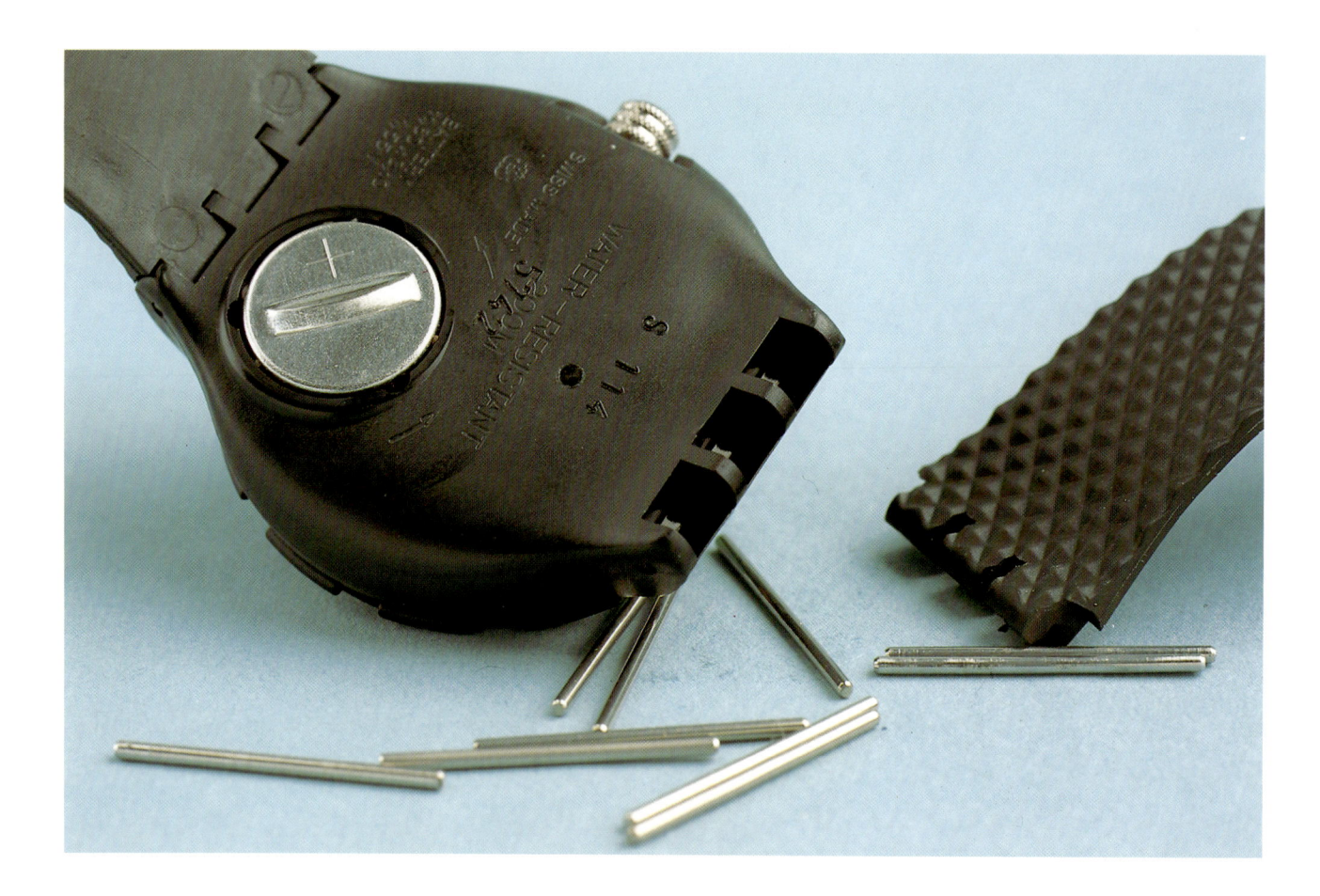

Feste Verbindung

So geht es nur bei Plastikuhren. Die Edelstahlstifte werden mit sanfter Gewalt durch die Löcher in Band und Uhr gedrückt.

die unter das Uhrengehäuse geschraubt werden und dann das Lederband gegen das Gehäuse drücken. Die Schrauben gehen dabei auch durch das ebenfalls gelochte Lederband, so daß eine haltbare Bandbefestigung gewährleistet ist. Nachteil dieser Lösung für den Uhrenträger und Vorteil für Omega: Es können nur Originalbänder verwendet werden.

Simpel, aber wirksam macht es **Swatch:** Ein leicht angespitzter Edelstahlstift wird mit sanfter Gewalt seitlich durch die Bohrungen in den Anstößen und das, ebenfalls gelochte, Plastikarmband gedrückt. Dort saugt er sich fest.

Auch **Girard-Perregaux** „verschraubt" bei einigen Modellen die Bandstege seitlich.

Viel zu wenig bekannt ist eine Entwicklung der Schweizer Firma **Capsa S.A.,** bei der das Uhrenarmband auch durch Edelstahlstifte befestigt wird.

Um diese zu verwenden, müssen die Anstöße des Gehäuses ganz durchbohrt werden. Anschließend werden die Stifte, die es in verschiedenen Längen und Durchmessern gibt, durchgesteckt. Dann wird der Steg von jeder Seite durch eine Schraube gesichert. Die sind noch einmal nach einem besonderen Verfahren fixiert, so daß sie sich nicht lösen können, wenn die Uhr getragen wird. Dieses Prinzip verwendet **Chronoswiss.**

Eine bemerkenswerte Lösung des „Band-Problems" hat auch **Forget** gefunden: Mit zwei riegelartigen Schiebern wird hier das Band befestigt. Angenehme Begleiterscheinung ist, daß der Uhrenträger sehr einfach einen Bandwechsel vornehmen kann.

„Wertobjekt" solide aufgehängt: Diese Girard-Perregaux hat durchgeschraubte Stege.

Feste Verbindung

Um die Forget-Bänder anzubringen, werden die seitlichen Drücker betätigt und das Band von unten eingehängt.

Bandwechsel – bei der Bandbefestigung à la Forget kein Problem.

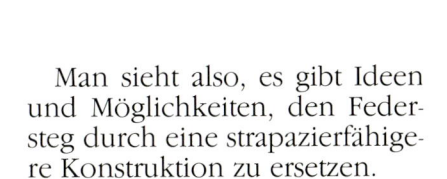

Das Capsa-System wird unter anderem von Chronoswiss verwendet.

Man sieht also, es gibt Ideen und Möglichkeiten, den Federsteg durch eine strapazierfähigere Konstruktion zu ersetzen.

Um so erstaunlicher ist es, daß viele Uhren- und Gehäusehersteller zwar in schöner Regelmäßigkeit mit neuen Modellen auf den Markt kommen, ihnen aber offenbar in Sachen Bandbefestigung nichts Neues einfällt.

Natürlich kann man den Federsteg nicht abschaffen, denn für viele Uhren ist er nach wie vor das Optimum. Für besonders flache Uhren, für Damenuhren und preiswerte Zeitmesser ist der Federsteg sicher die beste Lösung.

Für wertvolle Uhren und/oder vor allem Uhren für hohe Beanspruchung könnte man sich allerdings den Wunsch zu eigen machen, der auch in vielen Kontaktanzeigen zu finden ist: dauerhafte, feste Verbindung gesucht!

SAMMLER-UHREN AUKTIONEN

HENRY's Auktionen

An der Fohlenweide 12-14
D-67112 Mutterstadt
Tel. 06234 / 80110
Fax 06234 / 801150

Internationale Auktionen mit über 6000 Angeboten jeden Monat. Kataloge mit Abbildungen aller Angebote in Farbe, mit neutralen Gutachten und 30-Tage-Sicherheitsgarantie (Probekatalog DM 10.–, Jahresabonnement DM 80.–).

Durchblick

Durchblick

Alle haben bei Uhren den Durchblick, aber kaum einer macht sich großartig Gedanken darüber. Die Rede ist vom Uhrglas, den verschiedenen Materialien und Formen. Damit Sie wirklich den Durchblick haben, sollten Sie diesen Bericht lesen.

Für wasserdichte Uhren verwendet man armierte Gläser, die innen einen Metallring haben.

Für die Benutzer von Uhren, und das sind wir ja eigentlich alle, ist die durchsichtige Abdeckung einer Uhr, die Zifferblatt und Zeiger vor Schmutz und Beschädigung schützen soll, schlicht das Uhrglas. Leider ist bisher weder den Herstellern von Uhren oder Gehäusen noch den Uhrmachern, die in ihren Werkstätten täglich damit zu tun haben, eine präzisere Bezeichnung eingefallen.

Und so werden wir, in der Namensgebung für andere Glasprodukte durchaus einfallsreich (Windschutzscheibe, Tortenhaube, Käseglocke, Bildschirm usw.) wohl auch zukünftig das Teil eines Uhrgehäuses, das uns die Zeitablesung in nahezu jeder Lebenslage erst möglich macht, nur mit dem Namen des Materials bezeichnen, aus dem es ursprünglich bestand – Glas.

Dabei gibt es gerade auf dem Gebiet der Uhrenverglasung riesige Unterschiede und eine fast unübersehbare Vielfalt.

Jahrzehntelang gab es kaum Uhrgläser aus Glas.

Gegen Ende der ersten Hälfte unseres Jahrhunderts hatte das Acryl-„Glas" seinen Siegeszug angetreten und sich als ein nahezu ideales Material für Uhrgläser erwiesen.

Das unter dem von einem Acrylglashersteller geschaffenen Namen „Plexi-Glas" allgemein bekannte Material läßt sich fast in jede beliebige Form bringen. Es gibt beim Acryl-Glas sehr große Qualitätsunterschiede. Man unterscheidet zwischen Uhrgläsern, die aus großen Platten hergestellt werden, und denen, die man aus Granulat gießt oder preßt.

Runde Gläser werden, außer bei Uhren der untersten Preisklasse, stets aus großen Platten gestanzt und dann unter Wärmeeinfluß in die gewünschte

Form gebracht. Danach werden sie auf Spezialdrehbänken sauber abgedreht, um ohne Unebenheiten in den Glasrand des Uhrgehäuses zu passen.

Rundgläser aus Acryl-Glas (chem. Polyacrylmethacryl-Säureester) werden in zahlreichen verschiedenen Ausführungen produziert, je nachdem ob ein besonders flaches Uhrgehäuse verglast werden soll, ob eine Kantenbrechung gebraucht wird oder ein sogenanntes Stülpglas Verwendung finden soll, das mit einem Metallring von außen auf das Gehäuse gepreßt wird.

Für wasserdichte Uhren gibt es die sogenannten armierten Gläser, die an ihrem Innenrand eine Ausdrehung haben. In diese wird ein Metallring eingesetzt, der dafür sorgt, daß das Glas von innen gegen den Gehäuserand gedrückt wird und somit für Dichtigkeit sorgt.

Die runden Gläser haben den Vorteil, daß sie aufgrund der Molekularstruktur der Platten, aus denen sie gefertigt wurden, sehr biegsam sind. Deshalb können sie beim Glasersatz in der Uhrmacherwerkstatt mit Spezialwerkzeugen zusammengedrückt und in den Gehäuseglasrand eingesetzt werden. Dort halten sie sich durch Eigenspannung.

Anders bei eckigen oder ovalen Gläsern aus Acryl, den sogenannten Formgläsern. Diese werden in der Fabrikation gegossen oder gepreßt. Deshalb können sie meist nicht mit Druckwerkzeugen eingesetzt werden, sondern müssen genau in Form des Gehäuseglasrandes gearbeitet sein. Die Industrie stellt zahllose Varianten her, die der Uhrmacher dann nacharbeitet und ins Gehäuse einpaßt. Anschließend werden sie meist eingeklebt.

Dies geschieht häufig auch mit Mineralgläsern bei Uhren, die nicht wasserdicht sein müssen. Die Befestigung erfolgt hier mit einem Spezialklebstoff, der unter ultraviolettem Licht aushärten muß.

Der Ausdruck „Mineralglas" ist eigentlich eine Verdoppelung des Wortsinnes, denn Glas besteht nun einmal aus Mineralien. Vermutlich hat man die Bezeichnung für das „richtige" Uhrglas gewählt, um den Unterschied zum Kunststoffglas deutlich zu machen.

Wie man sich leicht vorstellen kann, sind die Herstellungs- und Bearbeitungsweisen beim Mineralglas völlig anders als beim Acrylglas.

Das Mineralglas wird zunächst in richtige Form und Größe gebracht. Danach wird es erwärmt und anschließend durch Kaltluft an seiner Oberfläche schnell abgekühlt. Durch dieses „Abschrekken" erreicht man, daß sich die Oberfläche des Glases schneller

Ein Acryl-Glas für eine kleine Damenuhr. Die Facetten am Rand erzeugen eine interessante Lichtbrechung.

Für flache Uhren werden Gläser mit geringer Wölbung verwendet

zusammenzieht als die inneren Schichten, wodurch eine größere Oberflächenhärte erzielt wird.

Der Ersatz von Mineralgläsern erfordert viel Geschick und große Sorgfalt vom Uhrmacher. Bei wasserdichten Uhren müssen die Gläser zusammen mit einer sehr dünnen Kunststoffdichtung in den Glasrand des Gehäuses gedrückt werden. Hierzu wählt man Glas und Dichtung aus, die zusammen im Durchmesser 0,1 mm größer sind als der Gehäuserand. Dieser geringe Größenunterschied muß dafür sorgen, daß Dichtung und Glas nach dem Einsetzen das Uhrgehäuse wasserdicht abschließen. Wenn man sich vor Augen hält, daß die heute verwendeten Mineralgläser oft dünner als ein Millimeter sind, wird deutlich, wie vorsichtig hier gearbeitet werden muß.

Es ist schwer zu sagen, ob bei der Uhrenverglasung dem Acrylglas oder dem Mineralglas der Vorzug zu geben ist. Der Trend geht, nach übereinstimmender Auskunft von Fachhandel und Uhrglasherstellern, eindeutig zu Mineralgläsern. Ihre Verwendung kommt dem Bestreben entgegen, immer flachere Uhren zu bauen.

Ein entscheidender Vorteil des Mineralglases ist seine hohe Kratzfestigkeit. Außerdem ist ein Mineralglas – ordentliche Dichtung vorausgesetzt – absolut wasserdicht. Dies hat aber durchaus auch Nachteile, denn die Uhr „atmet" nicht.

Das bedeutet, daß einmal eingedrungene Feuchtigkeit, und sei sie mikroskopisch kaum nachweisbar, über das Glas nicht wieder entweichen kann.

Anders beim Acryl-Glas: das ist hygroskopisch. Dieser Ausdruck wird für Materialien gebraucht, die feuchtigkeitsdurchlässig sind.

Doch allen besorgten Besitzern von wasserdichten Uhren mit Kunststoffgläsern, die jetzt in ihr Uhrengeschäft eilen wollen, sei gesagt, daß die oben genannte Eigenschaft praktisch keine Auswirkungen hat. Mit Ausnahme der Tatsache vielleicht, daß ein eventuell auftretender feuchter Beschlag an der Glasinnenseite von allein wieder verschwindet. Dies ist dann allerdings der Zeitpunkt, wirklich den Uhrmacher aufzusuchen, denn ein feuchtes Glas ist Hinweis auf eine undichte Stelle, die nur der Fachmann beseitigen kann.

Weitere Vorteile des Kunststoffglases sind seine relative Schlagfestigkeit und der problemlose Ersatz durch den Uhrmacher. Dieser wird auch gern bereit sein, kleine Kratzer mit seiner Poliermaschine zu entfernen.

Eine Sonderstellung unter den Uhrengläsern nimmt das Saphir-Glas ein. Dies besteht tatsächlich aus weißem, also glasklarem Saphir, der allerdings künstlich hergestellt wird.

Hierzu wird in dem nach seinem belgischen Erfinder benannten Verneuil-Ofen aus Aluminium-Oxyd (Tonerde, Al_2O_3) eine sogenannte Saphir-Birne geschmolzen. Aus dieser werden mit diamantbeschichteten Werkzeugen Scheiben geschnitten. Daraus werden dann die Uhrengläser geschliffen.

Diese sind, setzt man sie nicht gerade gezielten Hammerschlägen aus, nahezu unverwüstlich. Die Härte des Materials wird nur von der des Diamanten übertroffen.

Wegen der aufwendigen Herstellung sind Saphir-Gläser sehr teuer. Aus diesem Grunde werden sie nur für hochwertige Uhren verwendet.

Die Gläser unserer Uhren – wir sehen nur einfach hindurch. Dabei haben sie sicher etwas Aufmerksamkeit verdient.

Die sogenannten Formgläser müssen vom Uhrmacher zum Gehäuserand passend geschliffen und dann eingeklebt werden.

Maße: H 146cm B 36cm T 16cm

STILUHREN SATTLER

Präzisionspendeluhr Modell 1935

Wandregulator mit Sekundenpendel, Monatsgehwerk, Regulatorzifferblatt und Temperaturkompensation.

Das Gehäuse ist aus schwarzlackiertem Edelholz gearbeitet, kann auf Wunsch aber auch in Nußbaum oder Mahagoni geliefert werden.

Drei facettierte Gläser bieten einen optimalen Einblick in das Uhrwerk und die technischen Besonderheiten der Uhr.

Das mit starken Platinen und Pfeilern aufgebaute Präzisionsuhrwerk hat eine Grahamhemmung, vier Kugellager, insgesamt elf in vergoldete und einzeln verschraubte Chatons gepreßte Steinlager und zwei Steinpaletten.

Das Sekundenpendel ist ein in der Uhrenbranche durch höchste Genauigkeit berühmt gewordenes Nickelstahlpendel, auch Invarpendel genannt.

Alle sichtbaren Teile aus Messing werden handpoliert und anschließend glanzvernickelt. Die äußerst filigran geschenkelte Seilrolle des seitlich ablaufenden Gewichtes ist in zwei großen Rubinlochsteinen gelagert.

Eine herausragende Besonderheit im Präzisionsuhrenbau ist die Kompensation der Luftdruckschwankungen.

Dieses wird durch ein am Pendelstab befestigtes Barometerinstrument mit verschiebbarem Gewicht erreicht.

Diese technisch interessante und dennoch elegante Wanduhr wird auf dem Zifferblatt fortlaufend durchnumeriert.

Erwin Sattler · Rochusstraße 28 · 82166 Gräfelfing
Nur im Fachhandel erhältlich: Fordern Sie bitte Katalog und Händlerliste an.
Telefon 0 89/85 27 90 · Telefax 0 89/8 54 17 51

Uhr zur Reparatur

Wenn's nicht mehr richtig tickt…

Was Sie beachten sollten, wenn Sie Ihre Uhr zur Reparatur geben

Eine Uhr ist eine Maschine, und Maschinen brauchen Pflege!

Daß wir in einer sogenannten Dienstleistungsgesellschaft leben, wird allgemein akzeptiert, aber wir unterscheiden sehr wohl, für welche Dienstleistung wir gern Geld ausgeben, und bei welchem Service wir nur ungern Portemonnaie oder Kreditkarte zücken.

Ein kaputtes technisches Gerät ist als solches schon, im Gegensatz zum Friseurbesuch, ein Ärgernis, und der Groll wird noch größer, wenn ein hoher Reparaturpreis gezahlt werden muß. Denn meistens sind solche Ausgaben nicht im persönlichen Budget eingeplant.

Unter diesem Aspekt ist es natürlich sinnvoll, darauf zu achten, bei der nun einmal nötig gewordenen Dienstleistung das bestmögliche Verhältnis von Preis und Leistung zu erzielen.

Wenn nun also die Armbanduhr kollabiert oder das Uhrglas den Heimwerker-Anforderungen doch nicht standgehalten hat, sollte man sich beim Gang zum Uhrmacher nicht scheuen, schon bei der Reparaturannahme zu erfragen, welche Leistungen denn für den geforderten Preis erbracht werden.

„Ihre Armbanduhr muß überholt werden", wird Ihnen ein smarter Verkäufer oder eine weißbekittelte Uhrmacherin vielleicht erklären.

In einem seriösen Uhrengeschäft wird man Ihnen, auf Ihre Frage hin, gerne erläutern, welche Arbeiten unter dem Begriff „Überholung" ausgeführt werden sollen.

So ist es wichtig zu erfahren, ob das Uhrwerk nur unzerlegt gereinigt und geschmiert wird oder ob die Uhr völlig zerlegt und in allen Einzelteilen kontrolliert werden soll. In diesem Fall wird der Uhrmacher sicher auch das Uhrwerk sorgfältig von Hand ölen und vorher schadhafte Teile austauschen.

Klären Sie auch, in wieweit der Teileersatz im Preis enthalten ist. Werden zum Beispiel die Federstege zur Armbandbefestigung ausgetauscht, wird die Gehäusedichtung erneuert? Wie steht es mit einer Garantie?

Den Träger einer wasserdichten Uhr wird natürlich interessieren, ob sein Zeitmesser auch nach der Reparatur noch dicht ist.

Bei vielen Uhrmachern ist es keine Inklusiv-Leistung, nach einer Uhrenreparatur die Wasserdichtheit wieder herzustellen. Verständlicherweise, denn diese Arbeit kann mit einem erheblichen Zeit- und Materialaufwand verbunden sein.

Deshalb sollte man sich auch unbedingt vergewissern, ob beispielsweise nach dem Ersatz des Glases einer wasserdichten Uhr diese neu abgedichtet wird.

Das Gleiche gilt für andere Teilreparaturen. Ein Reparaturkunde kann die Arbeiten des

Das Werk eines Armbandweckers und einige typische Uhrmacherwerkzeuge: Lupe, Schraubendreher und Zeigerabheber.

Uhr zur Reparatur

Uhrmachers ja nicht kontrollieren. Deshalb haben Uhrmacher bei vielen Menschen auch den, völlig unberechtigten, Ruf des Beutelschneiders, der die Uhr mal eben „durchpustet" und dafür viel Geld verlangt.

Natürlich gibt es in jedem Gewerbe schwarze Schafe. Aber es ist an der Zeit, den Ruf des jahrhundertealten Uhrmacherhandwerks zurechtzurücken und dieses als das anzusehen, was es ist: ein hochqualifizierter Spezialistenberuf.

Dazu können aber auch die Damen und Herren Uhrmacher oder „Zeitmeßtechniker", wie sie sich nach dem Willen einiger praxisferner Verbands-Funktionäre jetzt nennen sollen, einen guten Beitrag leisten.

Das kann beispielsweise durch umfassende Kundenaufklärung geschehen, aber auch dadurch, daß man bei einer Generalüberholung das Uhrgehäuse sorgfältig aufarbeitet, poliert und reinigt.

Denn der visuelle Eindruck, den der Kunde von seiner Uhr nach deren Reparatur bekommt, wird entscheidend beeinflussen, ob er den Reparaturpreis willig oder nur zähneknirschend bezahlt.

Ein anderes Problem-Thema ist das „Einschicken" von Uhren. – Immer wieder hört man Klagen aus den Service-Zentren der großen Uhrenfirmen darüber, daß Uhren mit „Fehlern" eingesandt werden, die man in jeder durchschnittlichen Uhrmacherwerkstatt spielend beheben könnte. Als Beispiel sei hier nur die entladene Quarzuhr-Batterie genannt.

Als Reparaturkunde sollte man daher schon darauf achten, daß das Uhrengeschäft, dem man seine Uhr anvertraut, über eine leistungsfähige Werkstatt und qualifiziertes Fachpersonal verfügt.

Das bedeutet natürlich nicht, daß man sofort das Geschäft verlassen muß, wenn man dort anbietet, die defekte Uhr dem Herstellerkundendienst zu übergeben. Ganz im Gegenteil kann dies durchaus Ausdruck eines verantwortungsbewußten Handelns sein, weil man im Geschäft die Leistungsgrenzen der eigenen Werkstatt kennt. Auch die Uhrentechnik ist inzwischen so vielfältig, daß auch der geschulteste Fachmann nicht in der Lage ist, jede Uhr instand zu setzen.

Dies gilt besonders für die Quarztechnik. Aber auch bei hochwertigen, komplizierten Mechanikuhren kann ein unerfahrener Uhrmacher leicht mehr zerstören als reparieren.

In einem solchen Fall ist es allemal besser, die Uhr „einzuschicken" und von erfahrenen Spezialisten bearbeiten zu lassen.

Das darf allerdings nicht zur Folge haben, daß der, meistens schon gepfefferte, Reparaturpreis eines Service-Zentrums im Uhrengeschäft einfach verdop-

Bei dieser Uhr müssen die Zeiger gerichtet und das Glas ersetzt werden. Vorher muß der Uhrmacher kontrollieren, ob der Sekundenradzapfen den „Glastod" unbeschadet überstanden hat.

pelt und mit dem Mehrwertsteueraufschlag versehen wird, um anschließend dem Kunden als „Reparaturpreis" serviert zu werden.

Das kann nämlich leicht dazu führen, daß das Fachgeschäft für Reparatur-Annahme und -Abgabe sowie den Postversand eine horrende Summe kassiert, die sich bei der Reparatur einer Nobeluhr schon einmal in der Größenordnung mehrerer Hundertmarkscheine bewegt.

Auf der anderen Seite ist nicht einzusehen, warum ein Uhrmachermeister für die fachlich einwandfreie Arbeit in seiner Werkstatt nicht auch einen anständigen Preis verlangen und erhalten soll. Weil aber das Uhrmacherhandwerk ein Beruf mit wenig Transparenz für den Kunden ist und bleiben wird, ist Information die erste Kundenpflicht, wenn es nicht mehr „richtig tickt"!

Diese Uhr hat lange an einem feuchten Ort gelegen. Viel Arbeit für den Uhrmacher…

Kissling Werbung

Oris Big Crown Small Second.
Ein mechanisches Unikum mit
Geschichte.

ORIS
Made in Switzerland
Since 1904

Oris Big Crown Small Second.
Modell 640 7462 43 61. Mechanische Uhr
mit automatischem Aufzug. Stunde, Minute aus
dem Zentrum, kleine Sekunde. Zeigerkalender.
Edelstahlgehäuse, wasserdicht bis 30 m.
Durchsichtiger, geschraubter Glasboden.
Erhältlich mit Edelstahl- oder echtem Rindsleder-
band.

Die grosse Krone. Sie war ursprünglich
für amerikanische Piloten und Navi-
gatoren im Zweiten Weltkrieg ge-
dacht, um ihnen trotz dicker Hand-
schuhe zu ermöglichen, die Uhr
beim Überfliegen der Zeitzonen neu
einzustellen.

Oris High Mech Lexikon.   Nr. 21

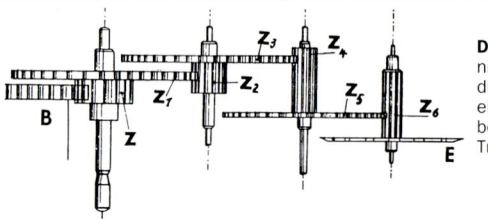

Das Räderwerk. Dahinter versteht man bei der mechanischen Uhr die Räder und Triebe, die vom Federhaus **B**
die Triebkraft auf das Hemmungsrad **E** übertragen. Die
einzelnen Räder heissen: **Z1** Minutenrad, **Z3** Kleinbodenrad, **Z5** Sekundenrad. Diese Räder sind auf die
Triebe **Z, Z2, Z4, Z6** aufgenietet oder aufgepresst.

Verlangen Sie den ORIS Gesamtkatalog und das ORIS Buch mit High Mech Lexikon: ORIS Deutschland, Fritz Arning GmbH, Südenstraße 78, D-82110 Germering b. München,
Tel. 089/84 67 85, Fax 089/841 41 25. ORIS Schweiz, CH-4434 Hölstein, Tel. 061/951 11 11, Fax 061/951 20 65.

Wasserdichtheit

Beim Wassertest durchgefallen – diese Uhr ist vollgelaufen und bestenfalls noch als „Wasserwaage" zu gebrauchen.

Wenn die Uhr baden geht...

Was Sie schon immer über wasserdichte Uhren wissen wollten und was Sie dabei beachten müssen.

Uhrentechnik ist Präzisionstechnik. Beim Begriff Wasserdichtheit geht die Präzision baden – Durcheinander von Informationen, unterschiedliche Angaben, Widersprüche.

Das führt dann dazu, daß der Konsument auch im Uhrengeschäft nicht unbedingt korrekte Angaben über die Wasserdichtheit von Uhren erhält.

Schuld an der allgemeinen Konfusion ist auch die Tatsache, daß sich in den vergangenen Jahrzehnten die Bezeichnungen und Zuordnungen für wasserdichte Uhren immer wieder geändert haben.

So gibt es Zifferblatt-Aufschriften und Prägungen auf Uhrendeckeln wie: waterproof, wasserdicht, wassergeschützt, water-resistant und 100 % wasserdicht.

Wobei es der Erklärung bedarf, was denn wohl eine fünfzigprozentige Wasserdichtheit sein mag. Läuft eine solche Uhr unter Wasser nur halb voll?

Und um gleich beim Begriff Wasserdichtheit zu bleiben: Da eine Uhr nicht „wasserdichtig", sondern nur wasserdicht sein kann, muß das zu diesem Adjek-

Es sind nicht immer Gurken, die in einem verschlossenen Glasbehälter „eingelegt werden. Diese grüne Swatch kann man so nicht kaufen. Anfragen bei der Redaktion sind daher zwecklos.

Von diesem einfachen Sprengdeckel ▷ sollte man keine große Dichtheit erwarten, auch wenn er mit einer Dichtung versehen sein sollte.

Wasserdicht

tiv passende Substantiv auch Wasserdichtheit und nicht „Wasserdichtigkeit" heißen.

Was „wasserdicht" bedeutet

Als wasserdicht darf eine Uhr bezeichnet werden, die widerstandsfähig gegen Schweiß, Spritzwasser (zum Beispiel beim Händewaschen) und Regen ist.

Außerdem darf in eine wasserdichte Uhr keine Feuchtigkeit eindringen, wenn diese für eine halbe Stunde in Wasser getaucht wird, das einen Meter tief ist.

Was „wassergeschützt" bedeutet

Die Bezeichnung wassergeschützt wurde früher für Uhren verwendet, die durch einen Dichtungsring, eine Kronendichtung und manchmal ein spezielles Glas gegen Feuchtigkeit geschützt waren.

Diese Uhren sind „water resistant" – frei übersetzt: sie bieten dem Wasser Widerstand (engl. to resist = widerstehen).

Verschiedene Dichtungsringe für wasserdichte und wassergeschützte Uhren. Der Palette von Material, Form und Farbe sind kaum Grenzen gesetzt. Es werden Dichtungen aus Kork, Blei, verschiedenen Kunststoffen und synthetischem Kautschuk verwendet.

Wasserdicht

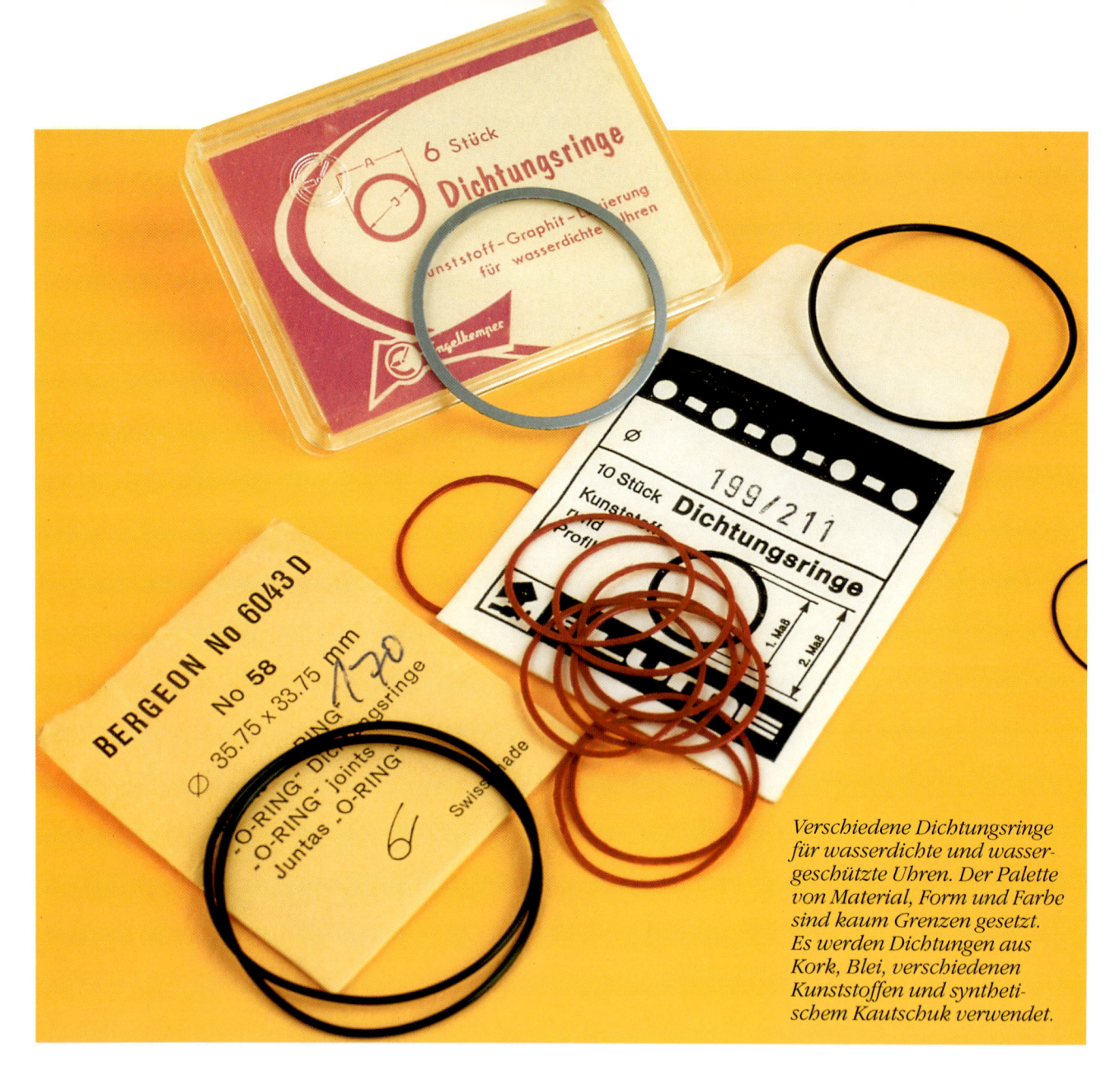

Die Bezeichnung darf heute nicht mehr verwendet werden, unter anderem, weil sich „Wassergeschütztheit" nicht durch objektive Meßdaten belegen läßt.

Wie lange eine Uhr wasserdicht ist

Diese Frage dürfte wohl zu den häufigsten Streitigkeiten zwischen Uhrmacher und Kunden führen.

◁ *Diese Uhr erfüllt, streng genommen, die Taucheruhrnorm nicht, denn ihr Einstellring hat keine Skaleneinteilung.*

Dieser Schraubdeckel zeigt deutliche Spuren unsachgemäßen Öffnens. Die Deckelprägung 20 ATM (Atmosphären) ist heute nicht mehr zulässig.

Sprengdeckel echt und Schraubdeckel gefälscht. Das, was hier wie ein verschraubter Boden aussieht, ist in Wahrheit ein Sprengdeckel der billigsten Sorte.

Wasserdicht

Der Käufer einer wasserdichten Uhr erwartet, verständlicherweise, daß sein Zeitmesser auf Dauer dicht ist.

Beim Verkauf der Uhr wird, ebenso verständlich, nicht erwähnt, daß die Dichtheit schon am nächsten Tag dahin sein kann. Sie hängt nämlich ganz wesentlich davon ab, wie mit der Uhr umgegangen wird.

So kann beispielsweise ein heftiger Stoß die Krone beschädigen. Dabei kann die Kronendichtung ihre Funktion verlieren, ohne daß dies überhaupt sichtbar wird.

Weitere Gefahren für die Dichtheit einer Uhr sind häufige, starke Temperaturwechsel, Chemikalien, die das Dichtungsmaterial angreifen, oder Hitzeeinfluß.

Man sollte seine Uhr nicht unnötig direkter Sonnenbestrahlung aussetzen. Und sicher braucht man bei der heißen Dusche oder gar bei Wechselbädern nicht unbedingt seine Uhr am Arm!

Wann die Uhr zum Service muß

Wenn man auf Dauer Wert auf die Wasserdichtheit seiner Uhr legt, sollte man diese in regelmäßigen Abständen zur Überprüfung und eventuell Abdichtung geben.

Bei Uhren für Berufstaucher ist eine jährliche Prüfung sogar Vorschrift. Aber auch für andere wasserdichte Uhren ist eine Prüfung einmal pro Jahr unbedingt zu empfehlen.

Wassersportler sollten den Test in kürzeren Abständen vornehmen lassen.

Wie eine Uhr abgedichtet wird

Ein paar Punkte wurden schon erwähnt: Dichtungen in Deckel und Krone. Bei modernen Uhren werden auch die Gläser mit Dichtungen eingesetzt.

Natürlich ist Dichtheit nur mit einem heilen Glas zu erreichen.

Bei Taucheruhren sind ein verschraubter Boden und eine verschraubte Krone obligatorisch. Andere wasserdichte Uhren

Die auf vielen Schweizer Uhren zu findende Fischprägung hat nichts mit frühchristlicher Symbolik zu tun. Der Fisch steht für Wasserdichtheit bis 30 Meter, wobei die Tiefenangabe nicht unbedingt als verbindlich anzusehen ist. Die beiden Fische auf dem Eterna-Boden stehen für 100 Meter.

Die Rolex Datejust ist zum Tauchen geeignet, obwohl sie nicht wie eine Taucheruhr aussieht. Alle Rolex-Oyster-Modelle sind mindestens bis zu einer Tiefe von 50 Metern wasserdicht.

Wasserdicht

können mit Sprengdeckel und normaler Krone ausgerüstet werden.

Warum auch eckige Uhren wasserdicht sind

Eine runde Uhr ist nicht jedermanns Geschmack. Deshalb hat es schon immer Bestrebungen gegeben, auch eckige Uhren so zu konstruieren, daß sie gegen „Wassereinbruch" geschützt sind. Es ist schwieriger, einen eckigen Gehäuseboden oder ein eckiges Glas abzudichten, als dies bei einem runden Gehäuse der Fall ist.

Ein rundes Gehäuse kann mit einem Schraubdeckel oder einem festsitzenden Sprengdeckel verschlossen werden. Geschraubte Böden können mit entsprechenden Spezialwerkzeugen fest angezogen werden, für Sprengdeckel gibt es in der Uhrmacherwerkstatt Preßwerkzeuge, mit denen diese samt Dichtung fest aufgesetzt werden können.

Die dadurch entstehende Eigenspannung der Gehäuseschale, die für dauerhaft festen Sitz von Deckel, Glas und Dichtungen sorgt, läßt sich bei Formgehäusen nicht erzeugen.

Bei diesem Sprengdeckel wird eine sogenannte O-Dichtung (ein Dichtring mit rundem Querschnitt) in eine Ausdrehung des Deckels gelegt.

Moderne eckige Dichtungs-„Ringe" und vor allem die Einführung der eckigen Mineralgläser, die auch mit Dichtungen eingesetzt werden, haben zahlreiche unterschiedliche Konstruktionen von wasserdichten eckigen Gehäusen möglich gemacht. Wirklich stark beanspruchte Uhren, wie zum Beispiel Taucheruhren, gibt es aber nach wie vor nur als runde Ausführung.

Was die Meterangaben auf Uhren-Zifferblättern bedeuten

Zunächst muß ganz klar gesagt werden, daß nur die ZIFFERBLATT-AUFSCHRIFTEN maßgeblich sind. Angaben wie „wasserdicht bis 30 Meter", die man in Uhrenprospekten oder Schaufenstern findet, bedeuten nicht, daß man mit den so gekennzeichneten Uhren tauchen darf!

Tiefenangaben haben nur auf

Wasserdicht

Zifferblättern von Uhren etwas zu suchen, die zum Tauchen geeignet sind, und da nur in Angabe von vollen hundert Metern.

Dieser Tiefenangabe auf dem Zifferblatt der Eterna Kontiki darf man vertrauen. Die Meterangaben auf Zifferblättern sind verbindlich.

Wenn eine Uhr undicht ist

Die Undichtheit einer ursprünglich dichten Uhr erkennt man meist zuerst daran, daß sich unter dem Glas Kondenswasser niederschlägt.

Spätestens dann ist es höchste Zeit, den Uhrmacher aufzusuchen, um der Leckstelle auf die Spur zu kommen.

Wie die Wasserdichtheit geprüft wird

Ebenso wie es unzählige Arten von Uhrengehäusen und dementsprechend zahlreiche Möglichkeiten der Gehäuseabdichtung gibt, herrscht auch auf dem Gebiet der Prüfgeräte eine große Vielfalt.

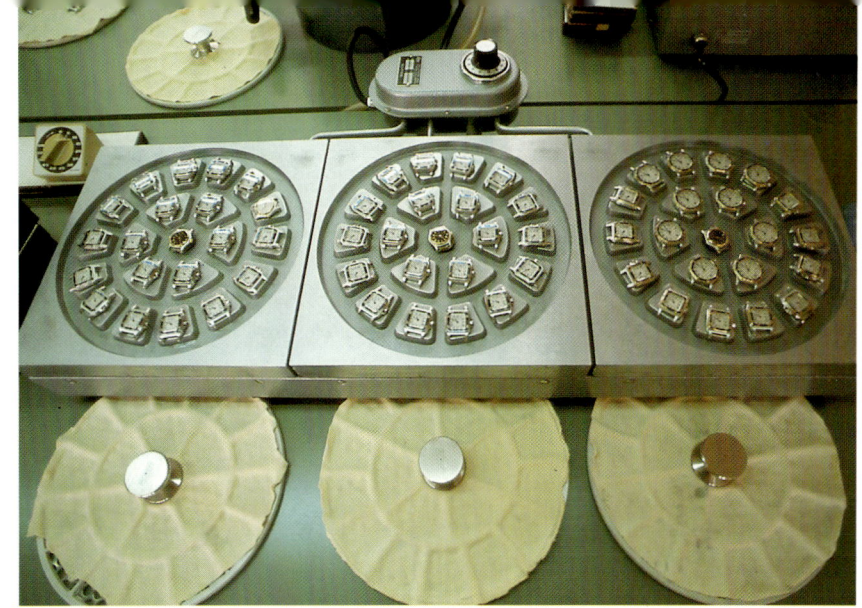

Früher mußte der Uhrmacher ein soeben überholtes Uhrwerk bisweilen noch einmal zerlegen und reinigen, weil die Uhr die Dichtheitsprüfung nicht bestanden hatte und im Prüfgerät voll Wasser gelaufen war.

Heute verwendet man fast ausschließlich Testgeräte, die ohne Wasser arbeiten. So gibt es zum Beispiel ein Gerät, das mit einer Vakuum-Glocke arbeitet: Die zu prüfende Uhr wird auf eine verschiebbare kleine Plattform gelegt. Diese wird anschließend so verstellt, daß der Fühler eines oben im Gerät angebrachten Dosen-Mikrometers das Uhrglas berührt. (Ein Dosen-Mikrometer ist eine Meßuhr, mit der Hundertstel Millimeter gemessen werden können.) Nun wird die Skala der Meßuhr auf Null gestellt und mit der im Gerät eingebauten Pumpe die Luft aus der Glasglocke abgesogen.

Ist die Uhr dicht, bleibt in ihr der ursprüngliche Luftdruck erhalten, während in der Glasglok-

Beheizte Uhren: So wie hier bei Ebel wird ein Teil der Wasserdichtheitsprüfung vollzogen: Zunächst werden die Uhren auf einer Heizplatte auf etwa 45 Grad Celsius erhitzt. Anschließend wird ein feuchtes Tuch auf die Uhren gelegt, das eine Temperatur von 18 bis 25 Grad hat.

Nach einer Minute wird das Tuch entfernt, die Uhren werden getrocknet und auf Kondenswasser unter dem Glas kontrolliert. Wenn kein Kondensat sichtbar ist, hat die Uhr diesen Teil des Tests bestanden. Bei einzelnen Uhren wird ein kalter Wassertropfen auf das Glas geträufelt.

Auch das ist Teil einer Wasserdichtheits-Prüfung: Uhren in einem etwa 10 Zentimeter tiefen Wasserbassin.

Wasserdicht

ke ein Vakuum entsteht. Das hat zur Folge, daß sich Boden und Glas der Uhr um einige Hundertstel Millimeter nach außen wölben, was von der Meßuhr angezeigt wird.

Prüfergebnis: Meßuhrzeiger schlägt aus – Uhr ist dicht. Mikrometer bleibt auf Null – Uhr undicht.

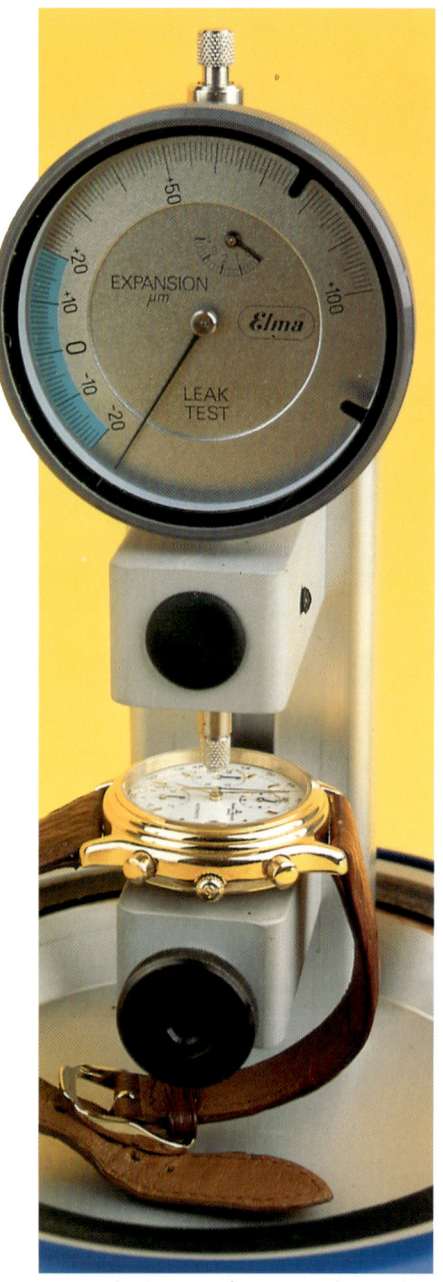

Eine Uhr liegt auf der Plattform des Vakuum-Prüfgerätes, die mit der großen schwarzen Rändelmutter festgestellt werden kann. Der Fühler der Meßuhr berührt das Uhrglas.

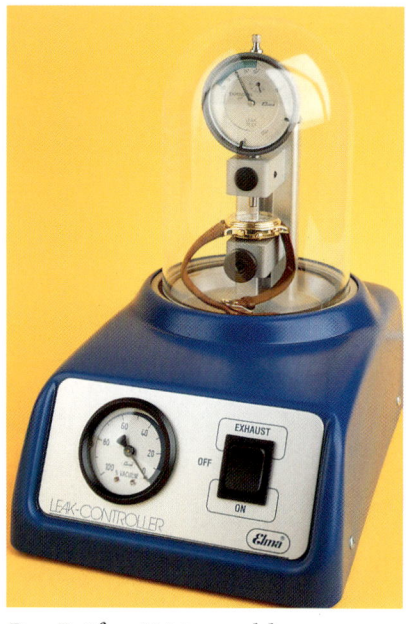

Das Prüfgerät ist verschlossen. Die Anzeigen des Druckmessers (vorn links) und der Meßuhr (unter der Glasglocke) stehen auf Null.

Unter der Glasglocke herrscht jetzt ein Vakuum, in der Uhr noch der ursprüngliche Luftdruck. Deshalb hat sich das Uhrengehäuse um den von dem Dosenmikrometer angezeigten Wert ausgedehnt. Die Uhr ist dicht!

Schwachpunkte der wasserdichten Uhr

An Robustheit kaum zu übertreffen, haben wasserdichte Uhren aber häufig ein sportlich bis klobig wirkendes Äußeres, das Liebhabern zierlicher oder vielleicht besonders flacher Uhren nicht unbedingt zusagt.

Aber auch bei der wasserdichten Uhr gilt, was man generell bei Armbanduhren sagen kann: Je kleiner und flacher die Uhr, desto größer ist auch ihre Empfindlichkeit. Dies gilt besonders für eckige Uhren, weil hier die ohnehin verletzlicheren Dichtungen einen (relativ) größeren Gehäuseumfang abdichten müssen.

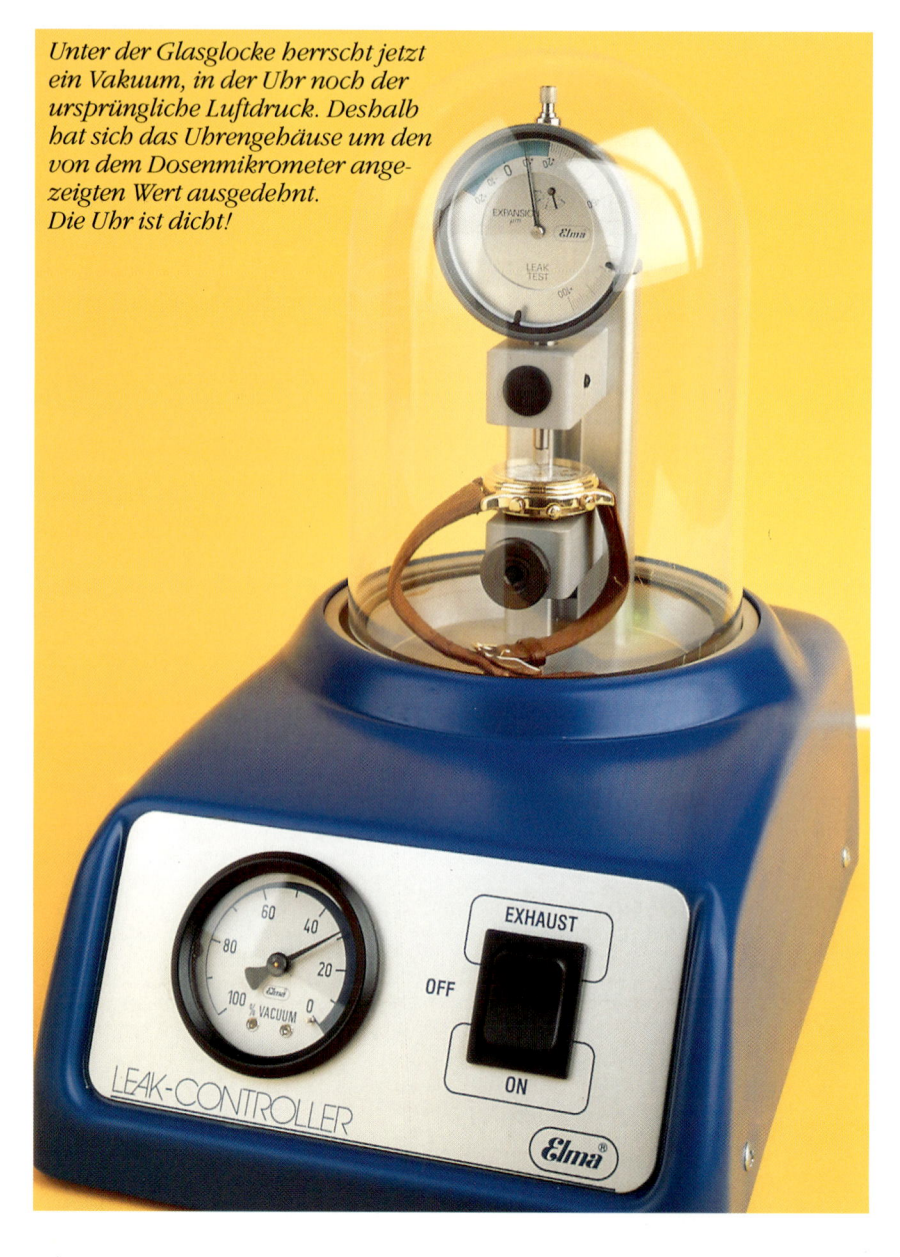

Verschraubte Kronen sind für Taucheruhren obligatorisch.

Welche Belastungen wasserdichte Uhren aushalten müssen

Im DIN-Blatt 8310 heißt es dazu: „Uhren, die als ‚wasserdicht' bezeichnet werden, müssen widerstandsfähig gegen Schweiß, Wassertropfen, Regen usw. und gegen Eintauchen in Wasser über

Hier geht es hart zur Sache: In diesem Testgerät bei IWC wird die Ocean 2000 getestet. Die Uhren werden im Apparat dem Druck ausgesetzt, der in 2 000 Meter Wassertiefe herrscht.

30 min und bei einer Wassertiefe von 1 m sein." Und weiter: „Diese Uhren sind für den allgemeinen Gebrauch bestimmt und dürfen nicht unter Bedingungen verwendet werden, wo Wasserdruck und Temperaturen erheblich variieren."

Das ist eindeutig und fordert jeden Wassersportler auf, sich vor dem Kauf einer neuen Uhr genau über deren Belastbarkeit zu informieren.

Möchte man sich mit seiner Uhr viel im Wasser aufhalten, schwimmen, tauchen, sportlich segeln oder Surf-Sport betreiben,

Wasserdicht

ist vielleicht die Anschaffung einer Taucheruhr ratsam.

Wobei man hier vorwiegend auf die angegebene, von der Uhr ausgehaltene Wassertiefe achten sollte und nicht unbedingt eine Uhr erwerben muß, die die Norm erfüllt.

Diese auf DIN-Blatt 8306 nachzulesende Norm schreibt nämlich für Taucheruhren zum Beispiel einen Skaleneinstellring vor, den möglicherweise nicht jede „Wasserratte" an ihrer Uhr haben möchte.

Auf eine verschraubbare Krone sollte man allerdings nicht verzichten!

Außerdem fordert DIN 8310 für wasserdichte Uhren: „Der Hersteller oder Vertreiber von wasserdichten Uhren muß jeder Uhr eine Gebrauchsanleitung beifügen..."

Es gibt also die richtige Uhr für jedes „Gewässer". Nur schwimmen, tauchen oder segeln muß man allein!

Zertrümmerte Hoffnungen: Diese Uhrgläser haben dem in 2 000 Meter Tiefe auftretenden Druck nicht standgehalten. ▽

REVERSO.
AVANTGARDE SEIT 1931.

GGK

AUF 500 STOLZE BESITZER LIMITIERT: DAS UNVERGESSLICHE SCHAUSPIEL DER REVERSO TOURBILLON. IST ES MAGIE, WAS UNS DAS ZWEITE GESICHT DER REVERSO ZEIGT? DURCH SAPHIRGLAS BLICKEN WIR AUF EIN UHRMACHERISCHES KLEINOD, DAS DIE SCHWERKRAFT DER ERDE ÜBERLISTET. NUR DIE VOLLENDETE HANDWERKSKUNST EINES MEISTERUHRMACHERS VON JAEGER-LECOULTRE BRINGT SOLCH EIN FILIGRANES DREHGESTELL HERVOR: DAS TOURBILLON. DER VORHANG FÄLLT DURCH DEN LEGENDÄREN DREH DES ROTGOLDGEHÄUSES, UND DER INTENDANT ALLEIN WEISS NUN NOCH UM DIE SZENERIE HINTER DEN KULISSEN DER ZEIT.

EINES VON FÜNFHUNDERT ECHTSILBERNEN, GUILLOCHIERTEN ZIFFERBLÄTTERN, UNTER DENEN SICH EIN TOURBILLON VERSTECKT. GENAU IN DESSEN ACHSE DREHT SICH DIE KLEINE SEKUNDE. PERFEKT INS BILD DER DREISSIGER JAHRE PASSEN DIE ZEIGER AUS GEBLÄUTEM EDELSTAHL UND DIE ART-DÉCO-ZIFFERN.

JAEGER-LECOULTRE

MEHR ÜBER DIE UHREN VON JAEGER-LECOULTRE ERFAHREN SIE BEI DEN BESTEN JUWELIEREN ODER BEI JAEGER-LECOULTRE DEUTSCHLAND GMBH, POSTFACH 3606, 90018 NÜRNBERG, TELEFON (0911) 521 50 41. IN ÖSTERREICH BEI JAEGER-LECOULTRE IN BISCHOFSHOFEN, TELEFON (06462) 2502, UND IN DER SCHWEIZ BEI JAEGER-LECOULTRE IN LE SENTIER, TELEFON (021) 845 45 21.

Uhren als Geldanlage

Diese und viele andere Fragen zum Thema Sammeln werden immer wieder von Lesern gestellt. Wir versuchen sie zu beantworten. Soviel ist klar: die Lage ist ernst, aber nicht hoffnungslos...

Sind Uhren eine gute Geldanlage?

Sind Uhren eine gute Geldanlage?

Von ganz wenigen Ausnahmen abgesehen, nein! Auch bei schwankenden und zum Teil sehr niedrigen Zinsen auf dem Kapitalmarkt ist dieser Weg immer noch der sicherste.

Ist eine Wertsteigerung auch bei preiswerten Uhren möglich?

Wenn überhaupt, dann sehr kurzfristig bei bestimmten Modellen. Kontinuität ist kaum zu erwarten.

Welches Kriterium muß eine Uhr erfüllen, um wertvoll zu sein?

Sie muß ein „ehrliches" Produkt sein, exklusiv und technisch aufwendig bis ins Detail. Vielen Uhrenkäufern reicht aber ein Markenname bzw. gut gemachte Werbung. Dann hat der Begriff Wert etwas mit Glauben zu tun.

Sagen Uhrenfirmen immer die Wahrheit bei der Beschreibung einer Uhr?

Juristisch gesehen ist die Wahrscheinlichkeit groß. Warum sollte es auch Firmen verwehrt sein, mit geschickt gewählten Worthülsen ihr Produkt verkaufswirksam darzustellen?

Sind limitierte Uhren wertbeständiger als Serienuhren?

Hier spielt der Faktor Zeit eine große Rolle. Bei vielen Uhren läßt sich diese Frage sicher erst in 20 oder 30 Jahren beantworten. Es kommt auch darauf an, welche Uhren limitiert sind. Da heute sogar viele einfache bzw. technisch langweilige Uhren limitiert sind, trifft auf diese Gattung sicher nicht die Bezeichnung wertvoll zu. Manche Uhrenserien sind limitiert, obwohl sie es gar nicht sein müßten, da der Markt ohnehin nicht größere Stückzahlen aufnimmt. Aus Erfahrung wissen wir, daß vielleicht eine Limitierung beim Neukauf reizvoll ist, beim Wiederverkauf der Uhr dann weniger.

Gibt es auch Stahluhren, die eine Wertanlage sein können?

Einen vorsichtigen Umgang mit dem Wort „Anlage" vorausgesetzt, gibt es sicher auch Stahluhren, die einen hohen Sammlerwert haben. Hier können z. B. Werke eine Rolle spielen, die in einem aktuellen, äußerlich gleichen Gehäuse nicht mehr verwendet werden. Aber auch Design in Verbindung mit einer Marke kann eine Rolle spielen.

Können Uhren getragen werden, wenn sie als Wertanlage angeschafft wurden?

Wer eine Uhr nur als Wertanlage kauft und sie nicht trägt, der ist zu bedauern. Geht ihm doch dieses gewisse Etwas an Lebensfreude gänzlich verloren. Gebrauchsspuren an Uhren können immer beseitigt werden. Leider sieht die Wirklichkeit anders aus. Der gründliche Deutsche sammelt „klinisch sauber" – ob nun Telefonkarten oder Swatch...

Wie zuverlässig helfen Bücher und Zeitschriften beim Uhrensammeln?

Sie vermitteln zumindest ein gewisses Grundwissen und einen guten Marktüberblick. Trotzdem sollten Uhrenfreunde sich nicht auf alles verlassen, was gedruckt ist. Viele prachtvolle Bücher sind nur mit starker Einflußnahme von Uhrenfirmen entstanden. Und auch Zeitschriften drucken nicht immer alles, was zum Thema Uhr zu sagen wäre. Die Gefahr von Einflußnahme durch Industrie und Handel ist besonders bei Spezialzeitschriften stark ausgeprägt.

Steigert Gold oder Platin den Sammlerwert?

Eindeutig ja, wenn es um den Materialwert geht. Auch im Wiederverkauf macht sich dies bemerkbar. Im Zweifelsfall ist der Materialwert jedoch geringer, als immer angenommen wird. Die Nachkriegsgeneration, die mit dem Verkauf eines goldenen Taschenuhr-Gehäuses vor knapp 50 Jahren die größte Not lindern wollte, kann ein Lied davon singen...

Sind Uhren-Auktionen zuverlässige Gradmesser?

Eigentlich schon. Die Uhren-Euphorie hat sich zum Glück gelegt. Die Auktionen werden durch Mittelmaß bestimmt. Eine ebenso wichtige Hilfe ist zum Beispiel der Kleinanzeigenteil im Uhren-Magazin. Angebot und Nachfrage haben also eine breitere Öffentlichkeit bekommen.

Lohnt es sich, alte Armbanduhren zu sammeln?

Das muß jeder für sich entscheiden. In jedem Fall sollte darauf geachtet werden, daß sich die Uhren in einem guten oder zumindest reparablen Zustand befinden. Denn eine kaputte Uhr ist ziemlich wertlos. Aber niemand sollte glauben, alte Uhren seien selten. Leider sind auch viele alte Uhren Fälschungen. Besonders dann, wenn das Wort „Rolex" nachträglich auf das Zifferblatt gedruckt wurde...

Sind Taschenuhren eine gute Sammler-Anlage?

Zur Zeit wohl kaum. Es gibt Unmengen alter Taschenuhren. Die meisten schlicht und einfach im Gold- oder Silbergehäuse. Interessant sind Grande Complicationen oder Minuten-Repetitionen einiger Marken. Da wir in einer Zeit der Erbschaften leben, sollten Taschenuhren mit Geduld „abgelagert" werden, bis sich der Markt wieder beruhigt hat.

Können auch Quarzuhren im Wert steigen?

Gleiches Recht für alle! Daß die gute alte Quarzuhr nicht völlig out ist, beweisen viele engagierte Sammler. Besonders gefragt: Digitaluhren von Marken, die es heute nicht mehr wahrhaben wollen, solche Uhren gebaut zu haben. Auch frühe LED- und LCD-Uhren aus Gold werden wieder gesucht. Modische Quarzuhren von heute müssen erst ein Tal durchlaufen, bevor sie wieder interessant werden. Wohlgemerkt – wir reden hier von Sammeln und nicht vom Geldanlegen. Reich geworden sind nur die Produzenten dieser Massenprodukte.

Werden auch Großuhren gesammelt – und lohnt es sich?

Wohl dem, der ein großes Haus oder zumindest eine große Wohnung hat! Gesammelt wird schließlich alles – warum nicht auch Großuhren!? Großuhren sind wohl zur Zeit der beste Tip, da die Industrie (von wenigen Ausnahmen abgesehen) den möglichen Wert ihrer Produkte noch gar nicht erkannt hat und sich darauf beschränkt, Kuckucksuhren für Touristen oder Stand- und Wanduhren für Möbelmärkte zu produzieren. Es muß ja nicht immer gleich in Sammelei ausarten, aber eine Großuhr kann die persönlichen vier Wände schon ungemein schmücken.

Welche Sammelarten im Bereich Armbanduhren sind empfehlenswert?

Da gibt es viele Möglichkeiten. Handaufzug oder Automatik. Uhrenarten wie Chronograph oder ewiger Kalender. Oder alte Uhren einer bestimmten Marke. Wer neue Uhren einer bestimmten Marke sammelt, macht dem Hersteller eine große Freude. Firmen sollten über diese Sammelart einmal nachdenken und für solche Kunden eine Art „roten Teppich" bereithalten, ein preisgünstiges Abonnement anbieten oder einen exklusiven Club gründen.

Können Uhrwerke zum Wert einer Uhr beitragen?

Ganz sicher bei mechanischen Uhren. Da es auch hier Massenproduktion gibt, sind mechanische Werke noch relativ preiswert. Inzwischen haben viele Uhrenfirmen den Trend zur Exklusivität erkannt und verwenden auch Werke, die teuer in Kleinserien produziert werden. Da die Bandbreite der heute zur Verfügung stehenden Werke sehr klein ist, finden Restbestände nicht mehr gebauter Werke besondere Beachtung. Aber auch neu konstruierte Werke sind interessant. Werke können in Zukunft nur teurer herzustellen sein. Die Restteile einer Uhr nicht unbedingt, dank Automatisierung und beständiger Edelmetallpreise.

Haben Handaufzuguhren bei Sammlern noch eine Chance?

Selbstverständlich! Besonders unter dem Gesichtspunkt, daß es einmal sehr viele gute Werke gegeben hat und heute (weil die Automatik so bequem ist) nur noch wenige produziert werden. Abwarten – die Zeit wird kommen...

Mondphasenuhren sind out – lohnt sich der Kauf überhaupt noch?

Mondphasenuhren sind nie out! Wer bei bewölktem Himmel wissen möchte, wie der Mond gerade steht, wird auch weiterhin eine solche Uhr zu schätzen wissen. Übrigens zeigt die jüngere Uhrengeschichte, daß alles wiederkehrt, weil alles schon mal da war. Ob nun Komplikationen, Gehäuseformen, Zifferblattgestaltung. Jeder sollte das kaufen, was ihm persönlich gefällt – und nicht das, was angeblich im Trend liegt. Es gibt nur einen einzigen Uhrentrend, der wirklich zuverlässig ist – den Trend zur Erstuhr...!

Haben auch kleine Marken eine Chance, mal wertvoll zu werden?

Im Angesicht der Preisgestaltung tun sich viele große Marken schwer, technische Kompetenz überzeugend zu vermitteln. Solange hier probiert und umstrukturiert wird, haben kleine Marken die Chance, sich einen guten Namen zu machen. Wie bedeutend oder unbedeutend ein Markenname sein kann, zeigt der Altuhrenmarkt. Von einigen Marken sind nur besondere Uhrenmodelle gefragt. Es gibt aber auch Marken mit einem solch gigantischen Namen, daß Sammler selbst Gehäusen ohne Werk hinterherjagen würden.

SEIT 1735 GIBT ES BEI BLANCPAIN KEINE QUARZUHREN.
ES WIRD AUCH NIE WELCHE GEBEN.

BLANCPAIN

Das Tourbillon

Im Jahre 1795 eröffnete die Vorstellung des Tourbillons den Uhrmachern einen eleganten Weg, die negativen Einflüsse der Schwerkraft auf das gangregelnde Organ einer Uhr zu kompensieren. Die Unruh, die Unruhspirale sowie die gesamte Hemmung sind in einem kleinen Drehgestell, dem Tourbillon, mobil gelagert. Dieses bewegt sich einmal pro Minute um seine eigene Achse. Dadurch heben sich alle Gangabweichungen, die durch Schwerkrafteinflüsse entstehen, gegenseitig auf. Dieses einzigartige Meisterstück der Uhrmacherkunst stellt die Leistungsfähigkeit und Innovationskraft eines begeisterten Teams von Meisteruhrmachern im Hause Blancpain mehr als deutlich unter Beweis. Selbiges betrachtet sein Tourbillon als Hommage an die klassische Uhrmacherkunst, die dadurch liebevoll gepflegt und fortgesetzt wird.

Katalog und Video BLANCPAIN SA CH-1348 Le Brassus, Schweiz
Tel 0041-21 845 40 92 Fax 0041-21 845 41 88

Stichwortverzeichnis/Quellenverzeichnis

Stichwortverzeichnis

> Die Ziffern verweisen auf Buchseiten mit Erwähnung oder Erklärung des Stichwortes.
>
> *Kursivziffern* weisen auf Seiten mit Abbildungen zum Stichwort hin.
>
> Firmennamen sind in VERSALIEN abgedruckt.

A

A 46, 74, *139*
Abgleichschrauben *42*, 74, *144*
Accutron 74
Acrylglas 75, *178*, 299, *300*
Additionsstopper 75
ALAIN SILBERSTEIN 265
ALPINA 265
a.m. 75
Amplitude 32, 37, *44*, 76
Amplituden-Prüfung 76
Analoganzeige 78
Analog-Uhr 77
Anhängeuhr 47
Anker 31, *32*, *33*, *34*, *35*, 36, 41, *42*, 43, *44*, 46, 77, *77*
Ankergabel 33, 37, *42*, *44*, *110*
Ankergang 47
Ankerklaue *32*, *33*
Ankerkloben *37*, 289
Ankerrad 21, 25, 30, 32, *33*, *34*, *35*, *44*, 66, 77, *77*, *110*, *132*, *145*, *147*, 289
Ankerradtrieb 25, 289
Ankerwelle 36
Anlaßfarben 78
Ansteckpunkt 78
Antimagnetische Uhren 78
Anzugwinkel 79
Armbandchronometer 79, *79*
Armbanduhr 47
Armbandwecker 80, *80*, *137*, *160*, *304*
Arnold, John 80
Arrondierung 80
AS *137*, *173*,, *182*
Atomuhr 80

B

Baguettewerk 83, *83*
Balance 83
BAUME & MERCIER 51, *51*, 202, 265
Begrenzungsstifte *42*, 43, *44*, 46, 83
Beobachtungsuhr 64, 83
Bimetall-Unruh 84, *84*
BLANCPAIN 50, *50*, 172, 184, *185*, *186*, *187*, 236, 262, 263, 265
Bombieren 84
BRÉGUET 184, 224, *225*, 240, 263, 265, *293*, *293*,
Bréguet, Abraham Louis 36, 51, 85, *85*
Bréguet-Spirale 85, *86*, *149*, *151*
BREITLING 202, 254, 263, 265
Brücke *177*
Brückenwerk 47
BULGARI 202, 204, *205*

AUDEMARS PIGUET 54, *54*, 180, *180*, *181*, 204, 236, 265, 283
Auf- und Abwerk 80, *103*
Aufzugwelle 10, *10*, *11*, *12*, 29, 81, *81*, 289
AUGUSTE REYMOND 192, *193*
Ausdehnungkoeffizient 45, 82
Auslösung 43
Auswuchten 81
Automatik 82, *172*, *173*, *175*
Automatikbrücke *146*, *177*
Automatische Uhr 82
Automatischer Aufzug 47
Avance 83

C

Caliber (Kaliber) 86
CAMEL 228, *229*
CARTIER 52, *52*, 53, 240, 265
Chaton 86, *86*
CHOPARD 53, *53*, 210, 220, *221*, 236, *237*, *239*, 240, 263, 265
Chrom 19, 20, 86
Chronograph 58, 87, *87*, 88, *92*, *97*, *142*, *155*
Chronometer 65, 88
Chronometer-Hemmung 30, 47
Chronometer-Prüfung 88
Chronometer-Zertifikat *269*
Chronometer-Zeugnis *268*
CHRONOSWISS 188, *189*, 265, 294
CITIZEN 228, *228*, 282, *283*
CLAUDE MEYLAN *219*, 220, 265
CORUM 54, *54*, 83, 236, 265

D

Datumsanzeige 11, 89, *89*
Datumsgrenze 89, *164*
Datumsring *116*
Datumsschaltrad *116*
Datumsschaltwerk 89, *89*
Deckplatte *29*, 90, *90*, *138*
Deckstein 40, 41, *41*, 43, 47, *153*, 289
Dichtungsring 90, *310*
Digital-Anzeige 90, *91*, 276, *281*
DIN 8306 159, 315
DIN 8310 159, 315
Display 91, *91*
Doppelscheibe 39, 40, 41, *44*, 91, *110*

Stichwortverzeichnis

Doppel-Chronograph 47
Doublé 92
Drücker *92*
Duck, Donald 275
DUGENA 202, 265

E

Earnshaw, Thomas 92
Ebauche 92
EBEL 53, 54, *54*, 97, 202, *217*, *263*, 265
EBERHARD 202
Echappement *37*, 93
Edelstahl *93*, *95*, 293
Eingriff *93*, *127*
Eingriff-Zirkel 93
Einstellring *94*, *94*
Eisen 19, 20, *95*, *95*
Elinvar 95
Ellipse 42, *44*, 95, 289
Endhaken 95, 176, 178
Endkurve 95
ENICAR 188
Epilame 96
Ergänzungsbogen 35, 37, *44*
ERNEST BOREL 265
Erotische Uhren *96*, *96*
ETA 52, 173, *173*, 174, 176, *190*, *192*, *194*, *196*, *198*, *200*, 202, *254*, *262*, 263, 264, 265, *287*, *287*
ETERNA 53, *53*, 173, *190*, *191*, 192, *254*, 202, 265, *311*, *313*
Ewige Kalender 47, 97, *97*
Exzenter 97, *97*

F

F 97, 139
Fassung 97
Feder 12, 15, 13, 16, 17, 18, 19, 27, 177, 178
Federhaus 14, *14*, *15*, 16, *16*, *17*, *18*, 24, 25, 30, 46, 98, *98*, *99*, *125*, *127*, *142*, 176, 177, 289
Federhausbrücke 98, *98*, *105*, 289
Federhausdeckel 16, 98, *99*, 289
Federhaushaken 16, 99
Federkern 14, *14*, 15, *16*, *17*, 18, *20*, 99, *99*, 176, 289
Federsteg 100, *100*, *292*, *292*, 293

Federwelle 15, 18, 17, 176, 100, 289
Federzaum 16, *16*, 46, 100, *100*
Feinregulierung 101
FESTINA 196, 228, 265
FORGET 182, 265, 294, *295*
Formwerke 100, *100*
FORTIS 172, 196, *197*, 202, 265
Freie Ankerhemmung 35, 101
Frequenz 272
Funkuhr 102, *102*

G

Galilei, Galileo 31, 32, 51, 52, 102, *102*
Gang 58, 61, 103, 268
Gangabweichung 58, 103
Gangdauer 103
Gangmodell *34*, 104, *104*, *151*, *166*
Gangrad 104
Gangreserve 47
Gangschein 104, *104*, 269
Gangzeugnis 65
GERALD GENTA 240
Gesperr 105, *105*
Gewichtsschrauben *42*, *74*, 144
GIRARD-PERREGAUX 50, *51*, 202, 204, *204*, 263, 265, *294*, *294*
GLASHÜTTE 65, *143*, *207*, *262*, 263, 265
Glashütter Uhr 105, *105*
Gleitlager 105, *105*
GMT 106, *106*
Gold 106, *106*, *117*, 274
Graham, George 51, 107
Graham-Anker *36*, 107, *107*
Graham-Hemmung 32, 35, *35*, 107, *107*
Greenwich 36, 51, *131*
Gregorianischer Kalender 51, 107
Großbodenrad 107
Grundplatine 10, *24*, 28, 29, 43, 65, 108, *108*, *276*, 289
GUB *206*
Guillaume, Dr. Charles 108
Guillaume-Unruh 108, *108*, *141*

H

Hakenhemmung 109, *109*
Halbsavonnette 109, *109*

Halbschwingung 34, *44*, 109, 272
Handaufzug 109
Harrison, John 110
Harwood, John 172
Hebefläche 33, 37, 42, 43, 46, 110
Hebelscheibe 110, *110*
Hebelstein 37, 46, 110, *110*
Hebelstift 41, *44*, 110
Hebestein 110
Hebung 45, 110
Hemmrad 20, 31, 110
Hemmung 10, 23, 17, 31, 30, 36, *37*, 46, 110, *111*, 289
Henlein, Peter 51, 112
Hertz, Heinrich 112
Hertz 112, 272
Herz 112, *112*, *113*
Herzhebel *112*, 113, *113*
Herzscheibe *112*, *113*
Hilfswechsler *173*, 174, *177*
Hochfrequenz-Unruh 113
Hohltrieb 114, *114*
Hora 114
HUBLOT 202, 236, 265, *293*
Huygens, Christian 32, 35, 36, 38, 114

I

IC 51, 114, *114*, 274, *276*, 277
Impuls 32, 42, *44*, 115, *115*
Incabloc *41*, 115
Invar 115
Isochronismus 115
IWC 53, *53*, 65, *95*, *136*, 208, 202, 236, 254, *209*, 265, 281, *315*

J

JAEGER-LECOULTRE 52, *52*, *80*, *180*, *210*, *211*, *212*, *213*, *263*, 265
JAGUAR 202
Jahr 115
Jahresuhr 116
Jürgensen 116
Julianischer Kalender 116

K

Kadratur 116
Kalender 116
Kalenderschaltrad *154*

325

Stichwortverzeichnis

Kalenderschaltung *116*
Kalenderuhr 117
Kaliber 65
Karat 117, *117*
Karussel-Uhr 117
KELEK 202, 254
Kleinbodenrad 21, 24, 29, *147*, 165, 289
Kleinbodenradtrieb 24, *127*, 289
Kleine Sekunde 117, *117*, *147*
Kleinuhr 10, 31, 117
Klinkenrad 118, *118*, 174, *176*, *177*, *178*
Kloben 118, *118*
Kolbenzahnrad *35*, *37*, 119, *119*
Kompensations-Unruh 45, 47
Kornzange 119
Krone 10, *10*, *11*, *46*, 65, *92*, *109*, 119, *119*, *157*, 311, *315*
Kronenaufzug 51, 119
Kronrad 11, *11*, 15, 119, 120, *120*, *149*, 289
Kronradring *11*, 120, *120*, 289
Kronradschraube *11*, 120, *120*, 289
Kugellager 120, *146*, 173, *174*
Kupfer 121
Kupplungsaufzug *12*, 121, *121*
Kupplungshebel 121
Kupplungshebelfeder 122
Kupplungsrad 10, 11, *11*, 12, 15, 122, *122*, 289
Kupplungstrieb 10, 11, *11*, 12, 15, 122, *122*, 289
KURT SCHAFFO *241*

L

La Chaux-de-Fonds 66, *123*
LACO 65, *71*
Lagenfehler 123
Lager 122
Lagerstein 25, *86*, *97*, *105*, 123, *123*
Lagerzapfen 123
Lange, Ferdinand Adolf 124
LANGE & SÖHNE *105*, *151*
LCD 124
LED 124
Legierung 124
Leiterplatte 124
LEMANIA *214*, *216*, *218*, *220*, *222*, *224*, *226*, 263
Lépine 124, *124*

Le Roy, Pierre 124
Linie 65
Lochstein 41, *41*, 66, 125, *131*, *153*, 289
LONGINES 51, *51*, *82*, 202, *226*, *227*, 254, 265
LOUIS ERARD 265
Lünette 125

M

Malteserkreuz-Stellung 17, *17*, 125, *125*
Marinechronometer 52, 126, *126*, *149*
MAURICE LACROIX *137*, 182, *183*, 192, 198, 202, 254, 265
Messing 26, 41, 45, 127
MIDO 54, *54*, *93*, 198, *199*, 202, 265
Mineralglas 127, 300, 301
Minutenrad 22, *22*, 23, 24, 25, 27, *27*, 28, 29, 127, *127*, *147*, *162*, 165, 289
Minutenradwelle 28, 127, *127*, *162*
Minuten-Repetition 47, 127
Minutenrohr *20*, *25*, 28, 29, 127, *127*, *162*, 289
Minutentrieb 127
Minutenzählrad *112*, 128, *128*
Minutenzeiger 22, 51, 128
Mitteleuropäische Zeit 51, 128
Mittlerer täglicher Gang 128
MIYOTA *228*
Modul 128, *129*
Mondmonat 129
Mondphasen 47, 129
Mondphasenanzeige 129, *129*
MOVADO 265
MSR *230*
Mudge, Thomas 35, 36, 51, 130

N

Nachgang 43, 45, 269
Nautischer Chronometer 130
Neusilber 130
Nickel 20, 47, 130
Nivaflex 18, 130
Nivarox 43, 130, *130*
Normalzeit 130
Nullgang 269

Nullmeridian 51, 130, *131*
Nullsteller-Hebel 131
Nullstellung 131

O

Öl 65
Ölsenkung 130, *131*
Olivierung 131, *131*
OMEGA 52, *52*, *75*, 202, *203*, 214, 262, 265, 283, 293
ORIENT 282, *282*
ORIS 192, 194, *195*, 196, 265

P

Paletten 32, 33, *35*, *36*, 132, *132*
Palettenhemmung 132
Paßstift 132, *132*
PATEK PHILIPPE 52, *52*, 180 *232*, *233*, *234*, *235*, 263, 265, 280, 281
PAUL PICOT *255*, 265
Pendel 17, 31, 35, 38, 39, 47, 132
PEQUIGNET 182
Permanentmagnet 276
Perrelet, Abraham-Louis 51, 132, 171
Pfeiler 133
Pfeilerwerk 133, *133*
Philippe, Adrien 51, 133
Piezoelektrischer Effekt 133, 272
PIAGET 53, *53*, 265
PIGUET *184*, *186*, *236*, *238*, *240*, 262
Plateau 40, *44*, *108*, 133, *133*, 289
Platin 133, *133*
Platine 40, 133, *276*
p.m. 133
Präzisionsuhr 134
PULSAR 281

Q

Quarz 134, *134*
Quarzfrequenz 276
Quarzwerk 134, *134*, *272*, *273*, *274*
Quarzuhr 13, 51, 134, 272

R

R 46, 134, 139
Räderwerk 10, 17, 21, 25, *24*, *26*, *29*, 31, 32, 45, 46, 135, *147*

STICHWORTVERZEICHNIS

Räderwerksbrücke 29, 135, *147*, *176*, 289
Rattrapante 135, *135*
RAYMOND WEIL 202, 265
Reduktionsrad 176, *176*
Reglage 135
Regulierscheibchen 135
Regulierschrauben 135
Regulierung 135
Regulier-Vorrichtung 135
Remontage 66, 135
Remontoir 135
Remontoir sans Clef 136
Repetieruhr 136
Repetition 136
Repetitions-Schlagwerk 136, *136*
Réserve de Marche 137, *137*
Reveil 137
Revolutionsuhr 137
REVUE THOMMEN 230, *231*
Rhodinieren 137
Rieussec 137
Rohwerk 137
ROLEX 53, 54, *54*, 79, 173, *242*, *243*, *244*, *245*, *246*, *247*, 263, *263*, 265, 280, 288, 293, *293*, *312*
RONDA *248*
Rosé-Gold 137
Roskopfuhr 138
Rotgold 138
Rotor *115*, 138, *138*, *152*, 173, *173*, *276*
Rubin 25, 26, *35*, 42, *105*, 139, *139*
Rücker 45, 46, 138, *138*
Rückerzeiger *37*, *43*, 44, 46, 74, 138, *139*
Ruhende Hemmung 139
Rutschkupplung 139, 178

S

S 139
Sanduhr 139
Saphir 140
Saphirglas 140, 301
Satinieren 140
Savonnette 140
Savonnette-Uhr 140, *140*
Schellack 42, 141
Schiffschronometer 17, 64, 65, *108*, 141, *141*, *143*
Schlagwerk 47, *136*, 141
Schlagwerkuhr 142, *155*

Schlagzahl 142
Schleppfeder 142, *142*, 178
Schleppzeiger 142, *142*
Schnecke 17, *18*, *141*, 142, *143*
Schnellschwinger 59, 143, *143*
Schraubdeckel *310*, *311*
Schraubenunruh 144, *144*
Schrittschaltmotor *115*, *138*, 144, *144*, *152*, 274, 276, *276*
Schwanenhals-Regulierung 47, 65, *43*
SCHWARZ-ETIENNE 265
Schweizer Ankerhemmung *111*, 144, *145*
Schwerpunktfehler 145
Schwingsystem 10, 17, 32, *37*, 38, 145, 272
Schwingung 32, 43, 145
Schwingungsdauer 145
Schwingungszahl 145
Schwungmasse 146, *146*, 173, *173*, *174*, 176, *177*
SEIKO 250, *251*, 280, *281*
Sekunde 147
Sekunde aus der Mitte 147
Sekundenrad 22, 25, 147, *147*, 165, *277*, 289
Sekundenradtrieb 24, 147, *165*, 289
Sekundentrieb 147, *147*
Sekundenzählrad 147, *112*
Sekundenzeiger 20, 22, 66, 147
Sicherheitsmesser *37*, 42
Silber 148
SINN 67, 69, *202*, 215, *249*, 265
Skelettuhr 148
Skelettwerk *140*
SMH 50, 51, 52, 53, 54, 262, 263
Sonnenuhr 148, *148*
Sperrfeder 13, *13*, *105*, 148, *148*
Sperrkegel 12, 13, *13*, 46, 148
Sperrkegelfeder 12,
Sperrklinke 12, *105*, *143*, 148, *148*, 289
Sperrklinkenfeder 289
Sperrklinkenschraube 289
Sperrad 12, 13, *13*, 15, 46, 99, *105*, *143*, 148, 176, 289
Sperradschraube 289
Spindel 31, 35
Spindelhemmung *30*, 31, *31*, 149, *149*
Spindelrad 149
Spindeluhr 32, 149

Spirale 41, *42*, 43, 44, 46, 60, *141*, 149, 289
Spiralfeder 149
Spiralklötzchen 41, 150, *150*, 289
Spiralklötzchenschraube 44, 150, *150*, 289
Spiralkötzchenträger 44, *138*, 150, *150*, 289
Spiralrolle 39, 40, 41, 151, *151*, 289
Spiralschlüssel 44, 45, 46, 151, *151*, 289
Spule *152*, 274, *275*, 275, 276
Sprengdeckel *309*, *311*
Sprungdeckel 47, *109*, *140*, 151
Sprungdeckelfeder 151
Sprungdeckeluhr 151, *151*
Stahl 41, 45, 152
Stand 152, 268
Stator 152, *152*, 276
Steinanker 152
Steinankerhemmung *35*, 152
Steinankeruhr 35, 152
Steine 152
Steinfutter 152
Steinlager 36, *175*
Stellstift 152
Stellung 152
Stiftanker 47, 152
Stiftankerhemmung *30*, *104*, 152, *153*
Stiftankeruhr 153
Stimmgabelquarz *273*
Stimmgabeluhr 51, 153, 272
Stoppuhr 153
Stoßsicherung 35, *41*, *139*, 153, *153*
Stoßsicherungsfeder 41, 153, 154, 289
Stoßsicherungslager 40, *41*
STOWA 65, *68*
Stunde 23, 154
Stundenglas 154
Stundenrad 22, *28*, 154, *154*, 289
Stundenrohr 155
Stundenstaffel 155, *155*
Stundenzähler *28*, 155, *155*
Stundenzeiger 22, *28*, 155
SVEND ANDERSEN 94, *161*
SWATCH 200, *201*, 262, 288, 294, *309*

T

Tachymeterskala 155, *155*

STICHWORTVERZEICHNIS

Tag 156
TAG-HEUER 87, 265
Taucheruhr 156, 311
THOMMEN 65
TISSOT 10, 21, *21*, 53, *53*, *109*, 196, 262, 265
Titan 156
Tompion, Thomas 51, 156
Tourbillon *156*
Trieb 24, *26*, 28, 29, 156, *157*, 175, 176
Triebfeder 45, 157
Tritium 157
Tromptenzapfen 40, *162*
Tubus 157, *157*
TUDOR 192
Tula 157
TUTIMA 198, 222, *223*

U

Uhr 157
Uhrglas 158, 299, *315*
Uhrsteine 158
Uhrwerk 12, *21*, 141, 158, *277*
ULYSSE NARDIN 52, *52*, 182, 202, 236, 265
Umkehrpunkt 43, 44, 158
Umschaltrad 158
UNITAS 10, 24, 67
UNIVERSAL 252, *253*, 265
Unruh 31, 34, *34*, 37, 40, 41, 42, *42*, 43, *44*, 45, 46, *46*, 59, 66, *74*, *110*, *137*, *149*, *153*, 158, 272, 289
Unruhbrücke 158
Unruhfeder 158
Unruhkloben 37, 41, *41*, 43, 44, 46, *118*, *138*, 158, *167*, 289
Unruhlager 46, 158
Unruhreif 39, 41, 45, *42*, 158, 289
Unruhschenkel 41, 158
Unruhschrauben 158

Unruhspirale 34, 41, 43, 46, 158
Unruhwaage *81*
Unruhwelle *23*, 40, *40*, 41, 36, 37, 159, *159*, *162*, 289
Unruhzapfen 40, *43*, 159
Unwucht 159
URBAN JÜRGENSEN 240

V

VACHERON CONSTANTIN 50, *50*, *52*, 180, 210, 265
VALJOUX *254*, 287
VAN CLEEF & ARPELS 182
Verlorener Weg 43
Viertelrohr *20*, 28, 159
Vierteltrieb 28, 159
Vollkalender 159
Vorgang 45, 269

W

Wärme-Ausdehnungskoeffizient 43, 159
Walzgold 159
Wasserdichtheit 159, 308, 309, 313
Waterproof 159
Wechselrad 12, *12*, 25, 28, 28, 29, *154*, 160, 289
Wechsler 160, 174, *176*
Wecker 47, 160, *160*
Weicheisen *95*
Weißgold 161
Weltzeituhr 161, *161*
Werkform 161
Werkgestell 161
Werkplatte 161, *277*
Wilsdorf, Hans 54, 173
Winkelhebel 161, 289
Winkelhebelfeder *12*, 25, 29, *121*, 161, 289

Winkelhebelschraube 161, 289
Wippe 161
Wippenaufzug 161
Wochentags-Anzeige 162

Z

Zahlenanzeige 162
Zahnluft 162
Zapfen 10, 22, 25, 27, 28, 36, 39, 40, *153*, 162, *162*
Zeiger 10, 11, 21, *21*, 47, 66, 162
Zeigerreibung 162, *162*
Zeigerspiel 163
Zeigerstellhebel 12, *12*, *121*, 163, 289
Zeigerstellhebelfeder 12, *12*, 163, 289
Zeigerstellrad 12, *12*, 25, 29, 163, *163*
Zeigerwerk 10, 47, 163
Zeit 163
Zeitmeßgerät 163
Zeitmessung 164
Zeitzonen *161*, 164, *164*
ZENITH 53, *53*, 59, *88*, *143*, 202, *256*, *257*, *258*, *259*, *263*, *264*, 265
Zentralrotor *82*
Zentralsekunde *147*, 165, *165*
Zentralsekundenzeiger 29
Zentrumssekunde 25, 29
Zifferblatt 10, 21, *27*, 47, 65, 66, *155*, 165, *165*
Zonenzeit 51, *161*, 165
Zugfeder 10, 12, 13, 14, *14*, 15, 16, 17, 19, 30, 31, 45, 46, *130*, *142*, 166, 176, 177, 178, 289
Zylinder-Hemmung *30*, 51, 166, *166*
Zylinderrad 166, *166*
Zylinder-Uhr 166

QUELLENVERZEICHNIS

Die Funktion der Uhr
Klaus Menny
Callwey-Verlag München

Mechanische Uhren
Günter Krug
Verlag Technik Berlin

Mechanische Uhren
Martinek/Rehor
Verlag Technik Berlin

Uhrentechnik
Günther Glaser
Verlag Wilhelm Kempter Ulm

Uhren und Zeitmessung
Rudi Koch (Hrsg.)
Bibliographisches Institut Leipzig

Uhren-Magazin
Die Zeitschrift für den Uhrenliebhaber
Uhren-Magazin GmbH, Bremen